WIRELESS SENSOR NETWORK, WSN

无线传感器网络

技术及应用

王平 王恒◎编著

人民邮电出版社
北京

图书在版编目（CIP）数据

无线传感器网络技术及应用 / 王平，王恒编著. --
北京：人民邮电出版社，2016.1（2021.12 重印）
ISBN 978-7-115-41072-6

Ⅰ. ①无… Ⅱ. ①王… ②王… Ⅲ. ①无线电通信—
传感器 Ⅳ. ①TP212

中国版本图书馆CIP数据核字(2015)第292635号

内 容 提 要

无线传感器网络是一个学科交叉综合、知识高度集成的前沿热点研究领域，备受各方面的高度
关注。本书共分 7 章，前 3 章分别是无线传感器网络概述、无线个域网与 IEEE 802.15.4 协议簇以及
无线传感器网络的核心技术，第 4 章和第 5 章分别介绍了 ZigBee 和 6LoWPAN 两种最具代表性的无
线传感器网络的协议及开发技术，第 6 章介绍了我国具有自主知识产权的 WIA-PA 工业无线网络及
开发平台，第 7 章则重点介绍了无线传感器网络在智能家居、工厂自动化和智能电网中的应用案例。

本书以作者牵头承担国家重大科技专项项目和制定国际、国内标准取得的一系列科研成果为基
础，全面系统地介绍了无线传感器网络的基本概念、标准规范、关键技术和主流协议，结合作者研
发的实验平台，通过大量的软硬件开发实例，详细介绍了无线传感器网络的设备和应用系统的开发
方法。

本书注重理论与实践相结合，内容新颖，重点突出，结构清晰，语言精练，易于理解，既可作
为无线传感器网络领域从事科学研究、产品开发与工程应用的科技人员的参考用书，也可作为物联
网、自动化、测控、电气、计算机、通信等相关学科的研究生和高年级本科生的教学用书。

◆ 编　著　王　平　王　恒
　　责任编辑　邹文波
　　执行编辑　税梦玲
　　责任印制　沈　蓉　彭志环
◆ 人民邮电出版社出版发行　　北京市丰台区成寿寺路 11 号
　　邮编　100164　电子邮件　315@ptpress.com.cn
　　网址　http://www.ptpress.com.cn
　　北京七彩京通数码快印有限公司印刷
◆ 开本：787×1092　1/16
　　印张：20.25　　　　　　　　　2016 年 1 月第 1 版
　　字数：509 千字　　　　　2021 年 12 月北京第 8 次印刷

定价：49.80 元
读者服务热线：(010)81055256　印装质量热线：(010)81055316
反盗版热线：(010)81055315

本书作者牵头承担了"基于 IPv6 的无线传感器网的网络协议研发及验证（项目编号：2012ZX03005002）""面向工业无线网络协议 WIA-PA 的网络设备研发及应用——专用芯片研发（项目编号：2013ZX03005005）"及"高实时 WIA-PA 网络片上系统（SoC）研发与示范应用（项目编号：2015ZX0303011）"3 项国家科技重大专项项目，主持研究了国家863 计划先进制造领域主题项目"全互联制造网络技术（项目编号：2015AA043800）"，牵头制定无线传感网测试国际标准（ISO/IEC 1963： Sensor Network Testing Framework）和3 项无线传感网国家标准，突破了一系列无线传感网的关键技术问题，率先推出了全球工业无线传感网系列核心芯片（CY2420：2.4GHz、CY2420S：2.4GHz/SIP、CY4520：433～470MHz），核心技术初步形成了专利保护群，研究成果得到了国际上的广泛认可。同时，本书作者所在的国家工业物联网国际合作示范基地、工业物联网与网络化控制教育部重点实验室与全球领先的网络解决方案供应商——思科公司（CISCO）共建"重庆邮电大学—思科公司绿色科技联合研发中心"，联合研发基于 WSN、3G/LTE 与 IPv6 这 3 种技术的高可适性、多用途物联网技术标准与产品架构，共同推进 IETF 标准的制定，形成了具有国际影响的研究特色与技术优势。

本书以作者所在团队解决的工业无线网络关键技术问题、通过国际金牌认证的自主IPv6 传感网协议栈软件——6LoWSN、牵头制定的传感器网络测试领域首个国际标准（ISO/IEC 1963 Sensor Network Testing Framework，传感器网络测试体系结构）等具有自主知识产权的技术积累为基础，融入了作者多年参加国家重大科技专项项目、国家 863 项目研究和制定国际国内标准所取得的研究成果，全面系统地介绍了无线传感网的基本概念、标准规范、关键技术和主流协议，并结合作者研发的实验平台和大量软硬件开发实例，详细介绍了无线传感网网络产品和应用系统的开发方法。全书注重理论与实践相结合，强化开发实例，内容新颖，重点突出，结构清晰，语言精练，易于理解。

全书共分 7 章。第 1 章介绍了无线传感器网络的发展历程、基本概念、体系结构、应用前景与标准现状；第 2 章介绍无线个域网与 IEEE 802.15.4 协议簇，重点介绍了 IEEE802.15.4 协议簇标准、超帧结构、物理层服务与 MAC 层协议；第 3 章结合作者的科研成果介绍了无线传感网关键技术，重点叙述了时间同步、网络调度、安全管理、传感器接入的基本原理与实现方法；第 4 章介绍了 ZigBee 协议架构、通信卡与网关的设计方法和应用实例；第 5 章结合作者的科研成果介绍了 6LoWPAN 技术，重点阐述 6LoWPAN 网络协议架构与开发技术，结合 6LoWPAN 传感网设备开发平台，详细介绍了 6LoWPAN 传感网节点、网关、边界路由器的开发技术和 Sniffer 抓包器的使用方法；第 6 章介绍了 WIA-PA 技术，并结合作者的科研成果重点介绍了 WIA-PA 协议栈的开发技术和 WIA-PA 开发平台的使用方法；第 7 章则以无线传感网在智能家居、工厂自动化和智能电网的应用为背景，重点介绍了无线传感网设备与应用系统的设计方法与开发技术。

本书是工业物联网与网络化控制教育部重点实验室全体同仁多年来在无线传感器网络及物联网技术、工业通信与网络化控制技术等方面从事科学研究、应用开发的工作结晶。本书由王平、王恒、魏旻、付蔚、王浩、李勇、严冬共同著述。同时，研究生蒲成旦承担第 5 章的著述，夏枢洋、汪朋、王雄、蔡龙腾、温鑫荣、邓晓渝等研究生参加了相关章节的著述。同时，对本书所参考的所有文献的作者表示诚挚的谢意。

作者

2015 年 7 月于重庆邮电大学

目 录

第 **1** 章　无线传感器网络技术概述

1.1　WSN 的发展

1.1.1　国外 WSN 的发展历程

无线传感器网络（Wireless Sensor Network，WSN）是一个学科交叉综合、知识高度集成的前沿热点研究领域，正受到各方面的高度关注。特别是无线传感器网络在军事领域的应用引领着其发展方向。

20 世纪 70 年代，传感网研究的重点在国防项目上，如冷战时期的声音监测系统（Sound Surveillance System-SOSUS）、空中预警与控制系统（Air borne Warning and Control System-AWACS）等。最具代表性的是越战时期使用的传统传感器系统。1978 年美国国防部高级研究计划局（Defense Advanced Research Projects Agency，DARPA）在卡耐基-梅隆大学成立了分布式传感器网络工作组，从而拉开了无线传感器网络研究的序幕。

20 世纪 80 年代至 90 年代之间，美国海军先后研制了协同交战能力系统（Cooperative Engagement Capability-CEC）、用于反潜的确定性分布系统（Fixed Distributed System-FDS）、高级配置系统（Advanced Deployment System-ADS）、远程战场传感器网络系统（Remote Battlefield Sensor System-REMBASS）以及战术远程传感器系统（Tactical Remote Sensor System）等无人看管的地面传感器网络系统。

1994 年，加州大学洛杉矶分校的 William J. Kaiser 向 DARPA 提交建议书 "Low Power Wireless Integrated Microsensors" 成为无线传感器网络领域中的一个重要里程碑。

1998 年，Gregory. J. Pottie 阐释了 WSN 的科学意义。同年，DARPA 巨资启动了 SensIT 项目，目标是实现 "超视距" 战场监测。

1999 年，美国橡树岭国家实验室（Oak Ridge National Laboratory, ORNL）提出了 "网络就是传感器"（Network is Sensor）的论断。同年，商业周刊将传感器网络列为 21 世纪最具影响的 21 项技术之一 。

2001 年 1 月，《MIT 技术评论》将 WSN 列于十种改变未来世界新兴技术之首。

2003 年 8 月，《商业周刊》预测：WSN 和其他三项信息技术将会在不远的将来掀起新的产业浪潮。

2004 年《IEEE Spectrum》杂志发表一期专集：传感器的国度，论述 WSN 的发展和可能

的广泛应用。

2004 年，日本第一个提出"泛在"战略；2008 年，进一步提出"u-japan xICT"政策。

2004 年，韩国发表'u-korea'计划，出台 RFID/USN 相关政策。

2005 年，欧盟委员会公布 i2010 框架；2009 年，欧盟及物联网领域的专业研究项目组先后颁布了多份规划欧洲物联网未来发展动向的相关报告。

2009 年，在奥巴马就任总统后的首次美国工商业领袖圆桌会上，IBM 首席执行官建议政府投资新一代的智能型基础设施，并提出了"智慧地球"的发展理念。这一理念涵盖范围包括银行金融、通信、电子、汽车、航天、能源、公共事业、政府管理、医疗保健、保险业、零售、交通运输等诸多日常生活中的基本领域。旨在将传感器嵌入和装配到电网、铁路、建筑、大坝、油气管道等各种物体中，形成物物相联，通过超级计算机和云计算将其整合，实现社会与物理世界融合。提议获得了奥巴马的积极肯定，并很快被提升为国家发展战略。

2009 年，ISO/IEC JTC1 成立 WG7 传感网标准工作组，负责传感网领域标准的制定工作。

2011 年，ZigBee 联盟宣布推出的 Smart Energy 应用标准，为先进计量基础设施提供标准规范，使得公用事业公司和政府很容易就能部署可靠、易于安装、可相互操作以及用户友好型的智能电网解决方案。同年，美国政府先后发布了先进制造伙伴计划、总统创新伙伴计划，将以物联网技术为基础的信息物理系统（Cyber-Physical System，CPS）列为扶持重点。

2013 年，欧盟通过了"地平线 2020"科研计划，旨在利用科技创新促进增长、增加就业，以塑造欧洲在未来发展的竞争新优势。"地平线 2020"计划中，传感网/物联网领域的研发重点集中在传感器、架构、标识、安全和隐私等方面。2013 年 4 月，在汉诺威工业博览会上，德国正式发布了关于实施"工业 4.0"战略的建议。工业 4.0 将软件、传感器和通信系统集成于 CPS，通过将物联网与服务引入制造业，改变制造业发展范式，重构全新的生产体系，形成新的产业革命。2013 年，韩国政府发布了 ICT（信息通信技术）研究与开发计划"ICT WAVE（信息通信技术浪潮计划）"，目标是未来 5 年投入 8.5 万亿韩元（约 80 亿美元），发展包括"物联网平台"的 10 大 ICT 关键技术和 15 项关键服务。

2014 年 3 月，AT&T、思科、通用电气、IBM 和 Intel 成立了工业互联网联盟（Industrial Internet Consortium，IIC），将促进物理世界和数字世界的融合，并推动大数据应用。IIC 计划提出一系列物联网互操作标准，使设备、传感器和网络终端在确保安全的前提下变得可辨识、可互联、可互操作。未来工业互联网产品和系统可广泛应用于智能制造、医疗保健、交通等新领域。

《2013—2014 年中国物联网发展年度报告》分析认为：2013 年以来，传感技术、云计算、大数据、移动互联网融合发展，全球物联网应用已进入实质推进阶段。欧美日韩等国家和地区也在物联网技术、行业应用等方面取得重要进展，信息化、数字化、智能化成为新一轮技术革命的引领与方向。

1.1.2 国内 WSN 的发展

在现代意义上的无线传感网研究及其应用方面，我国与发达国家几乎同步启动，它已经成为我国信息领域位居世界前列的少数方向之一。在 2006 年我国发布的《国家中长期科学与技术发展规划纲要》中，为信息技术确定了三个前沿方向，其中有智能感知和自组网技术两个方向就与传感器网络直接相关。也就是说，传感器网络是随着信息技术的发展而演化产生。

根据中国科学院知识创新工程方向性项目"中国未来 20 年技术预见研究"的研究成果写

成的《技术预见报告 2008》，对中国未来 20 年各个领域最重要的技术课题进行了详细的述评，报告所述信息领域 157 项技术课题中有 7 项与传感器网络直接相关。

2009 年 8 月，温家宝总理到中科院无锡高新微纳传感网工程技术研发中心考察时说，至少三件事情可以立刻去做，一是把传感器系统和 3G 中的 TD 技术结合起来；二是在国家重大科技专项中，加快推进传感网发展；三是尽快建立中国的传感信息中心，或者叫"感知中国心"。同年 9 月，传感网国家标准工作组在京成立。11 月，温家宝总理在北京向首都科技界发表了题为《让科技引领中国可持续发展》的讲话，强调"要着力突破传感网、物联网关键技术，及早部署后 IP 时代相关技术研发，使信息网络产业成为推动产业升级、迈向信息社会的'发动机'"。2010 年、2011 年国家相继成立了"国家传感网创新示范区"与"国家传感信息中心"，发布了《物联网"十二五"发展规划》，设立了"物联网专项资金项目""国家物联网应用示范工程""国家物联网重大应用示范工程""智慧城市"等重大项目计划推进传感网/物联网技术的发展与应用。

2012 年 7 月发布了《"十二五"国家战略性新兴产业发展规划》（国发〔2012〕28 号）该规划指出，实施物联网与云计算创新发展工程，加快 IPv4/IPv6 网络互通设备，以及支持 IPv6 的高速、高性能网络和终端设备、支撑系统、网络安全设备、测试设备及相关芯片的研发和产业化。

2013 年国家相继发布了《国务院关于推进物联网有序健康发展的指导意见》（国发〔2013〕7 号）、《物联网发展专项行动计划（2013-2015）》（发改高技〔2013〕1718 号），要求到 2015 年，实现物联网在经济社会重要领域的规模示范作用，突破一批核心技术，初步形成物联网产业体系，安全保障能力明显提高。实现物联网在经济社会各领域的广泛应用。

2015 年，李克强总理在政府工作报告中提出制定"互联网+"行动计划，"互联网+"利用信息通信技术、无线传感器网络及互联网等平台，让传统行业和互联网行业进行深度融合，创造新发展生态。"互联网+"行动充分发挥互联网和传感网等新兴网络在生产要素配置中的优化和集成作用，将网络的创新成果深度融合于经济社会各领域之中，提升实体经济的创新力和生产力，形成更广泛的以传感网和互联网为基础设施和实现工具的经济发展模式。

以上表明，传感网和物联网技术已成为当前各国科技和产业竞争的热点，许多发达国家都加大对物联网技术和智慧型基础设施的投入与研发力度，力图抢占科技制高点。我国也及时地将传感网和物联网列为国家重点发展的战略性新兴产业之一。

1.2 WSN 的定义

1.2.1 传感器网络与 WSN

传感器网络自 20 世纪 70 年代出现以来已经发展到第四代，即无线传感器网络。

第一代传感器网络出现在 20 世纪 70 年代。使用具有简单信息信号获取能力的传统传感器，采用点对点传输、连接传感控制器构成传感器网络；第二代传感器网络出现在 20 世纪 80 年代末期，具有获取多种信息信号的综合能力，采用串并接口（如 RS-232、RS-485）与传感控制器相联，构成能综合多种信息的传感器网络；第三代传感器网络出现在 20 世纪 90 年代，用具有智能获取多种信息信号的传感器，采用现场总线连接传感控制器，构成局域网络，成为智能化传感器网络；20 世纪 90 年后期和本世纪初末，随着现代传感器、无线通信、现代网络、嵌入式计算、微机电、集成电路、分布式信息处理与人工智能等新兴技术的发展与融合，以及新材料、新工艺的出现，传感器技术向微型化、无线化、数字化、网络化、智能化方向迅速发展，传感器网络进入第四代，即由各种具有感知、无线通信与计算功能的智能微型传感器节点构成的无线传感器网络，通过无线通信方式智能组网，形成一个自组织网络系统，该系统具有信号采集、实时监测、信息传输、协同处理、信息服务等功能，能感知、采集和处理网络所覆盖区域中感知对象的各种信息，并将处理后的信息传递给用户。

1.2.2　WSN 的定义

目前 WSN 没有统一的定义，比较具有代表性的定义如下所述。

（1）大规模、无线、自组织、多跳、无分区、无基础设施支持的网络。其中的节点是同构的，成本较低、体积较小、大部分节点不移动，被随意散布在工作区域，要求网络系统有尽可能长的工作时间。（参见李晓维《无线传感器网络技术》）

（2）无线传感器网络就是由部署在监测区域内大量的廉价微型传感器节点组成，通过无线通信方式形成的一个多跳的自组织网络系统，其目的是协作地感知、采集和处理网络覆盖区域中被感知对象的信息，并发送给观察者。传感器、感知对象和观察者构成了无线传感器网络的三个要素。（参见孙利民《无线传感器网络》）

（3）无线传感器网络由若干个空间分布的自主传感器组成，用于监控物理或环境条件，如温度、声音、振动、压力、运动或污染等，同时通过协同网络将数据传递到某个地方。（A wireless sensor network consists of spatially distributed autonomous sensors to monitor physical or environmental conditions, such as temperature, sound, vibration, pressure, motion or pollutants and to cooperatively pass their data through the network to a main location）（参见维基百科）

基于上述代表性的定义，无线传感器网络具有如下主要特点（每一种传感器网络具有几个或全部特征）。

（1）以数据为中心：无线传感器网络中节点数目巨大，而且由于网络拓扑的动态特性和节点放置的随机性，节点并不需要也不可能以全局唯一的 IP 地址来标识，只需使用局部可以区分的标号标识。用户对所需数据的收集，是以数据为中心进行，并不依靠节点的标号。

（2）资源受限：无线传感器网络中，节点只具有有限的硬件资源。其计算能力和对数据的处理能力相当受限。此外，节点只能携带有限的电池能量，且在应用过程中不方便更换电池，因此能量也相当受限。

（3）部署方式：无线传感或网络具有可快速部署的特点。节点一旦被抛撒即以自组织方式构成网络，无需任何预设的网络设施。

（4）动态性与维护：传感器网络的拓扑结构可能因为下列因素而改变，①环境因素或电能耗尽造成的传感器节点故障或失效；②环境条件变化可能造成无线通信链路带宽变化，甚至时断时通；③传感器网络的传感器、感知对象和观察者这三要素都可能具有移动性；④新节点的加入。这就要求传感器网络系统要能够适应这种变化，具有网络自动配置和自动维护功能，实现系统的自动组网与动态重构。

（5）多跳路由：网络中节点的电池能源非常有限，因此其通信覆盖范围一般只有几十米，即每个节点都只能与其邻居节点进行通信。若要与通信覆盖范围外的节点通信，则需要通过中间节点进行多跳路由。

（6）应用相关性：传感器网络用来感知客观物理世界，获取物理世界的信息量。客观世界的物理量多种多样，不可穷尽。不同的传感器网络应用关心不同的物理量，因此对传感器的应用系统也有多种多样的要求。不同的应用背景对传感器内容的要求不同，其硬件平台、软件系统和网络协议必然会有很大差别。只有针对每一个具体应用来设计传感器网络系统才能做出最高效的应用系统。这也是传感器网络设计不同于传统网络的显著特征。

1.2.3　WSN 与现有网络的比较

无线传感器网络与移动通信网、因特网等网络相比有很大差别，但与移动 Ad hoc 网络相比却有许多共同之处。

移动 Ad hoc 网络是由无线移动节点组成的具有任意和临时性网络拓扑的动态自组织网络系统，有时称作 MANET（Mobile Ad-hoc NETworks）。节点之间是以对等方式连接，每个节点既可以作为主机，也可以作为路由器或终端节点使用，除了可以运行用户应用程序外，还可以通过它转发节点的数据包。

自组织（Ad hoc）网络是一种由移动节点组成的临时、多跳、对等的自治系统，可以认为 WSN 是 Ad hoc 网络的一种典型应用。

WSN 与 Ad hoc 网络的相同之处主要有两点：一是基本不需要人工干预，大部分工作是以自组织的方式完成的；二是两者的目标都是追求低功耗的自组织网络设计。

但 WSN 与传统的 Ad hoc 网络也存在以下区别：

（1）WSN 节点数量更为庞大，分布更为密集；

（2）WSN 节点更容易失效，网络拓扑变化频繁；

（3）WSN 主要使用广播通信机制，而 Ad hoc 网络是基于点对点的通信；

（4）WSN 节点的能源供应、运算能力、存储器大小均受局限；

（5）WSN 不必拥有全球统一标识符；

（6）WSN 以数据为中心。

1.3　WSN 的体系结构

无线传感器网络的部署可通过飞行器散播、人工埋置和火箭弹射等方式，部署完成后（如图 1-1 所示）各节点任意分布在被监测区域内，节点以自组织的形式构成网络。

无线传感器网络系统通常包括传感器节点（sensor node）、汇聚网关/节点（sink node）和管理节点（见图 1-2）。借助于节点内置的形式多样的感知模块测量所在环境中的热、红外、声纳、雷达和地震波信号，从而探测包括温度、湿度、噪声、光强度、压力、土壤成分、移动物体的大小、速度和方向等众多我们感兴趣的物理现象。而节点的计算模块则完成对数据进行简单处理，再采用微波、无线、红外和光等多种通信形式，通过多跳中继方式将监测数据传送到汇聚节点，汇聚节点将接收到的数据进行融合及压缩后，最后通过互联网或卫星到达管理节点。同样地，用户也可以通过管理节点对传感器网络进行配置和管理，发布检测任务以及收集检测数据。

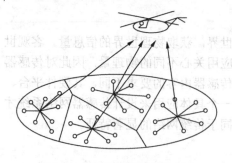

图 1-1 无线传感器网络节点部署

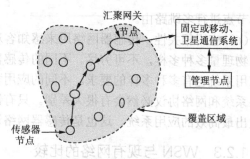

图 1-2 无线传感器网络的体系结构

根据功能，传感器网络可以把节点分成传感器节点、路由节点（亦称簇头节点）和网关（亦称汇聚节点）3 种类型。传感器节点主要是采集周围环境的数据（温度、光度和湿度等），然后进行 A/D 转换，交由处理器处理，最后由通信模块发送到相邻节点，同时该节点也要执行数据转发的功能，即把相邻节点发送过来的数据发送到汇聚节点或离汇聚节点更近的节点；路由节点主要是收集该簇内所有节点采集到的信息，经数据融合后发往网关，或将从网关接收到的信息分发到簇内相应节点；传感器网络的网关是感知数据向网络外部传递的有效设备，其主要功能就是连接传感器网络与外部网络（如 Internet），将传感器节点采集到的数据通过互联网或卫星发送给用户。针对不同应用场景、布设物理环境、节点规模等在感知层内选取合理的网络拓扑和传输方式。其中，传感节点、路由节点和传感器网络网关构成的感知层存在多种拓扑结构，如星型、树型、网状、分层拓扑等，如图 1-3 所示。也可以根据网络规模大小定义层次性的拓扑结构，如图 1-3（d）所示的分层结构。

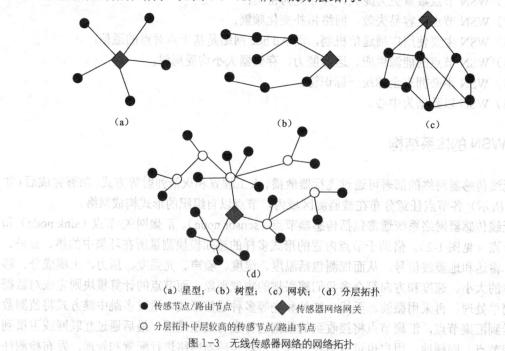

（a）星型；（b）树型；（c）网状；（d）分层拓扑

● 传感节点/路由节点　　◆ 传感器网络网关

○ 分层拓扑中层较高的传感节点/路由节点

图 1-3 无线传感器网络的网络拓扑

无线传感器网络的传感器节点应具备体积小、能耗低、无线传输、传感和数据处理等功能，节点设计的好坏直接影响到整个网络的质量。它一般由如图 1-4 所示的传感器模块（传感器、A/D 转换器）、处理器模块（微处理器、存储器）、无线通信模块（无线收发器）和能量供应模块（电池）等组成。

根据 ISO/IEC JTC1 WG7 （国际标准化组织国际电工委员会联合第一工作组无线传感器工作研究组）制定的无线传感器网络 ISO/IEC 29182 系列标准，传感器网络的参考体系架构如图 1-5 所示。该无线传感器网络的通用架构可以用于传感器网络设计者、软件开发商、系统集成商和服务提供商，以满足客户的要求，包括任何适用的互操作性要求。

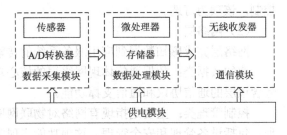

图 1-4　无线传感器网络节点基本结构

由图 1-5 可知，该参考架构分为三层，即感知层、网络层、应用层。

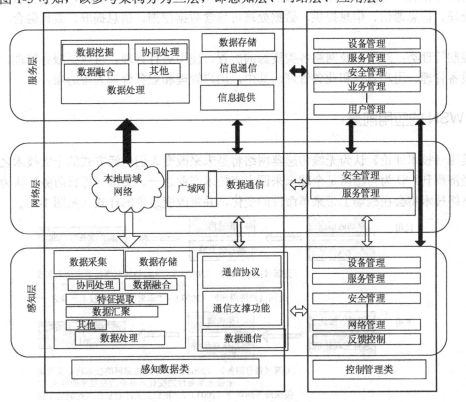

图 1-5　传感器网络的参考体系架构

（1）感知层

感知层不仅要完成数据采集、处理和汇聚等功能，同时完成传感节点、路由节点和传感器网络网关的通信和控制管理功能，按照功能类别来划分，包含如下功能。

感知数据类：包括数据采集、数据存储、数据处理和数据通信，数据处理将采集数据经过多种处理方式提取出有用的感知数据。数据处理功能可细分为协同处理、特征提取、数据融合、数据汇聚等。数据通信包括传感节点、路由节点和传感器网络网关等各类设备之间的通信功能，包括通信协议和通信支撑功能。通信协议包括物理层信号收发、接入调度、路由技术、拓扑控制、应用服务。通信支撑功能包括时间同步和节点定位等。

控制管理类：包括设备管理、安全管理、网络管理、服务管理，反馈控制实现对设备的控制，该项为可选。

（2）网络层

网络层完成感知数据到应用服务系统的传输，不需要对感知数据处理，包含如下功能。

感知数据类：数据通信体现网络层的核心功能，目标是保证数据无损、高效地传输。它包含该层的通信协议和通信支撑功能。

控制管理类：主要是指现有网络对物联网网关等设备接入和设备认证、设备离开等的管理，包括设备管理和安全管理，这项功能实现需要配合应用层的设备管理和安全管理功能。

（3）应用层

应用层的功能是利用感知数据为用户提供服务，包含如下功能。

感知数据类：对感知数据进行最后的数据处理，使其满足用户应用，可包含数据存储、数据处理、信息通信、信息提供。数据处理可包含数据挖掘、信息提取、数据融合、数据汇聚等。

控制管理类：对用户及网络各类资源的配置、使用进行管理。可包括服务管理、安全管理、设备管理、用户管理和业务管理。其中，用户管理和业务管理为可选项。

1.4 WSN 的应用前景

美国《技术评论》认为无线传感器网络将是未来改变人们生活方式的十大技术之首、美国《经济周刊》认为传感网是全球未来四大高技术产业之一、美国《每日防务》认为无线传感器网络技术将会在战场上带来革命性的变化，并将改变战争的样式（见图1-6）。

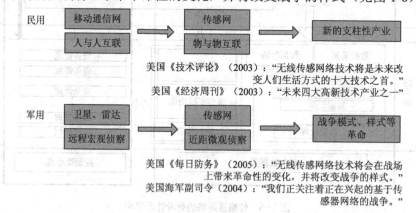

图1-6 对传感器网络的重要评价

传感网将极大地拓展现有及未来网络的业务领域，美国《福布斯》杂志评论"未来的传感网将比现有的 Internet 大得多"。据 Forrester 等权威机构预测，到 2020 年物物互联业务与现有人人互联业务之比将达到 30∶1，下一个万亿级的通信业务将是物物互联。如果说移动通信是人和人的连接，而传感网则连接的是物和物。传感网在军事、民用及工商业领域都具有广阔的应用前景（见图1-7）。在军事领域，通过无线传感网，可将隐蔽地分布在战场上的传感器获取的信息回传给指挥部；在民用领域，传感网可在家居智能化、环境监测、交通管理、医疗保健、灾害预测、智能电网等方面得到广泛应用；在工商业领域，传感网在工业自动化、空间探索和其他商业领域都得到了广泛应用。

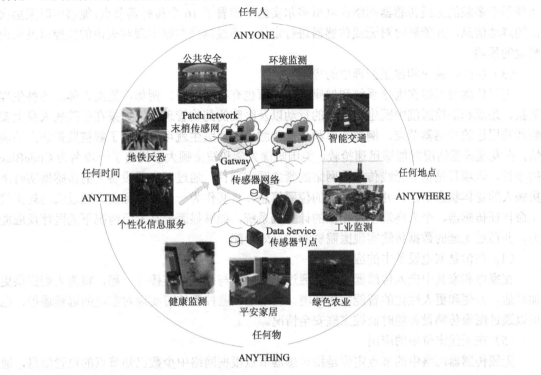

图 1-7　物联网的应用前景示意图

目前，无线传感器网络的典型应用领域包括以下方面。

（1）在军事应用领域的应用

无线传感器网络具有可快速部署、可自组织、隐蔽性强和高容错性的特点，因此它非常适合在军事领域的应用。无线传感器网络能实现对敌军兵力和装备的监控、战场的实时监视、目标的定位、战场评估、核攻击和生物化学攻击的监测和搜索等功能。通过飞机或炮弹直接将传感器节点播撒到敌方阵地内部，或在公共隔离带部署传感器网络，能非常隐蔽和近距离地准确收集战场信息，迅速地获取有利于作战的信息。传感器网络由大量的、随机分布的节点组成，即使一部分传感器节点被敌方破坏，剩下的节点依然能自组织地形成网络。利用生物和化学传感器，可以准确探测生化武器的成分并及时提供信息，有利于正确防范和实施有效的反击。传感器网络已成为军事系统必不可少的部分，并且受到各国军方的普遍重视。如：美国在 2008～2013 年间部署海军装备协同作战系统 21 套。该系统将海基雷达、机载/舰载目标探测传感器与机载/舰载武器系统组成一个一体化、网络化的作战平台。通过在全系统范围内分发、共享传感器的情报信息和武器的火力部署，可以实现对空目标早期预警、精确定位，并自主地调配处于最佳位置的武器系统实施火力拦截，从而提高整个网络系统的防空作战能力。

（2）在环境监测与预报中的应用

在环境监测和预报方面，无线传感器网络可用于监视水质状况、空气情况、土壤成分、气象变化、地表变动、雨量大小、森林火灾等环境参数，并预报环境变化趋势。基于无线传感器网络，可以通过数种传感器来监测降雨量、河水水位和土壤水分，并依此预测山洪爆发。美国哈佛大学、新罕布什尔大学等联合开发了一个检测火山状态的无线传感器网络系统。该系统基于多跳的无线传感器网络在厄瓜多尔实施并部署了 16 个传感器节点，能够实时采集火山的震动信息，并能随时对无线传感器进行定位，通过这些数据实现对火山的监控以及火山喷发的预测。

（3）在医疗系统和健康护理中的应用

无线传感器网络在医疗系统和健康护理方面也有很多应用。例如，监测人体的各种生理数据、跟踪和监控医院中医生与患者的行动以及医院的药物管理等。如果在住院病人身上安装特殊用途的传感器节点，例如心率和血压监测设备，医生就可以随时了解被监护病人的病情，在发现异常情况时能够迅速抢救。美国哈佛大学和波士顿大学提出了一项名为 CodeBlue 的项目，该项目是基于无线传感器网络的紧急医疗项目，通过可穿戴设备上的传感器实时采集病人的身体状态信息，并收集病人的位置信息，将其作为一个活动标签。通过低功耗无线生命体征传感器、个人终端以及相应的计算机系统，能够显著提高紧急情况下的医疗反应能力，并通过无缝的数据传输实现医院资源的有效分配。

（4）在信息家电设备中的应用

在家电和家具中嵌入传感器节点，通过无线网络与互联网连接在一起，将为人们提供更加舒适、方便和更人性化的智能家居环境。利用远程监控系统可实现对家电的远程遥控，也可以通过图像传感设备随时监控家庭安全情况。

（5）在无线定位中的应用

无线传感器网络中的节点定位是指传感器节点根据网络中少数已知节点的位置信息，通过一定的定位技术确定网络中其他节点的位置信息。在葡萄牙里斯本，研究者开发了基于无线传感器网络的室内定位系统，该系统通过穿戴于用户身上的移动传感器节点，利用超声波与无线电波的时间差进行目标定位，从而获取室内用户的位置信息，使得与其相关的用户交互成为可能。

（6）在建筑物状态监控中的应用

建筑物状态监控是指利用传感器网络来监控建筑物的安全状态。由于建筑物不断进行修补，可能会存在一些安全隐患。虽然地壳偶尔的小震动可能不会带来看得见的损坏，但是也许会在支柱上产生潜在的裂缝，这个裂缝可能会在下一次地震中导致建筑物倒塌。用传统方法检查往往需要将大楼关闭数月，而安装传感器网络的智能建筑可以告诉管理部门它们的状态信息，并自动按照优先级进行一系列自我修复工作。未来的各种摩天大楼可能都会装备这类装置，建筑物从而可自动告诉人们当前是否安全、稳固程度如何等信息。瑞典的可持续桥梁（SUSTAINABLE BRIDGES）项目利用传感网进行铁路桥梁的评估，提出了在 2020 年铁路桥梁的评估方案。通过该项目的实施，桥梁实现更强的负载能力，并能够适应智能交通的需求。

（7）在空间探索中的应用

用航天器在外星体上撒播一些传感器节点，可以对该星球表面进行长时间的监测。这种方式成本很低、节点体积小、相互之间可以通信，也可以和地面站通信。NASA 的 JPL 实验室研制的 Sensor Webs 项目就是为将来的火星探测进行技术准备。该系统在佛罗里达宇航中心周围的环境监测项目中进行测试和完善。

（8）在工业领域中的应用

随着传感器网络技术的发展，工业传感器网络为现场仪表、控制设备和操作人员间的信息交互提供了一种低成本的有效手段，实现了对工业生产实施全流程的"泛在感知"和优化控制，具有环境感知能力的各类终端、基于泛在技术的计算模式、适应恶劣环境的移动通信等融入到工业生产的各个环节是工业技术向网络化、智能化方向发展的必然结果。

自 2004 年美国能源部发起成立无线工业控制网络联盟（WINA）以来，工业传感器网络领域形成了 ISA100.11a（ISA 国际仪器仪表协会）、WirelessHART（HART 基金会）、WIA-PA（中国 WIA 联盟）三大主流国际标准共存的局面，三个标准皆引用 IEEE 802.15.4 作为物理层和 MAC 层标准。我国工业传感器网络技术与标准的研究始终与国际同步，正在形成自己的核心技术专利群。特别是重庆邮电大学联合达盛电子股份有限公司（中国台湾）推出了全球首款工业物联网核心芯片——CY2420 和全球首款工业物联网 SIP 芯片——CY2420S，为 ISA100.11a、WIA-PA 和 Wireless HART 标准的数据链路层核心技术提供硬件的直接支持，具有低功耗、低成本、微型化、高可靠性的优势。

（9）在交通领域中的应用

1995 年，美国交通部提出了到 2025 年全面投入使用的"国家智能交通系统项目规划"。该计划利用大规模无线传感器网络，配合 GPS 定位系统等资源，除了使所有车辆都能保持在高效低耗的最佳运行状态、自动保持车距外，还能推荐最佳行驶路线，对潜在的故障可以发出警告。英国纽卡斯尔大学研究的智能尘埃项目（Applications of Smartdust in Transport，ASTRA）使用智能通信节点和传感器技术控制交通流量。该项目能够实现自动车辆定位、实时乘客信息、道路安全监控和管理、堵塞和污染监测等功能。

我国设立的"智能交通系统关键技术开发和示范工程"项目，已经在部分地区建立了公路桥梁管理信息系统、高速公路联网监控系统、不停车收费系统、部省道路信息化及联网工程、超限超载联网监控系统、公众出行信息服务系统等。其中，高速公路联合监控系统是通过在高速公路沿线、服务区、收费广场设置摄像机，将信号传输至监控中心，实现交通状况图像监控；通过在高速公路关键位置设置车辆计数器、车辆检测器、气象信息采集器，并把信号传输至监控中心集中处理，实现交通信息和气象信息的采集；通过安装于道路中间分隔带的可变速标志和可变情报板，从中心对外发布交通疏导和交通控制信息等。

（10）在物流领域中的应用

随着低成本、低人力和物力的要求，以 RFID 和 NFC 为基础，结合传感网的感知监控，实时信息监控技术已经应用到了供应链中。因此，成品货存、工作进程和在途阶段等相关实时信息将获得可靠的结果，预测的需求将更精准，而且额外的库存区将会是不必要的。自动补充库存货、减少库存将会得到实现。例如，软饮料制造商可以通过一个按钮来确认多少饮料将到期，并且可以知道这些饮料位于哪些杂货店。通过这些信息，未来的生产计划和销售计划可能会改变，从而节省成本。物联网供应链管理的应用，使得传统企业从客户订单到商品供应的反应时间减少到像沃尔玛这样的几天，而且安全库存基本上为零。

（11）在智能农业中的应用

农业大棚智能监控系统通过实时采集农业大棚内空气温度、湿度、光照、土壤温度、土壤水分等环境参数，根据农作物生长需要进行实时的智能决策，并自动开启或者关闭指定的环境调节设备。通过该系统的部署实施，可以为农业生态信息自动监测、对设施进行自动控制和智能化管理提供科学依据和有效手段。大棚监控及智能控制解决方案是通过可在大棚内灵活部署的各类无线传感器和网络传输设备，对农作物温室内的温度、湿度、光照、土壤温度、土壤含水量、CO_2浓度等与农作物生长密切相关的环境参数进行实时采集，在数据服务器上对实时监测数据进行存储、智能分析与决策，并自动开启或者关闭指定设备（如远程控制浇灌、开关卷帘等）。美国加州大学伯克利分校将若干节点布置在一棵红松上用于观测红松的生长状况。因特尔在俄勒冈州建立了世界上第一个无线葡萄园，无线传感器网络分布在葡萄园中，每隔一分钟检测一次土壤温度，监测节点区域的温度或该地区的有害物质数量，确保葡萄健康成长。劳尔·莫赖斯（Raul Morais）等开发了一种基于 ZigBee 的多电源供电无线装置，用以在葡萄园中协助对葡萄白粉病的预测。

（12）在智能电网中的应用

智能电网涵盖了高级量测体系（Advanced Metering Infrastructure，AMI）、高级配电运行（Advanced Distribution Operation，ADO）、高级输电运行（Advanced Transmission Operation，ATO）和高级资产管理（Advanced Asset Management，AMM），它们之间的密切配合实现智能电网安全稳定地运行、兼容分布式电源、提高电网资产的利用率、提高用户用电的效率、可靠性和电能质量的目标。无线传感器网络在 AMI、ADO、ATO 和 AAM 领域有着广泛的应用。加州大学伯克利分校的研究员认为，如果美国加州将无线传感器网络应用于电力使用状况监控，电力调控中心每年将可以节省 7 亿~8 亿美元。

（13）在特殊环境中的应用

另外，还有一些传感器网络的重要应用领域，例如石油管道通常要经过大片荒无人烟的地区，对管道监控一直是个难题，传统的人力巡查几乎是不可能的事情。而现有的监控产品往往复杂且昂贵。如将无线传感器网络布置在管道上可以实时监控管道情况，有破损或恶意破坏都能在控制中心实时了解。

1.5 WSN 的研究现状

WSN 的研究分为基础研究和应用研究。其中：基础研究——强调理论突破；应用研究——偏重挖掘 WSN 的应用潜能。

1.5.1 WSN 的基础研究

无线传感网络的发展趋势呈现出以低耗自组、异构互连、泛在协同为基本特征的全新形态。传统理论与模型难以描述无线传感网络的传感、异构、无线、移动、泛在和互连，以及单个传感器的能量、存储和计算能力有限的基本特性。WSN 的基础研究将探索无线传感网络内在的基本规律，面向无线传感网络这样一个新的研究对象，以能量、通信、时间和空间复杂性最小化为目标，创建一套新型的理论、方法和技术体系。如：973 计划之 WSN 课题"无线传感网络的基础理论及关键技术研究"就把研究内容聚集在无线传感网络节点系统的体系结构、无线传感网络的自主组网模型与方法、无线传感网络的通信协议、无线传感网络接入互联网的模型与机制、无线传感网络数据管理理论与算法等五个方面。

（1）无线传感网络节点系统的体系结构的研究内容有：①以灵活、高效、可扩展和兼容性为目标的节点新型软硬件体系结构；②以安全性、实时性和低能耗特征为目标的微型操作系统的设计理论与实现方法；③以保证协议及算法的安全存储、运行速度及管理效率为目标的软硬件协同设计理论和实现方法；④无线传感网络分布式环境下协同瘦信号处理的数据特征提取理论模型和对等网络虚拟测量方法。

（2）无线传感网络的自主组网模型与方法的研究内容有：①节点定位模型；②节点时间同步；③自组织型节点的标识问题；④拓扑控制与覆盖。

（3）无线传感网络的通信协议的研究内容有：①满足低能耗开销和有效避免碰撞的 MAC 协议；②建模分析 IEEE 802.15.4 的 MAC 协议的性能；③研究适用于无线传感网络的数据安全传输协议，以实现数据的加密传输、数据源认证等；④研究网络层的包冲突预防机制；⑤传输协议研究；⑥长期网络连通性的研究。

（4）无线传感网络接入互联网的模型与机制的研究内容有：①复合型无线传感网络接入互联网模型；②网关数目和无线传感网络规模关系模型；③多网关动态部署、移动策略、负载均衡、容错机制；④轻量级网关访问控制、数据验证和高效抗 DoS 攻击机制；⑤适用于无线网状传感网络的通信协议；⑥基于无线网状网的传感节点的移动性支持。

（5）无线传感网络数据管理理论与算法的研究内容有：①传感器网络数据的模型；②能源有效的传感器网络数据操作算法；③数据查询（包括即时查询、连续查询、近似查询）优化与处理的理论和算法；④数据挖掘的理论和算法；⑤数据联机分析的理论和算法；⑥支持数据管理的能源有效的路由理论和算法。

1.5.2 WSN 的应用研究

影响无线传感器网络实际应用的因素很多，而且也与应用场景有关，需要在未来的研究中克服这些因素，使网络可以应用到更多的领域。无线传感器网络在实际应用过程中，主要存在着以下需要突破的制约因素。

（1）成本：传感器网络节点的成本是制约其大规模广泛应用的重要因素，需根据具体应用的要求均衡成本、数据精度及能量供应时间。

（2）能耗：大部分的应用领域需要网络采用一次性独立供电系统，因此要求网络工作能耗低，延长网络的生命周期，这是扩大应用的重要因素。

（3）微型化：在某些领域中，要求节点的体积微型化，对目标本身不产生任何影响，或者不被发现以完成特殊的任务。

（4）定位性能：目标定位的精确度和硬件资源、网络规模、周围环境、锚点个数等因素有关，目标定位技术是目前研究的热点之一。

（5）移动性：在某些特定应用中，节点或网关需要移动，导致在网络快速自组上存在困难，该因素也是影响其应用的主要问题之一。

（6）硬件安全：在某些特殊环境应用中，例如海洋、化学污染区、水流中、动物身上等，对节点的硬件要求很高，需防止受外界的破坏、腐蚀等。

1.5.3 WSN 研究的热点问题

目前 WSN 研究的热点问题包括以下。

（1）通信协议

① 物理层通信协议：研究传感器网络的传输媒体、频段选择、调制方式等。

② 数据链路层协议：研究网络拓扑、信道接入方式。拓扑包括平面结构、分层结构、混合结构以及 Mesh 结构；信道接入包括固定分配、随机竞争方式或以上两者的混合方式。

③ 网络层协议：即路由协议的研究，路由协议分为平面和集群两种。平面协议节点地位

平等、简单易扩展，但缺乏管理；集群路由即分簇为簇首和簇成员，便于管理和维护。

④ 传输层协议：研究提供网络可靠的数据传输和错误恢复机制。

（2）网络管理

① 能量管理：研究在不影响网络性能的基础上，控制节点的能耗、均衡网络的能量消耗以及动态调制射频功率和电压。

② 安全管理：研究无线传感器网络的安全问题，包括节点认证，处理干扰信息、攻击信息等。

（3）应用层支撑技术

① 时间同步：针对网络时间同步要求较高情况的应用，例如基于 TDMA 的 MAC 协议和特殊敏感时间监测应用，要求高精度的网络时间同步。

② 定位技术：针对节点定位要求较高情况的应用，基于少数已知节点的位置，研究以最少的硬件资源、最低的成本和能耗定位节点位置的技术。

（4）硬件资源

① 微型化：基于特定应用的要求，研究微型化的节点。

② 低成本：在不影响节点性能情况下，研究降低节点硬件的成本。

③ 新型电源：研究太阳能电源及其他大容量可再生电源，解决制约传感器网络发展应用的能耗问题。

1.6 WSN 的技术标准

目前有很多标准化组织均开展了与传感器网络相关的标准化工作，包括 ISO/IEC JTC1 SGSN（第一联合技术委员会无线传感网络研究组，Joint Technical Committee1 Study Group of Sensor Network）、ITU-T（国际电信联盟电信标准化部门，ITU Telecommunication Standardization Sector）、IETF（互联网工程任务组，The Internet Engineering Task Force）、IEEE 802.15、ZigBee 联盟、IEEE 1451 和 ISA 100 等。由于传感器网络涉及的技术范围很宽，国际上目前还没有比较完备的传感器网络标准规范，各大公司、研究机构在传感器网络的标准方面尚未有共识，在市场上仍有多项标准和技术在争夺主导地位，而这种分散状态不利于市场的增长。

ISO/IEC JTC1 有多个分技术委员会在开展传感器网络的标准化研究工作。其中 SC6（数据通信分技术委员会）中的传感器网络参考模型和安全框架两个提案都已进入第一轮投票阶段；SC31（数据采集）中也提出了传感器网络应用的提案。2009 年年底，为了协调传感器网络标准化工作，ISO/IEC 在 JTC1 下成立了传感器网络工作组 WG7，致力于解决传感网标准化问题，包括：

（1）确定传感器网络的特性以及与其他网络技术的共性和区别；

（2）根据功能划分，建立传感器网络的系统体系结构；

（3）确定组成传感器网络的实体及其特性；

（4）确定可用于传感器网络的现有协议以及传感器网络专有的协议元素；

（5）确定可被认为是传感器网络基础设施的范围；

（6）确定传感器网络需要处理的、获取的、传输的、存储的和递交的数据类型，以及这些不同的数据类型所需要的 QoS 属性；

（7）确定传感器网络需要支持的接口类型；

（8）确定传感器网络需要支持的服务类型；

（9）与传感器网络相关的安全、保密和标识。

图 1-8 给出了 ISO/IEC JTC1 传感器网络标准体系示意图。中国专家参与传感器网络技术报告多项内容的编制工作。2014 年，重庆邮电大学在 ISO/IEC JTC1 WG7 提交了《传感器网络测试框架》国际标准项目，获得国际标准化组织/国际电工委员会第一联合技术委员会（ISO/IEC JTC1）批准立项，重庆邮电大学将牵头《传感器网络测试框架》国际标准的制定。

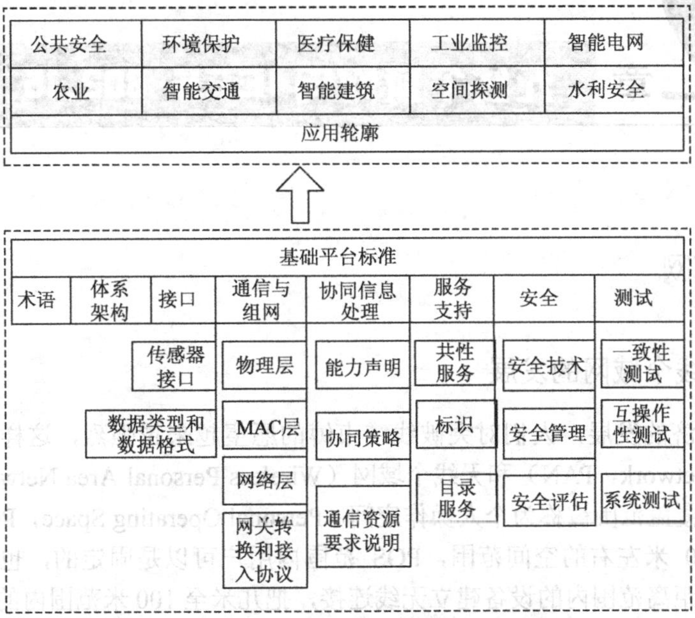

公共安全	环境保护	医疗保健	工业监控	智能电网
农业	智能交通	智能建筑	空间探测	水利安全
应用轮廓				

基础平台标准							
术语	体系架构	接口	通信与组网	协同信息处理	服务支持	安全	测试
		传感器接口	物理层	能力声明	共性服务	安全技术	一致性测试
		数据类型和数据格式	MAC层	协同策略	标识	安全管理	互操作性测试
			网络层		目录服务	安全评估	系统测试
			网关转换和接入协议	通信资源要求说明			

图 1-8　ISO/IEC JTC1 传感器网络标准体系示意图

ITU-T 在下一代网络标准框架中将泛在传感器网络作为其中的一个组成部分，尚处于框架性规划阶段。在 SG13、SG16、SG17 的研究中涉及了传感器网络的应用和服务需求、中间件需求以及安全需求等。

IEEE 802.15.x 系列标准针对短距离无线通信的物理层和介质访问控制层制定标准，其主要目标是为产业界制定短距离无线芯片的标准。ZigBee 联盟主要制定 IEEE 802.15.4 的高层协议，包括：组网、应用规范等。IEEE 1451 系列标准主要制定传感器通用命令和操作集合，同时制定了一系列接口标准，包括模拟传感器接口标准、无线传感器接口标准和执行器接口标准等。

IETF 所开展的两个研究项目与传感器网络有一定的关系，分别是基于低功耗无线个域网的 IPv6 协议和低功耗网络的路由协议。

各标准化组织也都认识到仅靠一个标准化组织制定传感器网络标准是不可能的，因此相关的组织在传感器网络标准研究制定过程中也纷纷建立了联络关系。

第2章 无线个域网与IEEE 802.15.4协议簇

2.1 无线个域网

2.1.1 无线个域网的发展

随着社会经济的发展，人们对突破线缆束缚的愿望越来越强烈，这样就出现了个域网（Personal Area Network，PAN）和无线个域网（Wireless Personal Area Network，WPAN）的概念。个域网的覆盖范围被称为个人操作空间（Personal Operating Space，POS），POS一般是指用户附近10米左右的空间范围，POS范围内用户可以是固定的，也可以是移动的。WPAN网络为近距离范围内的设备建立无线连接，把几米至100米范围内的多个设备通过无线方式连接在一起相互通信，甚至接入LAN或Internet。1998年3月致力于WPAN网络物理层（PHY）和媒体接入层（MAC）标准制定的IEEE 802.15工作组成立。当时IEEE 802.15工作组下设置了7个任务组（TG）。

（1）任务组TG1：制定IEEE 802.15.1标准，又称蓝牙（Bluetooth）标准。蓝牙标准是一种中等速率、近距离的WPAN网络技术，通常用于手机、PDA等设备的短距离通信。

（2）任务组TG2：制定IEEE 802.15.2标准，研究IEEE 802.15.1与 IEEE 802.11 WLAN间的共存问题。

（3）任务组TG3：制定IEEE 802.15.3标准，研究高传输速率无线个人区域网络技术。该标准主要考虑无线个人区域网络在多媒体方面的应用，追求更高的传输速率与服务品质。

（4）任务组TG4：制定IEEE 802.15.4标准，研究低速无线个人区域网络（Low-rate Wireless Personal Area Network，LR-WPAN）技术，先后发展了TG4a、TG4b、TG4c、TG4d、TG4e、TG4g、TG4k共七个分任务组。IEEE 802.15.4工作组把低能耗、低传输速率、低成本作为重点目标，旨在为个人或者家庭范围内不同设备之间的低速互连提供统一的标准。

（5）TG5负责制定IEEE 802.15.5标准，研究无线Mesh技术在WPAN中的应用。

（6）TG6负责制定IEEE 802.15.6标准，主要制定由人体周边配置的各种传感器及器件构成的近距离无线通信技术，又被称为BAN（Body Area Network，人体局域网，简称体域网）。

（7）SGrfid负责研究RFID（Radio Frequency Identification，射频识别）射频技术在WAN中的应用。

IEEE 802.15系列标准基本上是WPAN或近距离无线通信技术的物理层和MAC层的标

准。WPAN 标准结构包括两部分：物理层和 MAC 层由 IEEE 802.15 标准系列定义；网络层、传输层及应用层等上层协议由各自联盟（如 ZigBee、Bluetooth、ISA 100、WIA-PA 等）开发。

IEEE 802.15.4 标准规范的 LR-WPAN 网络是一种结构简单、成本低廉的无线通信网络，它使低电能和低吞吐量的应用环境中使用无线连接成为可能。IEEE 802.15.4 与 WLAN 相比，LR-WPAN 网络只需很少甚至不需要基础设施。802.15.4 标准吸引了工业与学术界的大量关注，Zigbee 直接采用 802.15.4 标准作为其物理层、MAC 层标准。大量的工业物联网标准如 ISA100、WIA-PA、Wireless Huart 都以 802.15.4 标准为基础进行扩展增强。随着应用及研究的不断发展，IEEE 802.15.4 工作组又相继推出了 802.15.4a、802.15.4c、802.15.4d、802.15.4e、802.15.4f、802.15.4g 等一系列扩展标准，不断适应工业物联网技术和应用发展的需要。

2.1.2　IEEE 802.15 系列标准

无线个域网标准结构包括两部分，其中物理层和 MAC 层由 IEEE 802.15 标准系列定义，网络层、安全层及应用层等上层协议由各自联盟开发。为此，IEEE 802.15 的系列标准基本上是 WPAN 或近距离无线通信技术的物理层和 MAC 层的标准。

（1）IEEE 802.15.1

IEEE 802.15.1 标准是由 IEEE 与蓝牙特别兴趣小组（SIG，Special Interest Group）合作共同完成的。源于蓝牙 v1.1 版的 IEEE 802.15.1 标准已于 2002 年 4 月 15 日由 IEEE-SA 的标准部门批准成为一个正式标准，它可以同蓝牙 v1.1 完全兼容。IEEE 802.15.1 是用于无线个人网络的无线媒体接入控制（MAC）和物理层（PHY）规范。标准的目标在于在个人操作空间（Personal Operation Space，POS）内进行无线通信。

IEEE 802.15.1 描述了在 WPAN 中的设备操作所要求的功能和服务，以及支持 ACL（Asychronous Connectionless Link，异步无连接链路）和 SCO（Synchronous Connection Oriented link，同步面向连接链路）链路交换服务的 MAC 过程。IEEE 802.15.1 的工作主要在 PHY 层和 MAC 层，对应于 ISO OSI（International Organization for Standards，国际标准化组织）Open System Interconnect（开放式系统互联）参考模型的物理层和数据链路层，它确定了蓝牙无线技术的传输层（L2CAP（Logical Link Control and Adaption Protocol，逻辑链路控制和适配协议）、LMP（Link Manager Protocol，链路管理协议）、基带和无线接口），为便携个人设备在短距离内提供一种简单、低功耗的无线连接，支持设备之间或在个人操作空间中的互操作性。它所支持的设备包括计算机、打印机、数码相机、扬声器、耳机、传感器、显示器、传呼机和移动电话等。

IEEE 802.15.1 描述蓝牙规范的低层（MAC 层或物理层）。为了达到系统间无线通信的互操作性，并定义系统的质量，IEEE 802.15.1 还规定了 MAC 层控制的 2.4GHz ISM 频段物理层信令和接口功能。

（2）IEEE 802.15.2

2003 年 8 月批准的 IEEE 802.15.2 就是解决 WPAN 与 WLAN 之间共存的标准。IEEE 802.15 TG2 提出的 IEEE 802.15.2 标准，不仅制定了一个共存模型以量化 WLAN 和 WPAN 的共享冲突，同时还制定了一套共享机制以促进 WLAN 和 WPAN 设备的共存。因此，IEEE 802.15.2 实际上是一个策略建议，推荐了一系列解决 WPAN 与 WLAN 之间互扰的技术策略和方法，这些技术基本上可以分为两大类：协同共存（collaborative coexistence）策略和非协同共存（non-collaborative coexistence）策略。具体选用哪种技术取决于所处的操作环境。

（3）IEEE 802.15.3

IEEE 802.15.3 是针对高速无线个域网制定的无线介质接入控制层（MAC）和物理层规范，它允许无线个域网在家中连接多达 245 个无线应用设备，传输速度可达 11～55Mbit/s，适合多媒体传输，有效距离可达 100m，高速 WPAN 的主要目标是解决个人空间内各种办公设备及消费类电子产品之间的无线连接，以实现信息的快速交换、处理、存储等，其应用场合包括办公室、家庭。

IEEE 802.15.3 标准可与其他 IEEE 802.15 无线个域网标准共存，也可与 IEEE 802.11 系列标准共存。2003 年 8 月批准的 IEEE 802.15.3 规定的 MAC 层和 PHY 层特性有：11、22、33、44 和 55Mbit/s 的数据率；同步协议的服务质量；特别对等网络；安全性；低功耗；低成本，为低成本、低功耗、高速率的便携设备用户提供多媒体和数字图像等方面的应用要求。随着高速 WPAN 引用范围的扩展，IEEE 802.15.3 标准系列也得到了相应的发展。其中，IEEE 802.15 TG3a 任务组于 2002 年 12 月获得 IEEE 批准正式开展工作，TG3a 主要研究 110Mbit/s 以上速率的图像和多媒体的传输。IEEE 802.15 TG3b 主要研究对 802.15.3 的 MAC 层进行维护，改善其兼容性与可实施性。IEEE 802.15 TG3c 任务组主要研究 WPAN 802.15.3-2003 标准规定的毫米波物理层的替代方案，这种毫米波 WPAN 将工作于一个全新的频段（57～64 GHz），它可以实现与其他 802.15 标准更好的兼容性。

（4）IEEE 802.15.4

IEEE 802.15.4 工作组于 2000 年 12 月成立。IEEE 802.15.4 规范是一种经济、高效、低数据速率（低于 250kbit/s）、工作在 2.4GHz 的无线技术（欧洲 868MHz，美国 915MHz），用于个域网和对等网状网络。支持传感器、远端控制和家用自动化等，不适合传输语音，通常连接距离小于 100m。802.15.4 不仅是 ZigBee 应用层和网络层协议的基础，也为无线 HART、ISA100、WIA-PA 等工业无线技术提供了物理层和 MAC 层协议。同时 IEEE 802.15.4 还是传感器网络使用的主要通信协议规范。

IEEE 802.15.4 提供低于 0.25Mbit/s 数据率的 WPAN 解决方案。这一方案的能耗和复杂度都很低，电池寿命可以达到几个月甚至几年。潜在的应用领域有家庭自动化、工业控制、医疗监护、安全与风险控制遥控玩具、智能徽章和遥控器等，他们对成本和功耗的要求很高，在很多应用中还要求提供精确的距离或定位信息。IEEE 802.15.4-2003 规定的特性有：250kbit/s、40kbit/s 和 20kbit/s 的数据率；两种寻址方式——短 16bit 和 64bit 寻址；支持可能的使用装置，如游戏操纵杆；CSMA-CA 信道接入；由对等设备自动建立网络；用于传输可靠性的握手协议；保证低功耗的电源管理；2.4GHz ISM 频段上 16 个信道，915MHz 频段上 10 个信道以及 868MHz 频段上 1 个信道。2003 年公布第一个 IEEE 802.15.4 标准以来，已经发展成为 IEEE 802.15.4 标准协议簇。

（5）IEEE 802.15.5

IEEE 802.15.5 主要研究如何使 WPAN 的物理层和 MAC 子层支持网状网。个域网中的网状网络主要包括两种连接结构，即全网状拓扑结构和部分网状拓扑结构。在全网状拓扑结构中，每一个节点都直接和任何其他节点互连；在部分网络拓扑结构中，部分节点可以与其他所有的节点互连，而其他的一些节点只能和数据变化量最大的节点互连。网状网络在 WPAN 中的应用具有很高的实践意义，网状网络可以在不增加传输能力或不提高接收灵敏度的情况下拓展网络的范围，可以通过增加迂回路由的方式来提高网络的可靠性；具有更简单的网络组成结构；可以通过减少重发射的次数来增加设备电池的寿命。

2.1.3　IEEE 802.15.4 协议簇

目前，802.15.4 标准协议簇中各成员标准及主要目标如下。

（1）IEEE 802.15.4a——物理层为超宽带的低功耗无线个域网技术

IEEE 802.15.4a 标准致力于提供无线通信和高精确度的定位功能（1 米或 1 米以内的精度）、高总吞吐量、低功率、数据速率的可测量性、更大的传输范围、更低的功耗、更低廉的价格等。这些在 IEEE 802.15.4-2003 标准上增加的功能可以提供更多重要的新应用，并拓展市场。

（2）IEEE 802.15.4b——低速家用无线网络技术

IEEE 802.15.4b 标准致力于为 IEEE 802.15.4-2003 标准制定相关加强和解释，例如消除歧义、减少不必要的复杂性、提高安全密钥使用的复杂度，并考虑新的频率分配等。目前，该标准已经于 2006 年 6 月提交为 IEEE 标准并发布。

（3）IEEE 802.15.4c——中国特定频段的低速无线个域网技术

IEEE 802.15.4c 标准致力于对 IEEE 802.15.4-2006 物理层进行修订，发表后将添加进 802.15.4™-2006 标准和 IEEE 802.15.4a™-2007 标准修正案。这一物理层修订案是针对中国已经开放使用的无线个域网频段 314～316MHz、430～434 MHz 和 779～787MHz。IEEE 802.15.4c 确定了 779～787 MHz 频带在 IEEE 802.15.4 标准的应用及实施方案。与此同时，IEEE 802.15.4c 还与中国无线个人局域网标准组织达成协议，双方都将采纳多进制相移键控（MPSK）和交错正交相移键控（O-QPSK）技术作为共存、可相互替代的两种物理层方案。目前，IEEE 802.15.4c 标准已于 2009 年 3 月 19 日被 IEEE-SA 标准委员会批准，正式成为 IEEE 802.15.4 标准簇的新成员。

（4）IEEE 802.15.4d——日本特定频段的低速无线个域网技术

IEEE 802.15.4d 标准致力于定义一个新的物理层和对 MAC 层的必要修改以支持在日本新分配的频率（950～956MHz）。该修正案应完全符合日本政府条例所述的新的技术条件，并同时要求与相应频段中的无源标签系统并存。

（5）IEEE 802.15.4e——MAC 层增强的低速无线个域网技术

IEEE 802.15.4e 标准是 IEEE 802.15.4-2006 标准的 MAC 层修正案，目的是提高和增加 IEEE 802.15.4-2006 的 MAC 层功能，以便更好地支持工业应用以及与中国无线个域网标准（WPAN）兼容，包括加强对 Wireless HART 和 ISA100 的支持。

（6）IEEE 802.15.4f——主动式 RFID 系统网络技术

IEEE 802.15.4f 标准致力于为主动式射频标签 RFID 系统的双向通信和定位等应用定义新的无线物理层，同时也对 IEEE 802.15.4-2006 标准的 MAC 层进行增强以使其支持该物理层。该标准为主动式 RFID 和传感器应用提供一个低成本、低功耗、灵活、高可靠性的通信方法和空中接口协议等，将为在混合网络中的主动式 RFID 标签和传感器提供有效的、自治的通信方式。

（7）IEEE 802.15.4g——无线智能基础设施网络技术

IEEE 802.15.4g 是智能基础设施网络（Smart Utility Networks，SUN）技术标准，该标准致力于建立 IEEE 802.15.4 物理层的修正案，提供一个全球标准以满足超大范围的过程控制应用需求。例如可以使用最少的基础建设以及潜在的许多固定无线终端建立一个大范围、多地区的公共智能电网。

（8）IEEE 802.15.4k 标准

IEEE 802.15.4k 标准致力于制定低功耗关键设备监控网络（LECIM）。主要应用于大范围内的关键设备，如电力设备、远程抄表等的低功耗监控。为了减少基础设施的投入，IEEE 802.15.4k 工作组选择了星型网络作为拓扑结构。每个 LECIM 网络由 1 个基础设施和大量的低功耗监控节点（大于 1 000 个）构成。IEEE 802.15.4k 标准目前已经发布，物理层采用了分片技术以降低能耗，而在 MAC 层大量采用了 IEEE 802.15.4e 的 MAC 层机制，并进行了相应的修改。

2.2 IEEE 802.15.4 标准

2.2.1 IEEE 802.15.4 网络拓扑结构

在 IEEE 802.15.4 LR-WPAN 网络中，无线设备按照功能分为全功能设备（FFD）和简化功能设备（RFD）两种类型。FFD 设备可以与多个 RFD 设备和其他的 FFD 设备通信，因此需要较多的计算资源、存储空间和电能。而 RFD 设备只需要与特定的 FFD 设备进行特定的信息交互，因此可以采用低成本设备实现。

IEEE 802.15.4 网络中的节点分为 3 种角色：PAN 协调器（PAN Coordinator）、协调器（Coordinator）和终端设备。如图 2-1 所示，一个 IEEE 802.15.4 网络由唯一的 PAN 协调器、多个协调器（0~N 个）和一定数量的终端节点构成。每个设备由全球唯一的 64 位扩展地址进行标识，在加入 PAN 网络之后，设备通过协调器可以获得一个 16 位的短地址。在 PAN 协调器建立一个 PAN 之后，通过该协调器加入 PAN 的节点同时获得一个 16 位的 PANID。通过 PANID+ShortAddress 的方式可以对网络中的设备进行寻址。

IEEE 802.15.4 网络支持星型拓扑和对等拓扑。采用星型拓扑结构的 PAN 中，设备只能与 PAN 协调器进行直接的通信。在对等的拓扑网络结构中，任何一个设备只要是在它的通信范围之内，就可以和其他设备进行通信，因此能构成较为复杂的网络结构，例如 MESH 结构。对等网络的路由协议可以基于 Ad Hoc 技术，通过多个中间设备中继的方式进行传输，即通常称为多跳的传输方式，以增大网络的覆盖范围。作为一种特例可以构成一种如图 2-2 所示的簇树结构。

在建立一个簇树时，PAN 协调器将自身设置成簇标识符（CID）为 0 的簇头（Cluster Head），同时选择一个没有使用的 PAN 标识符，并广播信标帧。接收到信标帧的候选设备可以再请求加入该网络，如果加入成功，那么 PAN 协调器会将该设备作为子节点加到它的邻居表中。同时，请求加入的设备将 PAN 主协调器作为它的父节点加到邻居表中，成为该网络的一个从设备。第一簇网络满足预定

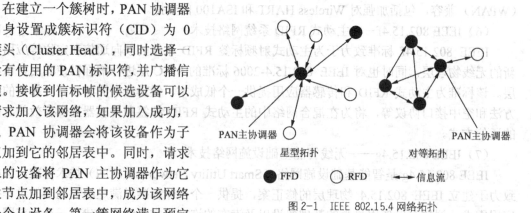

图 2-1　IEEE 802.15.4 网络拓扑

的应用或网络需求时，PAN 主协调器将会指定一个从设备为另一簇新网络的簇头，随后其他

的从设备将逐个加入，最终形成一个多簇网络。

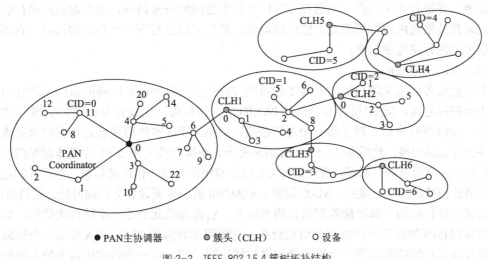

PAN主协调器　　簇头（CLH）　　设备

图 2-2　IEEE 802.15.4 簇树拓扑结构

2.2.2　IEEE 802.15.4 协议层次结构

在 IEEE 802 系列标准中，OSI 参考模型的数据链路层进一步划分为 MAC 和 LLC 两个子层。MAC 子层使用物理层提供的服务实现设备之间的数据帧传输，而 LLC 子层在 MAC 子层的基础上，在设备间提供面向连接和非面向连接的服务。IEEE 802.15.4 的协议层次结构如图 2-3 所示，该标准定义了低速无线个域网络的物理层和 MAC 层协议。其中在 MAC 子层以上的特定服务器的业务相关聚合子层（Service Specific Convergence Sublayer，SSCS）、链路控制子层（Logical Link Control，LLC）是 IEEE 802.15.4标准可选的上层协议，并不在 IEEE 802.15.4 标准的定义范围之内。SSCS 为 IEEE 802.15.4 的 MAC 层接入 IEEE 802.2标准中定义的 LLC 子层提供聚合服务。LLC 子层可以使

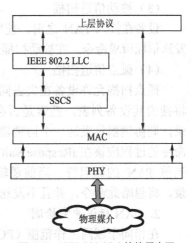

图 2-3　IEEE 802.15.4 协议层次图

用 SSCS 的服务接口访问 IEEE 802.15.4 网络，为上层协议（如应用层）提供链路层服务。LLC子层的主要功能：保障传输可靠性、控制数据包的分段和重组等。

2.2.3　IEEE 802.15.4 网络形成与维护

1. 信道扫描

PAN 的建立、运行、管理和维护都需要在特定的物理信道（Channel）上运行。PAN 协调器选择尚未使用、信道质量好的信道进行通信可以保证网络的畅通，为用户提供良好的服务质量。所有的设备都应该能够对所规定的一系列信道进行扫描。MAC 层的协议上层可以从节点所支持的信道中指定需要扫描的信道列表。用户可以根据需要选择合适的信道扫描类型。

（1）ED 信道扫描

能量检测获得每一个所扫描信道的峰值能量。在能量检测扫描期间，MAC 层丢弃所有

物理层数据服务传来的帧信息。对于每一个逻辑信道，MAC 管理实体通过设置相应的当前物理信道，并进行信道切换。然后在 2^n+1 个基本超帧的符号期间，重复对信道进行能量检测，记录在此期间内所得到的最大能量检测值。然后开始进行下一个信道的扫描，直到对所有的信道都进行完能量扫描。

（2）主动信道扫描

全功能设备使用主动扫描，对其工作范围 POS 内任何协调器广播的信标帧进行扫描。开始主动扫描之前，MAC 层存储当前的 PANID 值，然后将该值设置为 0xFFFF，使接收滤波器工作，接收所有信标。对于每一个逻辑信道，MAC 管理实体通过设置相应的当前物理信道，并进行信道切换，然后发送一个信标请求命令。使接收机工作 2^n+1 个基本超帧的符号周期，设备将丢弃所有非信标帧，并记录 PAN 描述符中所有唯一信标的信息。然后开始进行下一个信道的扫描。扫描完成后，MAC 层将 macPANId 的值重新设置为扫描开始之前的值。

如果支持信标的协调器接收到信标请求命令，它将忽略此命令并继续传送信标。如果不支持信标的 PAN 的协调器接收到此请求命令，它将用非时隙的 CSMA-CA 传送一个信标帧。

当发现信标帧的数量等于上限或者信道扫描达到时间，在一个特定信道上的主动扫描将结束；如果满足后一个条件，认为信道已经扫描。如有可能，将重复扫描每一个信道。当 PAN 描述器存储的数量等于协议规范的最大值或者已经扫描每一个信道后，全部扫描结束。

（3）被动信道扫描

设备在接入 PAN 之前，使用被动信道扫描。被动扫描过程与主动扫描类似，只是设备不发送信标请求命令。在被动扫描过程中，MAC 层丢弃所有物理层数据服务接收的非信标帧。

（4）孤点信道扫描

孤点扫描允许设备在失去同步以后重新锁定协调器。如果协调器接收到孤立通告命令，将搜索其设备列表，搜索是否存在发送该命令的设备。如果协调器搜索到存在该设备的记录，则协调器将发送一个协调器重新连接命令给孤立设备。搜索设备和发送协调器重新连接命令的过程应该在 aRespnseWaitTime 个符号周期内完成。协调器的重新连接命令应该包含其当前 PAN 的标识符、当前逻辑信道和孤立设备的短地址。如果协调器没有发现设备的记录，将忽略此命令，并且不发送协调器重新连接命令。

2. PAN 标识冲突检测

在相同个域网工作范围（POS）中的两个设备可能会存在具有相同 PAN 标识符的情况。如果发生这种冲突，协调器和它的设备将进行 PAN 标识符冲突解决过程。协调器检测到 PAN 标识符冲突后，首先执行主动扫描，然后利用扫描所得到的信息，选择新的 PAN 标识符。然后协调器广播包含新 PAN 标识符的协调器重新连接命令。此标识符中的源 PAN 标识符域等于 macPANId 中的值。一旦发出协调器重新连接命令，协调器将把 macPANId 设置为新的 PAN 标识符。

设备检测到 PAN 标识符冲突后，产生一个 PAN ID 冲突通告命令并将其发送给 PAN 协调器。如果 PAN 协调器正确接收到 PANID 冲突通告命令，则发送确认帧以确认接收。PAN 协调器按上述过程来解决冲突问题。

3. IEEE 802.15.4 个域网启动

经过主动扫描，并且选择好合适的 PAN 标识符之后，PAN 协调器开启个域网的运行。MAC 层将设置 phyCurrentChannel 中的逻辑信道和 macPANID 中的 PAN 标识符。全功能设备既可以作为新的 PAN 协调器，也可以作为已建 PAN 的设备来发送信标帧，最近发送信标的时间都被记录在 macBeaconTxTime 中，并且经过计算使这些值位于每一个信标帧中相同的符号边界上。如果一个 FFD 设备不是 PAN 的协调器，则只有当它成功地连接到网络之后，才可以开始发送信标帧。所有的信标帧应该在每一个超帧开始的时隙发送，发送间隔等于 aBaseSuperframeDuration×2n 符号，n 为 macBeaconOrder 值。

4. 设备的连接和断开连接

首先，设备在完成信道扫描后，通过信道扫描所得到工作范围内存在的 PAN 信息，选择想要加入的 PAN。只有当 PAN 协调器允许设备加入（macAssociationPermit 设置为 TRUE）时，设备才会试图进行连接。

在选择了所连接的 PAN 之后，上层将请求 MAC 层管理实体对有关物理层和 MAC 层的 PIB 属性进行如下配置。

phyCurrentChannel 设置为所连接的逻辑信道。

macPANId 设置为所连接的 PAN 标识符。

macCoordExtendedAddress 或 macCoordiShortAddress 根据要连接的协调器信标帧将其设置为相应的值。

未连接设备向 PAN 协调器发送连接请求命令（MLME-ASSOCIATE.request）来初始化连接过程。如果协调器正确接收该连接请求命令，将发送一个确认帧来确认接收。如果协调器发现此设备之前已经连接在本 PAN 上，则将删除所有之前所获得的设备信息。如果有足够的资源，协调器将给设备分配短地址，其范围根据协调器所支持的寻址模式而定。产生的连接响应命令中包含新的地址和表示成功连接的状态。如果没有足够的资源，协调器将产生一个包含表示失败状态的连接响应命令。

当协调器希望一个设备离开时，它将以间接发送的方式给设备发出断开连接通告命令，即断开连接通告命令帧增加到协调器存储的未处理列表中。如果设备请求和正确地接收到了断开连接通告命令，将发送一个确认帧来确认接收。即使协调器没有收到确认，也认为设备已经断开。

如果连接的设备要离开 PAN，将给协调器发送断开通告命令。如果断开通告命令被协调器正确接收，协调器将发送一个确认帧来确认接收。同样，即使设备没有收到确认，也认为已经与 PAN 断开。

2.2.4　IEEE 802.15.4 标准的超帧结构与信标

（1）超帧

在 IEEE 802.15.4 中，可以选用以超帧为周期组织低速率无线个域网络（LR-WPAN）内设备间的通信。每个超帧都以网络协调器发出信标帧（beacon）为起始，在这个信标帧中包含了超帧将持续的时间以及对这段时间的分配等信息。超帧是指时隙的集合，是按照周期不断循环的动态实体。网络中的普通设备接收到超帧开始时的信标帧后，就可以根据其中的内容安排自己的任务，例如进入休眠状态直到这个超帧结束。

超帧将通信时间划分为活跃和不活跃两个部分（见图 2-4）。在不活跃期间，PAN 网络中的设备不会相互通信，从而可以进入休眠状态以节省能量。超帧的活跃期间划分为三个阶段：信标帧发送时段、竞争访问时段（Contention Access Period，CAP）和非竞争访问时段（Contention-Free Period，CFP）。超帧的活跃部分被划分为 16 个等长的时槽，每个时槽的长度、竞争访问时段包含的时槽数等参数都由协调器设定，并通过超帧开始时发出的信标帧广播到整个网络。

在超帧的竞争访问时段，IEEE 802.15.4 网络设备使用带时槽的 CSMA-CA 访问机制，并且任何通信都必须在竞争访问结束前完成。在超帧的非竞争时段，PAN 主协调器为每一个设备分配时槽。时槽数目由设备申请时指定。如果申请成功，申请设备就拥有了指定的时槽数目。图 2-4 中的第一个 GTS 由 11～13 构成，第二个 GTS 由 14、15 构成。每个 GTS 中的时槽都指定分配了时槽给申请设备，因而不需要竞争信道。IEEE 802.15.4 标准要求任何通信都必须在自己分配的 GTS 内完成。

图 2-4　超帧结构

超帧中规定非竞争时段必须跟在竞争时段后面。竞争时段的功能包括网络设备可以自由收发数据、域内设备向协调者申请 GTS 时段、新设备加入当前 PAN 网络等。非竞争阶段由协调器指定发送或者接收数据包。如果某个设备在非竞争阶段一直处在接收状态，那么拥有 GTS 使用权的设备就可以在 GTS 阶段直接向该设备发送消息。

（2）信标网络

在信标使能（Beacon enable）IEEE 802.15.4 PAN 网络中，允许有选择性地使用超帧结构。超帧由网络信标来限定，并由主协调器发送。一个 IEEE 802.15.4 超帧分为 16 个大小相等的时隙。其中，第一个时隙为 PAN 的信标时隙，信标主要用于使各从设备与主协调器同步、识别 PAN 以及描述超帧的结构。在信标帧之后，紧接着竞争访问时段（CAP）。在竞争访问时段内任何设备想要和其他的设备通信则需要使用时隙 CSMA/CA（Slotted CSMA/CA）或者是 ALOHA 机制。

对于低时延和要求特定数据带宽的应用，PAN 协调器分配超帧活动期的一部分（GTS，Guarranted TimeSlot）给设备。PAN 协调器最多可以分配 7 段 GTS，并且一个 GTS 可以拥有多个时隙。所有的 GTS 构成了非竞争访问时段（CFP）。为了保证网络设备和希望加入网络的新设备竞争接入的机会，必须保证足够的 CAP。CFP 开始于 CAP 结束之后的时隙边界。在 CFP 内数据的传输将不使用 CSMA/CA 访问机制，每个设备必须保证在 GTS 边界到来之前完成传输。

PAN 协调器通过发送信标帧实现对超帧的限定，通常超帧分为激活部分和非激活部分。图 2-4 所示的超帧结构由表 2-1 中的 MAC 层常量或属性值描述。

表 2-1　　　　　　　　　　　　　　**超帧结构相关常量/属性**

常量/属性名称	取值范围	描　　述
aBaseSlotDuration	60	当超帧阶数 SO 为零时，构成一个基本超帧时隙的符号（symbol 数）
aBaseSuperframeDuration	aBaseSlotDuration×aNumSuperframeSlots	构成基本超帧的符号数目

常量/属性名称	取 值 范 围	描　　　述
aNumSuperframeSlots	16	任何超帧中包含的时隙数目
macBeaconOrder	0～15	信标阶数（BO），表明信标以什么样的频率发送
macSuperframeOrder	0～15	超帧阶数（SO），表明协调器发出的超帧中活动部分的长度

超帧间隔 SD=aBaseSuperframeDuration×2^{SO}symbols

信标间隔 BI=aBaseSuperframeDuration×2^{BO}symbols

对于信标使能的 PAN，一个非 PAN 协调器的全功能设备作为协调器使用时需要同时维护自身协调器的信标（接收超帧，incoming superframe）中超帧的定时，以及全功能设备自身所发送信标构建的超帧中的定时。非 PAN 协调器的全功能设备在发送信标时需要保证自身发送信标的时隙与接收信标的时隙不重叠，如果重叠设备将停止发送信标帧。在同一个 PAN 中所有协调器构建的超帧必须具有相等的信标阶数和超帧阶数。接收超帧与发送超帧的关系如图 2-5 所示。

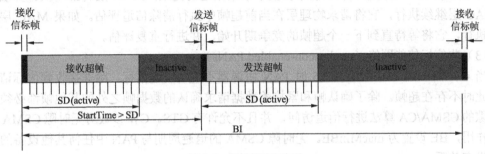

图 2-5　超帧接收和发送

在 MAC 层接收到物理层传递来的数据后，需要一定的时间进行处理。因此来自于同一设备的两个相邻的帧至少间隔一个帧间隔 IFS（见图 2-6）。如果需要响应，那么上一次传输的响应与下一次传输之间的时间间隔为 IFS。IFS 时间的长短决定于已发送帧的大小。如果发送帧小于 aMaxSIFSFrameSize 规定的长度，那么采用一个短的 IFS（长度为 macSIFSPeriod）就可以。如果发送帧长于 aMaxSIFSFrameSize，那么采用一个长的 IFS（长度为 macLIFSPeriod）。

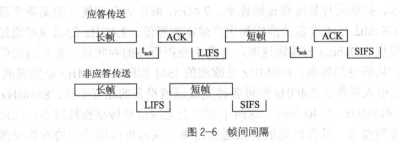

图 2-6　帧间间隔

在信标使能 PAN 中，在 CAP 阶段采用时分 CSMA/CA 算法，在 CAP 阶段进行 CSMA/CA 访问时需要考虑帧间间隔的需要。

在 CSMA/CA 中都采用称为退避周期的时间段来实现 CSMA 算法，一个退避周期等于 aUnitBackoffPeriod。在时隙的 CSMA 中，每一个设备的退避周期边界都与 PAN 协调器超帧时隙的边界一致，即每个设备第一个退避周期的起始与信标传送起始的时间一致。MAC 层应确保物理层在退避周期边界开始传输信息。每一个设备为发送任务保持 3 个变量：NB、CW 和 BE。NB 是在执行当前发送任务时，执行 CSMA 算法所需要进行退避的次数；在每次执行新的发送之前，这个值初始化为 0。CW 是竞争窗口长度，在传送开始之前确定实现信道活动空闲之前退避的次数；在每次传送开始之前，这个值初始化为 2，并且在每次信道访问为忙的时候，复位为 2，CW 变量只用于时隙 CSMA。BE 是退避指数，设备在试图访问信道之前，需要等待的退避周期。

在时隙 CSMA/CA 系统中，电池寿命扩展域设置为 0 时，MAC 层应该确保在随机退避之后剩余的 CSMA 操作能够完成，并且整个任务能够在 CAP 结束之前完成传送。如果退避周期次数大于竞争期中剩余的退避周期次数，MAC 层将在竞争期结束时，暂停退避的倒计数，并在下一个超帧竞争期开始时重新启动计数。如果退避周期次数小于或者等于竞争期中剩余的退避周期次数，MAC 层将使用其退避延时，并评估是否继续执行。如果剩余的 CSMA 算法步骤、帧传输和确认能够在竞争期结束之前完成，MAC 层将继续执行算法；如果 MAC 层继续执行，它将请求物理层在当前超帧中执行清除信道评估。如果 MAC 层不能继续执行，它将等待直到下一个超帧的竞争期开始，并进行重复评估。

（3）非信标使能网络（nonbeacon-enabled PANs）

当 macBeaconOrder 设置为 15 时 PAN 协调器不主动发送信标，除非接收到信标请求命令，此时不存在超帧。除了确认帧和紧接着数据请求确认的数据帧之外的其他帧都必须使用无时隙的 CSMA/CA 算法进行信道访问，并且不允许有 GTS。CW 参数对无时隙 CSMA 算法不起作用，BE 设置为 macMinBE。无时隙 CSMA 的退避周期与 PAN 中任何其他设备的退避周期没有关系。

2.3 IEEE 802.15.4 物理层

2.3.1 物理层结构模型

IEEE 802.15.4 定义了 2.4GHz 和 868/915MHz 两个物理层标准，它们都基于直接序列扩频（Direct Sequence Spread Spectrum，DSSS），使用相同的物理层数据包格式，区别在于工作频率、调制技术、扩频码片长度和传输速率。2.4GHz 波段为全球统一的无需申请的 ISM 频段，有助于 IEEE 802.15.4 设备的推广和生产成本的降低。2.4GHz 的物理层通过采用高阶调制技术能够提供 250kbit/s 的传输速率，有助于获得更高的吞吐量、更小的通信时延和更短的工作周期，从而更加省电。868MHz 是欧洲的 ISM 频段，915MHz 是美国的 ISM 频段，这两个频段的引入避免了 2.4GHz 附近各种无线通信设备的相互干扰。868MHz 的传输速率为 20kbit/s，916MHz 是 40kbit/s。这两个频段上无线信号传播损耗较小，因此可以降低对接收机灵敏度的要求，获得较远的有效通信距离，从而可以用较少的设备覆盖给定的区域。

物理层提供了介质接入控制层（MAC）与无线物理通道之间的接口，PHY 包括管理实体，叫作 PLME，这个实体提供调用层管理功能的层管理服务接口。PLME 也负责处理有关

PHY 的数据库。这个数据库作为 PHY PAN（Personal Area Network）信息部分（PIB，PAN Information Base）。PHY 经两个服务访问点（SAP）提供服务，访问 PD-SAP PHY（PHY Data-SAP）的 PHY 数据服务和访问 PLME SAP（PLME-SAP）PHY 管理服务。图 2-7 描述了 PHY 的组成和接口。

物理层定义了物理无线信道和 MAC 子层之间的接口，提供物理层数据服务和物理层管理服务。物理层数据服务从无线物理信道上收发数据，物理层管理服务维护一个由物理层相关数据组成的数据库。

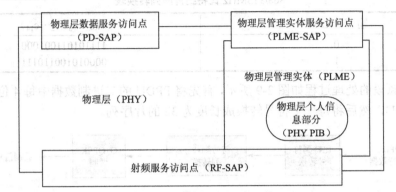

图 2-7　物理层结构模型

（1）物理层的载波调制

PHY 层定义了三个载波频段用于收发数据。在这三个频段上发送数据在使用的速率、信号处理过程以及调制方式等方面存在一些差异。三个频段总共提供 27 个信道（channel）；868MHz 频段 1 个信道，915MHz 频段 10 个信道，2.4GHz 频段 16 个信道。具体分配如表 2-2 所示。

表 2-2　　　　　　　　　　　　　　载波信道特性一览表

PHY（MHz）	频段（MHz）	序列扩频参数		数 据 参 数		
		片速率（kchip/s）	调制方式	比特速率（kbit/s）	符号速率（ksymbol/s）	符号（symbol）
868/915	868～868.6	300	BPSK	20	20	二进制
	902～928	600	BPSK	40	40	二进制
2 450	2 400～2 483.5	2 000	O-QPSK	250	62.5	十六进制

在 868MHz 和 915MHz 两个频段上，信号处理过程相同，只是数据速率不同。处理过如图 2-8 所示，首先将物理层协议数据单元（PHY Protocol Data Unit，PPDU）的二进制数据差分编码，然后在将差分编码后的每一个位转换为 15 的片序列（Chip Sequence），最后使用 BPSK 调制到信道上。

图 2-8　868/915MHz 频段的调制过程

差分编码是将每一个原始比特与前一个差分编码生成的比特进行异或运算：

$E_n=R_n \oplus E_{n-1}$，其中 E_n 是差分编码的结果，R_n 位是要编码的原始比特，E_{n-1} 是上一次差分编码的结果。对于每个发送的数据包，R_1 是第一个原始比特，计算 E_1 时假定 $E_0=0$。差分解码过程与编码过程类似：$R_n=E_n \oplus E_{n-1}$，对于每个接收到的数据包，E_1 为第一个需要解码的比特，E_1 计算时假定 $E_0=0$。

差分编码以后，接下来的是直接序列扩频。每一个比特被转换为长度为 15 的 PN 序列。扩频过程按表 2-3 进行，扩频后的序列使用 BPSK 调制方式调制到载波上。

表 2-3   868/915MHz 比特到片序列转换表

输 入 比 特	片值（$c_0 c_1 c_2 \cdots c_{14}$）
0	111101011001000
1	000010100110111

2.4GHz 频段的处理过程如图 2-9 所示，首先将 PPDU 的二进制数据中每 4 位转换为一个符号（symbol），然后将每一个符号转换成长度为 32 的片序列。

图 2-9   2.4GHz 频段的调制过程

在把符号转换为片序列时，用符号在 16 个近似正交的伪随机噪声序列中选择一个作为该符号的片序列，表 2-4 是符号到伪随机噪声序列的映射表，这是一个直接序列扩频的过程。扩频后，信号通过 O-QPSK 调制方式调制到载波上。

表 2-4   2.4GHz 符号到片序列映射表

输 入 比 特	二进制符号 （$b_0 b_1 b_2 b_3$）	序列值 （$c_0 c_1 c_2 \cdots c_{30} c_{31}$）
0	0000	11011001110000110101001000101110
1	1000	11101101100111000011010100100010
2	0100	00101110110110011100001101010010
3	1100	00100010111011011001110000110101
4	0010	01010010001011101101100111000011
5	1010	00110101001000101110110110011100
6	0110	11000011010100100010111011011001
7	1110	10011100001101010010001011101101
8	0001	10001100100101100000011101111011
9	1000	10111000110010010110000001110111
10	0101	01111011100011001001011000000111
11	1101	01110111101110001100100101100000
12	0011	00000111011110111000110010010110
13	1011	01100000011101111011100011001001
14	0111	10010110000001110111101110001100
15	1111	11001001011000000111011110111000

（2）物理层的帧结构

图 2-10 描述了 IEEE 802.15.4 标准物理层数据帧格式。

4 字节	1 字节	1 字节		长度可变
前导码（preamble）	SFD	帧长度（7 比特）	保留位	PSDU
同步头		物理帧头		PHY 负载

图 2-10　物理帧结构

IEEE 802.15.4 的物理层协议数据单元由如下字段构成。

① SHR 同步码：由前同步码和帧定界符组成，收发机根据前同步码引入的消息，可获得码同步和符号同步的信息。SHR 前同步码由 32 比特二进制数组成。允许接收设备锁定在比特流上，并且与该比特流保持同步。帧定界符由一个字节组成，用来说明前同步码的结束和数据包数据的开始。帧定界符为一个给定十六进制值 0XE7。

② PHR 物理层包头：包含帧长度的信息。由一个字节的低 7 位表示，其值就是物理帧负载的长度，因此物理帧负载的长度不会超过 127 字节。

③ 物理层负载：长度变化的净荷，携带 MAC 层的帧信息。

在 PPDU 数据包结构中，最左边的字段（Field）优先发送和接收。在多个字节的字段中，优先发送最低有效字节，每一个字节中优先发送最低有效位（LSB）。同样，在物理层与相邻层之间数据字段的传送也遵循这一规则。

2.3.2　物理层管理服务

PLME-SAP 允许在 MLME 和 PLME 之间传送管理命令，表 2-5 为 IEEE 802.15.4 支持的物理层管理服务原语。

表 2-5　　　　　　　　　　　　　PLME 管理服务原语

PLME-SAP 原语	Request	Confirm	说　明
PLME-CCA	√	√	清洁信道评估原语
PLME-ED	√	√	能量检测原语
PLME-GET	√	√	读物理层 MIB 属性原语
PLME-SET-TRX-STATE	√	√	收发机状态设置原语
PLME-SET	√	√	写物理层 MIB 属性原语

（1）PLME-CCA 清洁信道评估

① PLME-CCA.request ()请求原语

原语语义为 PLME-CCA.request ()。

PLME-CCA.request 原语没有参数，CSMACA 算法需要进行信道评估时由 MLME 实体产生并发送到 PLME 实体。如果当前接收机正在工作，那么物理层立即执行一个 CCA。

② PLME-CCA. confirm ()确认原语

原语语义为 PLME-CCA.confirm（Status//TRX_OFF, BUSY, 或者 IDLE）。

（2）PLME-ED 能量检测服务

① PLME-ED.request ()请求原语

原语语义为 PLME-ED.request ()。

② PLME-ED.confirm 确认原语

原语语义为 PLME-ED.confirm（status,EnergyLevel ）。

其中 status 取值为 SUCCESS、TRX_OFF 或者 TX_ON，EnergyLevel 表示当前信道的能量水平，取值范围 0x00～0xff。PLME-ED.request 请求原语由 MLME 产生向 PLME 请求一个 ED 检测服务。接收机接收到该请求后 PHY 执行一个 ED 检测。如果能量检测成功，PLME-ED.confirm 原语向 MAC 层报告服务成功（SUCCESS）以及检测到的能量水平（EnergyLevel）；否则返回错误的状态参数 TRX_OFF（收发机关闭）或者 TX_ON（发报机开）。

（3）PLME-SET-TRX-STATE 收发机状态设置服务

① PLME-SET-TRX-STATE.request 请求原语

原语语义为 PLME-SET-TRX-STATE.request（State）。

状态取值范围为 RX_ON、TRX_OFF、FORCE_TRX_OFF 或者 TX_ON。

② PLME-SET-TRX-STATE.confirm 确认原语

原语语义为 PLME-SET-TRX-STATE.confirm（status）。

MAC 层调用物理层 PLME 的该服务进行收发机状态设置。收发机可以处于 RX_ON（接收）、TX_ON（发送）、TRX_OFF（收发机关闭）、FORCE_TRX_OFF（强制收发机关闭）四个状态。物理层接收到服务请求后，根据收发机当前的状态立即或者延迟执行状态切换。通过确认原语向上层报告执行的情况（SUCCESS、RX_ON、TRX_OFF 或 TX_ON）。

2.3.3 物理层数据服务

物理层数据服务包括以下五方面的功能：

① 激活和休眠射频收发器；

② 信道能量检测（energy detect）；

③ 检测接收数据包的链路质量指示（Link Quality Indication，LQI）；

④ 空闲信道评估（Clear Channel Assessment，CCA）；

⑤ 收发数据。

信道能量检测为网络层提供信道选择的依据，主要测量目标信道中接收信号的功率强度，由于这个检测本身不进行解码操作，所以检测结果是有效信号功率和噪声信号功率之和。

链路质量指示为网络层或者应用层提供接收数据帧时无线信号的强度和质量信息，与信道能量检测不同的是要对信号进行解码，生成的是一个信噪比指标。这个信噪比指标和物理层数据单元一起提交给上层处理。

空闲信道评估判断信道是否空闲。IEEE 802.15.4 定义了三种空闲信道评估模式：第一种简单判断信道的信号能量，当信号能量低于某一门限值就认为信道空闲；第二种是通过判断无线信道的特征，这个特征主要包括两个方面，即扩频信号特征和载波频率；第三种模式是前两种模式的综合，同时检测信号强度和信号特征，给出信号空闲的判断。

物理层数据服务接入点支持在对等连接 MAC 层的实体之间传输 MAC 层协议数据单元（MPDU）。物理层数据服务接入点所支持的原语有请求原语、确认原语和指示原语。下面将会对它们各自的功能及语义进行详细地描述。

（1）PD-DATA.request 物理层数据请求原语

原语语义为 PD-DATA.request（psduLength, psdu），其中 psduLength 为包含在 PSDU 中由 PHY 实体发送小于 aMaxPHYPacketSize 的字节数目。MAC 层用 PD-DATA.request 原语请求

向本地的物理层实体发送一个 MAC 层协议数据单元（MPDU），即物理层服务数据单元 PSDU。

PD-DATA.request 原语由本地 MAC 层实体调用，请求 PHY 实体发送一个 MAC 层协议数据单元（MPDU）。当物理层实体收到 PD-DATA.request 原语后，就会生成一个物理层服务数据单元。此时，如果发射机正处于激活状态（即 Tx-ON），物理层将构造一个物理层协议数据单元（PPDU），该单元包含有要发送的物理层服务数据单元（PSDU），在物理层实体完成发送之后，就会向 MAC 层返回一个 SUCCESS 状态的原语，否则返回错误。

（2）PD-DATA.confirm 物理层数据确认原语

原语语义为 PD-DATA.confirm（status）。

PHY 实体产生并发送到 MAC 层实体作为 PD-DATA.request 请求原语的确认。该原语返回 PD-DATA.request 执行的状态（SUCCESS、RX_ON、TRX_OFF、BUSY_TX）。

（3）PD-DATA.indication 物理层数据指示原语

原语语义为 PD-DATA.indication（psduLength,psdu,ppduLinkQuality），其中 ppduLink Quality 表示接收 PPDU 期间测量的链路质量值（LQI）。

2.4　IEEE 802.15.4MAC 层

2.4.1　MAC 层服务模型

IEEE 802.15.4 的 MAC 协议包括以下功能：设备间无线链路的建立、维护和结束；确认模式的帧传送与接收；信道接入控制；帧校验；预留时隙管理；广播信息管理。MAC 子层提供两个服务与高层联系，即通过两个服务访问点（SAP）访问高层。通过 MAC 通用部分子层 SAP（MCPS-SAP，MAC Common Part Sublayer-SAP）访问 MAC 数据服务，用 MAC 层管理实体 SAP（MLME-SAP）访问 MAC 管理服务。这两个服务为网络层和物理层提供了一个接口。除这些外部接口之外，MLME 和 MCPS 之间也有一个内部接口，允许 MLME 使用 MAC 数据服务。灵活的 MAC 帧结构适应了不同的应用及网络拓扑的需要，同时也保证了协议的简洁。图 2-11 描述了 MAC 子层的组成及接口模型。

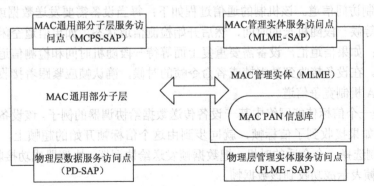

图 2-11　MAC 层参考模型

（1）MAC 层主要功能

MAC 层主要功能包括下面六个方面：

① 协调器产生并发送信标帧，普通设备根据协调器的信标帧与协调器同步；

② 支持 PAN 网络的关联（association）和取消关联（disassociation）操作；

③ 支持无线信道通信安全；

④ 使用 CSMA-CA 机制访问信道；

⑤ 支持时隙保障（Guaranteed Time Slot，GTS）机制；

⑥ 支持不同设备的 MAC 层间的可靠传输。

关联操作是指一个设备在加入一个特定的网络时，向协调器注册以及身份认证的过程。LR-WPAN（Low Rate Wireless Personal Area Networks，低速无线个域网）网络中的设备有可能从一个网络切换到另一个网络，这时需要进行关联和取消关联操作。

（2）时槽保障机制

时槽保障机制和时分复用（Time Division Multiple Access，TDMA）机制相似，但可以动态地为有收发请求的设备分配时槽。使用时槽保障机制需要设备间的时间同步，IEEE 802.15.4 中的时间同步通过"超帧"机制实现。

（3）数据传输模型

LR-WPAN 网络中存在着三种数据传输方式：设备发送数据给协调器、协调器发送数据给设备、对等设备之间的数据传输。星型拓扑网络结构中只存在前两种数据传输方式，因为数据只在协调器和设备之间交换；而在点对点拓扑网络中，三种数据传输方式都存在。

在 LR-WPAN 网络中，有两种通信模式可供选择：信标使能通信（beacon- enabled）和非信标使能通信（non beacon-enabled）。

在信标使能的网络中，PAN 网络协调器定时广播信标帧。信标帧表示着一个超帧的开始。设备之间通信使用基于时槽的 CSMA-CA 信道访问机制，PAN 网络中设备都通过协调器发送的信标帧进行同步。在时槽 CSMA-CA 机制下，每当设备需要发送数据帧或者命令帧时，首先定位下一时槽的边界，然后等待随机数目个时槽。等待完毕后，设备开始检测信道状态：如果信道空闲，设备就在下一个可用时槽边界开始发送数据；如果信道忙，设备需要重新等待随机数目个时槽，再检查信道状态，重复这个过程直到有空闲信道出现。在这种机制下，确认帧的发送不需要使用 CSMA-CA 机制，而是紧跟着发送回源设备。

在非信标使能的通信网络中，PAN 网络协调器不发送信标帧，各个设备使用非分时槽的 CSMA-CA 机制访问信道。该机制的通信过程如下：每当设备需要发送数据或者发送 MAC 命令时，首先等候一段随机长的时间，然后开始检测信道状态，如果信道空闲，该设备开始立即发送数据；如果信道忙，设备需要重复上面等待一段随机时间和检测信道的过程，直到能够发送数据。在设备接收到数据帧或者命令帧的时候，确认帧应紧跟着接收帧发送，而不使用 CSMA-CA 机制竞争信道。

图 2-12 是一个信标使能网络中某一设备传送数据给协调器的例子。该设备首先侦听网络中的信标帧，如果接收到了信标帧，就同步到由这个信标帧开始的超帧上，然后应用时槽 CSMA-CA 机制选择一个合适的时机，把数据帧发送给协调器。协调器成功接收到数据以后，回送一个确认帧表示成功收到该数据帧。

图 2-13 是一个非信标使能的网络设备传输数据给协调器的例子，该设备应用无时槽的 CSMA-CA 机制，选择好发送时机后就发送数据帧，协调器成功接收到数据帧后，回送一个确认帧表示成功收到该数据帧。

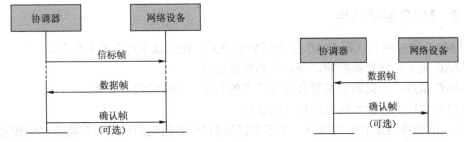

图 2-12　在信标使能网络中网络设备发送数据给协调器　图 2-13　在非信标使能网络中网络设备发送数据给协调器

图 2-14 是在信标使能网络中协调器发送数据帧给网络中某个设备的例子,当协调器需要向某个设备发送数据时,就在下一个信标帧中说明协调器拥有属于某个设备的数据正在等待发送。目标设备在周期性的侦听过程中会接收到这个信标帧,从而得知有属于自己的数据保存在协调器,这时就会向协调器发送请求传送数据的 MAC 命令。该命令帧发送的时机按照基于时槽的 CSMA-CA 机制来确定。协调器收到请求帧后,先回应一个确认帧表明收到请求命令,然后开始传送数据。设备成功接收到数据后再送回一个数据确认帧,协调器接收到这个确认帧后,才将消息从自己的消息队列中移走。

图 2-15 是在非信标使能网络中协调器发送数据帧给网络中某个设备的实例。协调器只是为相关的设备存储数据,被动地等待设备来请求数据,数据帧和命令帧的传送都使用无时槽的 CSMA-CA 机制。设备可能会根据应用程序事先定义好的时间间隔,周期性地向协调器发送请求数据的 MAC 命令帧,查询协调器是否存有属于自己的数据。协调器回应一个确认帧表示收到数据请求命令,如果有属于该设备的数据等待传送,利用无时槽的 CSMA-CA 机制选择时机开始传送数据帧;如果没有数据需要传送,则发送一个 0 长度的数据帧给设备,表示没有属于该设备的数据。设备成功收到数据帧后,回送一个确认帧,这时整个通信过程就完成了。

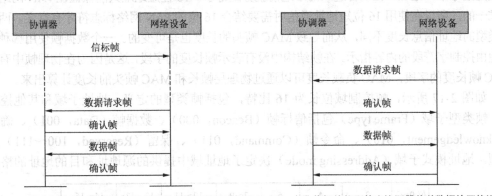

图 2-14　在信标使能网络中协调器传送数据给网络设备　图 2-15　在非信标使能网络中协调器传送数据给网络设备

在点对点 PAN 网络中,每个设备都可以与在其无线信号覆盖范围内的设备通信。为了保证通信的有效性,这些设备需要保持持续接收状态或者通过某些机制实现彼此同步。如果采用持续接收方式,设备只是简单地利用 CSMA-CA 收发数据;如果采用同步方式,需要采用其他措施来达到同步的目的。超帧在某种程度上可以用来实现点对点通信的同步,前面提到的 GTS 监听方式,或者在 CPA 期间进行自由竞争通信都可以直接实现同步的点对点通信。

2.4.2 MAC 层帧结构

通用 MAC 层帧结构（即 MAC 层协议数据单元）包括以下几个基本部分。

① MAC 帧头：包括帧控制、序列号和地址信息。

② MAC 负载：不同的帧类型有可变长度的负载，确认帧没有负载。

③ MAC 帧尾：包括帧校验序列（FCS）。

MAC 层的帧按特定的序列组成。本节所描述的 MAC 层帧的顺序与在物理层中传输帧的顺序相同，即首先传输最左边的数据位。帧域中的位按从 0 到 7 编号（0：最低位，最左端；7：最高位，最右端）。

基本的 MAC 层帧格式如图 2-16 所示。帧头由帧控制信息（frame control）、帧序列号（sequence number）、地址信息（addressing fields）和安全头（auxiliary security header）组成。MAC 子层负载长度可变，具体内容由帧类型决定。帧尾是帧头和负载数据的 16 位 CRC 校验序列。

字节数: 2	1	0/2	0/2/8	0/2	0/2/8	0/5/6/10/14	可变	2
帧控制信息	帧序列号	目的设备PAN标识符	目标地址	源设备PAN标识符	源设备地址	安全头	帧数据单元	FCS校验码
		地址信息						
帧头							MAC负载	MFR帧尾

图 2-16 MAC 帧格式

在 MAC 子层中设备地址有两种格式：16 位（两字节）的短地址和 64 位（8 字节）的扩展地址。16 位短地址是设备与 PAN 网络协调器关联时，由协调器分配的网络局部地址；64 位扩展地址是全球唯一地址，在设备进入网络之前就分配好了。16 位短地址只能保证在 PAN 网络内部是唯一的，所以在使用 16 位短地址通信时需要结合 16 位的 PAN 网络标志符才有意义。两种地址类型的地址信息长度不同，从而导致 MAC 帧头的长度也是可变的。一个数据帧使用哪种地址类型由控制字符段的内容指示。在帧结构中没有表示帧长度的字段，这是因为在物理帧中有表示 MAC 帧长度的字段，MAC 负载长度可以通过物理层帧长和 MAC 帧头的长度计算出来。

如图 2-17 所示，帧控制域位长为 16 比特，包括帧类型的定义、地址子域和其他控制标志。帧类型子域（Frame type）包括信标帧（Beacon，000）、数据帧（Data，001）、确认帧（Acknowledgement，010）、命令帧（Command，011）、保留（Reserved，100～111）几种类型。地址模式子域（Addressing mode）决定了地址域中提供的源地址和目的地址的格式。

位:0～2	3	4	6	7～9	10～11	12～13	14～15
帧类型子域	安全允许位	帧未处理标记位	内部PAN标记位	保留位	目的地址模式	保留位	源地址模式

图 2-17 MAC 层帧控制域格式

MAC 层帧的序列号子域为 8 个比特。对于信标帧，该域为信标序号（BSN）。在形成网络的时候，协调器随机初始化 PAN 信息库属性 macBSN，作为 BSN 的初值。每发送一个信标帧，BSN 值增加 1。信标接收设备通过 BSN 值对信标进行跟踪。对于数据帧、确认帧或者命令帧，该子域指定了一个数据序列号（DSN），用来使确认帧与接收到的帧匹配。每一个设备随机初始化数据序列号，每生成一个帧，此子域值加1。

IEEE 803.15.4 网络定义了四种类型的帧：信标帧、数据帧、确认帧和 MAC 命令帧。

（1）信标帧

信标帧的同步头（Synchronization Header，SHR）包括前导码序列和帧开始分割符,完成接收设备的同步并锁定码流。物理层头（PHY Header，PHR）包括物理层负载的长度。信标帧的负载数据单元由四部分组成：超帧描述字段、保护时隙（Guaranteed Time Slot，GTS）分配字段、等待发送数据目标地址字段和信标帧负载数据，如图 2-18 所示。

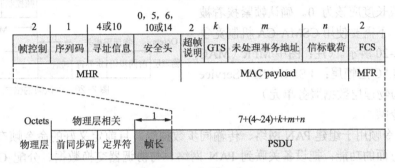

图 2-18　信标帧的格式

超帧说明字段　规定了这个超帧的持续时间、活跃部分持续时间以及竞争访问时段持续时间等信息。

GTS 分配字段　将无竞争时段划分为若干个 GTS，并把每个 GTS 分配给某个具体设备。

等待发送数据目标地址字段　列出了与协调器保存的数据相对应的设备地址。一个设备如果发现自己的地址出现在待转发数据目标地址字段里，则意味着协调器存有属于它的数据，所以它就会向协调器发出请求传送数据的 MAC 命令帧。

信标帧负载数据为上层协议提供数据传输接口，最大长度为 aMaxBeaconPay loadLength。

在非信标使能网络里，协调器在其他设备的请求下也会发送信标帧。此时信标帧的功能是辅助协调器向设备传输数据，整个帧只有待转发数据目标地址字段有意义。

（2）数据帧

数据帧用来传输上层发到 MAC 子层的数据，他的负载字段包含了上层需要传送的数据，数据负载传送至 MAC 子层时，被称之为 MAC 服务数据单元（MAC Service Data Unit，MSDU）。MAC 服务数据单元首尾被分别附加上 MHR 头信息和 MFR 尾信息后，就构成了 MAC 帧，如图 2-19 所示。

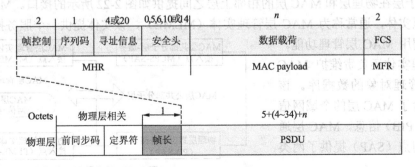

图 2-19　MAC 层数据帧的格式

MAC 帧传送至物理层后，就成为了物理帧的负载 PSDU。PSDU 在物理层被"封装"，其首部增加了同步信息 SHR 和帧长度 PHR 字段。同步信息 SHR 包括用于同步的前导码和 SFD 字段，它们都是固定值。帧长度字段 PHR 标识了 MAC 帧的长度，为一字节长而且只有其中的低 7 位是有效位，所以 MAC 帧的长度不会超过 127 字节。

（3）确认帧

如果设备收到目的地址为其自身的数据域或 MAC 命令帧，并且帧的控制信息字段的确认请求位被置 1，设备需要回应一个确认帧。确认帧的序列号应该与被确认帧的序列号相同，并且负载长度应该为 0。确认帧紧挨着被确认帧发送，不需要使用 CSMA-CA 机制竞争信道，如图 2-20 所示。（注：图中 MFR（MAC FooteR）为 MAC 层帧尾；PSDU（PHY Service Data Unit）为物理层数据服务单元）

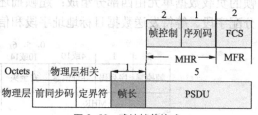

图 2-20 确认帧的格式

（4）命令帧

MAC 命令帧用于组建 PAN 网络、传输同步数据等。目前定义好的命令帧有九种类型，主要完成三方面的功能：把设备关联到 PAN 网络、与协调器交换数据、分配 GTS。命令帧在格式上和其他类型的帧没有太多的区别，只是帧控制字段的帧类型位有所不同。帧头控制字段的帧类型为 011b（b 表示二进制数据）表示这是一个命令帧。命令帧的具体功能由帧的负载数据表示。负载数据是一个变长结构，所有命令帧负载的第一个字节是命令类型字节，后面的数据针对不同的命令类型有不同的含义，如图 2-21 所示。

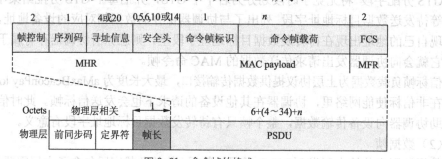

图 2-21 命令帧的格式

2.4.3 MAC 层管理服务

MAC 子层在物理层和 MAC 层的相邻上层之间提供如图 2-22 所示的接口。MAC 子层包括一个管理实体，通常称为 MAC 层管理实体（MLME），该实体提供一个服务接口，通过此接口可调用 MAC 层管理功能。同时该管理实体还负责维护 MAC 层固有的管理对象的数据库。该数据库包含了 MAC 层的个域网信息数据库（PIB）信息。MAC 层通过服务访问点（SAP）提供了两类服务：

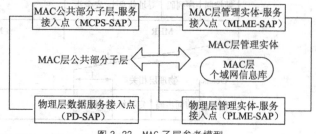

图 2-22 MAC 子层参考模型

① MAC 层数据服务，通过 MAC 层通用子层数据 SAP 进行调用（MCPS-SAP）；

② MAC 层管理服务，通过 MLME-SAP 访问。

在 MAC 层内部，MLME 可以通过一个内含的 MLME 和 MCPS 之间的接口调用 MAC 层的数据服务。

MLME-SAP 在相邻上层和 MAC 层管理实体之间传递管理命令。通过 MLME-SAP 接口，IEEE 802.15.4 标准 MAC 层提供了如表 2-6 所示的管理服务（原语）。

表 2-6　　　　　　　　　　IEEE 802.15.4 MAC 层原语

原 语 名 称	请求	指示	响应	确认	功 能 说 明
MLME-ASSOCIATE	√	√	√	√	用于设备与协调器关联
MLME-DISASSOCIATE	√			√	设备与协调器解除关联或者协调器解除特定设备的关联
MLME-BEACON-NOTIFY		√			将接收到的信标帧中的参数、接收到信标的时间和 LQI 值发送到相邻上层
MLME-COMM-STATUS		√			说明通信状态
MLME-GET	√			√	请求 PIB 属性
MLME-GTS	√	√		√	设备向协调器申请分配或者释放已有的 GTS，或者协调器发起释放 GTS 的过程
MLME-ORPHAN		√	√		协调器发起一个孤儿节点通知
MLME-RESET	√			√	上层要求协调器 MLME 执行重启操作
MLME-RX-ENABLE	√			√	使能或者关闭接收机一段时间
MLME-SCAN	√			√	发现特定信道中的 PAN 或者测量信道的能量
MLME-SET	√			√	设定 PIB 属性
MLME-START	√			√	PAN 协调器发起新的 PAN 或者启用新的超帧配置，或者已经关联到 PAN 的设备开始使用新的超帧
MLME-SYNC	√				与协调器同步
MLME-SYNC-LOSS		√			通知上层同步已丢失
MLME-POLL	√			√	设备向协调器请求信息

（1）MLME-START 服务原语

① MLME-START.request()

PAN 协调器用于初始化新的 PAN 或者一个已加入 PAN 的全功能设备开始采用新的超帧配置。IEEE 802.15.4（2006 版）定义了如表 2-7 所示的参数。

MAC 层管理实体接收到 MLME-START.request()原语，将 macBeaconOrder 属性设置为 BeaconOrder 参数的值，macSuperframeOrder 属性设置为 SuperframeOrder 参数的值。当参数 PANCoordinator 为真时，MLME 将 macPANId 设置为 PANId 的值，并调用物理层管理实体 PLME-SET 对物理层参数 phyCurrentChannel 进行设置。信标帧中协调器使用的短地址由 MAC 层属性 macShortAddress 的值决定。

表 2-7　　　　　　　　　　　MLME-START.request()参数

参 数 名 称	数 据 类 型	取 值 范 围	说　明
PANId	Integer	0x0000～0xffff	协调器使用的 PANID
LogicalChannel	Integer	有效的信道号	PAN 使用的信道编号
ChannelPage	Integer	有效的信道分页	PAN 使用的信道分页
StartTime	Integer	0x000000-0xffffff	开始发送信标帧的时间。0x000000 立即发送，设定值为相对于协调器与之同步的设备发出的信标帧。Starttime 单位为符号周期并且与 CSMA 退避周期边界取齐
BeaconOrder	Integer	0～15	信标阶数。BO=15，不主动发信标 0≤BO≤14 $BI=aBaseSuperframeDuration \times 2^{BO}$
SuperframeOrder	Integer	0-BO 或者 15	超帧阶数
PANCoordinator	Boolean	TRUE，FALSE	TRUE，设备 PAN 协调器开始一个新的 PAN；FALSE，设备在其关联的 PAN 中开始一个新的超帧
BatteryLifeExtension	Boolean	TRUE，FALSE	TRUE，信标设备的接收机在信标帧的 IFS 期后关闭 macBattLifeExtPeriods 个全退避周期。FALSE，信标设备的接收机整个 CAP 阶段都打开
CoordRealignment	Boolean	TRUE，FALSE	TRUE 在改变超帧配置之前协调器发送协调器对齐（realignment）命令
CoordRealignSecurity Level	Integer	0x00～0x07	协调器对齐命令帧采用的安全等级
CoordRealignKeyId Mode	Integer	0x00～0x03	确认密钥的模式
CoordRealignKey Source	Octet 集合	由密钥的模式确定	密钥的提供者
CoordRealignKeyIndex	Intege	0x01～0xff	密钥的序号
BeaconSecurityLevel	Integer	0x00～0x07	信标帧的安全等级
BeaconKeyIdMode	Integer	0x00～0x03	确认信标帧密钥的模式
BeaconKeySource	Octet 集合	由密钥的模式确定	密钥的提供者
BeaconKeyIndex	Intege	0x01～0xff	密钥的序号

为传输信标帧，MAC 层管理实体首先向物理层发送一个带有 TX_ON 状态的 PLME-SET-TRX-STATE.request 原语，以激活发射机，使发射机处于发射状态。MAC 层管理实体接收到带有 SUCCESS 或者 TX_ON 状态的 PLME-SET-TRX-STATE.confirm 原语后，信标帧由 PD-DATA.request 原语发送。最后当 MAC 层管理实体接收到 PD-DATA.confirm 原语后信标帧发送完成。

② MLME-START.confirm()

向 MAC 层上层报告开启新的超帧配置的结果。

枚举型的参数 status 可以取如下的值。

NO_SHORT_ADDRESS：macShortAddress 被设为 0xffff;

CHANNEL_ACCESS_FAILURE：传输失败；

FRAME_TOO_LONG：信标帧长度超过了 aMaxPHYPacketSize 规定的大小；

SUPERFRAME_OVERLAP：发送信标帧的时隙与接收信标帧的时隙重叠；

RACKING_OFF：StartTime 参数不为零，但是 MLME 未能跟踪到自身关联的协调器信标；

A security error code，安全错误码。

完整的 MLME-START 服务执行信息流程图如图 2-23 所示。

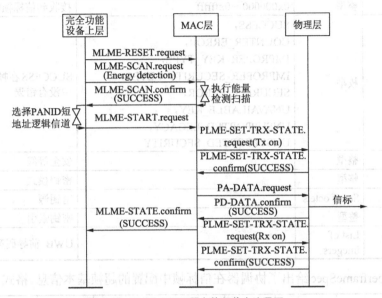

图 2-23　MLME-START 服务执行信息流程图

（2）MLME-BEACON-NOTIFY 服务原语

MLME-BEACON-NOTIFY 服务包含 MLME-BEACON-NOTIFY.indication 原语。当 MAC 层自动请求信标的参数 macAutoRequest 设置为 FALSE，或者接收到的信标中包含负载时利用该原语向 MAC 上层发送接收到的信标帧中包含的参数。

原语语义为 MLME-BEACON-NOTIFY.indication (BSN,

PANDescriptor,

PendAddrSpec,

AddrList,

sduLength,

sdu)。

其中原语参数 PAN 描述符（PANDescriptor）包含如表 2-8 所示的元素。

表 2-8 802.15.4 PAN 描述符说明

名　称	类　型	有　效　值	描　述
CoordAddrMode	枚举	SHORT_ADDRESS, EXTENDED_ADDRESS	接收到信标帧的地址模式
CoordPANId	整型	0x0000～0xffff	接收到的信标帧中的 PAN Id
CoordAddress	Device address	接收到信标帧的地址模式决定	接收到信标帧的地址
ChannelNumber	整型	有效的信道号	网络当前占用的信道

名　　称	类　　型	有　效　值	描　　述
ChannelPage	整型	有效的信道页	网络当前占用的信道页
SuperframeSpec	比特图		超帧说明
GTSPermit	Boolean	TRUE，FALSE	TRUE 协调器接收 GTS 请求
LinkQuality	整型	0x00～0xff	接收到信标时的 LQI 值
TimeStamp	整型	0x000000～0xffffff	接收到信标帧的时间
SecurityStatus	枚举	SUCCESS, COUNTER_ERROR, IMPROPER_KEY_TYPE, IMPROPER_SECURITY_LEVEL, SECURITY_ERROR, UNAVAILABLE_KEY, UNSUPPORTED_LEGACY, UNSUPPORTED_SECURITY	SUCCESS 在帧的安全处理过程中没有错误
SecurityLevel	整型		安全等级
KeyIdMode	整型		密钥模式
KeySource	Set of octets		密钥源
KeyIndex	整型		密钥索引
CodeList	List of integers		UWB 前导码列表

其中 SuperframeSpec 给出了协调器在信标帧中配置的超帧基本信息。格式如图 2-24 所示。

Bit:0-3	4～7	8～11	12	13	14	15
Beacon Order	Superframe Order	Final CAP Slot	Battery Life Exrension(BLE)	Reserved	PAN Coordinator	Association Permit

图 2-24　协调器在信标帧中配置的超帧基本信息

（3）MLME-ASSOCIATE 服务原语

① MLME-ASSOCIATE.request()

服务原语用于向协调器请求关联。

原语语义为 MLME-ASSOCIATE.reques (

LogicalChannel,

ChannelPage,

CoordAddrMode,

CoordPANId,

CoordAddress,

CapabilityInformation,

SecurityLevel,

KeyIdMode,

KeySource,

KeyIndex)。

在 MAC 上层调用 MLME-ASSOCIATE 时提供的参数中，如图 2-25 所示的比特图型的参数 Capability Information 中定义了正在进行关联的设备能力。

Bit:0	1	2	3	4-5	6	7
Reserved	Device Type	Power Source	Receiver On When Idle	Reserved	Security Capability	Allocate Address

图 2-25　Capability Information 参数定义

Device Type：1（FFD），0（RFD）。

Power Source：1（Mainpower），0（电池供电）。

Receiver On When Idle（接收机常开）：1（常开），0（空闲时关闭）。

Security Capability（安全能力）：1（设备能够发送和接收加密保护的 MAC 帧），0（不能发送和接收加密保护的 MAC 帧）。

Allocate Address（分配地址）：1（设备希望协调器分配短地址），0（不需要分配短地址）。

② MLME-ASSOCIATE. Indication()

服务原语用于通知协调器上层接收到的关联请求的内容。

原语语义为 MLME-ASSOCIATE.indication (

DeviceAddress,

CapabilityInformation,

SecurityLevel,

KeyIdMode,

KeySource,

KeyIndex)。

DeviceAddress 为请求关联的设备扩展 IEEE 地址。

③ MLME-ASSOCIATE.response()

MAC 上层调用该服务原语对指示原语对应的关联请求进行响应。

原语语义为 MLME-ASSOCIATE.response (

DeviceAddress,

AssocShortAddress,

status,

SecurityLevel,

KeyIdMode,

KeySource,

KeyIndex)。

DeviceAddress 为发出关联请求的设备的扩展 IEEE 地址。AssocShortAddress 是协调器为关联设备分配的短地址（0x0000~0xffff），如果地址分配失败则为 0xffff。Status 参数给出了关联操作的最终结果。

④ MLME-ASSOCIATE.confirm()原语

通知发起关联请求的设备 MAC 上层关联请求的结果。

原语语义为 MLME-ASSOCIATE.confirm (

AssocShortAddress,

status,

SecurityLevel,

KeyIdMode,

KeySource,

KeyIndex)。

图 2-26 和图 2-27 分别给出了设备发起连接流程图和协调器允许连接的消息流程图。

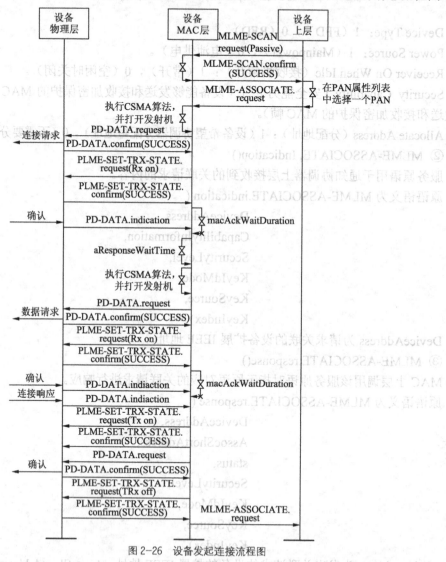

图 2-26 设备发起连接流程图

（4）MLME-GTS 服务原语

① MLME-GTS.request

原语用于设备向协调器申请分配新的 GTS 或者释放已有的 GTS，或者协调器用于收回（deallocation）已分配的 GTS。

原语语义为 MLME-GTS.request (

> GTSCharacteristics,
>
> SecurityLevel,
>
> KeyIdMode,
>
> KeySource,
>
> KeyIndex)。

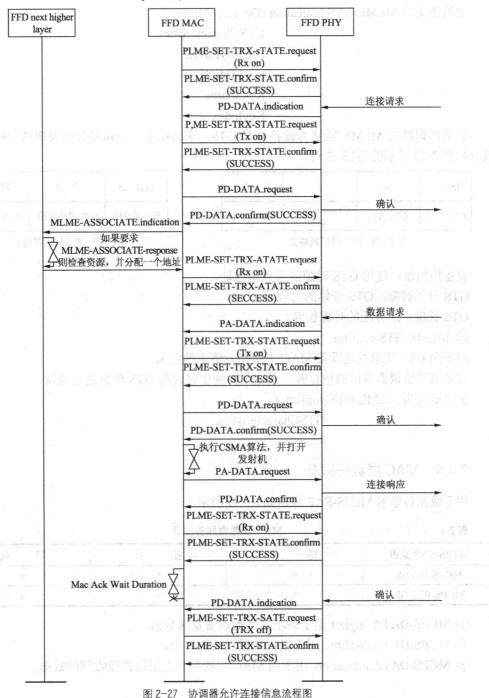

图 2-27 协调器允许连接信息流程图

GTSCharacteristics 给出了 GTS 请求的信息如图 2-28 所示。

GTS 长度：申请的 GTS 时隙数。

GTS 方向：1 接收 GTS，0 发送时隙，GTS 的方向都是相对于设备的。

类型：1 分配 GTS，0 释放时隙。

② MLME-GTS.indication()

用于向协调器 MAC 上层指示 GTS 已经被分配或者释放。

原语语义为 MLME-GTS.indication (DeviceAddress,

GTSCharacteristics,
SecurityLevel,
KeyIdMode,
KeySource,
KeyIndex)。

如果协调器的 MLME 能够为设备分配 GTS，那么在下一个超帧开始发送的信标帧中会包含如图 2-29 所示的 GTS 说明。

Bit:0～3	4	5	6-7
GTS 长度	GTS 方向	Characteristics type	Reserved

图 2-28　GTS 特征域格式

位:0～15	16-19	20-23
设备短地址	GTS 开始时隙	GTS 长度

图 2-29　GTS 描述符格式

设备短地址：使用 GTS 时隙的节点短地址。

GTS 开始时隙：GTS 开始的时隙。

GTS 长度：所分配的时隙长度。

③ MLME-GTS.confirm

用于向 GTS 请求发起设备 MAC 上层指示请求的结果。

设备监听协调器发出的信标帧，根据信标帧中包含的 GTS 信息进行确认。

原语语义为 MLME-GTS.confirm (

GTSCharacteristics,
status)。

2.4.4　MAC 层数据服务

用于数据传输的 MCPS-SAP 原语如表 2-9 所示。

表 2-9　　　　　　　　　　　　　　　　MAC 层数据服务原语

MCPS-SAP 原语	请　　求	指　　示	确　　认
MCPS-DATA	√	√	√
MCPS-PURGE	√	√	√

① MCPS-DATA.request 用于请求向其他设备发送数据。

② MCPS-DATA.confirm 用于报告数据发送的结果。

③ MCPS-DATA.indication 用于向 MAC 层的相邻上层报告接收到的数据。

第 **3** 章 无线传感网关键技术

3.1 无线传感网时间同步技术

3.1.1 时间同步的基本原理

在一个协同工作的分布式系统中，时间同步技术是一个关键的支撑技术，它为整个系统的不同模块提供统一的基准时间，精确的时间同步对于保证传感器网络完成一系列基础性操作至关重要。

1. 传感器节点时钟模型与基本术语

无线传感器网络中的节点都有一个晶体振荡器（特定频率）以及一个计数寄存器，传感器节点的本地时钟则是依靠各自晶振中断计数实现。晶体振荡器产生基本频率信号，通过分频或倍频及整形，变为传感器节点 CPU 的时钟信号，这个时钟信号便对应于传感器节点的本地时间。然而，由于无线传感器网络中晶振的频率误差以及初始计时时刻都不同，因此多个节点之间的本地时钟必然是不同步的。若能估算出本地时钟和物理时钟之间的关系或是本地时钟之间的关系，就能够构造出对应的逻辑时钟用以同步。首先，我们应了解两个不同的时间概念。

（1）物理时间：由标准时钟所确定的时间，表示绝对时间，即为现实中的实际时间。无线传感器网络中的时间应该与物理时间连接在一起，即不同节点之间对于相同的时间长度应该有相同的度量。此外，节点对于一秒钟的度量应该尽量与世界协调时间（UTC）接近。

（2）逻辑时间：逻辑时间则是表示分布式系统中不同事件发生的次序关系，是一个相对的概念，逻辑时间没有必要和世界协调时间保持一致。

由于传感器节点的晶振频率会随着时间变化，因此，在某一物理时刻 t，传感器节点 m 的本地时间可以用公式（3.1）描述。

$$Y_m(t) = \frac{1}{f_0} \int_{t_0}^{t} f_m(t)\mathrm{d}t + Y_m(t_0) \tag{3.1}$$

式中，f_0 表示晶体振荡器出厂时的标称频率，t_0 为节点开始计时的初始物理时间，t 为当前物理时间，$f_m(t)$ 代表在当前物理时刻下晶振的实际频率，由于制作工艺不可能达到绝对精准，因此 $f_m(t)$ 和 f_0 通常存在微小差别，$Y_m(t_0)$ 为在初始时刻 t_0 节点的本地时钟读数。

假设在非常短的时间内，传感器节点不受外界影响，即晶体振荡器的频率保持不变，则式（3.1）可以简化为式（3.2）。

$$Y_m(t)=p_i(t-t_0)+q_i \qquad (3.2)$$

式中，$p_i=f_m/f_0$，为相对频率，q_i 为在初始时刻 t_0 节点的本地时钟读数。在理想情况下，时钟变化速率 $r(t)=\mathrm{d}(y)/\mathrm{d}t=1$，然而，在实际应用中，传感器节点很多时候需要散播在户外，受许多外界因素影响，温度、湿度以及气压的变化等均会造成晶振的频率产生微小的变化，且晶振出厂时由于制造误差，也会导致标称频率和实际频率存在一定偏差，为描述这个频率差异，有如下的关系。

$$1-\sigma\leq p_i\leq 1+\sigma \qquad (3.3)$$

式中，σ 为绝对频差上界，一般由生产厂家标定，意义为晶振按标称频率工作一百万次与实际振荡次数的差值，常由百万分率（Parts per million，10^{-6}）表示，值的范围通常在（1～100）$\times 10^{-6}$ 间，亦即节点在一秒钟之内会有 1～100μs 的时间偏移。

在某一物理时刻 t，传感器节点 m 的逻辑时钟读数可以用公式（3.4）描述。

$$ZY_m(t)= Zp_i\times Y_m(t_0)+ Zq_i \qquad (3.4)$$

式中，$Y_m(t_0)$ 为在初始时刻 t_0 节点的本地时钟读数，Zp_i 为频率修正系数，Zq_i 为初相位修正系数。为了使两个节点 m 和 n 同步，需要将本地时钟换算成逻辑时钟，构造逻辑时钟有两种方法。

（1）根据本地时钟与物理时钟等全局时间基准的关系进行变换，将式（3.2）进行反变换。

$$t=\frac{1}{p_i}Y_m(t)+(t_0-\frac{q_i}{p_i}) \qquad (3.5)$$

将式（3.4）中的 Zp_i 和 Zq_i 设为式（3.5）中对应的系数，即可将逻辑时钟调整到物理时间上。

（2）利用两个节点之间本地时钟的关系进行换算，构造逻辑时钟。由公式（3.2）我们可得出任意两个节点 m 和 n 的本地时钟间的关系表示如下。

$$Y_n(t)=p_{mn}Y_m(t)+q_m \qquad (3.6)$$

式中，$p_{mn}=\dfrac{p_n}{p_m}$，$q_{mn}=q_n-\dfrac{p_n}{p_m}q_m$，将式（3.4）中的 Zp_i 和 Zq_i 换成 p_{mn} 和 q_{mn} 的表达式，即可构造出对应的逻辑时钟，使节点 m 和 n 同步。

此外，我们通常称 p_{mn} 为相对频率漂移，称 q_{mn} 为相对时间偏移，这两个概念将会在下面用到。

2. 影响时间同步精度的因素

在无线传感器网络中不能利用 GPS 设备为节点提供高精度的时间同步，而是靠报文互换来传递时间消息，然而在报文的传递过程中会引起消息传输时延，该时延通常是不确定的，且是影响时间同步精度的重要因素。图 3-1 描述了两个传感器节点在无线链路上传输报文时的消息时延组成，我们从一个系统的角度更详细地描述各种不同的时延，需要认真分析这些时延并对其进行补偿，现在将时延分为以下六种。

（1）发送时延（Send delay）：当一个节点准备要发送一个消息时，这个过程视为一个将要调度的任务。应用层在构造这个消息时会造成一定时延，构造完成后会将消息传递给底层来发送。这个时延包括消息从应用层到达 MAC 层所花费的时间，取决于基础操作系统的调度情况以及当时处理器的负担，具有高可变性，甚至达几百毫秒。

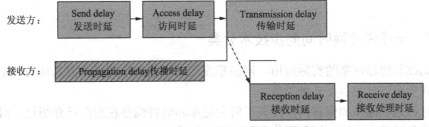

图 3-1 无线链路上报文传输的时延构成

（2）访问时延（Access delay）：消息到达 MAC 层后持续等待直到能够访问无线信道的时间。这个延迟在传感器网络中比较特殊，它是由公共传输媒介的特性引起的，也是消息时延里最关键的因素。而且它是所有消息延迟中最不确定的，和传感器节点所选用的 MAC 协议及网络中当前的负载情况直接相关，访问时延的变化从毫秒甚至到秒级别。

（3）传输时延（Transmission delay）：消息到达物理层后进行编码，并按位发送出去的时间，这个时延是确定性的而且能够根据消息的长度和射频发送速率得到大致的估计，传输时延大致在几十毫秒之内，包括中断处理时延和编码时延两部分。

（4）传播时延（Propagation delay）：消息从射频以电磁波的形式发送出去后，在传输媒介中的传播时间，这个时延取决于两个节点间的传播距离和传播介质，通常是确定性时延。由于电磁波和光的速度都是 3×10^8m/s，即使传输距离是 300 m，也只需 1μs，因此通常情况下，这个时延是可以忽略的。然而，当网络是多跳情况时，路由转发消息时，路由的处理时间就必须考虑在传播时延范围内了。

（5）接收时延（Reception delay）：接收方从物理层按位接收到消息且把它们传递给 MAC 层的时间，这个时延和传输时延相对应。

（6）接收处理时延（Receive delay）：把接收到的内容按位编码成消息并传递给应用层的时间。这个时延和发送时延相对应，也是不确定性的。

3. 时间同步算法的评估指标

在选择一个高效的同步机制时，需要对这些需求有所折中，如时间精度和能量利用率的折中，所以一个单独的时间同步机制不可能满足所有以下的需求。

（1）能量效率（Energy efficiency）：由于传感器节点通常具有大批量、价格低廉及尺寸小等特点，且不可能为其配置有线电源，因此传感器节点都是由电池供电，因而能量是有限的，所以在设计时间同步机制时，节点的能量将是重要的考虑因素。

（2）可扩展性（Scalability）：大多数无线传感器网络的应用都需要部署大量的节点，在设计同步机制时应该适应网络拓扑结构的变化，即网络中节点数目的增加或者高节点密度的网络。

（3）精度需求（Precision）：不同无线传感器网络的应用场景对于时间同步精度的需求差别很大。对于某些精度需求较低的应用，仅仅需要一些简单的任务次序即可满足需求；然而在其他对于同步要求较高的网络中，则需要达到毫秒级别以上的同步。

（4）健壮性（Robustness）：无线传感器网络常常布设在恶劣的环境中，长时间无人管理。外界环境以及节点的不稳定性可能会造成网络拓扑结构的变化，在设计时间同步机制时就应考虑在动态的拓扑结构变化中保持同步的连续性和稳定性。

另外，在某些传感器节点失效或通信链路受干扰时，需保证剩余节点的同步仍能够正常进行。

3.1.2 无线传感网时间同步技术分类

根据无线传感器网络的实际应用、同步精度需求和同步范围都会因具体的环境而不同，因此时间同步可以分为以下几种类型。

（1）时钟速率同步和偏移同步：关于时钟速率和时钟偏移在前面已介绍过，时钟速率同步指不同的传感器节点对时间间隔的认知相同，如式（3.7）所示。

$$I_1(t)-I_1(t_0)=I_2(t)-I_2(t_0)=\cdots=I_n(t)-I_n(t_0) \tag{3.7}$$

其中，t_0 为某一物理起始时刻，$I_n(t_0)$ 为不同的节点在 t_0 时刻的本地时间，$I_n(t)$ 为 t_0 之后的某一物理时刻。

时间偏移同步是指在某一物理时刻不同传感器节点的本地时钟显示一致，如式（3.8）所示。

$$K_1(t)=K_2(t)=\cdots=K_n(t) \tag{3.8}$$

（2）全网同步与局部同步：在无线传感器网络中，同步范围可以根据地理距离或者逻辑距离限定，如网络的跳数。根据不同的应用，同步范围可能是所有节点或者部分节点，如传感器定位技术只需要在传感器声音探测范围内能够监听到信号的节点参与定位，其他节点则不需要同步。

（3）连续同步和间歇按需同步：连续同步即节点需要按一定周期不间断地同步，维持同步需要节点消耗更多的能量，对于能量约束的传感器节点来说是一个考验。间歇按需同步则仅在事件触发或相关联的事件先后发生时进行同步，而不需要时时维护同步所需要的通信开销，间接地节省了网络的带宽及节点的能耗。

（4）时标转换和时间同步：时标转换即是把一个传感器节点的本地时钟转换为另一个传感器节点的本地时钟，完成同步。时间同步则是通过某种方法使不同的节点显示同样的时间，如时钟偏移同步和时钟速率同步。

目前适用于传感器节点间的同步技术主要分为四类：单向同步、双向同步、参考广播同步以及参数拟合同步。

（1）单向同步

假设两个传感器节点 A 和 B，如图 3-2 所示，节点 A 在物理时刻 i 向节点 B 发送一个附带本地时间 T_A^i 的报文，节点 B 在物理时刻 j 收到这条报文，并记录收到时的本地时间 T_B^j。节点 B 和 A 之间的时延包括报文的传播时延、两个节点的处理迟延以及媒质接入时延的总和 d，且节点 B 在物理时间上应该落后于节点 A。若考虑总时延 d，则节点 B 的本地时间可以表示如下。

$$T_B^j = T_A^i + d \tag{3.9}$$

在某些同步精度要求不高的情况下，时延 d 可以忽略不计，则

$$T_B^j = T_A^i \tag{3.10}$$

节点 B 由此粗略地实现了以节点 A 为基准的时间偏移同步。

这种单向同步的方法实现简单，易于操作，精度最低，适用于对时间同步精度需求偏低的无线传感器网络。

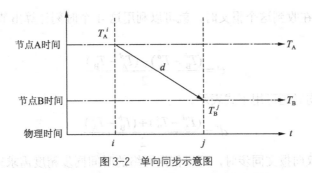

图 3-2 单向同步示意图

（2）双向同步

双向同步的原理如图 3-3 所示，假设两个传感器节点 A 和 B 进行双向报文交换同步，节点 A 在本地时刻 T_A^i 向节点 B 发送时间同步请求，节点 B 在本地时刻 T_B^j 收到这个同步请求，然后节点 B 向节点回复附带本地时间 T_B^j 的报文，节点 A 在本地时刻 T_A^k 收到这个报文。至此，节点 A 可以根据 T_A^i、T_B^j 及 T_A^k 完成自己与节点 B 的同步。

节点 A 可以测得从发出时间同步请求到接收到回复报文的时间间隔。

$$d = T_A^k - T_A^i \qquad (3.11)$$

其中，我们假设 $d=d_1+d_2$，且 $d_1=d_2=d'$，因此节点 A 的时间又可以用下式来表示。

$$T_A^k = T_B^j + \frac{d}{2} = T_B^j + d' \qquad (3.12)$$

根据式（3.12），节点 A 可以实现与节点 B（作为时间基准）的时间偏移的同步。

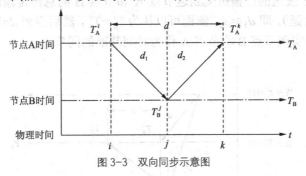

图 3-3 双向同步示意图

此外，双向报文同步也可以用另一种方法来表示，如图 3-4 所示。节点 A 在本地时刻 T_A^a 向节点 B 发送同步请求，节点 B 在本地记录收到这个请求时的本地时刻 T_B^b，并在 T_B^c 时刻向节点 A 回复附带 T_B^b 和 T_B^c 的报文。

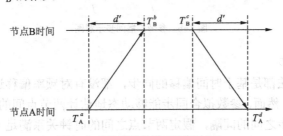

图 3-4 双向同步的第二种表示方法

这样，节点 A 在收到这个报文时，就可以利用这 4 个时刻计算出节点 A 相对于节点 B 的时间偏移 θ。

$$\theta = \frac{(T_B^b - T_A^a) - (T_A^d - T_B^c)}{2}$$ (3.13)

单向报文的平均时延可用下式表示。

$$d' = \frac{(T_A^d - T_B^c) + (T_B^b - T_A^a)}{2}$$ (3.14)

在选择单向或双向报文同步时，可以依据网络的时间同步精度需求来决定，若报文传递的总时延远远小于时间同步精度的需求，则采用单向同步就完全可以满足应用的需求；相反若总时延比较大，不能忽略时，则可采用双向报文交换同步。另外，不管是单向还是双向报文同步，都只是在对时间偏移层次上的同步，没有对时钟速率进行估计，因此需要周期性地进行同步。

（3）参考广播同步

参考广播同步即令参考节点向要待同步的节点广播发送报文，如图 3-5 所示，参考节点 C 向节点 A 和节点 B 广播时间同步报文，节点 A 和节点 B 分别在本地时刻 T_A^i 和 T_B^i 收到这条报文，且节点 A 在收到报文后马上向节点 B 发送一条附带 T_A^i 的时间报文，节点 B 在收到这条报文后记录本地时刻 T_B^j。此时，节点 B 在本地记录有 T_A^i 和 T_B^j 两个时间。如图 3-5 所示，可得到节点 B 前后收到两条报文的时间间隔。

$$d = T_B^j - T_B^i$$ (3.15)

假设参考节点 C 发送的广播报文到达节点 A 和节点 B 的总体传输时延近似相等（包含节点对报文的处理时延），即 $d_1 \approx d_2$，继而可以认为 $T_A^i = T_B^i$，然后得到 $d = T_B^j - T_A^i$，变化可得 $T_B^j = T_A^i + d$，这样就能够实现节点 B 将节点 A 作为时间基准的同步。

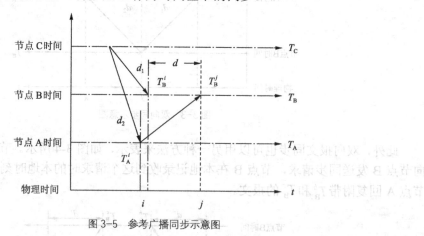

图 3-5　参考广播同步示意图

（4）参数拟合同步

以上三种同步方法都是基于时间偏移的同步，都没有对频率偏移进行估计，使得网络需要周期性地启动同步。然而，参数拟合同步能够动态地估计两节点间的时间偏移和频率偏移，这样能够延长两次同步之间的间隔，假定两节点之间的时钟关系满足下式。

$$T_n = \sigma T_m + \phi$$ (3.16)

其中，σ 和 φ 分别为两节点 m 和 n 之间的频率偏移和时间偏移。

根据以上三种方法，均能得到诸如（T_m，T_n）这样的一对时间戳，节点收集大量此类的时间戳后，就可以采用参数拟合的方法计算时间偏移和频率偏移，完成同步。

线性回归是参数拟合常用的方法，其前提是节点需要一个样本空间来存储大量的时间戳信息。通常情况下，样本空间越大，线性回归的精度越高。将参数 σ 视为节点 m 和 n 之间的时间漂移，线性回归的方法能够隐含地补偿时钟频率偏移。线性回归可以在线计算，随着新样本的加入，可以马上增加样本数来计算。但是它通过数据与最合适直线的方差来决定数据好坏的方法，使得外来数据对系数估计影响很大。

3.1.3 典型的无线传感器网络时间同步协议

目前，针对无线传感器网络已经提出了几种时间同步协议，根据节点间信息交互方式的不同，可以将现有的时间同步协议分为以下三类：基于接收方—接收方的模式、基于发送方—接收方的双向报文同步模式和基于发送方—接收方的单向报文同步模式。

1. RBS 协议

2002 年美国加州大学的 J. Elson、L. Girod 和 D. Estrin 提出了 RBS（Reference Broadcast Synchronization）时间同步协议，其中所包含的"第三方广播"的特点使得 RBS 区别于其他基于发送—接收方的同步协议。在 RBS 中，参考节点周期性地广播发送参照报文，这个参照报文中不包含时间信息，在参考节点广播半径内的多个节点接收到这个参照报文，并分别在本地记录接收到的时刻，然后彼此交换这个时刻，再利用这些时刻来计算所需的时间参数，完成同步。

RBS 的同步流程如图 3-6 右图所示，图 3-6 左图为传统的发送—接收方同步示意图，从图中可看出，RBS 消除了同步过程中发送方的不确定性，即除去了发送时间和访问时间所带来的时间误差，因此能够获得比传统的节点间双向报文交换同步更高的时间精度。另外，RBS 协议的时间精度主要受接收节点间的时间差的影响，如果不同节点对于参照报文的接收时间差别较大，则会降低 RBS 协议的时间同步精度。

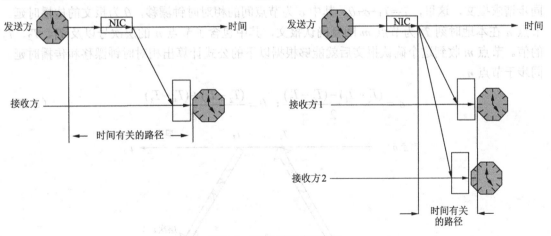

图 3-6　RBS 协议同步示意图

为提高 RBS 协议的同步精度，常常采用统计的方法，即通过发送方多次广播参照报文，接收节点因此获得多个时间差值的样本，再利用这些样本库并采用最小平方线性回归方法进行线性拟合，提高同步精度。

2. TPSN 协议

2003 年加州大学的 S. Ganeriwal、R. Kumar 及 M. Srivastava 提出了 TPSN（Timing Sync Protocol for Sensor Networks）协议，它是基于发送方—接收方的双向报文同步协议，适用于无线传感器网络全网范围内的同步。TPSN 协议采用层次型网络结构，协议规定首先将网络中的所有节点按照层次结构进行分级，形成树形结构，网络中有唯一的一个节点可以和外界通信以获得精准的时间信息，这个节点称为根节点，它作为网络的时间源。网络中的其他节点按照层次结构进行分级，某一层次上的节点只能与上一层次上的某个节点进行同步，直至所有节点都直接或间接地与根节点达到时间同步。TPSN 的同步过程分为两个阶段。

（1）层次发现阶段

网络部署完成后即开始启动层次发现阶段，首先，需要选出一个根节点作为时间源，可以为其配备 GPS 接收器，以获得精准的时间，且能保证在根据 TPSN 完成同步后，网络中所有的节点都可以与外部时间进行同步，即物理世界的时间。如果这样的根节点不存在，则所有的传感器节点都可以周期性地轮流充当根节点。

根节点被赋予层次 0，然后根节点通过广播层次发现报文（level_discovery packet）来初始层次发现的过程。这个报文包含了发送节点的标识符（ID）以及层次号。所有收到这个报文的节点将自己的层次声明为层次 1。然后，层次 1 的节点再广播层次发现报文，其中包含了层次 1 节点的层次号以及标识符，以此类推，直至网络中所有节点都被赋予了层次。要注意的是，一旦某个节点已经声明了自己的层次，它将拒绝所有其他上级节点的层次发现报文。这样的广播发现过程持续到所有节点都被赋予了唯一的层次。

（2）同步阶段

同步阶段最基本的时间模型是一对节点间的双向报文交换的过程。这里，假设这对节点间的时钟漂移在一轮报文交换过程中是恒定的，且传输时延在双向报文交换中也是恒定的。一对节点间的双向报文交换过程如图 3-7 所示，首先，由节点 m 发起时间同步请求，在本地时刻 T_1 发送一条报文，其中包含节点 m 的层次号以及 T_1。节点 n 在本地时刻 T_2 接收到这个同步请求报文，这里，$T_2=T_1+\sigma+\theta$，其中 σ 为节点间的相对时钟漂移，θ 为报文的传播时延。节点 n 在本地时刻 T_3 为节点 m 回复确认报文，其中包含了节点 n 的层次号以及 T_1、T_2、T_3 的值。节点 m 收到这个确认报文后就能够根据以下的公式计算出相对时钟漂移和传播时延，同步于节点 n。

$$\sigma = \frac{(T_2 - T_1) - (T_4 - T_3)}{2}; \ \theta = \frac{(T_2 - T_1) + (T_4 - T_3)}{2} \tag{3.17}$$

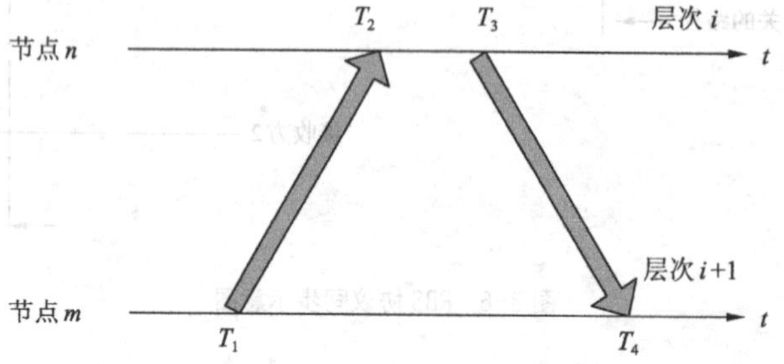

图 3-7　TPSN 协议中的双向报文交换同步原理

同步阶段由根节点发起，根节点首先发送时间同步报文，收到这个报文的层次 1 的节点和根节点进行双向报文交换，每个节点都随机等待一段时间来避免信道冲突。当层次 1 的节点收到根节点的回复后，它们立即根据回复的报文调整时钟，与根节点同步。层次 2 的节点侦听某些层次 1 的节点与根节点通信的过程，同样，随机等待一段时间，确保层次 1 的节点已经与根节点同步完成后，再发起与层次 1 的节点间的双向报文交换同步过程，这个过程持续到所有节点都同步于根节点。

TPSN 协议由于考虑了传播时间和接收时间，并通过双向报文交换计算了报文的平均时延，因此较 RBS 协议提高了时间同步精度。然而，TPSN 协议没有考虑根节点的失效问题，且当有新节点加入网络时，需要初始化层次发现阶段，大大增加了时间同步的复杂度。

3. FTSP 协议

2004 年范德尔比特大学的 Miklos Maroti 等人提出了 FTSP 协议，是基于发送方—接收方的单向报文同步模式。FTSP 协议利用简单的广播报文的方式实现全网的同步，首先假定网络中每个节点都分配有唯一的 ID 标识符，且只有一个根节点，根节点作为网络的时间源，同步过程也是从根节点发起。根节点广播发送含有本地时间的时间同步报文，未同步的多个节点接收到这个报文后，记录接收时的本地时间，并解析出报文中包含的根节点的发送时间，利用这两个时间调整自己的本地时间。已完成同步的节点再广播发送包含自己本地时间的报文，其他未同步的节点接收这个报文完成同步。以此类推，直至完成所有节点的同步。

FTSP 主要采用下面几项措施来降低报文传送过程中的时延对时间同步精度的影响：在 MAC 层打时间戳能减少大部分误差；对节点的时钟漂移进行补偿，能将通信开销维持在一个较低的限度内，如使用线性回归法对时钟漂移进行补偿。

与 TPSN 协议相比，FTSP 协议充分考虑了根节点失效问题，当根节点失效后，其他节点在等待几个同步周期之后，若仍收不到根节点的时间报文，则宣布自己成为新的根节点，并广播附带自己 ID 标识符的报文，多个节点都进行同样的动作，经过选举，最终选出一个 ID 标识符最小的节点作为新的根节点。

4. PBS 协议

2008 年 Kyoung-Lae Noh 等人提出了一种适用于无线传感器网络的成对广播同步（Pairwise Broadcast Synchronization，PBS）的方法。PBS 利用无线信道的广播特性来使在一个特定范围内的节点通过监听无线信道上的双向报文来实现大多数节点的同步。

如图 3-8 所示，M 和 N 为两个超级节点，M 为参考节点，N 与 M 同步，它们可以像 TPSN 协议一样交换时间信息。根据无线信道的广播特性，所有在节点 M 和 N 公共广播范围内（图 3-8 的阴影部分）的节点都可以监听到节点 M 和 N 之间的信息交换过程。首先，节点 M 和 N 执行类似 TPSN 协议的双向报文同步，同时节点 R 可以接收到节点 M 和 N 同步过程中的时间报文，并通过解析报文获得 M 和 N 同步过程中的所有时间信息。当节点 R 获得监听到的时间信息和以及双向报文的到达时间后，节点 R 就可以确定和节点

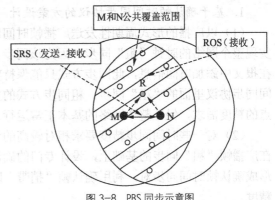

图 3-8 PBS 同步示意图

M 的相对时钟偏移量和时钟漂移量。因此，除 M 和 N 外的节点可以不用发送同步请求或者接收专门对其发送的时间同步报文，而通过监听超级节点间的同步过程的时间报文就可以完成自己的同步。

因此 PBS 协议能够保证在一个特定的广播范围内可以大大减少完成多个节点的时间同步所需要发送的报文数量。对于大多数传感器节点来说，发送一条报文要比接收一条报文更加耗能，且经过验证，PBS 可以完成和 RBS 同样的时间同步精度。

5. 几种时间同步协议的比较

由于无线传感器网络的应用范围越来越广泛，针对不用的应用，应选择不同的同步机制。下面我们从同步方式、同步范围、同步精度、同步复杂性以及同步算法的收敛时间等对以上所介绍的几种典型时间同步协议进行比较。

RBS 协议在单跳范围内可以达到比较高的同步精度，但是不适合长距离的多跳同步，且由于在接收者之间的报文交换数量随着节点数量的增加呈指数级增长，因此会导致能耗也随指数级增长，因此 RBS 适合簇内同步。TPSN 协议通过在 MAC 层记录时间戳，消除了发送时间、访问时间、接收处理时间所带来的同步误差，另外 TPSN 能够利用双向报文交换计算报文的平均延迟，大大提高了同步精度，但是它以高能耗以及需要建立继承树为代价，大大增加了复杂性和同步代价。FTSP 协议也采用在 MAC 层记录时间戳，消除了大部分时间延迟，并且利用线性回归估计时钟漂移来进一步降低同步误差，另外 FTSP 协议考虑了根节点失效问题，健壮性较好，但是重新选择根节点时收敛时间较长。PBS 协议通过选择一组同步对节点执行类似 TPSN 方式的同步，在同步对节点的公共广播范围内的节点利用无线信道的广播特性监听同步对节点的同步过程，就能获得相应的时间信息完成自己的同步，因此 PBS 的能耗在节点数量和整体能耗上没有直接联系，因此它能大大降低能耗，但是 PBS 协议选取同步对的算法较为复杂。

3.1.4 一种典型的无线传感网时间同步方法设计

由于无线传感器网络具有能量资源供应有限以及周围环境不稳定等特点，NTP、TPSN、RBS 和 FTSP 等传统的无线传感器网络时间同步协议在时间同步的复杂性、报文互换次数、同步范围、可达到的时间同步精度等方面都存在一些不足，尤其在异构无线传感器网络中，每个节点因自身功能以及所要完成的任务不同，各节点对时间同步精度需求也有所不同。因此，提出了一种基于广播帧同步、确认帧同步以及过度监听相结合的多层次新型时间同步机制。

1. 基于确认帧时间同步协议的方案设计

（1）以广播的形式周期性发送广播帧时间同步报文，在广播帧同步报文中添加时间戳来实现整个网络的时钟"粗"同步。因为该同步方式占用了较多的系统资源，因此不宜过多地在报文中添加时间信息，此同步方式只能保持整个网络的基本时间同步精度，所以被称为时间同步协议里面的"粗"同步。粗同步方式的主要特点是算法简单，可以满足一些低精度节点的精度需求，保证整个网络的基本正常运行。

（2）对一些时间同步精度要求相对较高的节点，这里采用专门的确认帧时间同步算法。在广播帧"粗"同步的基础上，设计专门的确认帧，采用精度需求较高的节点与时钟源节点形成确认帧时间同步对，利用确认帧"捎带"时间同步信息使这些节点达到功能需求的同步精度。

（3）相对于时间同步精度处于中间需求的普通节点，这里采用过度监听的同步方法，此方法不需要专门对这些节点进行时间同步，在通信范围内这些节点可以通过监听高精度需求节点与时钟源之间的通信过程，进行时钟调整。由于高精度时间同步确认帧报文中含有时钟信息，通过监听确认帧同步过程就可以完成本地时间调整。这种同步方法只需要通信范围内的一个节点与主时钟源同步，其他网络节点都可以根据同步过程实现本地时间与时钟源的间接同步。

① 广播帧时间同步

ISA100.11a 标准里定义了两种时间同步机制，其中广播帧时间同步是其最主要的同步方式（见图 3-9）。它是协调器作为整个网络的最高时间源向它的下级节点以广播的形式发送时间同步报文的一种同步方式，该同步方式采用在 MAC 层添加时间戳的方式来实现全网同步。

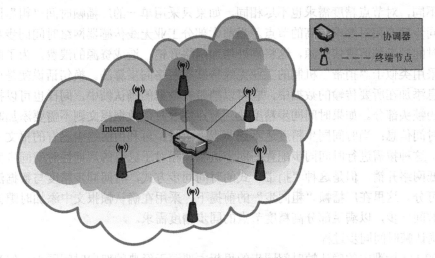

图 3-9　广播帧时间同步网络图

假设节点 P 为主时钟源，节点 A 为工业无线传感器网络中的普通终端节点且在时钟源 P 的通信范围内，因此节点 A 可以接收到时钟源节点 P 发出的广播报文，通过广播帧时间同步报文完成自身节点的时钟调整，达到与主时钟源的时间同步，具体同步过程如图 3-10 所示。

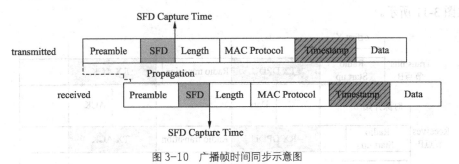

图 3-10　广播帧时间同步示意图

时钟源节点 P 在自己规定时隙内以广播的形式向整个网络广播时间同步报文，在 MAC 层通过 SFD 产生中断记录当前的本地时间 T_1，并将该时间戳装载到报文的指定位置，普通节点 A 接收到广播帧时间同步报文时，通过 SFD 产生中断读取本地时钟信息并记录当前时间为 T_2，根据记录的两个时间点，可计算出两节点之间的时钟偏差为

$$t = |T_1 - T_2| + D \qquad (3.18)$$

其中 D 为传输延迟，在无线传感器网络中，广播帧时间同步为"粗"同步，是为了满足整个网络的基本运行，因此可以忽略传输延迟 D，则上式可表示为

$$t = |T_1 - T_2| \qquad (3.19)$$

根据计算的时钟偏差值，节点 A 对本地时间 TAI 进行时钟调整。

② 确认帧时间同步

根据上面介绍可知，广播帧时间同步为网络的"粗"同步。对于异构网来说，每个节点因为功能不同，对节点精度需求也不尽相同，如果只采用单一的广播帧时间"粗"同步，则无法满足同步精度相对要求较高的节点。当前大部分工业无线传感器网络时间同步算法都需要专门为时间同步预留通信资源，这将额外增加网络开销，造成资源的浪费。为了降低网络开销，可采用类似于"捎带"机制的工业无线传感器网络同步算法。换句话说就是可以将时间同步信息添加在所要传输的数据中，它可以捎带在数据的确认帧中，同样也可以捎带在一般数据帧的帧头部分。如果时间同步精度达到节点需求时，数据报文则不需要添加时间同步所需要的时间信息；当时间同步精度达不到节点需求时，再利用网络中已有的报文"捎带"时间信息。这种按需进行时间同步配置的同步机制，相对于已有的周期性时间同步协议能够有效地降低网络开销。但是这种"捎带"式的时间同步方式，时间同步精度与数据流的分布情况密不可分。这里在广播帧"粗同步"的前提下，采用在确认帧报文中添加时隙偏移量的方法进行时间同步，以满足部分高精度节点的同步精度需求。

（a）确认帧时间同步过程

ISA100.11a 标准中的确认帧时间同步的思想主要源于经典的双向时间同步，但又不同于双向时间同步。在确认帧时间同步协议中，普通节点向时钟源节点发送的数据报文中并不需要像双向时间同步方式那样添加本地时间戳，而是通过计算发送数据报文时，当前时间与时隙起始时间的时隙偏差值，并将该偏差值保存起来。当时钟源节点接收到该数据报文后，通过计算本地时间与时隙起始时间的时隙偏差值，并将该值添加到确认帧中回复给终端节点，终端节点通过解析确认帧中的时隙偏差值来调整本地时钟，完成节点的时间同步。具体同步过程如图 3-11 所示。

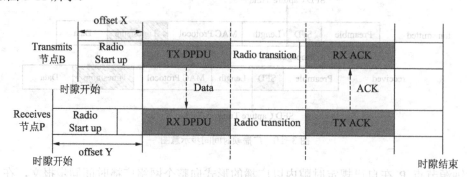

图 3-11　确认帧时间同步示意图

假设节点 P 为主时钟源，节点 B 为无线传感器网络内精度要求相对较高的终端节点。在网络通信过程中，节点 B 向主时钟源发送数据报文，在发送开始时通过 SFD 产生中断，记录当前的本地时间 T_1，通过计算便可知道 T_1 距当前时隙开始时的时隙偏移量 offset X 并保存此值。时间源节点 P 在开始接收此数据报文时，同样通过 SFD 产生中断，主时钟源节点 P 记录下当前接收到数据报文的本地时间 T_2，并通过 T_2 计算出距当前时隙开始的时隙偏移量 offset Y。主时钟源节点 P 在接收完数据报文以后，向节点 B 回复一个确认帧（ACK），并在确认帧中添加主时钟源接收到数据报文时的时隙偏移量 offset Y。节点 B 接收到主时钟源节点 P 回复的确认帧（ACK）以后，由硬件进行相应的解析，获取确认帧（ACK）中所含的时隙偏移量 offset Y，通过数学计算可知两个节点之间的时间偏差，其偏差值为

$$t = \left| \text{offset X} - \text{offset Y} \right| \tag{3.20}$$

节点 B 接收完 ACK 报文以后，读取自己的本地时间 T，通过两节点时钟的偏差值，可将自己的时钟调整为

$$T = t \pm \left| \text{offset X} - \text{offset Y} \right| \tag{3.21}$$

（b）确认帧时间同步周期

在确认帧时间同步过程中，因为各节点对时间同步精度的需求不尽相同。如果高精度需求节点一遇到数据采集就执行确认帧时间同步，则所有采集的数据都需要回复确认帧报文和在确认帧报文中预留专门的资源存储时间信息，这将额外增加网络开销，造成资源的浪费，因此处于确认帧时间同步的节点根据自身的同步精度需求以及数据采集周期，设定确认帧时间同步周期，在一个周期内只需要进行一次确认帧时间同步来调整自己的本地时钟即可满足自身节点的同步精度需求，具体实现过程如下。

假设节点 B 处于确认帧时间同步状态，该节点对时间同步精度需求最大误为 X，节点的时钟频率漂移为 f，最大同步周期为 T，则

$$T = \frac{X}{f} - \Delta \tag{3.22}$$

其中 Δ 为同步周期的随机提前值。节点的时钟频率漂移 f 会随着周围温度、压强等环境因素的变化而变化。这里通过线性拟合的方法，对时钟的频率漂移值进行了动态估计，通过不断更新频率漂移值，确定同步周期。

当同步需求周期内没有数据采集时，终端节点则主动向时钟源节点发送一条数据载荷设置为 0 的数据帧，协调器收到这个数据帧时不做任何处理，只需要回复添加时间信息的确认帧报文给终端节点即可。

③ 监听时间同步

（a）监听时间同步过程

在工业无线传感器网络中，并不是所有节点都需要较高的时间同步精度。根据功能的不同，有些节点对同步精度需求可能相对较高，而有些节点对同步精度的需求相对低一点。如果在广播帧"粗"同步的前提下，无法满足节点自身对同步精度的需求，而一味采用确认帧时间同步，不仅会造成信道拥挤，而且会增加网络的额外开销。为了降低网络能耗，延长节点使用寿命，本文采用过度监听通信频率较高节点的确认帧时间同步，调整自身节点时钟偏移来满足自身节点对时间同步精度的需求。

在工业无线传感器网络中，时间同步精度处于中间需求的普通节点，当同步精度满足不了自身节点精度需求时，通过监听同步通信频率较高节点的确认帧时间同步，被动地进行双向同步，虽然节点从报文交换上来看为单向时间同步，但算法上却根据确认帧时间同步执行。具体同步过程如图 3-12、图 3-13 所示。

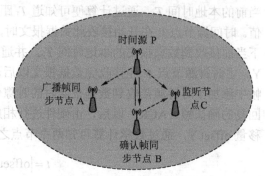

图 3-12　监听时间同步网络图

假设节点 B 为正在进行确认帧时间同步的高精度节点，P 为主时钟源节点，C 为网络中时间同步精度处于中间层次需求的普通节点。节点 B 向主时钟源发送数据报文时，在发送开始的时候通过 SFD 产生中断，记录当前的本地时间 T_1，通过计算便可知道 T_1 距当前时隙开始时的时隙偏移量 offset X 并保存此值。时间源节点 P 在开始接收此数据报文时，通过 SFD 产生中断，主时钟源节点 P 记录下当前接收数据报文的本地时间 T_2，并通过 T_2 计算距当前时隙开始的时隙偏移量 offset Y。主时钟源节点 P 在接收完数据报文以后，向终端节点 B 回复一个确认帧报文，并在确认帧报文中添加主时钟源接收到数据报文的时隙偏移量 offset Y。在通信范围内，节点 C 将分别监听到节点 B 发送给节点 P 的数据报文以及节点 P 回复给节点 B 的确认帧（ACK）。节点 C 监听到节点 B 发送给节点 P 的数据报文后记录本地时间 T_3，计算 T_3 距当前时隙开始时的时隙偏移量 offset Z 并保存此值。节点 C 监听到主时钟源回复给节点 B 的确认帧（ACK）以后，由硬件进行相应的解析，获取 ACK 中所含的时间偏移量 offset Y，通过数学计算可知两个节点之间的时间偏差，其偏差值为

$$t = \left| \text{offset Y} - \text{offset Z} \right| \tag{3.23}$$

节点 C 读取自己的本地时间 T，通过两节点时钟的偏差值，可将自己的时钟调整为

$$T = t \pm \left| \text{offset Y} - \text{offset Z} \right| \tag{3.24}$$

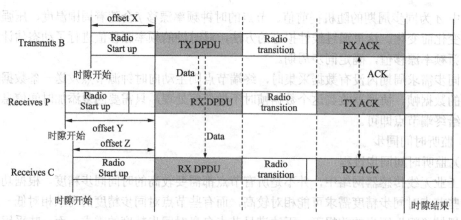

图 3-13　监听时间同步示意图

（b）监听同步周期

在监听时间同步过程中，因各节点的时间同步精度需求不尽相同，如果所有节点一直处

于监听状态，则在整个网络通信过程中节点需要专门为其预留资源，不仅会增加网络负载，而且也会造成资源的浪费，因此每个节点根据自身的同步精度需求，设定不同的监听周期，在一个监听周期内只需要监听一次确认帧时间同步过程，完成自己的本地时钟调整即可满足节点的同步精度需求，具体实现过程为如下。

假设节点 C 处于监听时间同步状态，该节点对时间同步精度需求最大误差为 Y，节点的时钟频率漂移为 f，最大同步周期为 T，则

$$T = \frac{Y}{f} - \Delta \tag{3.25}$$

其中 Δ 为同步周期的随机提前值。这里通过线性拟合的方法，对时钟的频率漂移进行了动态估计，通过不断更新频率漂移值，确定监听同步周期。在监听时间同步周期内，通过监听确认帧双向时间同步来调整自己的本地时钟，达到节点对时间同步精度的需求。

2. 基于确认帧的时间同步滤波算法

（1）时钟偏差估计

假设在理想状态下主时钟源节点 A 与网络中的普通节点 B 之间的频率漂移忽略不计，为了提高网络的时间同步精度，节点 B 希望能估计出自身与主时钟源节点 A 之间的偏差值，通过多次同步周期接收到的同步误差值可估计出多个偏差值 $\theta(t_0)$，$\theta(t_1)$，$\cdots$，$\theta(t_{n-1})$。假设分别在时刻 t_0，t_1，$\cdots$，t_{n-1} 的同步误差值是相互独立的，并且设 t_0 时刻的初始时钟偏移量为 X。因此可得到公式（3.26）。

$$\theta(t_i) = X + \omega(t_i) \tag{3.26}$$

其中 $\omega(t_i)$ 是从符合均值为 0、方差值为 $\sigma_x = 2\sigma$ 的高斯白噪声中获得的，$\omega(t_i)$ 相互独立互不影响，通过其数学转化可以得到其最小方差的无偏估计值为

$$\hat{X} = \frac{1}{n} \sum_{k=0}^{n-1} O(t_k) \tag{3.27}$$

根据上式所估计的方差值为 σ_x^2 / n，且随着 n 的增大成线性减小。

（2）频率漂移估计

由于硬件的制作工艺、外界环境的温度、压力、晶体不纯、环境变化等因素的影响，晶体振荡器的频率不可能完全一样。即使节点在某一时刻与参考节点达到时间同步，长时间的频率漂移也会使该节点产生出一定的时间偏差，最终导致节点时钟的不准确，这里采用 FTSP 算法进行频率漂移补偿，具体补偿方法如下。

在无同步的时候分别记录 3 组数据（global，local），利用公式

$$global = skew \times local + offset \tag{3.28}$$

其中，global 为主时钟源时间，local 为本地时钟，skew、offset 是特定的常量。

我们知道两个相同石英晶体的时钟频率几乎是一样的，skew 非常接近于 1.0。例如：skew $=1.0+10^{-5}$，这个值相对于 1.0 没有很大的变化，因此我们让 skew 减去 1，即 skew_1=skew−1.0。通过 offset=skew_1×local +offset 来进行线性回归，计算 skew，其中 offset= global−local。

$$\overline{offset} = skew\_1 \times \overline{local} + offset \tag{3.29}$$

$$offset - \overline{offset} = skew\_1 \times (local - \overline{local}) \tag{3.30}$$

$$\text{offset} = \overline{\text{offset}} + \text{skew\_1} \times (\text{local} - \overline{\text{local}}) \tag{3.31}$$

其中，$\overline{\text{offset}}$ 为 offset 的平均值，$\overline{\text{local}}$ 为 local 的平均值，线性回归方法计算过程如下。

设所求的直线方程为 $y=bx+a$，其中 a、b 是待定系数。则

$$\hat{y} = bx_i + a, (i = 1, 2, \cdots, n) \tag{3.32}$$

利用最小二乘法计算出来的值为

$$\begin{cases} b = \dfrac{\sum\limits_{i=1}^{n}(x_i - \bar{x})(y_i - \bar{y})}{\sum\limits_{i=1}^{n}(x_i - \bar{x})^2} = \dfrac{\sum\limits_{i=1}^{n}x_i y_i - n\overline{xy}}{\sum\limits_{i=1}^{n}x_i^2 - n\bar{x}^2} \\ a = \bar{y} - b\bar{x} \end{cases}$$

$$\bar{x} = \frac{1}{n}\sum_{i=1}^{n}x_i, \quad \bar{y} = \frac{1}{n}\sum_{i=1}^{n}y_i \tag{3.33}$$

offset 为 y，skew_1 为 b，local 为 x，offset 为 a，即可得到求解 skew 的公式。

利用之前的数据得到 skew 后，若想进行下一步的补偿校正，则用下面公式，通过当前的 local 时间值，直接推导出精确的时间值 global。

$$\text{global} = \text{local} + \overline{\text{offset}} + \text{skew\_1} \times (\text{local} - \overline{\text{local}}) \tag{3.34}$$

其中 local 是补偿校正时刻的当前时间，skew 是之前计算出来的值，$\overline{\text{local}}$ 是计算出 local 的 3 个点的平均值，$\overline{\text{offset}}$ 为 offset 的平均值。频率漂移计算流程图如图 3-14 所示。

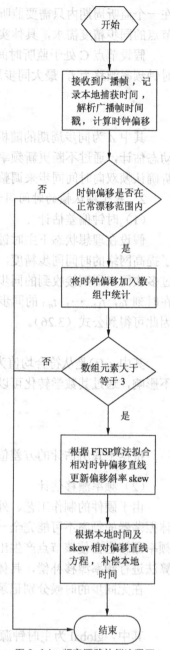

图 3-14　频率漂移补偿流程图

3.2　无线传感网网络调度技术

无线传感网的网络调度是指在保障网络性能的前提下，对无线通信资源（包括时隙和信道）的合理分配，达到通信资源的有效利用，减少时延，提高网络的可靠性并减少网络能耗。

3.2.1　典型无线传感网调度技术

无线传感网调度技术通常需要在调度代价和调度目标之间进行折中，以实现最大化的对资源的合理有效的调度。目前无线传感网中的调度技术主要通过共享信道中时隙的分配以及

多信道的调度来实现。下面将通过广播调度和睡眠调度两个方面来介绍无线传感网的典型调度技术。

1. 广播调度技术

无线传感器网络中节点经常需要广播消息或数据，用于同步机制、拓扑控制或路由建立与维护等。由于无线链路的共享与开放性，很容易造成消息传输时的相互冲突，若节点的多个相邻节点同时向该节点广播消息，则必然产生相互干扰或冲突，并造成广播消息不能正确收发，大多数无线传感器网络此时要求源节点重传，而造成节点能量额外消耗，因此需要对节点的广播消息进行合理调度以延长网络的寿命。

广播调度要解决的即是为每个节点分配到一个无冲突的传输时隙，其目标是找到最优时分复用（Time division multiple access，TDMA）调度解，使得帧长度最短而信道利用率最大。

由于传感网无线信道的共享性，广播调度的研究主要基于共享信道时隙分配调度的研究，即为网络中的每个节点或者每项任务分配传输数据所需的时隙。根据调度者分类，共享信道传输调度又可分为集中式和分布式传输调度。

（1）集中式共享信道传输调度

集中式广播传输调度算法一般采用图论的方法求解，以最大化时隙利用率或最小化超帧长度的方法来达到提高吞吐量和降低延时的目标。Arunabha 和 Vuong 等人通过寻找单个时隙内的最大传输集来最大化网络吞吐量，采用令牌深度优先搜索方法实现集中的启发式广播传输调度；Wang 等人采用神经网络、模拟退火等算法可以得到近优的广播调度方案，但算法复杂度高，且需要全局精确信息，工程实用性较差。Ramanathan 将上述针对广播传输的调度方法进行了归纳和扩展，比较了时域、频域和码域中传输调度约束条件的相似性，首次提出了基于 TDMA/FDMA/CDMA 统一的传输调度架构。该架构基于物理空间上足够远的节点可以共享时隙、信道或编码的思想，致力于实现节点的空间复用。首先，利用图论的方法将网络模型搭建为有向图，且假设链路是单向非对称的。同时，根据被着色对象（节点或链路）、冲突关系（节点冲突或链路冲突）和传输方向（发送者和接收者），将已有的 114 种传输调度算法的约束归纳为 11 个原子约束，包括 4 个基于节点的约束和 7 个基于边的约束。图 3-15 所示的 11 个原子约束中，（1）～（4）为基于节点的约束，（5）～（11）为基于边的约束，其中，黑点和实线表示相互受干扰的节点和链路，空心点和虚线表示对其他节点和链路造成干扰的节点和链路。通过调整和限制 11 个原子约束的组合方法，可以反映不同情况下的传输调度问题。同时作者设计了一个适用于时域、频域和码域的传输调度算法——UxDMA 来对系统的广播进行调度。

（2）分布式共享信道广播调度

针对广播通信的分布式共享信道传输调度方法，通常以最小化超帧长度和最大化时隙利用率为目标，且所得超帧长度与网络规模成正比。

最典型的算法包括 Funabiki 等人提出的一种结合最小化超帧长度和最大化时隙利用率的算法。该算法在最小化超帧长度过程中，首先根据节点的两跳邻居数将全网的节点排序，然后依次给每个节点分配一个未被任意一个两跳邻居节点使用的最小时隙号。分配完成后，最大时隙号就是该网的最小超帧长度。在最大化时隙利用率过程中，按照相同规则为全网节点排序，依次为各节点分配最小时隙号，且允许节点使用多个未被两跳邻居节点使用的时隙。

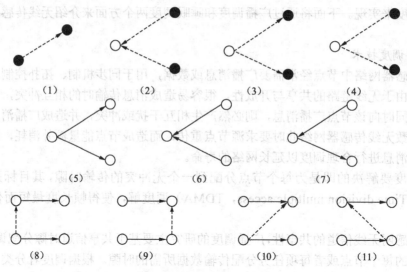

图 3-15　统一架构的原子约束

为了适应网络的动态性、降低传输调度重新计算带来的协议开销，Chlamtac 等人面向单播通信，提出一种不依赖网络拓扑结构、仅依赖全局网络参数（最大节点数和节点的最大邻居数）的分布式传输调度方法，即拓扑透明传输调度方法。Chalamtac 等人利用高斯域原理进行求解，保证网络中的每个节点在一个超帧周期内至少成功传输一次，且根据节点的流量要求动态增加节点的时隙数。基于 Chalamtac 等人的思想，Ju 等人以最大-最小吞吐量为优化目标，利用编码理论提出一种新的拓扑透明的传输调度解决方案。该方案不需要额外的控制参数，仅需要预估的节点数和最大邻居数作为参数。

为了满足用户对 QoS 的要求，研究者们于 20 世纪 80 年代初开始研究基于预约的传输调度方法，即采用分布式竞争接入和预约调度结合发送数据的方法。基于预约的传输调度方法的主要目标是最大化网络寿命和协议的可扩展性，以及要求协议适应网络的变化。这些变化主要包括网络规模、拓扑、节点密度、节点加入和离开等。其他网络性能，如吞吐量、延时、可靠性和带宽利用率也是需要考虑的指标。典型的解决方案可以归纳为 2 类：基于控制信道预约的方法和基于控制时隙预约的方法。其中，基于控制信道预约的方法将信道划分为控制信道和数据传输信道；基于控制时隙预约的方法将时隙划分为控制时隙（或称预留时隙）和数据传输时隙。上述 2 类方法中，节点利用控制信道或者控制时隙预约数据传输所需的时隙，并利用预约成功的时隙进行数据传输。

基于控制信道和数据传输信道的方法中，控制信道用于节点交换传输调度请求、预约数据传输所需时隙以及解决隐藏终端和暴露终端冲突问题；数据传输信道用于节点传输数据。典型的研究包括 IBM 托马斯·沃森研究中心的 Cidon 等人于 1989 年提出的分布式动态传输调度算法。该算法给出了此类传输调度的基本控制架构，主要解决多跳传输且网络动态性较强情况下的时隙分配问题。算法的基本思想是将信道划分为控制信道和数据传输信道。网络中的每个节点根据一跳的邻居信息分布式执行时隙分配算法。同时，针对控制开销不容忽视且固定优先级导致的不公平分配等缺陷，作者提出了优先级轮询算法和邻居等待算法。其中，优先级轮询算法在每个时隙开始，动态更换节点的优先级，保证网络中的每个节点在每个传输调度周期内都有机会传输数据；邻居等待算法在一个调度周期内，要求已分配时隙的节点等待其邻居节点全部被调度完成后，才可以再次参与分配过程，通过减少每个时隙的控制开销以降低整体控制开销。

目前，部分学者对于汇聚传输的调度问题提出了分布式解决方案。Gandham 等人给出了对于节点数据为 N 的网络，通过传输调度最多只需要 $3N$ 个时隙就能完成一次全网数据的汇聚传输，并提出了相应的算法。该算法虽然由各个节点自主决定传输时隙的分配，但是每个节点需要掌握网络拓扑中的分支总数、各分支长度、节点和各分支之间的传输干扰关系等多种信息，在计算复杂度上已经接近于集中式传输调度。孙利民等人针对无线传感器网络汇聚传输的实时性，提出一种基于 TDMA 的分布式节点调度算法。利用该算法进行一次全网数据收集，基本可以在 1.6～1.8 倍网络节点数个时隙内完成，并且能够有效避免各节点之间的数据碰撞。另外，该算法调度时只需要各节点掌握一跳邻居信息，而在传输过程中节点最多只要缓存 2 个报文，因此满足无线传感器网络分布式、节点存储空间受限的要求。

2. 睡眠调度技术

无线传感器网络中，要合理高效地使用网络中各传感器节点的能量，平衡节点间的能耗，使之均匀分布于整个网络，提高网络的整体有效性和可用性，延长网络的生存周期。

睡眠调度机制主要是通过定期休眠一定比例的剩余能量较低的节点，使节点轮流工作，避免能耗较高的节点频繁工作而提前失效，使网络中的能耗平均分布到每个节点，保证节点能量达到最大程度的利用，网络的生命周期也随之延长。

在无线传感器网络中，睡眠调度机制是节点最常使用的节能方法。睡眠调度分为两类：同步睡眠机制（如 S-MAC、T-MAC 等）和异步睡眠机制（如 RI-MAC 等）。

（1）S-MAC

S-MAC 协议是在 802.11 MAC 协议基础上通过优化侦听/睡眠的工作方式来减少空闲侦听，并根据具体的网络流量变化和时延容忍程度灵活设置睡眠占空比，以达到减少节点能耗，延长网络生存时间的目的。它的最基本的思想是基于周期性的睡眠-侦听计划和本地管理同步。邻居节点形成虚拟簇去建立一个普遍的睡眠计划。假定两个邻居节点存在于两个不同的虚拟簇中，它们在两个簇的侦听周期中被唤醒。S-MAC 算法的一个缺点是可能遵循两种不同的时间表，因此它的空闲侦听和串扰会导致更高的能量消耗。通过将数据包 SYNC 周期性地传播到最近的邻居节点来交换时间表，通过载波侦听机制来避免碰撞，请求帧（request-to-send，RTS）和清除帧（clear-to-send，CTS）中都包含当前数据交换需要的时间长度，图 3-16 显示了 S-MAC 睡眠-侦听工作方式，图 3-17 是 S-MAC 信息传输工作示意图。

图 3-16 周期性睡眠-侦听工作方式

总而言之，S-MAC 是一种以节能为首要目的的无线传感器网络的 MAC 层协议。主要思想是使节点周期性地休眠以减少串音侦听和空闲侦听导致的时延，降低能量的消耗。如果有消息需要发送，通过握手机制竞争通道，在侦听阶段发送。S-MAC 协议中节点采用退避机制竞争信道。一个完整的侦听和休眠过程叫一个周期。在每个周期开始时，消息队列非空的节点会从 $[0, W-1]$ 中随机选择一个退避数，其中，W 为竞争窗口的大小，协议中规定竞争窗口的大小不变。选择退避数后，如果信道保持空闲且持续一个时隙的时间，则节点的退避数会在时隙结束后减 1。当网络中某节点的退避数首先减少为 0 时，该节点将发送数据，如果 2 个或者 2 个以上的节点同时发送数据，则会造成冲突。而那些未能发送数据的节点会因为侦听到信道状况变为繁忙而取消当前的退避转而进行休眠，等待下一个周期的到来。

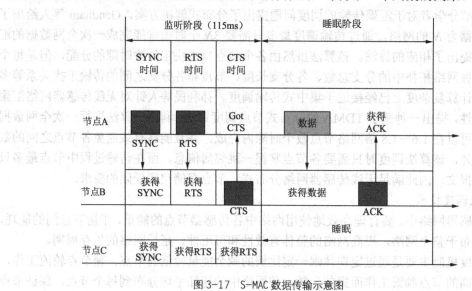

图 3-17 S-MAC 数据传输示意图

（2）T-MAC

T-MAC（Time SMAC）协议提出了一种自适应调整睡眠周期的方法，通过动态调整调度周期中的工作时长来改变睡眠占空比。T-MAC 协议是在 S-MAC 基础上，按照通信负载动态地调整节点活动状态时间，以突发方式发送信息，从而减少空闲侦听的时间，降低能量消耗。TMAC 协议中，数据的发送都是通过突发的方式进行的。图 3-18 表示的是 TMAC 协议的睡眠调度方式。在工作状态下，节点可以保持监听或发送数据。当在一段时间没有事件发生时，节点转入睡眠状态。

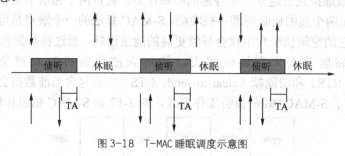

图 3-18 T-MAC 睡眠调度示意图

T-MAC（Timeout-MAC）协议与自适应睡眠的 S-MAC 协议基本思想大体相同。数据传输仍然采用 RTS/CTS/DATA/ACK 的 4 次握手机制，不同的是在节点活动的时隙内插入了 TA（Time Active）时隙，若 TA 时隙之间没有任何事件发生，则活动结束进入睡眠状态。设计思想上的一个区别在于根据网络负载状况动态调整活动期的长度，并且用突发方式发送数据消息，减少空闲侦听。

（3）RI-MAC

异步 MAC 协议 RI-MAC（Receiver Initiated MAC）即被动方式的异步 MAC 协议。这个被动是从发送节点的角度来看的。它的解决办法类似于握手机制，不同的是发送节点不首先发送数据请求，而是直接进入监听状态。接收节点醒来后首先发送一个短的信标帧，用来报告自己已经开启自身的 ID、位置、调度信息，发送节点在接收到此信标帧后，识别包含于其中的 ID 信息。若是自己要发送数据的目标，就立即发送数据请求与之建立通信链路。若不是要发送数据的目标，则继续监听下去，直到收到自己发送数据目标的信标帧。以发送节点的角度来看，用长时间的监听取代了长时间的发送前导序列码，降低了发送节点的能量消耗，还可以有效地建立通信链路。

但是，当区域内节点部署密集时，就可能出现多个节点需要同时向同一个节点发送数据，它们在收到接收节点的信标帧后会同时发送数据，造成数据的冲突。为此，RI-MAC 协议还提出了一种自适应回避算法。在接收节点的信标中加入退避窗口 BW 字段。首先发送的信标帧 BW 值为零，在发生冲突时，接收节点扩大 BW 的值，收到信标的发送节点，就会在重传时回避一个值。即发生冲突的所有发送节点在 0～BW 值之间随机选择一个时间进行避让，时间短的先发送数据。图 3-19 为 RI-MAC 的工作示意图，图 3-20 为 RI-MAC 中的自适应退避算法。

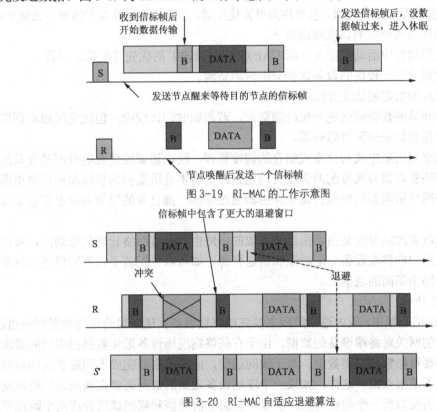

图 3-19 RI-MAC 的工作示意图

图 3-20 RI-MAC 自适应退避算法

3.2.2 确定性通信调度方法的设计

在工业无线传感器网络中，对现场设备进行通信调度是基本要求，通信的确定性往往比通信的实时性更重要。确定性调度关系到整个网络能否可靠有序地运行，主要功能是在相互竞争的用户之间分配通信资源（如信道、时隙等），从而避免冲突，提高吞吐量和带宽利用率。本书以 WIA-PA 网络为例介绍确定性通信调度的实现方法。

工业无线传感器网络确定性通信调度的内容包括时隙、信道和链路，其主要考虑的对象是时隙和信道。WIA-PA 网络分为 Mesh 网络和星型网络，在 Mesh 网络中，调度是由网络管理者为路由器分配时隙和信道等资源，其中包括路由器在网络中通信所需资源和路由器分配给其星型网络内的终端设备的通信资源。在星型网络中，调度是由路由器为终端设备分配资源，使路由器的资源与终端设备集合在一起。

为了实现 WIA-PA 网络的确定性调度，数据链路子层数据单元（DLPDU）可分为四个优先级，即第一、二、三、四优先级。

（1）第一优先级最高，网内所有的命令帧都属于这一级，命令帧包含一切与诊断、配置和控制等相关的帧。

（2）第二优先级次之，网络中的过程数据属于这一级别，其中过程数据包括各种请求帧和响应帧。

（3）第三优先级也可称为一般优先级，将所有不是命令帧、过程和报警的数据帧的优先级归为此类优先级，如终端设备采集的现场数据帧。

（4）第四优先级是最低优先级，也可称为报警优先级，非紧急的报警数据帧都是该优先级。网络中时隙和信道分配的调度规则如下。

（1）信标帧和超帧中活动期部分（即 CAP 和 CFP 阶段）的优先分配信道资源。

（2）数据更新速率比较快的设备优先分配时隙资源。

（3）优先级高的数据帧优先分配时隙资源。

（4）起始时间早的数据帧优先分配时隙资源，若起始时间比较晚，但优先级较高则按照优先级较高的数据帧优先分配时隙资源。

WIA-PA 网络采用集中式与分布式结合的调度管理，路由器调度资源的分配是在其加入到网络之后，网络管理器为其分配的调度资源包括路由器本身所需要的资源和由该路由器为簇首组成的星型网络所需要的资源。每个路由器通过信标广播自身的时隙和信道信息以及其他超帧信息。

终端设备调度资源的分配是由路由器来完成的。路由器具有网络管理代理功能，可以在其可用的调度资源中向终端设备分配时隙和信道资源，如可以分配若干在不同信道的时隙，用于终端设备与路由器间的通信。

1. 超帧的设计

WIA-PA 标准的超帧中，簇内通信阶段主要完成终端设备发送采集的现场数据到路由器，以及路由器转发的网关对终端设备的数据，由于有些终端现场设备采集数据的周期的要求不是特别高，不需要很频繁地采集数据。对于簇间通信，此阶段主要完成不同簇之间的数据通信，这种情况也不是很频繁。这样，如果一个现场设备采集的数据需要在簇间通信阶段发送出去的时候，就需要等待一个超帧周期。所以，如果簇内通信和簇间通信分成两个阶段就会影响网络的实时性。因此，对 WIA-PA 超帧做了修改，修改后的超帧 CFP1 阶段对应 WIA-PA 标准的 CFP 阶段，而将标准中的簇内通信与簇间通信称为 CFP2 阶段。与 WIA-PA 标准超帧相同，信标帧仍然在超帧的开始。CAP 为竞争阶段，信道接入方式为支持优先级的免冲突载波监听（CSMA/CA）接入方式。修改后超帧结构如图 3-21 所示。

CFP1 阶段为非竞争阶段。根据 IEEE 802.15.4，此部分由保障时隙（GTS）组成。在 WIA-PA 网络中，此阶段用于移动设备与簇首间的通信。在这个阶段中要完成对保障时隙的（GTS）请求与响应，以及分配与使用。

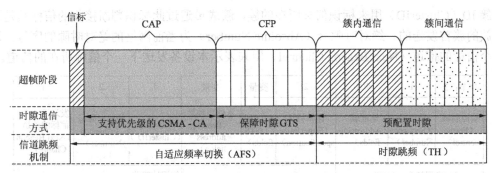

图 3-21　WIA-PA 超帧结构

CFP2 阶段主要完成标准中的簇内通信和簇间通信，包括终端设备发送采集的现场数据到路由器、路由器转发的网关对终端设备的数据（如读、写相关属性等），以及不同簇之间的数据通信。

2. 通信调度状态机

WIA-PA 超帧结构由信标、竞争阶段（CAP）、非竞争阶段（CFP）、簇内通信、簇间通信组成，因此，将数据链路子层（DLSL）的通信调度状态机设计成由 5 个状态组成，分别为：发送信标状态、CAP 状态、CFP 状态、簇内通信状态、簇间通信状态。状态机如图 3-22 所示。网关和路由器的初始状态为发送信标状态，现场设备的初始状态为 CAP 状态。网关、路由器在发送信标结束之后就进入 CAP 状态。

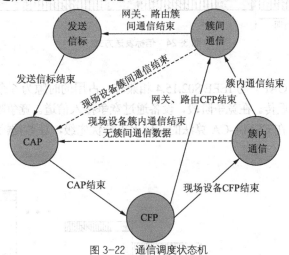

图 3-22　通信调度状态机

CAP 状态结束之后进入 CFP 状态，由于路由器和网关是在网状网络中，只在簇间通信内进行通信，所以 CFP 状态结束之后，网关和路由器都进入簇间通信状态，而现场设备在 CFP 状态结束之后进入簇内通信，并在簇内通信结束之后进入簇间通信状态，此时如果现场设备没有簇间通信数据，则直接进入 CAP 状态。在簇间通信状态结束之后，网关和路由器都会回到发送信标状态，现场设备则回到 CAP 状态。

3. 发送信标阶段

信标帧结构如图 3-23 所示。MAC 层帧头中的帧控制域（Frame Control）、序列号（Sequence Number）、地址域（Addressing Fields）和信标帧载荷中的超帧描述域（Superframe Specification）、GTS 域（GTS Fields）都与 IEEE 802.15.4 的 MAC 信标帧结构的内容相同，此处不再赘述。

簇 ID（ClusterID）用来标识信标所在的簇，簇成员通过此标识判断接收的信标帧是否是所在簇的簇首发送的。绝对时隙号（Absolute Number）为当前网络的绝对时隙的序号。发送下一个信标的信道（Next Beacon Channel）用来表示本设备发送下一个信标所在的信道。

字节: 2	1	4/10	2	变量	变量	1	2	1
帧控制域（Frame control）	序列号（Sequence Number）	地址域（Addressing fields）	超帧描述（Superframe specification）	GTS域（GTS fields）	未处理地址（Pending address fields）	簇ID（ClusterID）	绝对时隙号（Absolute Number）	发送下一个信标的信道（Next Beacon Channel）
MAC层帧头（MHR）					信标帧载荷			
IEEE 802.15.4 MAC信标帧					DLSL信标帧载荷			

图 3-23 信标帧结构

信标的发送比所有其他的发送和接收具有更高的优先级。所有信标帧都是在超帧的开始发送，如图 3-24 所示。网关和路由器都会周期性地发送信标帧，现场设备不发送信标帧。信标帧主要完成的功能是实现全网的时间同步和新设备入网信息的发送。

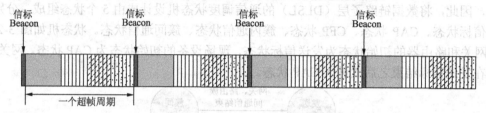

图 3-24 信标发送方式

4. CAP 阶段

超帧的竞争阶段（CAP）与 IEEE 802.15.4 相兼容，占用的时隙为 6 个。CAP 阶段主要完成设备加入、簇内管理和重传。在竞争阶段，设备通过竞争接入信道。竞争阶段采用支持优先级的时隙 CSMA-CA 算法，在 CSMA-CA 算法的基础上支持优先级，让数据帧间的竞争降到最低。

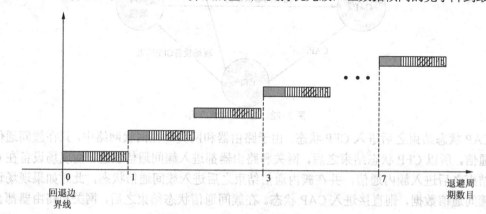

图 3-25 不同优先级的退避周期

支持优先级的 CSMA-CA 将所有的数据帧根据上述的通信调度规则划分为 4 个级别，不同优先级别的数据帧具有不同的数值变量 P，4 个优先级分别对应 P0、P1、P2 和 P3，它们的值分别为 0、1、2 和 3，以此来代表数据帧优先级的高低。这样，通过在传统的 CSMA-CA

算法的随机退避之前先退避 2^P-1 个退避周期来支持数据帧获得发送时隙的优先级。其中 2^P-1 为退避周期数目，把优先级的值 P（0、1、2 或 3）带入式 2^P-1，即可得出数据帧的退避周期数目，如图 3-25 所示。这样，不同优先级别的帧在随机退避之前的延迟不同，接入信道的能力就不同。当不同类型的帧同时开始竞争信道时，级别高的延迟时间短，可以更快地接入信道，从而为高优先级的数据帧提供更好的服务。

5. CFP 阶段

与 IEEE 802.15.4 不同的是，WIA-PA 标准中 CFP 阶段用于移动设备（如手持设备）与簇首间的通信。由于在 IEEE 802.15.4 中 CFP 阶段使用保护时隙（GTS），因此在本通信调度的设计中也采用保护时隙（GTS）。

保护时隙的管理是通过 GTS 请求命令来完成的。移动设备可以通过该命令请求簇首为其分配一个新的保护时隙或者解除已经存在的保护时隙。GTS 请求命令帧格式如图 3-26 所示。

GTS 特性域长度为 1 字节（8 比特），其结构如图 3-27 所示。GTS 长度域为 4 比特，包含所申请的 GTS 的时隙数目。GTS 方向域长度为 1 比特，如果 GTS 所申请的时隙是用来接收数据的，则此子域置 1；相反，如果 GTS 所申请的时隙是用来发送数据的，则此子域置 0。GTS 方向是相对于数据的发送方向而言的。GTS 特性类型长度也为 1 比特，如果特性为 GTS 分配，则设置为 1；如果特性为解除 GTS 分配，则设置为 0。

字节：7	1	1
MAC层帧头	命令帧标识符	GTS特性域

图 3-26 GTS 请求命令帧格式

比特：0~3	4	5	6~7
GTS长度	GTS方向	特性类型	保留

图 3-27 GTS 特性域结构

保护时隙（GTS）的使用方式是设备向簇首发送保护时隙请求帧申请保护时隙，簇首根据簇内 CFP 阶段保护时隙的使用情况分配保护时隙。GTS 的申请过程如图 3-28 所示。

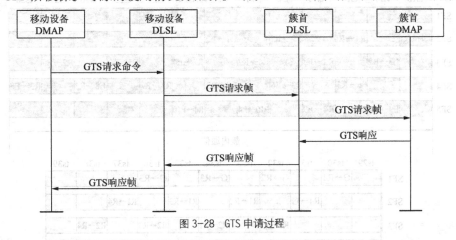

图 3-28 GTS 申请过程

CAP 与 CFP 阶段的跳频机制为自适应频率切换（AFS）。在同一个超帧周期使用相同的信道，在不同的超帧周期内，根据信道的丢包率和重传次数来判断是否需要切换信道。这里的设计方案主要通过重传次数作为判定切换信道的条件，当重传次数达到三次以上，就会进行信道切换。信道切换的跳频序列为 11、13、15、17、19、21、23、25，为了增强网络的可靠性，本设计方案为自适应频率切换机制设置了一个备用切换序列 12、14、16、18、20、22、24、26。跳频序列如图 3-29 所示。

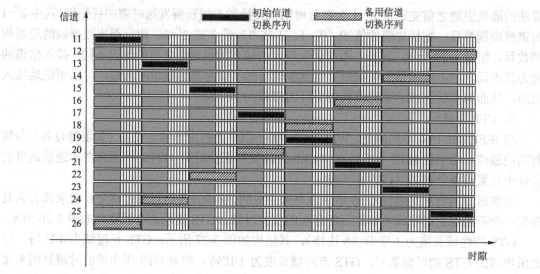

图 3-29　AFS 跳频序列

6. 簇内通信和簇间通信阶段

簇内通信和簇间通信的时隙分配采用的是预配置方式，根据 WIA-PA 协议栈所实现的 WIA-PA 网络结构，簇内通信是星型网内的通信，即簇成员与簇首之间的通信，簇间通信是网状网络内的通信，是网关与路由器之间和路由器与路由器间的通信。各通信时隙的预配置情况如图 3-30 所示。整个网络系统包含有 5 个超帧，分别为 SF1~SF5，簇内通信与簇间通信开始的时隙号是 16，结束的时隙号是 40，图中的 G、R、E 分别表示网关、路由器、现成设备，"E1→R1"表示在超帧 SF2 的 16 时隙现场设备 E1 发送数据到路由器 R1。

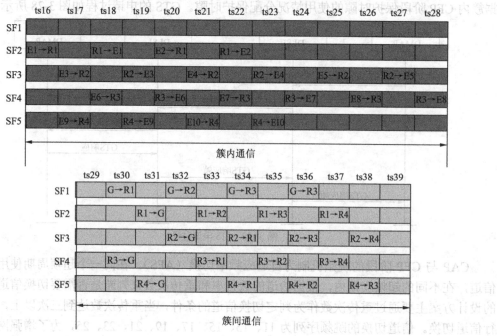

图 3-30　簇内通信和簇间通信的时隙配置

簇内通信和簇间通信的跳频机制是时隙跳频（TH），即更换一个时隙进行一次跳频，如图 3-31 所示。这里所实现的是每个超帧中的簇内通信和簇间通信对应一个跳频序列，即超帧 1 内的簇内通信和簇间通信对应的跳频序列为 11、12、13、14、15、16、17、18、19、20、21、22、23、24、25、26（跳频序列 1），超帧 2 对应的跳频序列为 12、13、14、15、16、17、18、19、20、21、22、23、24、25、26、11（跳频序列 2），依此类推，一共 16 个跳频序列，其中信道偏移量是 1。

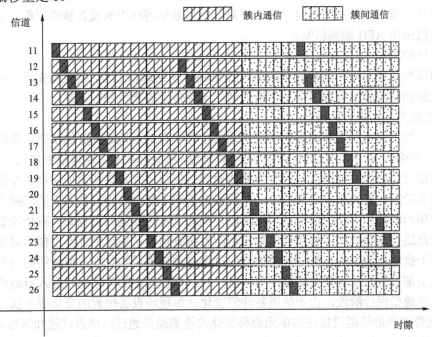

图 3-31　簇内通信和簇间通信的时隙跳频

3.3　无线传感网跳信道技术

3.3.1　无线传感网跳信道基本原理

无线传感器网络由于无线信道的开放性，容易引起频率干扰，故使用单一信道的无线传感网无法提供可靠的、实时的高数据速率通信。跳信道技术通过不断更换通信信道和屏蔽被干扰的信道来提高无线网络的抗干扰特性。跳信道技术主要应解决两个问题：信道分配和接入控制，信道分配是要为不同的通信节点分配相应的信道，接入控制是确定节点接入信道的时机，解决好竞争和冲突的避免问题。自适应跳信道技术是短距离无线通信网中一种主要的抗干扰技术。本书以此为例介绍传感网跳信道的基本原理。

1.　自适应跳信道方式

当前主流无线传感器网络标准的物理层和媒体访问控制层均兼容 IEEE 802.15.4 标准，工作频段采用 2.4GHz 的 ISM 频段，有 16 个信道可以使用。为了提高无线传感器网络与其他同频段网络的抗干扰能力，改善其系统性能，减小系统共频段的干扰，达到各系统共存的目的，无线传感器网络的信道序列可由网络管理者预先指定，同时可采用如下 3 种跳信道方式。

（1）自适应频率切换（AFS）

在超帧结构中，信标阶段、竞争接入阶段和非竞争接入阶段在不同的超帧周期根据信道质量按照跳信道序列进行更换信道。

（2）自适应跳频（AFH）

根据超帧每个时隙所在信道的信道质量进行切换信道，信道质量通过丢包率进行评估，超过一定的阈值则认为该信道是差的信道，就将该信道从信道列表中屏蔽，并广播给全网；当该信道状态恢复到好的状态时就将其恢复，然后通知网络中的设备解除屏蔽。非活动期的簇内通信段采用 AFH 跳频机制。

（3）时隙跳频（TH）

时隙跳频主要应用在超帧的非活动期的 MESH 网络通信过程，按照预先设定的跳信道序列，每次新的时隙到来就按照序列切换信道，不管信道的质量是好或差。

2. 自适应跳信道系统设计

自适应跳信道系统需要能够在跳信道通信过程中自适应地选择好的信道，实时屏蔽被干扰的信道，拒绝使用曾经用过但传输不成功的信道，从而提高跳信道通信中接收信号的质量。自适应跳信道通信的主要过程一般分为通信建立、信道信息采集和通信保持 3 个阶段。在通信链路建立阶段，首先必须建立同步，在保证通信双方时钟同步、帧同步的基础上，确保双方跳信道序列的同步；在信道信息采集阶段，现场设备对信道的丢包率、重传次数以及链路质量等信息进行采集统计，将信道信息发送给系统管理器；系统管理器根据信道质量评估准则确定被干扰的信道，并把被干扰的信道通过黑名单技术通知对方，使网络的设备同时删除被干扰的全部信道，从而使跳信道序列保持一致，并在确定的时刻同时进入自适应跳信道通信阶段；在通信保持阶段，由于信道条件的变化（如现场设备位置的变化或干扰环境的改变等），系统管理器的信道质量评估单元会将变化的检测结果通过广播方式通知网络设备，及时屏蔽跳信道序列中被干扰的信道，并保证通信的设备跳信道序列保持一致。

根据上述要求，自适应跳信道系统结构如图 3-32 所示，现场设备周期性地发送本设备的信道质量状况给网络的系统管理器，系统管理器的信道质量评估单元监测现场设备所有信道的质量状况，并根据可靠的信道质量评估算法及接收信号的质量判定信道的好坏，从而选出可用的信道。根据评估结果更新信道黑名单信息，并将黑名单信息通过广播通知现场设备；现场设备收到数据包，根据黑名单信息修改本设备的跳信道列表，然后按照新的信道列表进行跳信道发送/接收数据。

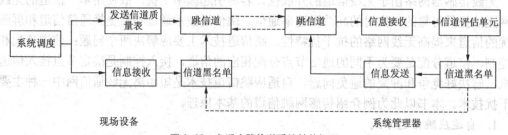

图 3-32　自适应跳信道系统结构框图

3. 信道评估机制

（1）信道序列选取

2.4GHz 频段上划分了 16 个信道，采用 IEEE 802.15.4 物理层和 MAC 层规范中规定的

DSSS 直序扩频调制，设备可工作于某个选定的信道（见图 3-33）。IEEE 802.15.4 与 IEEE 802.11b 的信道对比情况如图 3-33 所示。

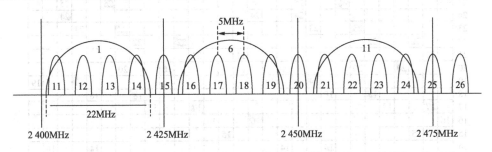

图 3-33 IEEE 802.15.4 与 IEEE 802.11b 的信道对比

16 个信道可以分成两种信道，专用信道和一般信道。专用信道主要用于设备的入网、簇内管理、重传，这些信道受干扰的概率比较小，因此可选信道 15、20、25、26 为专用信道。其余的信道作为一般信道，用于一般数据的发送与接收。为了提高网络的抗干扰性，16 条信道可以按照如下的规则组合成不同的跳信道序列。

① 当一个信道被使用后，它的下一跳信道要与该信道保持 3 个信道以上的间隔。某一信道受到干扰时，下一跳选用的信道应该保证不会再在这个干扰的范围内。16 个工作信道可分为 4 个组：11、12、13、14 为一组；16、17、18、19 为一组；21、22、23、24 为一组；15、20、25、26 信道为一组。选取跳信道序列可以按以下步骤：从每组中的第一个信道依次选取，接着又是从每组的第二个信道依次选取，按照此规则选择相应的信道。生成的跳信道序列为：11、16、21、15、12、17、22、20、13、18、23、25、14、19、24、26。从选择好的跳信道序列可以看出，任何相邻的两个信道都不会被 IEEE 802.11b 的某一信道同时覆盖。例如：无线传感器网络中的 11 信道受到了 IEEE 802.11b 信道 1 的干扰，如果系统采用的是时隙跳信道模式，那么设备在下一跳选用的信道 16 将不会受到 IEEE 802.11b 信道 1 的干扰。

② 当网络中包含几个子网设备的时候，同一子网的设备应该选择同一个跳信道序列，不同子网之间的设备应该选择不相同的跳信道序列。同一时刻，不同子网之间的设备保证在不同的信道上工作，从而避免了设备之间的相互干扰。例如：不同子网之间的两个设备都是采用时隙跳信道模式进行通信，设备 1 的跳信道序列为 16、21、15、12、17、22、20、13、18、23、25、14、19、24、26、11；而设备 2 选择的跳信道序列为 12、17、22、20、13、18、23、25、14、19、24、26、11、16、21、15。如图 3-33 所示，无线传感器网络中的两个设备的跳信道序列都按照规则 1 来选取，从而减小了来自 IEEE 802.11b 网络的干扰；而且在同一时隙，两个设备工作的信道均不相同，因此有效地避免了子网之间的相互干扰，整体上提高了无线传感器网络的抗干扰性能。图 3-34 所示为两个不同子网的跳信道序列图。

（2）信道评估算法

信道质量评估技术用于测量无线网络中当前正被使用的信道的状况或质量。根据跳频信道的实时接收信号，用信道质量判决准则周期性地分析判断信道的质量，从而判定该跳信道频点是否受到干扰和能否进行正常通信。信道质量评估方法以丢包率、LQI、重发次数等为评估参数，按照一定的信道评估算法对信道进行评估，并划分信道质量的等级，实现从跳信道序列中去除被干扰的坏信道，实现收发双方在无干扰的频率集上同步跳信道，通信的过程中根据干扰情况随时更新跳信道序列。

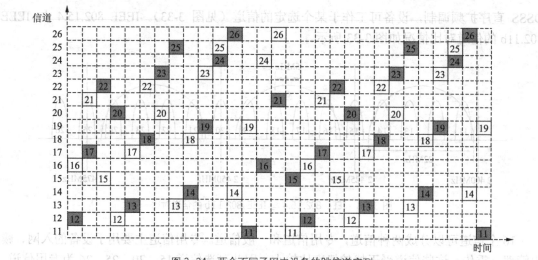

图 3-34 两个不同子网中设备的跳信道序列

更新信道序列有两种方法：方法一是将全部可使用的信道分成两组，一组定义为使用信道序列，另一组为备用信道序列，当使用信道序列中出现被干扰的坏信道时，则随机地从备用信道序列中选出一个可以使用的信道来替代该坏信道，这种替代可以一直进行下去，直至备用信道序列中没有可以使用的信道为止；另一种方法则不分使用和备用信道序列，所有信道组成一个跳信道序列，当发现被干扰的坏信道时，则可以选择当前信道中的下一个好信道来加以替代。两种方法的主要区别是：前者频谱利用率较低，跳频频谱的均匀性相对较好，适用于可使用的信道个数较多的情况；后者频谱利用率较高，但可能导致跳频频谱的均匀性变差，比较适合于可使用的跳信道频率数较少的情况。

（3）信道评估时间

信道评估时间的长短会直接影响无线传感器网络的安全性和实时性。如果系统在受到干扰的时候，信道评估时间太长，可能导致重要数据信息的丢失，而信道评估时间太短又造成不必要的能源浪费，因此信道评估的时间尤为重要。

工业无线传感器网络采用确定性调度技术，由于在每个信道上发送数据包的次数各不相同，系统管理器设置了信道评估门限值（P_{thr}），当设备在某一信道上发送数据包的个数达到 P_{thr} 时，开始进行信道评估。因此网络的信道评估时间与系统的调度（链路的配置）、超帧周期、跳信道模式、跳信道序列以及 P_{thr} 相关。

若网络的跳信道序列为：19，12，20，24，16，23，18，25，14，21，11，15，22，17，13，26。超帧周期为 100 个时隙，若在超帧偏移为 1 的时隙上配置一条发送链路，设备工作在时隙跳信道模式，根据信道使用率计算方法可以推出超帧每个时隙的信道偏移和信道使用个数，时隙 1 使用的信道为：12，23，21，17。因此设备评估信道时只需要统计这四条信道上的评估参数，其他信道没有被使用，则不需要进行评估。当设备增加新的时隙链路时，如在超帧偏移为 5 的时隙上配置另一条发送链路，同理可计算出该链路使用的信道为 23，21，17，12。信道的使用频率比原来提高了一倍，所以网络的信道评估时间不应该采用统一的时间周期，而应该根据具体的信道使用频率来决定。

（4）信道评估参数

工业无线传感器网络中有多个管理对象属性表，如超帧对象属性表、链路对象属性表和信道对象属性表等。系统管理器可以对整个网络的通信资源进行配置、管理、增加或者删除等操作。

网络中的每一个设备需要定期对工作的信道进行质量评估，可以根据丢包率（PacketLossRate）、接收信道强度指示（RSSI)）、链路品质信息（LQI）、重传次数（RetryNum）等信道评估参数，检测出每一条信道的质量状况，将评估结果存储在信道状况报告表中，然后周期性地将信道状况报告表发送给系统管理器。

（5）黑名单技术

无线传感器网络通过黑名单技术来管理网络频谱资源的使用。黑名单技术实现流程如图3-35 所示，系统管理器首先查询设备管理应用进程（DMAP），判断是否收到设备的信道质量状况报告。如果接收到设备的信道报告，则按照信道评估方法对信道进行评估，判断信道是好信道还是坏信道，如果信道是坏信道，修改黑名单信息，并发送信标帧通知网络的设备。设备收到信标帧之后，解析黑名单子域，如果与本设备的黑名单属性信息不相同，则立即更新。

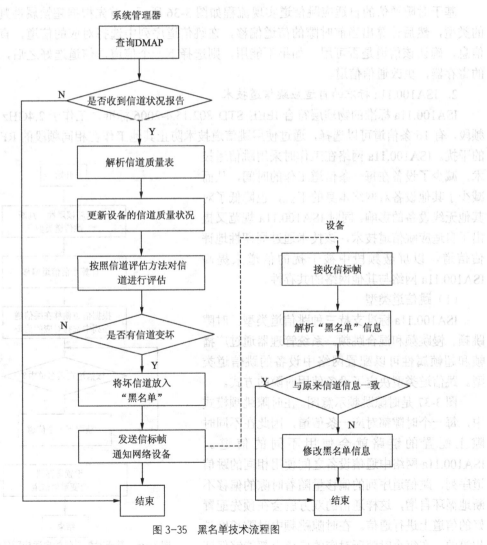

图 3-35　黑名单技术流程图

3.3.2 一种典型的自适应跳信道实现方法

1. 基于时隙通信的自适应跳信道方法

工业无线传感器网络标准定义了超帧属性、链路属性、信道属性等管理对象的数据结构，数据链路层访问的时候，直接调用相应的表属性元素进行读、写、添加、删除、查找等操作，用链接队列形式来实现每个属性结构体的存储。

当设备处于空闲状态时，根据信道的评估时间周期性地统计信道质量评估参数（如丢包率和 LQI 等），将统计结果保存到信道状况报告表中，然后发送给系统管理器。

系统在实施跳信道功能时，需要确定网络的跳信道模式和跳信道序列，根据超帧结构计算当前时隙所使用的信道，然后根据跳信道序列更改当前的物理信道。同一个子网中的设备一般使用相同的超帧、跳信道序列，这样才能保证在某个时隙跳到相同的信道上进行通信。实现跳信道功能主要涉及链路表、超帧表和信道表，首先查询链路表，获取当前时隙优先级最高的链路，再根据该链路信息中的超帧 ID，确定该超帧使用的跳信道序列。

基于时隙通信的自适应跳信道实现流程如图 3-36 所示，首先根据超帧属性判断跳信道的类型，然后计算出当前时隙的信道偏移，在跳信道序列中选择对应的信道，查询黑名单信息，确认该信道是否可用，如果不能用，则选择下一个信道，信道选好之后，设置硬件的寄存器，更改通信信道。

2. ISA100.11a 标准的自适应跳信道技术

ISA100.11a 标准的物理层符合 IEEE STD 802.15.4-2006 标准，工作于 2.4GHz ISM 射频频段，有 16 条信道可以选择，通过使用跳信道技术防止其他工作在相同频段的 RF 射频设备的干扰。ISA100.11a 网络在工作时采用跳信道技术，减少了设备在每一条信道工作的时间，从而减少了其他设备对网络本身的干扰，也降低了对其他无线设备的影响。同时 ISA100.11a 规范又提出了自适应跳信道技术，该技术通过周期性地评估信道，以屏蔽频段中被干扰的信道来提高 ISA100.11a 网络与其他网络的共存性。

（1）跳信道类型

ISA100.11a 标准支持三种跳信道类型：时隙跳频、慢跳频和混合跳频。系统管理器通过广播帧和超帧属性可以配置网络中设备的跳信道类型。跳信道类型决定了设备使用时隙的方式。

图 3-37 是时隙跳频示意图。在时隙跳频模式中，每一个时隙都对应一条信道，因此在不同时隙上配置的链路就会使用不同的信道。ISA100.11a 网络中通信设备之间使用相同的跳信道序列，跳信道序列的偏移量随着时隙的偏移不断地循环自增，这样通信的双方就会在预先配置好的信道上进行通信。在时隙跳频中时隙长度是相等的，在每个时隙所对应的信道上都能够保证

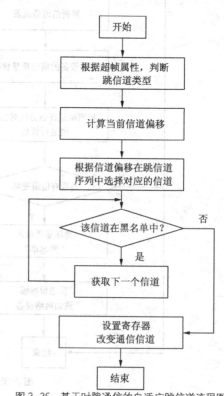

图 3-36 基于时隙通信的自适应跳信道流程图

完成一次数据通信，即数据的发送和确认帧的接收。

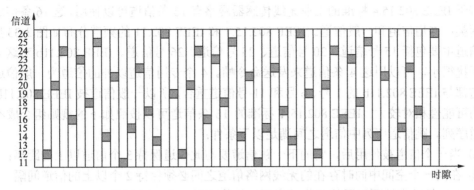

图 3-37　时隙跳频

图 3-38 所示为慢跳频示意图，在慢跳频中，连续的一组时隙使用同一信道。这一组时隙的长度就是慢跳频周期。系统管理器可以配置慢跳频的周期，在一般情况下慢跳频周期为每跳100~400ms。当设备不需要精确的时间同步时或是设备失去了和网络的连接时，慢跳频周期可以加长为几秒钟的时间。慢跳频一般用于设备入网或是命令帧的发送期间。由于系统管理器可以配置慢跳频中时隙的周期和慢跳频的周期，因此实现 ISA100.11a 设备之间的互操作性更加方便。

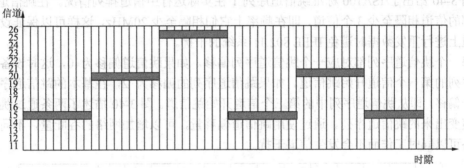

图 3-38　慢跳频

图 3-39 所示为混合跳频示意图，混合跳频把时隙跳频和慢跳频结合起来使用。在一个周期内，一些时隙用于快跳频，紧挨着的时隙使用慢跳频。在混合跳频中，时隙跳频用于设备之间的正常数据通信，在慢跳频阶段设备之间通过 CSMA-CA 机制进行通信，用于重传数据或命令帧的发送。具体使用哪种跳频方案可以根据实际的情况而定。

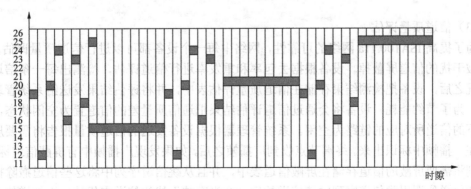

图 3-39　混合跳频

（2）跳信道序列分析

基于 IEEE 802.15.4 标准的工业无线传感器网络有 16 条信道可以使用，这 16 条信道可以分为两类：专用信道和一般信道。IEEE 802.15.4 和 IEEE 802.11 的频谱分布如图 3-33 所示，专用信道主要包括 15 号信道、20 号信道、25 号信道、26 号信道。IEEE 802.11b 对这 4 条信道的干扰很小，可以用这 4 条信道来发送命令帧。4 个专用信道以外的信道为一般信道，一般信道都与 IEEE 802.11b 的 1 号、6 号和 11 号信道重合，所以一般信道被 IEEE 802.11b 系统干扰的可能性相对较大。IEEE 802.15.4 标准的 16 条信道可以按照如下的规则组合成不同的跳信道序列。跳信道序列中信道之间满足以下条件：

① 当一个信道被使用后，它的下一跳信道要与此信道保持 3 个信道以上的距离；

② 在同一个空间中同时存在的无线网络信道之间必须保持 2 个以上的信道间隔。

ISA100 标准支持预配置的跳信道序列，具体有以下 5 种序列形式：

① 19，12，20，24，16，23，18，25，14，21，11，15，22，17，13，26；

② 26，13，17，22，15，11，21，14，25，18，23，16，24，20，12，19；

③ 15，20，25（慢跳频）；

④ 25，20，15（慢跳频）；

⑤ 11，12，13，14，15，16，17，18，19，20，21，22，23，24，25，26。

图 3-40 给出了 ISA100 标准跳信道序列 1 在实际运行中信道排列情况。在跳信道序列 1 中相邻的信道相隔至少 3 个信道，即在频率上它们相隔至少 20MHz，这样可以保证设备在相邻信道上进行重发数据时避免 IEEE 802.11 系统的干扰。

每一个跳信道序列都对应一个跳信道序列偏移。如果跳信道偏移为 0，这时设备就从跳信道序列的第一个信道开始跳信道。如果跳信道序列的偏移为 2，在基本的跳信道序列上加上 2 个偏移，即从跳信道序列中的第三个信道开始跳信道。图 3-40 描述了两条通过跳信道序列 1 演变出来的跳信道序列。通过使用跳信道偏移量，可以增加网络的吞吐量，不同网络中的设备可以同时工作而不会发生信道干扰。

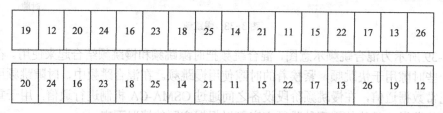

19	12	20	24	16	23	18	25	14	21	11	15	22	17	13	26
20	24	16	23	18	25	14	21	11	15	22	17	13	26	19	12

图 3-40　不同偏移量的两条 ISA100.11a 跳信道序列

（3）信道质量评估

为了提高 ISA100.11a 网络的可靠性，网络中每一个设备都可以进行信道质量评估，及时地将被干扰的信道屏蔽掉。设备根据丢包率和重发率进行信道评估，检测出每一条信道的质量状况之后，设备把检测结果存储在信道质量评估表中，并将评估结果发送给系统管理器。这时，为了节约能耗，设备将会通过信道评估结果把通信质量差的信道置为空闲状态，空闲状态下的信道所对应的链路为空闲。系统管理器根据设备发送的信道质量报告将需要屏蔽的信道在广播帧中标识出来。终端节点收到广播帧之后，如果发现广播帧中有屏蔽信道标识时，设备则将需要屏蔽的信道存储在屏蔽信道表中，并且从跳信道序列中将这些信道撤除掉。屏蔽掉的信道位置用跳信道序列中该信道的后一个没有被干扰的信道来代替。当信道的干扰信号消失之后，系统管理器将原来屏蔽的信道及时恢复到正常状态，并通过广播帧通知终端节点和路由器更新屏蔽信道表的信息，恢复被屏蔽信道在原有跳信道序列中的位置。

为了管理和更新网络中的信道信息，ISA100.11a 网络中建立了信道信息管理库。表 3-1、表 3-2 为设备信道信息管理库中的属性表。

表 3-1 为空闲信道表。用来存放设备本身不使用的信道，该信道所对应的链路被强行设置为空闲状态，但这条信道没有被从跳信道序列中撤除。空闲信道表是用一个无符号 16 位整数来表示 IEEE 802.15.4 标准中的 16 个信道，从 0 位到 15 位分别对应 11 号信道到 26 号信道。如果某一位被置 1，则表示该信道被置为空闲信道。屏蔽信道表和空闲信道表结构类似。屏蔽信道表是用来存储设备运行过程中从跳信道序列中撤除的信道。屏蔽信道表也是用一个无符号 16 位整数来表示的，每一位代表 IEEE 802.15.4 标准中的一个信道，即从 0 位到 15 位分别对应 11 号信道到 26 号信道。如果某一位被置 1，则表示该信道被系统屏蔽，设备相应地从跳频序列中撤除该信道。

表 3-2 为信道质量评估表。信道质量评估标表中存放了 16 条信道的评估结果，每一条信道的评估结果包括重发率和丢包率两个变量。信道质量评估表是一个只读的动态属性表，设备周期性地对每一个信道进行通信质量检测，把检测结果更新并存储在信道质量评估表中。信道质量评估表有两个信道评估参数：NoACKN、CCABackoffN。每个参数分别描述不同的信道质量情况：NoACKN 表示在信道 N 上发送数据但没有收到确认帧的百分比；CCABackoffN 表明在信道 N 上发送数据但由于 CCA 检测发送数据失败的百分比。

表 3-1　　　　　　　　　　　　　　　空闲信道表

Byte	Bit							
	7	6	5	4	3	2	1	0
1	CH_{11}	CH_{12}	CH_{13}	CH_{14}	CH_{15}	CH_{16}	CH_{17}	CH_{18}
2	CH_{19}	CH_{20}	CH_{21}	CH_{22}	CH_{23}	CH_{24}	CH_{25}	CH_{26}

表 3-2　　　　　　　　　　　　　　　信道质量评估表

参数 ＼ 信道	信道 0	信道 3	…	信道 15
NoACK	NoACK0	NoACK1	…	NoACK15
CCABackoff1	CCABackoff0	CCABackoff2	…	CCABackoff15

设备定期对每一个信道进行通信质量评估。信道质量评估表有两个信道评估参数：NoACKN、CCABackoffN。

$$NoACKN=(NoackNu/SumNum)\times100\% \tag{3.35}$$
$$CCABackoffN=(ReSumNum/SumNum)\times100 \tag{3.36}$$

NoACKN 的值等于在一定周期内（比如 1s）设备在信道 N 上未收到确认帧的发包总数与发送数据包总数的比值。CCABackoffN 的值等于在一定周期内（比如 1s）设备在信道 N 上重发送数据包的总数与发送数据包总次数的比值。例如：如果 NoACK8 的值为 34，表示设备在 8 号信道上有 34%的数据没有收到确认帧。如果 CCABackoff6 的值为 26，则表示设备在 6 号信道上由于 CCA 检测有 26%的数据发送失败。

（4）自适应跳信道的实现

如果 NoACKN 或者是 CCABackoffN 大于门限值，设备就认为该信道为差信道，并在空闲信道表中把该差信道对应的比特位置为 1。设备接着向系统管理器发送信道质量报告。系统管理器综合每个设备的信道质量报告，从而判断每条信道受干扰的程度。如果信道受干扰范围超过某一门限值，协调器将对该信道进行屏蔽，并发送广播帧通知全网设备。

在工业无线传感器网络中，终端设备周期性地进行信道评估并通过信道质量报告把评估结果传送给系统管理器。系统管理器通过设备的信道质量报告将信道分为两类，即好信道和屏蔽信道，并将网络中被屏蔽的信道通过广播帧通知给其他设备，设备收到系统管理器发送的屏蔽信道信息后更新设备的信道管理信息库。设备执行跳信道的流程图如图 3-41 所示。设备在执行跳信道的过程中，首先根据超帧的信道偏移从跳信道序列中选择一条信道，接着判断此信道是否为屏蔽信道，如果该信道为屏蔽信道，那么在跳信道序列中再选择下一条信道进行判断。如果选择的信道不是屏蔽信道，则继续判断它是否为空闲信道。如果是空闲信道，设备将该信道对应的链路置为空闲。如果选择的信道既不是屏蔽信道也不是空闲信道，则把信道设置为设备的物理信道并执行链路的相应操作。

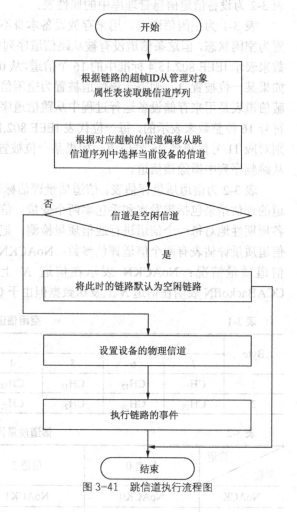

图 3-41　跳信道执行流程图

3.4　无线传感网安全技术

3.4.1　无线传感网安全概述

随着无线传感器网络的广泛应用，信息网络的安全威胁由虚拟世界延伸到物质世界，由网络世界扩展到遍布的传感节点，由传感网自身放大到整个信息服务体系。传感器网络的安全问题已经成为制约物联网技术普遍应用的一个关键问题。

无线传感器网络在应用过程中，需要进行数据的采集、传输、融合、处理等操作。为了抵御无线传感器网络的各种安全攻击和威胁，保证无线传感器网络系统的安全运行，其安全需求和安全目标主要表现在以下几个方面。

（1）数据保密性：数据保密性是指使信息不泄露给未授权的个人、实体、进程，或不被其利用的特性。传感器网络确保具有保密性要求的数据在传输过程中不被泄露给未授权的个人、实体、进程，或不被其利用。在需要时确保数据在存储过程中不被泄露给未授权的个人、实体、进程，或不被其利用。

（2）数据完整性：数据完整性是指数据没有遭受以未授权方式所进行的更改或破坏的特性。传感器网络采用国家相关标准规定的完整性机制，通过自主完整性策略和强制完整性策略，检测所有数据以及敏感标记在传输和存储过程中是否被有意地改动和破坏，并提供更正被改动数据的能力。

（3）数据新鲜性：数据新鲜性保证接收到数据的时效性，确保没有重放过时的数据。传感器网络确保各类设备采用安全机制对接收数据的新鲜性进行验证，并丢弃不满足新鲜性要求的数据，以抵抗对特定数据的重放攻击。

（4）可控性：在保障传感网中数据的保密性、完整性、可用性的前提下，提供相应的安全控制部件，形成控制、检测和评估环节，构成完整的安全控制回路，实现传感器网络的可控性。

（5）抗干扰性：传感器网络采用适当的机制来防止对数据发送、接收和转发的无线干扰，避免对网络的信息传输造成严重影响。

（6）可用性：已授权实体一旦需要就访问和使用数据和资源的特性。

（7）可鉴别性：可鉴别性分为数据可鉴别和身份可鉴别。数据可鉴别是指产生有效性证据以验证特定传输中的数据内容没有被伪造或者篡改，确保数据内容的真实性。身份可鉴别是指传感器网络维护每个访问主体的安全属性，同时提供多种身份鉴别机制，以满足传感器网络不同安全等级的需求。在进行鉴别时，传感器网络提供有限的主体反馈信息，确保非法主体不能通过反馈数据获得利益。

3.4.2　无线传感网安全关键技术

针对不同的应用，无线传感器网络对于安全的需求也不同。应结合无线传感器网络的安全需求和安全目标来设计其关键技术。

1. 加密技术

为了满足数据保密性、数据完整性等安全需求，无线传感器网络安全系统需要用到加密技术。在无线传感器网络中，节点能量有限、存储空间有限、计算能力弱的特点，使得密码算法、实现方式的选择除了考虑足够的安全强度之外，还要考虑运行时间、功耗、存储空间占有量等因素。

（1）对称密码体制

对称密码体制是一种传统密码体制，也称为私钥密码体制。在对称加密系统中，加密和解密采用相同的密钥。因为加解密的密钥相同，需要通信的双方必须选择和保存他们共同的密钥，各方必须信任对方不会将密钥泄露出去，这样就可以实现数据的机密性和完整性。比较典型的算法有 AES（Advanced Encryption Standard，高级加密标准）以及 DES（Data Encryption Standard，数据加密标准）算法及其变形 Triple DES（三重 DES）、GDES（广义 DES）等。

① AES——高级加密标准

AES 主要有两种应用模式：其一是 128 位数据块和 128 位密钥，其二是 128 位数据块和 256 位密钥。AES 使用了转置操作和多轮的策略，在 AES 中，加密操作是对整个数据块进行加密运算。

② DES——数据加密标准

在 DES 数据加密标准中，明文按照 64 位数据块单元进行加密，生成 64 位密文，密钥为 56 位。由于密钥太短，于是设计了一种三重加密的方法来有效地增加密钥长度，即三重 DES。这种方法使用两个密钥，首先用 K1 进行加密，然后用 K2 进行解密，再用 K1 进行加密得到密文，解密过程与此相反。这样密钥的长度就变成了 112 位。并且，如果设 K1=K2，则三重 DES 可以和 DES 相互兼容。

对称密码算法的使用模式一般分为以下 5 种。

（a）电码本模式（Electronic Code Book，ECB）

方法：将明文分隔成连续定长的数据块，如果最后一个数据块的明文不够定长，则将最后一片的明文填补至定长，然后用同样的密钥逐个加密这些数据块（见图 3-42）。

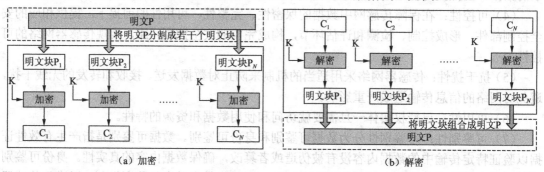

图 3-42　电码本模式

缺点：由于明文和密文是一一对应的关系，容易被分析篡改。

（b）密文分组链接模式（Cipher Blok Chaining，CBC）

方法：加密过程如图 3-43 所示，可以看出，CBC 模式使得同样的明文块不再映射到同样的密文块上。

缺点：只有当完整的密文块到达之后才能进行解密，延迟大。

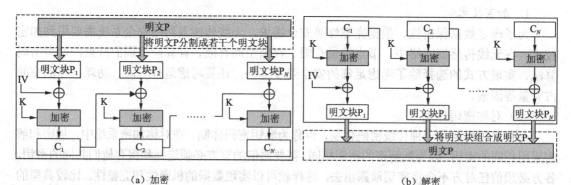

图 3-43　CBC 密码块链式模式

（c）密文反馈模式（Cipher Feedback，CFB）

方法：图 3-44 描述的是 CFB 模式，假设传输单元是 s 位（s 通常为 8），明文的各个单元要链接起来，所以任意个明文单元的密文都是前面所有明文的函数。在这种情况下，明文被分成了 s 位的片段而不是 b 位的单元。

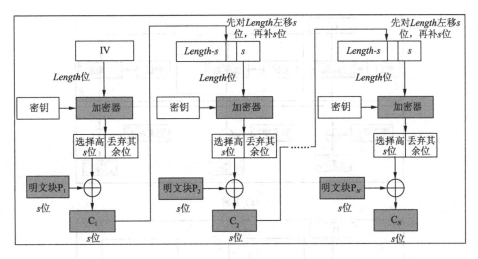

（a）加密

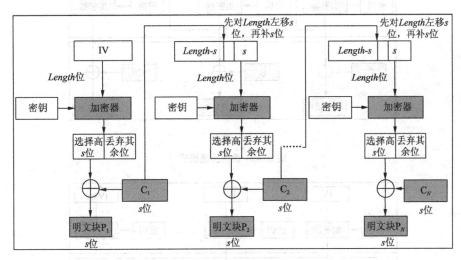

（b）解密

图 3-44 CFB 密码反馈模式

缺点：单个字节出错会影响结果出错。

（d）输出反馈模式（Output FeedBack，OFB）

方法：OFB 的结构和 CFB 很相似，它用加密函数的输出来填充移位寄存器，而 CFB 是用密文单元来填充移位寄存器。其他的不同是，OFB 模式对整个明文和密文分组进行运算，而不是仅对 s 位的子集运算，见图 3-45。

缺点：抗消息流篡改攻击能力不如 CFB。即密文中的某位取反，恢复出的明文相应位也取反，所以攻击者有办法控制对恢复明文的改变。

（e）计数器模式（Counter，CTR）

方法：由于磁盘文件通常以非顺序的方式进行读取，因此，为了随机访问加密后的数据，不仅需要将数据和密码独立，而且加密不同数据块的密码也需要相互独立。选取初始向量 IV，则和第一块明文进行异或的密钥值为原始密钥加密 IV 的值，和第二块明文进行异或的密钥值为原始密钥加密 IV+1 的值，依此类推，见图 3-46。

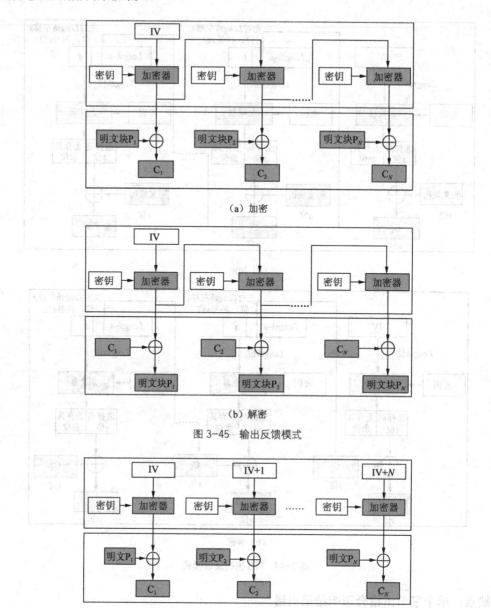

（a）加密

（b）解密

图 3-45　输出反馈模式

（a）加密

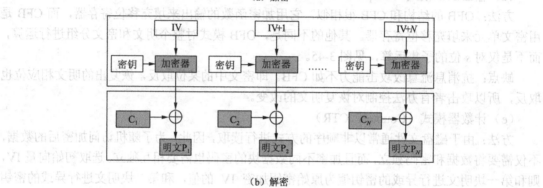

（b）解密

图 3-46　计数器模式

（d）输出反馈（Output FeedBack）方法：OFB 与 CFB 方法大致相同，将加密器的输出反馈到加密器的输入，从 OFB 的名字上也可以反映出这点。与 CFB 类似，在密文块的传输出现错误时，仅错误的密文块受到影响，图如 3-45 所示。

（e）计数器模式（CTR）。

在 CTR 方法中，用于与明文做异或运算的密码是通过将一个不断递增的计数器进行加密得到的。每加密一个明文块，计数器便会递增。CTR 方法的特点是，各个明文块的加密和解密相互独立，如图 3-46 所示。

缺点：若双方通信的过程中无法保证 IV 的一致性，将会导致密文无法解密，最终接收者获取不到正确的明文信息。

（2）非对称密码体制

非对称密码体制也叫公钥加密技术，该技术就是针对私钥密码体制的缺陷提出来的。在公钥加密系统中，加密和解密是相对独立的，加密和解密会使用两个不同的密钥，加密密钥（公开密钥）向公众公开，谁都可以使用，解密密钥（秘密密钥）只有解密人自己知道，非法使用者根据公开的加密密钥无法推算出解密密钥，故其可称为公钥密码体制。公钥密码体制的算法中最著名的代表是 RSA 系统，此外还有背包密码、McEliece 密码、Diffe_Hellman、Rabin、零知识证明、椭圆曲线、EIGamal 算法等。

① RSA

原理：基于大数因子分解。方法如下。

（a）密钥的生成：选择两个互异的大素数 p，q，计算 $n=p \cdot q$，$\varphi(n)=(p-1) \cdot (q-1)$。随机选择一个整数 $e(0<e<\varphi(n))$，使得 $\gcd(e,\varphi(n))=1$，即 e 和 $\varphi(n)$ 互质。计算 $d=e^{-1}\bmod\varphi(n)$，得到公钥 $\{e,n\}$ 和私钥 $\{d,n\}$；

（b）加密 $M(M<n)$，$C=M^e\bmod n$；

（c）解密 $M=C^d\bmod n$；

条件：一般认为 RSA 需要 1 024 位以上的密钥长度才能够保证安全。

② ECC

原理：基于椭圆曲线离散对数。方法如下。

（a）系统的建立：选取基域 $GF(p)$，定义在该基域上的椭圆曲线 $Ep(a,b)$ 及其上的一个拥有素数 n 阶的基点 $G(x,y)$。这些参数都是公开的。

（b）密钥的生成：在区间 $[1,n-1]$ 中随机选取一个整数 d 作为私钥。计算 $Q=d\times G$，即由私钥计算出公钥。由于离散对数的难解性保证了在知道 Q 的情况下不能计算出 d。

（c）加密过程：查找 Alice 的公开密钥 Q，Bob 将消息 M 表示成一个域元素 $m\in GF(p)$。在区间 $[1,n-1]$ 中随机选取一个整数 k。计算 $(x_1,y_1)=KG$，$(x_2,y_2)=KQ$，$c=mx_2$。传送加密数据 (x_1,y_1,c) 给 Alice，其中 (x_1,y_1) 为 Bob 的公钥。

（d）解密过程：Alice 在接收到消息后，使用她的私钥 d 计算 $(x_2,y_2)=d(x_1,y_1)$，因为 $(x_2,y_2)=kQ=k\times d\times G=d\times k\times G=d(x_1,y_1)$。通过计算 $m=cx_2^{-1}$ 恢复出消息 m。

优点：相比于 RSA，可以用短得多的密钥长度换取同样的安全强度。

2. 认证技术

认证是无线传感器网络安全的重要组成部分，是网络中的一方根据某种协议规范确认另一方身份，并允许其做与身份对应的相关操作过程。无线传感器网络的认证主要包括身份认证和消息认证，使用的方法有对称加密方法和非对称加密方法。

（1）身份认证

身份认证也叫身份识别或身份鉴别，是指在通信过程中确认通信方的身份，即确认正与之通信的另一方是声称的实体，通过这种方式某个实体与另一个实体建立真实通信。对消息发送方的实体认证通常称为消息源认证，对消息接收方的实体认证通常称为消息宿认证。实体认证主要的目的是防止伪造和欺骗，主要有以下两方面。

① 新加入节点的认证。

为了让具有合法身份的节点加入到安全网络体系中并有效地阻止非法用户的加入，以确保物联网的外部安全。在实际应用的物联网中，必须要采取实体认证机制来保障网络的安全可靠。

② 内部节点之间的认证。

物联网密钥管理是网络内部节点之间能够相互认证的基础。内部节点之间的认证是基于密码算法的，具有共享密钥的节点之间能够实现相互认证，通过这个过程某个实体和另一个实体建立一种真实通信。

（2）消息认证

消息认证是指接收者能够确认所收到消息的真实性，主要包括两个方面：第一，接收者确认消息是否来源于所声称的消息源，而不是伪造的；第二，接收者确认消息是完整的，而没有被篡改。消息源认证必然涉及确认消息的新鲜性，而数据完整性没有必要，一组旧的数据也可能有完善的数据完整性。

我们可以将消息认证这一概念的特征总结如下。

① 从某个声称的发送者到接收者的消息传输过程，该接收者在接收时会验证消息。

② 接收者执行消息验证的目的在于确认消息发送者的身份。

③ 接收者执行消息验证的目的亦在于确认原消息离开消息发送者之后的数据的完整性。

在无线传感器网络的初始阶段主要进行身份认证，每个节点都需要同邻居节点相互确认合法的身份。在无线传感器网络运行阶段，新旧节点的更替也需要对网络中节点的身份进行新的认证。同时，在无线传感器网络运行阶段，需要对网络中传输的消息进行认证。

（3）典型无线传感器网络认证协议

① 基于秘密共享的认证协议

K.Bauter 提出了一种基于共享密钥和组群同意的分布式认证协议。该协议对网络的结构和内部节点的部署有一定的要求。它适用的网络结构如图 3-47 所示，网络包括多个组群，每个组群之中设置一个基站，组群之间通过基站进行通信。同时，每一个节点对应一个 ID 号，节点必须依照 ID 号形成链，每个节点都有一个前驱节点和后继节点。

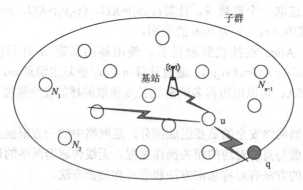

图 3-47 节点分布式认证图

该认证协议的主要思想：设某一新节点 q 要加入包含（n-1）个节点的子群，并且 q 与基站存在共享秘密 s，基站依据秘密分割的方法将 s 分割成（n-1）份，分别发送给子群中除 q 外的（n-1）个节点。收到共享秘密的节点选择其后续节点 u 作为验证节点，把共享秘密发送给 u，其他所有节点也将各自的秘密发送给 u。u 获得的所有共享秘密后恢复为 s'，与收到的节点 q 的秘密 s 进行比较，相同则通过了对节点 q 的认证并广播通过的判定包，否则广播拒绝的判定包。每个收到共享秘密的节点均进行上述过程，任何节点在收到（n-2）个判定包后，如果超过一半的包是通过判定包，则该子群中的所有节点都进行这一过程，每个节点将会收到（n-2）个判定包，对每个节点来说，如果有一半的判定包为认证通过确认包，则该节点就通过了对节点 q 的认证。

该认证协议的优点是在整个过程中没有采用高耗能的加解密算法，而是运用秘密共享和组群判定的方式，计算效率和认证强度比较高，并且具有一定的容错性；缺点是在认证过程中子群内的所有节点都要协同通信，具有较大的网络通信量，且在广播判定包时容易造成消息的碰撞。

② 基于 RSA 公钥算法的 TinyPK 认证协议

公钥算法虽然计算消耗较大，但考虑到其具有可靠的安全性而被广泛研究。TinyPK 实体认证方案首次提出采用低指数级的 RSA 公钥算法建立物联网感知层实体认证机制。该方案需要一定的公钥基础设施：可信认证中心（CA）具有公私钥对，通常将基站作为可信认证中心，外部组织（EP）具有公私钥对，每个节点预存储 CA 的公钥。TinyPK 认证协议采用的是请求-应答机制，具体过程如图 3-48 所示。

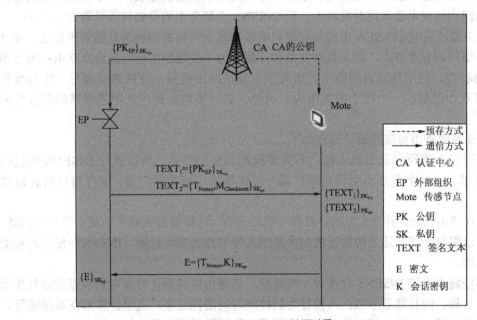

图 3-48 TinyPK 认证过程

EP 首先给网络的某个节点 Mote 发送请求信息，该请求信息包含两个部分：第一部分是 EP 用 CA 的私钥签名自己的公钥生成文本 $\{PK_{EP}\}_{SK_{CA}}$，第二部分是 EP 用自己的私钥签名的时间标记和校验值等生成文本 $\{T_{Nonce}, M_{checksum}\}_{SK_{EP}}$，时间标记用来防止恶意节点的重放攻击，校验值用来确认信息的完整性。Mote 节点收到请求信息后，分别用 CA 的公钥和 EP 的公钥认证两个文本。其方法如下，首先通过预存储的 CA 公钥验证请求包中的第一部分，从而验证 EP 的身份，进而获得 EP 的公钥。然后用 EP 的公钥验证第 2 部分，进而获得时间标记验证和校验值。最后该节点 Mote 验证该时间标记验证和校验值，如果都验证通过，那么该外部组织 EP 将通过合法身份认证。传感器节点认证 EP 的身份合法性后将自己生成的会话密钥和时间标记用 EP 的公钥加密后发送给 EP。EP 收到应答后用自己的私钥解密，获得会话密钥即建立了安全链路。

3. 安全路由

路由算法是无线传感器网络感知信息传输与汇聚的基础，作为多跳网络，无线传感器网络有其自身的特点，其特殊性使得无线传感器网络在运行期间容易受到多种攻击，例如：①虚假路由信息攻击；②选择性转发攻击；③虫洞攻击；④泛洪攻击等。同时上述攻击也可以是两个或多个相互结合产生的新型攻击，故需提出无线传感器网络安全路由协议。

无线传感器网络安全路由协议一般从以下几个方面出发保证路由协议的安全性。一是针对已有的路由攻击，研究相应的防范方法。二是设计安全的路由协议，从最开始将安全作为路由协议的重要目标。三是增加路由的容错与容侵能力，利用无线传感器网络路由路径的冗余性，提供多条路径。

(1) 典型的安全路由协议及分析

① 容侵路由协议 INSENS

WSN 中的容侵路由协议（Intrusion-Tolerant Routing in Wireless Sensor Network，INSENS）的设计思想是在路由中加入容侵策略。这样，即使某些节点遭到捕获，并不影响整个网络。以前讨论的路由协议主要考虑对抗攻击，而 INSENS 主要考虑的是如何承受攻击。

INSENS 通过采用 μTESLA 中的单向散列函数和基于对称密钥的消息鉴别码算法，能及时地发现网络中的恶意节点，利用基站能量和计算能力不受限制的特点来建立路由；为了增强网络的健壮性，利用基站向网络中的所有节点发送路由消息，使网络能容忍一定程度的攻击，并将攻击限制在一个很小的范围内。另外，通过多路径路由来增强网络的健壮性和容侵性。

INSENS 容侵路由协议的设计原理如下。

(a) 利用冗余路径容忍节点入侵，不需要检测入侵的节点，所以执行 INSENS 协议时存在着入侵节点。单个节点不允许全网广播，仅仅基站可以全网广播。这样可以防止泛洪攻击。

(b) 建立路由表时，所有大型的计算都在基站进行，这样能最大限度地减小节点的能耗。

(c) 通过限制泛洪和适当的验证机制来限制入侵节点的损坏范围，INSENS 使用对称加密技术来实现。

但是容侵路由协议 INSENS 存在着一些缺点：该路由协议设计时没有把节点的能耗作为主要的设计目标，而且恶意节点的入侵行为的检测时间消耗过多，大型计算都在基站进行，太过于依赖基站等；另外，还不能很好地承受无线传感器网络中面临的各种安全攻击。

② EOSR 安全路由协议

基于能量优化的安全路由算法（Secure Routing algorithm based on Energy Optimization，EOSR），主要采用公/私密钥对来保障网络的安全性，并让剩余能量较大的节点承担更多的数据转发任务，以此来均衡节点的能量消耗，延长网络的生存周期。

(a) 路由发现

当源节点 S 需要与目的节点 D 通信时，源节点需要发起路由发现过程。首先源节点 S 构造路由请求消息，其中包括私钥加密的时间戳、路径、随机数等消息；中间节点接收到路由请求消息后，使用公钥解密消息，查看时间戳是否过期，过期则丢弃该消息，否则将自己的身份标识加入路径表，并使用自己的私钥加密时间戳后，将该路由请求消息转发。目的节点接收到路由请求消息后，在一定的时间内收集源节点到目的节点的多条路径，并建立路径集合，构造路由响应消息。和转发路由请求消息一样，中间节点转发该响应消息到达源节点 S，源节点 S 验证路由响应消息，构建可行的路由集合。路由发现过程结束，发起路由选择过程。

（b）路由选择

为了延长整个网络生命周期，选择剩余能量大的节点来承担较多的数据转发和计算任务，这样使得能量较小的节点的网络生存周期变长。另外，为了使网络中节点的传输时延尽量最小，应选择跳数最小的路由。

（c）路由删除

当某一节点由于能量问题或是遭受恶意节点的攻击等发生异常，那么它需要向源节点发送请求退出的报警包；源节点接收到报警消息后，以广播形式发送路由删除数据包，发起路由删除过程，把含有该节点的路由全部删除。

基于能量优化的安全路由算法通过在节点预先存储公/私密钥对，增加了算法的安全性。但是采用这种非对称密钥进行加解密，计算代价过大；而且在触发路由发现阶段，引入预定的阈值来与有效的路径数目进行比较，以判断路由发现时机，其精准性不够大。

4. 访问控制

访问控制是对无线传感器网络系统资源进行保护的重要措施，访问控制决定了谁能够访问系统，能够访问系统的何种资源以及如何使用这些资源，防止非法用户访问传感网的节点资源和数据资源。访问控制也分为自主访问控制和强制访问控制。

（1）自主访问控制

自主访问控制在网关实施，访问控制策略由网络管理员在网关进行制定，策略可通过访问控制表与访问能力表两种方式实现。为了实现自主访问控制，网关需要满足能够对访问者的身份进行鉴别，能够标识传感网内的各设备，能够制定访问控制策略并实施访问控制三个条件。

在这种访问控制机制中，访问者启动访问过程，由网关对访问进行控制。控制模型如图 3-49 所示。

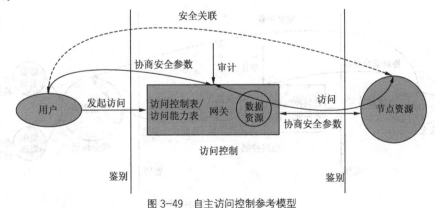

图 3-49 自主访问控制参考模型

① 访问控制策略

自主访问控制策略可由两种方式实现：访问控制表、访问能力表。

（a）在通过访问控制表进行访问控制时，网关需制定访问控制表，明确指出网内的每种设备可由哪些用户访问，以及进行何种类型的访问（读取、发送控制命令）。

（b）在通过访问能力表进行的访问控制中，网关需制定访问能力表，明确指明每个合法用户能够访问哪些设备资源，以及进行何种类型的访问（读取、发送控制命令）。

② 访问控制方式

访问控制方式可分为基于用户身份的访问、基于组的访问及基于角色的访问。

（a）在高级别安全中，如果明确指出细粒度的访问控制，那么需要基于每个用户进行访问控制。

（b）为了简化访问控制表，提高访问控制的效率，在各种安全级别的自主访问控制模型中，均可通过用户组和用户身份相结合的形式进行访问控制。

（c）为了实现灵活的访问控制，可以将自主访问控制与角色相结合，实施基于角色的访问控制，这便于实现角色的继承。

为了保证安全性，在基于用户身份和用户组的访问控制中，应避免访问权限的传递性。

③ 访问控制对象

对访问实施控制的对象包括数据和传感网的节点设备。

（a）对于数据的访问，假设传感网已将数据集中到网关处，这种访问事实上是对网关数据的访问。在这种访问控制中，网关需明确标识出不同类别和不同用途的数据，并制定相应的访问控制表/访问能力表。

（b）对于传感网设备的访问，网关需明确标识出每个传感节点，并在网关处设置访问控制表/访问能力表。同时，为了确保这种访问不被非法利用，需通过网关为用户和传感设备之间建立安全关联，提供访问的鉴别、数据的保密性与完整性。

（2）强制访问控制

为了实施强制访问控制，传感网系统需能够按照统一的安全策略对用户和被访问的资源设置安全标记，以表明安全级别。根据应用场景的不同，强制访问控制可以在网关处实施，也可以在被访问的设备上实施。

在这种访问控制机制中，访问者启动访问过程，由网关对访问进行控制。控制模型如图3-50所示。

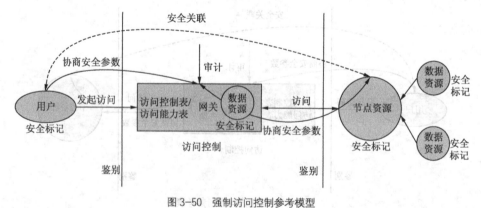

图3-50 强制访问控制参考模型

① 访问控制策略

主体在访问传感器网络的资源时，其操作分为：只读、改写或删除已有数据、添加数据和发送控制命令四类。

强制访问控制的策略如下：当主体的安全级别不高于资源的安全级别时，主体可执行添加操作；当主体的安全级别不低于客体的安全级别时，可执行改写或删除已有数据的操作；主体的安全级别不低于客体的安全级别时，可执行只读操作；当主体的安全级别不低于客体的安全级别时，可执行发送控制命令操作。

② 访问控制方式

根据不同的应用场景，强制访问控制可基于单个用户、用户组和角色进行实施，即为不同的用户、用户组或角色设置不同安全级别的标记，根据这些标记实施强制访问控制。

③ 访问控制对象

（a）在网关处实施访问控制

传感网系统需对用户和被访问的资源进行安全分级，并打上安全标记，然后在网关处实施强制访问控制。网关的资源分为两种：数据资源、节点资源。

数据资源：假设传感网数据集中在网关处，且已进行安全分级，则通过强制访问控制策略实施访问控制。

节点资源：假设传感网节点处于网关后面，可由网关实施强制访问控制。首先将节点设备进行安全分级，然后按照强制访问控制策略实施访问控制。为了确保这种访问不被攻击，网关需为节点和用户建立安全关联，确保访问的可鉴别性、数据的保密性与完整性。

（b）在节点处实施访问控制

物联网系统需对用户和被访问的资源进行安全分级，并打上安全标记，然后在节点处实施强制访问控制。节点实施强制访问控制的前提：节点能够识别用户的安全标记，并能通过比较决定是否为用户提供访问，且网关需要为节点和用户建立安全关联，确保访问的认证性、数据的机密性和完整性。节点的资源为节点本身和节点的数据。

节点本身的访问控制：节点能够通过简单的认证机制识别合法用户，并根据自身的安全级别和用户的安全级别决定是否接受用户的访问（提供数据、接受控制命令）。这种控制中，节点数据的安全级别与节点的安全级别相同。

节点数据的访问：在这种访问控制中，传感节点可挂接多个传感器，且不同传感器的数据有不同的安全级别。物联网系统预设各类型传感数据的安全级别。节点根据比较自身不同类别数据的安全级别以及用户的安全级别，来实施"下读"访问控制。

5. 安全数据融合

无线传感器网络安全数据融合主要包括数据机密性和数据完整性。数据融合的机密性主要是用于保证数据在传输过程中能够安全到达汇集节点，确保攻击者无法得到传输过程中的信息，一般情况下是通过对数据加密来进行传输，加密主要依赖于对称加密和公钥加密等加密体制，非对称加密等并不适用于资源受限的无线传感器网络中。无线传感器网络在进行数据融合的时候，攻击者也有可能通过篡改、伪造或丢失数据的方式对融合结果进行攻击，使得基站得到错误的原始信息，因此，数据融合结果的完整性鉴别同样至关重要。

（1）基于相互监督机制的数据融合安全协议——WDA

相互监督机制即指无线传感器网络中通过各节点之间的相互监控来保证节点操作的正确性，甄别恶意节点。相互监督机制包括以下三种模式：父节点监督子节点、同级节点间的相互监督以及子节点监督父节点。相互监督机制安全开销较小，不需要复杂的密码算法，而且具有很好的弹性。而缺点在于增加了网络拓扑设置的复杂度，同时一定程度上造成了网络开销的不均衡。

该方案可分为以下几个步骤。

（a）网络初始化：在簇头节点周围设置一个或多个监督节点。这些监督节点应能与基站安全通信，而且能够接收到簇内所有节点的消息。

（b）数据融合操作：数据融合操作开始后，所有簇内节点在将探测数据发往簇头节点的同时也将探测数据发往监督节点。簇头节点对接收到的数据进行聚合操作，然后将聚合结果发往基站。监督节点同样对所接收到的数据进行聚合操作，然后用自己和基站共享的密钥计算出聚合结果的 MAC 值，然后发往基站。

（c）基站验证：基站在收到簇头节点的上传数据后，通过将数据融合结果与监督节点上传的 MAC 值进行比对来验证数据融合结果的正确性。该方案的优点在于：安全性——因为簇头节点与监督节点所接收到的数据一致，所以两者得到的聚合结果也应该一致，基站只需要将簇头节点的数据与监督节点的数据相比较即可判断簇头节点操作的正确性；弹性——只要攻击者无法同时捕获簇头节点和所有监督节点，方案始终有效，具有很好的弹性；实用性——适用于各种数据融合操作，有很好的实用性。

（2）SecureDAV 协议

SecureDAV 协议采用公钥密码学算法，通过对数据融合结果进行数字签名来保证结果的真实性。该协议首先将节点分为多个簇，每个簇内的节点共享同一密钥，簇头节点充当数据融合节点。簇头节点收集到簇内节点数据后，首先生成数据融合结果，然后将数据融合结果发送至各簇内节点。各簇内节点将自己发送的数据与结果相比对，如果接受则对其进行签名然后返回至簇头节点。簇头节点然后将收到的签名汇总生成最后的签名，然后发送至基站。最后由基站验证签名的正确性。该算法的优点在于提供很好的保密性和数据完整性，缺点则在于安全开销过大。

6. 入侵检测

入侵检测是通过收集和分析网络特征、审计数据、安全日志、其他网络上可以获得的信息以及传感器节点系统中若干关键点的信息的方式来检查系统或网络中是否存在入侵行为。入侵检测是一种积极主动的安全防护技术，它对误操作、外部攻击和内部攻击进行实时监测，在网络系统受到危害前将入侵拦截或响应。从数据获取手段上，入侵检测可以分为基于网络和基于主机两种方式；按采用的检查技术又可以分为基于误用的检查和基于异常的检查。

无线传感器网络由于受自身能量、带宽、处理能力和存储能力等因素的限制，因此入侵检测系统的组织结构需要根据其特定的应用环境进行设计。在现有的体系结构中，按照检测节点间的关系，可以大致分为以下三种类型。

① 分布式检测体系。入侵检测系统安装在无线传感器网络的所有节点中，由节点自身处理入侵行为。

② 对等合作的检测体系。各个节点共同合作检测网络中的入侵信息。

③ 层次式检测体系。主要用在异构的无线传感器网络中，将传感器网络中的节点分为普通节点、汇聚节点或簇头节点等，每一种节点对入侵行为进行不同程度的处理。

（1）分布式入侵检测体系

集中式入侵检测体系结构只能依靠基站来检测传感器网络中的入侵行为，且不能实时地对入侵行为进行处理，而分布式入侵检测机构由于将 IDS 安装在网络的每个节点中，因此一旦网络中某个节点或区域遭受到攻击，节点能够迅速检测到并对入侵行为作出处理。因此现在大多数无线传感器网络都采用分布式入侵检测系统。

（2）对等合作入侵检测体系

在无线传感器网络中，节点在传输数据时都是利用无线信道进行广播或多播，因此节点可以接收到周围邻居节点所发送的数据。利用这个特点，在进行入侵检测时，可以让网络中的部分节点充当检测节点，通过融合各个检测节点之间的检测信息，共同决定入侵检测结果，即对等合作的入侵检测体系。

（3）层次式入侵检测体系

层次式入侵检测体系主要应用在异构的无线传感器网络中，如分簇的无线传感器网络。让不同功能的节点负责不同的检测工作，让处于底层的节点负责初级的数据采集任务，高层节点负责数据融合、分析和检测等工作，这样可以减少因每个节点都运行检测算法所产生的大量计算开销。

（4）典型入侵检测方案

① 基于异常的泛洪攻击检测方案

对基于异常的泛洪攻击检测方案的研究主要是基于统计分析的泛洪攻击检测方案。

方案概述：网络遭受泛洪攻击时，流量会突增且超过正常运行时的最高流量值，通过统计有效的测量参数，例如泛洪攻击发生的次数，发生间隔的时间、频率、网络流量，泛洪攻击发生所消耗的资源、所造成的危害等，对这些统计的参数进行分析，套用异常检测模型，将攻击检测出来。Denning 提出了 5 种能够用于检测的统计模型：均值和方差统计模型、操作统计模型、时间序列统计分析模型、多元统计模型以及马尔可夫过程统计模型。

方案分析：基于统计分析的泛洪攻击检测方法的优点是检测率较高，系统设计比较简单。但是误检率较高，且有要满足的前提条件，例如审计数据需要满足高斯分布的条件等。

② 基于误用的泛洪攻击检测方案

对基于误用的泛洪攻击检测方案的研究包括：基于模型推理的泛洪攻击检测方案、基于状态转换的泛洪攻击检测方案和基于专家系统的泛洪攻击检测方案。

（a）基于模型推理的泛洪攻击检测方案

方案概述：以已知传感网中泛洪攻击特征为基础建立相应的攻击特征库，对网络中这些特征行为进行监测，判断是否出现泛洪攻击。

方案分析：基于模型推理的泛洪攻击检测误报率较低。但是漏报率比较高，而且对攻击特征库的完备性要求比较高。

（b）基于状态转换的泛洪攻击检测方案

方案概述：泛洪攻击被看作是由攻击节点发起的一系列恶意行为。它们由系统监测的初始正常状态转换到危害状态。其中，状态和攻击事件不一定每件都对应。初始状态是网络遭受攻击前的状态，危害状态是恶意攻击完成入侵后网络的状态。在它们之间可能存在一个或者多个攻击者来完成的中间状态转移。

方案分析：基于状态转换的泛洪攻击检测提供了一个与审计无关的攻击行为描述，误检率较低，但是无法充分表达泛洪攻击，需要从网络搜集额外信息。

（c）基于专家系统的泛洪攻击检测方案

方案概述：在专家经验知识的基础上，以该经验将泛洪攻击特征构成规则库，通过规则匹配及审计记录来检测网络的泛洪攻击。系统一旦发现网络中存在与专家系统中泛洪攻击规则相匹配的事件，就判定为泛洪攻击。不同网络环境下的规则不同，且规则间没有通用性。

方案分析：基于专家系统的泛洪攻击检测设计较为简单，能够适应各种模型，但是对规则库的完备性要求高，需要匹配的数据复杂，对攻击的实时检测也更困难。

③ 基于异常和误用混合模式的泛洪攻击检测方案

对基于异常和误用混合模式的泛洪攻击检测方案的研究主要是基于人工神经网络的泛洪攻击检测方案。

方案概述：人工神经网络具有分布式存储、并行处理、容错能力以及自适应、自组织、自学习的能力，能够通过训练学习，自适应地调整网络的权值参数，产生期望输出，适应外界环境的变化。神经网络用于检测系统中，用来识别网络的行为特征，可以鉴别行为特征的变化。在泛洪攻击异常检测中首先采用网络运行正常时的数据样本来训练网络模型，经过训练后的模型可通过自身的特性辨别网络是否遭受攻击，然后再采集网络遭受泛洪攻击时的数据作为训练样本，继续对模型进行训练，训练之后的模型能够将泛洪攻击检测出来。

方案分析：人工神经网络可以通过反馈自适应地更新、完善特征库，减少检测系统的误报率。但神经网络的训练次数多、计算开销大，因此对训练的数据有一定的要求。

随着泛洪攻击检测技术的发展，通过利用蜜罐手段对泛洪攻击的特征进行提取，以辅助进行泛洪攻击主动检测的方法逐渐成熟。蜜罐技术可以看作是一种网络诱骗手段，通过设置蜜罐伪装成有真实网络部分特征的系统，诱骗攻击行为，将攻击流量定向至蜜罐，由该系统做出响应并记录日志，以便对攻击行为的方式、特征和过程有所了解，然后利用这些信息进行泛洪攻击检测。

3.4.3　无线传感网安全管理技术

1. 无线传感网安全管理体系

安全管理主要包含安全体系建立（即安全引导）和安全体系变更（即安全维护）两个部分。安全体系建立表示一个传感器网络从一堆相互分离的节点，或者说一个完全裸露的网络如何通过一些共有的知识和协议过程，逐渐形成一个具有坚实安全外壳保护的网络。安全体系变更主要是指在实际运行中，原始的安全平衡可能会因为内部或外部因素被打破，无线传感器网络识别并且去除这些异构的恶意节点，重新恢复安全防护的过程。这种平衡的破坏可能是由于敌人俘获合法的无线传感器节点造成的，也可能是攻击者在某一个范围内进行攻击形成路由空洞造成的。还有一种变更的情况是增加新的节点到现有网络中以延长网络生命期的网络变更。

传感网安全协议（Security Protocols for Sensor Networks，SPINS）对安全管理并没有做过多的描述，只是假定节点与节点之间以及节点与基站之间的各种安全密钥已经存在。在网络已经形成基本的安全外壳的情况下，如何完成数据机密性、节点与节点（基站）之间的相互鉴别、数据完整性和数据新鲜性等安全通信机制。然而对于无线传感器网络而言，这些是远远不够的。我们试想一下，一个由上千万节点组成的传感器网络，随机部署在一个无人看守的区域内，没有节点知道自己周围的节点会是谁。在这种情况下，要想预先为整个网络设置好所有可能的安全密钥是非常困难的，除非对环境因素和部署过程进行严格的控制。

安全管理最核心的问题就是安全密钥的建立过程，所以密钥管理是安全管理的一个重要组成部分。在传统传感器网络中，解决密钥协商过程的主要方法有信任服务器分配模型（Center of Authentication，CA）、密钥分配中心模型（Key Distribution Center，KDC）以及其他基于公钥密码体制的密钥协商算法。信任服务器模型使用专门的服务器完成节点之间的密钥协商过程，如 Kerberos 协议；密钥分配中心模型属于集中式密钥分配模型。在传感器网路中，CA 和 KDC 模型很容易遭受单点失效和拒绝服务（DoS）攻击，然而基于公钥密码体制的很多算法，如 Diffie-Hellman（DH）密钥交换协议算法，因其复杂的计算需求和较大的通信开销，都很难在传感器节点上实现。最近的研究表明，在低成本、低功耗、资源受限的传感器节点上实现可行的密钥分配方案是基于对称密码体制的密钥预分配模型。这种模型在系统布置之前完成了大部分的安全基础的建立，对系统运行后的协商工作只需要很简单的协议过程，对节点能力的要求较低。

本章节将较为详细地介绍传感器的密钥管理技术，通过对经典的密钥管理模型进行详细的分析，对每一种密钥管理模型的各个算法从以下几个方面进行评价和比较：

(1) 计算复杂度评价；

(2) 引导过程的安全度评价；

(3) 安全引导成功概率；

(4) 节点俘获后，网络的恢复力评价；

(5) 节点被复制后，或者不合法节点插入到现有网络中，网络对异构节点的抵抗力；

(6) 支持的网络规模评价。

2. 密钥管理技术

(1) 密钥管理的分类

密钥管理是密码学的一个重要分支，负责密钥从产生到最终销毁的整个过程。密钥管理包括密钥的生成、建立、更新、撤销等。近年来，传感网密钥管理的研究已经取得许多进展。不同的方案和协议，其侧重点也有所不同。下面我们依据这些方案和协议的特点进行适当的分类。

① 分布式密钥管理——在网络部署后，节点通过协商的方法完成密钥建立与密钥更新。该方法假设在节点部署初期不存在安全威胁，不需要专门的密钥生成中心。节点也不需要预存储任何密钥，其存储开销较小。

② 简单预配置密钥管理——包括主密钥预配置和对密钥预配置两种，基于主密钥预共享的密钥管理方案，所有节点预共享相同主密钥，节点间通过交互随机数，与共享主密钥共同导出对密钥。本方案对节点被俘获的弹性很低，因为一旦有节点被俘获，则会暴露全网密钥，但是本方案大大降低了节点密钥存储量；对密钥预共享方案，所有节点都存有与网络中其他所有节点的对密钥，该方案抗节点被俘获能力强，但存储开销大。

③ 随机预配置密钥管理——随机密钥预存储方案，由部署服务器生成密钥池，根据随机图论计算理想连通率的密钥子集大小，则每个节点从密钥池中随机选取一个密钥子集，节点间的密钥由节点间密钥子集之间的相互协商来完成，本方案支持大规模传感器网络。

(2) 密钥管理安全及性能评价标准

针对传感网的特点，使用一些性能指标来讨论密钥管理机制是否适合传感网，评估各种机制优劣的性能指标如下。

① 安全：安全解决方案必须满足传感网的安全要求。

② 弹性：当少数几个节点存在安全威胁时，安全解决方案应该能够继续防止攻击。

③ 能量效率：安全解决方案必须是能量高效的，才能够达到最大的节点寿命和网络寿命。

④ 灵活性：要求密钥管理灵活，适用于各种不同的网络布置方法，如随机的节点扩散、预先确定的节点布置。

⑤ 连通性：网络运行过程中需要通信的任意两个节点能够建立共享密钥，理想情况是任

意两个节点都具有共享密钥。

⑥ 可扩展性：安全解决方案具有可扩展能力，不会对安全要求造成不利影响。

⑦ 容错能力：在发生故障（如节点失效）时，安全解决方案应该继续提供安全服务。

⑧ 自愈能力：网内节点可能失效或者能量耗尽，剩余传感器节点可能需要重组，继续维持一定程度的安全。

⑨ 负载：通信负载、计算负载和存储负载尽可能小，不影响节点的正常功能。

⑩ 认证：能够保证节点的唯一性，识别合法节点或者伪造节点。

与典型网络一样，传感网密钥管理必须满足可用性（availability）、完整性（integrity）、机密性（confidentiality）、认证（authentication）和认可（non-reputation）等传统的安全需求。此外，根据传感网自身的特点，密钥管理还应满足如下一些性能评价指标。

① 可扩展性（scalability）。传感网系统的节点规模少则十几个或几十个，多则成千上万个。随着规模的扩大，密钥协商所需的计算、存储和通信开销都会增大，密钥管理方案和协议必须能够适应不同规模的传感网系统。

② 有效性（efficiency）。由于传感网节点的存储、处理和通信能力非常受限，所以我们必须充分考虑密钥管理的有效性。具体而言，应考虑以下几个方面：存储复杂度（storage complexity），用于保存通信密钥的存储空间的使用情况；计算复杂度（computation complexity），为生成通信密钥而必须进行的计算量情况；通信复杂度（communication complexity），在通信密钥生成过程中需要传送的信息量情况。

③ 密钥连接性（key connectivity）。节点之间直接建立通信密钥的概率。保持足够高的密钥连接概率是传感网发挥其应有功能的必要条件。需要强调的是，节点几乎不可能与距离较远的其他节点直接通信。因此，并不需要保证某一节点与其他所有的节点保持安全连接，仅需确保相邻节点之间保持较高的密钥连接。

④ 抗毁性（resilience）。抗毁性指抵御节点受损的能力。信息抗毁性可表示为当部分节点受损后，未受损节点的密钥被暴露的概率。抗毁性越好，意味着链路受损就越低。

（3）典型密钥管理方案

① 分布式密钥管理——LEAP 协议

本地加密与认证协议（Localized Encryption and Authentication Protocol，LEAP）是一个典型的分布式密钥管理方案，在该方案中一共定义了 4 种密钥类型，它们分别是个体密钥、对密钥、分组密钥和全网密钥，如表 3-3 所示。

表 3-3 LEAP 密钥类型

密 钥 类 型	密钥功能描述
个体密钥	每一个传感器节点和基站共享的独一无二的密钥，该密钥用于基站和节点之间的安全通信
对密钥	节点和它的每一个直接邻居节点共享的密钥，可以用来对源的安全认证
分组密钥	一个节点和其所有邻居之间共享的密钥，此密钥用来安全地广播局部消息
全网密钥	由全网节点和基站都共享的密钥，该密钥主要用于加密基站点向全网广播消息

在传感器网络中，节点间交换的数据包根据不同的标准，可以分为如下几类：控制包和数据包，广播包和单播包，查询或命令包和传感器读数等。LEAP 协议规定不同的数据包具有不同的安全需求。所有种类的数据包都需要认证，但是只有几类数据包需要机密性。例如，

路径控制信息不需要保证其机密性，但是节点融合后的数据信息和基站发送的查询命令通常需要保证其机密性。LEAP 协议针对不同类型的密钥，提出了密钥建立的详细过程，具体过程如下。

（a）个体密钥建立过程

个体密钥的建立是在节点部署到网络之前，由基站预先配置到每个传感器节点中。该方法的创新之处在于使用了一个伪随机函数 f 和一个只有基站存储的主密钥 K_m，方案的巧妙设计是基站不需要存储网络中每个节点的个体密钥，只需要存储每个节点的身份标识符（ID，Identity）。当基站需要与传感网中某个节点 u 通信时，由公式（3.37）快速计算出节点 u 的个体密钥，从而减小了基站自身的存储空间，又因为伪随机函数 f 的计算效率高，所以计算开销可以忽略不计。

$$IK_u = f_{K_m}(u) \tag{3.37}$$

公式（3.37）中，f 表示伪随机函数，u 表示节点 u 的身份标识符，K_m 表示基站存储的主密钥，IK_u 表示节点 u 的个体密钥。

（b）对密钥建立过程

LEAP 协议中对密钥建立过程给出了基本方案和扩展改进方案。基本方案假定在组网的过程中能够安全建立对密钥的最小时间为 T_{min}，对密钥的具体建立过程包括如下四个阶段。

密钥预先配置阶段：由基站随机产生初始密钥 K_{IN}，同时通过预先配置的方式将密钥 K_{IN} 加载到每个传感器节点中，传感网中的任意一个节点 u 通过公式（3.38）利用密钥 K_{IN} 和自己的 ID 派生出主密钥。

$$K_u = f_{K_{IN}}(u) \tag{3.38}$$

邻居发现阶段。当节点部署完毕后，任意一个节点 u 首先初始化一个时间值 T_{min}，该时间 T_{min} 为邻居发现最小时间。初始化结束后，节点 u 开始邻居发现过程。首先节点 u 向周围发送广播消息，其次当邻居节点 v 收到节点 u 广播的消息后回复响应消息，消息分别如下。

$$u \rightarrow * : u$$

$$v \rightarrow u : v, MAC(K_v, u|v)$$

对密钥建立阶段。节点 u 收到邻居节点 v 发送的响应消息后，通过公式（3.38）计算出节点 v 的主密钥 K_v，同时完成对节点 v 的认证，若认证通过，则通过公式（3.39）计算它们之间的对密钥 K_{uv}。节点 v 采用相同的方法计算该对密钥。

$$K_{uv} = f_{K_v}(u) \tag{3.39}$$

密钥删除阶段。当邻居发现时间 T_{min} 结束后，节点 u 会删除密钥 K_{IN} 和其邻居节点 v 的主密钥 K_v。注意：节点 u 不删除自己的主密钥 K_u，其他节点也不会删除自己的主密钥。

扩展改进方案是针对基本方案的定时时间 T_{min} 内 K_{IN} 泄露导致的问题所进行的改进。改进思想是假设在网络运行的生命周期中，最多 M 批次的节点加入网络。根据将会有 M 批次的节点加入网络的事件发生，为每个批次分配一定的时间间隔，即分配 M 个时间间隔（T_1，$T_2, T_3, \cdots, T_M$），这 M 个时间间隔可以相同也可以不同。同时基站随机产生一个由 M 个密钥组成的密钥链，即 $K_{IN}^1, K_{IN}^2, \cdots, K_{IN}^M$。如表 3-4 所示，每个时间间隔对应着不同的配置密钥。

表 3-4 扩展方案中网络运行时间间隔与初始密钥对应表

T_1	T_2	T_3	...	T_{M-1}	T_M
K_{IN}^1	K_{IN}^2	K_{IN}^3	...	K_{IN}^{M-1}	K_{IN}^M

假定在 T_i 时间间隔内有节点 u 加入网络时，通过与邻居节点 v 交互如下信息即可建立它们之间的对密钥。

$$u \to *: u,i$$
$$v \to u: v, MAC(K_v^i, u|v)$$

（c）分组密钥建立过程

分组密钥的建立依靠的是对密钥，其建立过程简单快捷。节点 u 预想与其所有的邻居节点（$v_1,v_2,\cdots,v_m$）建立分组密钥，首先节点 u 随机产生一个随机密钥 K_u^c，然后使用与邻居节点 v_i 的对密钥 K_{uv_i} 加密密钥 K_u^c，发送给邻居节点 v_i，即可完成分组密钥的建立，消息如下。

$$u \to v_i : (K_u^c)_{K_{uv_i}}$$

（d）全网密钥建立过程

全网密钥的建立依靠的是分组密钥，其基本过程为：基站产生全网密钥，然后使用基站本身生成的分组密钥加密该全网密钥并广播出去。基站的邻居节点收到基站广播的消息后，通过解密获得全网密钥，然后使用自己的分组密钥加密全网密钥并广播出去。这样一次次通过多跳的方式将全网密钥分发下去，直到全网传感器节点获得全网密钥。注：全网密钥的更新采用 μTESLA 协议对基站进行认证，然后进行全网密钥的更新。

对 LEAP 协议在抗攻击能力方面进行了安全分析，表明 LEAP 具有安全受损范围本地化的能力及防止 hello 泛洪攻击等能力。同时，对计算开销、通信开销和存储要求等方面进行了分析，表明该方案具有可扩展性和高效性。方案的不足之处是节点部署后，在一个特定的时间内必须保留全网通用的主密钥，主密钥一旦被暴露，则整个网络的安全都将会受到威胁。

② 预配置密钥管理方案

（a）预配置全局密钥

预置全局密钥，即主密钥，是由 Bocheng 等人提出的，它是最简单的密钥建立过程，是建立在以下三个假设的基础上来实现。

假设节点是静止的或者移动速度较低。

节点的能量资源是极其有限的，尤其针对大型网络应尽可能减少节点的能量消耗。

每个节点共享一个主密钥并且假设该密钥是安全的。

该方案中，在网络部署前每个节点预置一个相同的主密钥 K。在组网的过程中，每个节点广播密钥协商信息给自己的邻居节点，与自己的邻居节点协商生成会话密钥，协商信息格式为 $ID_A||N_A||MAC_K(ID_A||N_A)$，当两个节点交互信息后，根据公式（3.40）计算出会话密钥。

$$K_{AB} = MAC_K(N_A || N_B) \tag{3.40}$$

这种方案的优点是方案简单易实现，计算复杂度低，由于网络中只有一个密钥，所以很容易增加新的节点，缺点是网络的安全性较差，一旦密钥被破解或任一节点被俘获就会导致整个网络瘫痪。另有人提出将主密钥存储在抗篡改的硬件里，以降低节点被俘获后主密钥泄露的危险，但这增加了节点的成本和开销，并且抗篡改的安全也是相对的。

（b）预配置所有对密钥

预置所有对密钥的密钥管理方案是 Sanchez 等人提出的。其主要思想是在网络部署前首先由离线密钥服务器生成 $N(N-1)/2$ 个的密钥，然后将任意两个节点 i、j 对应的对密钥 $K_{i,j}$ 分别存入节点 i 和 j 中，即每个节点所存储的密钥数为 $(N-1)$，密钥存储示意图如图 3-51 所示。

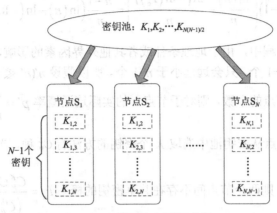

图 3-51 预配置对密钥示意图

该方案的优点是网络中的通信不依赖于基站，网络的灵活性比较好，预置了所有对密钥，减少了协商密钥的通信负载，计算复杂度低，任意两个节点间的密钥是独享的，所以当一个节点被俘获后不会威胁网络中其他节点间的对密钥。

该方案的缺点是支持网络的规模小，因为传感网节点的突出特点是存储能力有限，当网络中节点数足够大时，$(N-1)$ 个密钥的存储量将大大地超过节点的存储空间。网络的可扩展性不好，网络中没有多余的密钥用于新节点的加入。

③ 随机密钥预分布管理

基本的随机密钥预分布模型是 Eschenauer 和 Gligor 首先提出来的，旨在保证任意节点之间建立安全通道的前提下，尽量减少模型对节点资源的要求。它的基本思想是：一个较大的密钥池，任意节点存放密钥池中的一部分密钥，只要节点之间拥有一对相同密钥就可以建立安全通道。如果节点存放密钥池的全部密钥，则基本随机密钥预分布模型就退化为点到点预共享模型。在讲解基本的随机密钥预分布模型之前，首先介绍其理论基础。

在传感器节点随机均匀散布，密钥随机均匀分配假设的前提下，传感器网络的密钥图（key graph）$G(V, E)$ 可以看成随机图 $G(n, p)$，其中传感器节点的数目为 n，任意两个节点之间存在相同密钥的概率为 p。根据 Erdos 和 Renyi 的随机图理论，在大规模随机图 $G(n, p)$ 中，对于其连通性，若 p 满足阈值函数 $p = \dfrac{\ln(n)}{n} + \dfrac{c}{n}$（$c$ 为常数）时，随机图 $G(n, p)$ 连通的期望概率 P_c 满足

$$P_c = \lim_{n \to \infty} \Pr[G(n,p)\text{连通}] = e^{e^{-c}} \tag{3.41}$$

因此，在大规模随机图中，p 和 P_c 有如下（近似）关系。

$$p = \frac{\ln(n)}{n} - \frac{\ln(-\ln(P_c))}{n} \quad (3.42)$$

在理想的情况下，传感网中每个节点的最大邻居数为 $n-1$，可以计算出一个理想平均度 d（d 指某节点的所有邻居节点中，与该节点具有相同密钥的邻居节点的个数），即 $d=p\times(n-1)$，由公式（3.43）我们可以推导出 d 和期望概率 P_c 的关系。

$$d = (n-1)\left(\frac{\ln(n)}{n} - \frac{\ln(-\ln(P_c))}{n}\right) = \frac{n-1}{n}\left(\ln(n) - \ln(-\ln(P_c))\right) \quad (3.43)$$

在实际节点部署过程中，由于地理条件或者其他外界因素的影响，传感网中一个节点的邻居个数不可能达到 $n-1$ 个，只会远远小于 $n-1$ 个。所以假设 $n'(n' \ll n)$ 表示实际网络中某节点 u 通信半径内邻居节点的个数，则对于节点 u 的实际连通概率 $p' = \dfrac{d}{n'}$。设密钥池中密钥总数为 P，则任何一个节点从密钥池中选取 K 个密钥的方法有 C_P^K 种，节点选取与 K 个密钥不相同的方法有 C_{P-K}^K 种，则两个节点间不存在共享密钥的概率 $P_n = \dfrac{C_P^K C_{P-K}^K}{\left(C_P^K\right)^2}$。传感网中每个节点存储的密钥个数为 K，则根据公式（3.44）可以推导出 K 的取值，从而确定了实际部署中每个传感器节点应该从密钥池中选取的密钥个数。

$$p' = 1 - P_n = 1 - \frac{((P-K)!)^2}{(P-2K)!P!} \quad (3.44)$$

公式（3.44）中 P 是指密钥池中密钥的总个数。

根据上述讲解的随机图论的基本理论，随机密钥预分布模型的具体实施过程如下。

（a）密钥生成

在一个较大的密钥空间中为一个传感器网络选择一个密钥池 S，并为每个密钥分配一个 KID。在进行节点部署前，从密钥池 S 中选择 K 个密钥存储在每个节点中。这 K 个密钥称为节点的密钥环。K 大小的选择要保证两个都拥有 K 个密钥的节点存在相同密钥的概率大于一个预先设定的概率 P。

（b）共享密钥的发现

网络部署后，节点间进行密钥协商，协商过程不包括全网密钥。每个节点向自己的邻居节点广播自己密钥池中所有密钥（除全网密钥外）对应的密钥标识符，当节点接收到来自于邻居节点的广播消息后，和自己的密钥子集相比较，再将相同的密钥标识符发给该节点。如图 3-52 所示，节点 A 广播自己的密钥信息，节点 B 在接收到该广播消息后，回复相同的密钥标识。存在共享密钥的两个节点则建立一条安全链路。

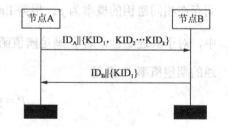

图 3-52 共享密钥发现

（c）路径密钥的建立

如果在两个节点各自的密钥链中不存在相同密钥，则需要通过其他节点作为中继节点，建立一条安全通信路径，进而协商会话密钥。

随机预分配模型可有效缓解节点存储空间的制约问题，在实际应用中密钥池的大小与网络连通性和安全性之间的关系比较微妙：密钥池越大，安全性越好，但密钥环存储需求会增加，否则两节点间能找到共享密钥的可能性会变小，安全通信的连通性就越差；密钥池越小，网络抗攻击的能力就越差。

④ q-Composite 随机密钥预分布模型

Chan-Perrig-Song 在随机预共享方案的基础之上提出了 q-composite 随机密钥预分配方案。该模型将这个公共密钥的个数要求提高到了 q 个。提高公共密钥的个数可以提高系统的抵抗力。攻击网络的难度和共享密钥个数 q 呈指数关系。但是要想使安全网络中任意两个节点之间的安全连通度超过 q 的概率达到理想的概率值 p，就必须要缩小整个密钥池的大小，增加节点间共享密钥的交叠度。但是密钥池太小会使敌人俘获少数几个节点就能获得很大的密钥空间。寻找一个最佳的密钥池的大小是本模型的实施关键。

q-Composite 随机密钥预分布模型密钥池的大小可以通过下面的方法获得。

假设网络的连通概率为 P_c，每个节点的实际邻居节点的个数为 n'，可以得到任何给定节点的平均度 d 和网络实际连通概率 $p' = \dfrac{d}{n'}$。设 m 为每个节点存放密钥环的大小，要找到一个最大的密钥池 S，使得从 S 的任意两次 m 个密钥的采样，其相同密钥的个数超过 q 的概率大于 p。设任何两个节点之间共享密钥个数为 i 的概率为 $p(i)$，则任意节点从 S 个密钥中选取 m 个密钥的方法有 C_S^m 种，两个节点分别选取 m 个密钥的方法数为 $\left(C_S^m\right)^2$ 个。假设将两个节点的密钥环首先合并在一起，即为 $2m$。从 S 个密钥中选取 i 个密钥的方法有 C_S^i 种，将这 i 个密钥填充密钥环 $2m$，为了保证两个节点之间有 i 个共享密钥，所以我们再次填充两次 i。密钥环 $2m$ 中剩余 $2m-1$ 个密钥从剩下的 $S-i$ 个密钥中获取，方法数为 $C_{S-i}^{2(m-i)}$。但是我们最终要将密钥环 $2m$ 拆开成两个密钥环，所以我们要从 $2(m-i)$ 个密钥中选取 $m-i$ 个密钥，方法数为 $C_{2(m-i)}^{m-i}$。于是有

$$p(i) = \frac{C_S^i \cdot C_{S-i}^{2(m-i)} \cdot C_{2(m-i)}^{m-i}}{\left(C_S^m\right)^2} \tag{3.45}$$

用 P_c 表示任何两个节点之间存在至少 q 个共享密钥的概率，则有

$$P_c = 1 - (p(0) + p(1) + p(2) + \cdots + p(q-1)) \tag{3.46}$$

根据不等式 $P_c \gg p$ 计算最大的密钥池尺寸 S。

q-Composite 随机密钥预分配方案的实施过程如下所述。

（a）密钥的生成

首先基站随机选取密钥池 S，然后基站从密钥池中选取 m 个密钥分别加载到每个传感器节点中去。m 的选择应该保证每 2 个节点之间至少拥有 q 个共享密钥的概率大于等于预设定的概率 p。

（b）共享密钥的发现

每个节点向自己的邻居节点广播自己密钥池中所有密钥（除全网密钥外）对应的密钥标识符，当节点接收到来自于邻居节点的广播消息后，和自己的密钥子集相比较，再将相同的

密钥标识符发给该节点。

（c）通信密钥的计算

每个节点确定与自己的邻居节点共享的密钥个数 q'，$q' \geqslant q$。可以根据所知的共享密钥，用 Hash 函数根据公式（3.47）计算得到通信密钥 K，Hash 函数的自变量顺序是预先设定的。

$$K = Hash(K_1 \| K_2 \| \cdots \| K_{q'})\qquad(3.47)$$

q-composite 随机密钥预分布模型相对于基本随机密钥预分布模型，对节点被俘获有很强的自恢复能力。

图 3-53 给出了被俘获节点数和正常节点通信被俘获概率的关系。仿真条件为：$m=200$，任意节点对密钥建立概率 $p=0.33$。从图中我们可以看到，当共享密钥数 $q=2$，被俘获节点个数为 50 个的情况下，正常通信信道被敌人分析破解的概率约为 4.74%，而基本模型中的破解概率为 9.52%。当被俘获节点数较少的时候，q-composite 模型将比基本模型表现得好，而当被俘节点数较大的时候，q-composite 模型的效果将变差。

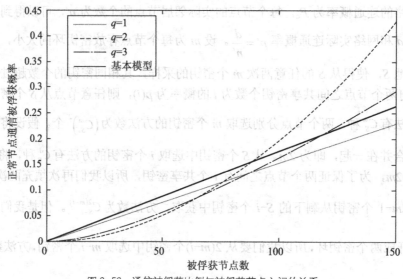

图 3-53 通信被俘获比例与被俘获节点之间的关系

⑤ 多路径密钥增强方案

E-G 方案中，两个节点间的安全链路是根据两个节点间的共享密钥建立的。根据随机密钥分布模型的基本思想，该共享密钥很可能存在于其他节点的密钥池中。如果攻击者捕获了该密钥，那么攻击者可以跟踪基于该密钥 KID 的所有信息，同时在以后的密钥更新中用该密钥解密获得密钥池的其他密钥，从而对密钥池构成威胁。多路径密钥增强方案就是有针对性地解决这个问题。

该方案假定网络已经通过 E-G 方案完成密钥的建立，通过共享密钥的建立形成了很多安全连接。但是节点之间的共享密钥不能一成不变，使用一段时间后或者当存有该密钥的节点被俘获后必须进行共享密钥的更新。密钥的更新可以在自己的安全连接上进行，但是存在危险，尤其是敌人得知此密钥，更会对网络造成威胁。而本方案的密钥更新过程则是假定有足够的路由信息可用，并知道由节点 S 到节点 D 的所有不相交且跳数小于 h 的路径，这些路径跳与跳之间均存在共享密钥。更新过程如图 3-54 所示，下面给出详细流程描述。

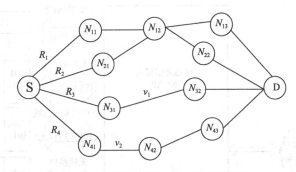

图 3-54　多路径密钥增强方案的密钥更新过程

节点 S 到节点 D 存在 4 条路径 R_1、R_2、R_3、R_4，而路径 R_1 和 R_2 相交于 N_{12} 节点，故不满足条件，只有 R_3、R_4 满足条件。于是，节点 S 和 D 在密钥更新时，S 生成两个随机数 v_1 和 v_2 分别由对应的路径 R_3 和 R_4 经各跳之间的共享密钥保护传递给 D。D 收到两个随机数后计算得到更新密钥 $K_{new} = K \oplus v_1 \oplus v_2$。所以该方案的更新密钥就是由两节点间的 n 条不相交路径传递的随机数和原密钥由公式（3.46）计算得到。

$$K_{new} = K \oplus v_1 \oplus v_2 \oplus \cdots \oplus v_n \tag{3.48}$$

显然本方案的安全性较高，除非敌人破获了所有路径的随机数才能计算出新的通信密钥，且路径越多，新密钥就越安全。本方案的优点表现为较显著地增加了更新密钥的安全性，增强了部分节点被俘获后网络的抵抗性。缺点是在多个路径中寻找所有不相交的路径，大大增加了网络的通信负载。考虑到以上因素，一般只研究两跳的多路径密钥更新，即任意两个节点间满足两跳的不相交路径的密钥更新情况。

3.5　IEEE 1451 标准与传感器接入技术

3.5.1　IEEE 1451 协议族

美国国家标准技术研究院（NIST）领导制定的 IEEE 1451 协议族，旨在将现有的传感器（变送器）方便地连接到网络和系统。IEEE 1451 系列标准规定了传感器硬件接口和软件接口的技术规范和解决方案，定义了一套传感器和网络之间的接口，该接口独立于传感器和通信网络，使传感器（变送器）采用各种通信线路接入网络，简化工业现场的控制系统，提高传感器的互换性和互操作性。IEEE 1451 的关键部件有网络应用处理器（Network Capable Access Processor，NCAP）、智能变送器接口模块（Smart Transducer Interface Module，STIM）以及两者之间的标准接口 TII。通过对这些模块和接口的定义，有效地解决不同类型的传感器（变送器）接入问题，将现场传感器（变送器）连接到通信网络。

IEEE 1451 标准的体系构架如图 3-55 所示，将传感器（变送器）及其接入节点分为三大部分：网络通信模块 NCAP、智能变送模块 STIM 和变送器电子表单 TEDS。网络通信模块 NCAP 负责运行网络协议和部分数据协议。智能变送模块包括传感器（变送器）和传感器（变送器）电子表单，负责传感器的电气接入、信号变送和传感器的身份描述，是实现互换和互操作的关键点。

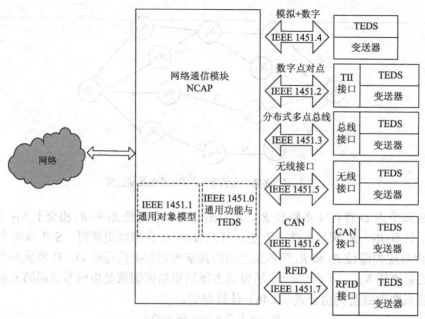

图 3-55 IEEE1451 协议体系构架

　　IEEE 1451 作为一个发展多年的传感器接口技术标准体系,其技术构架得到了广泛的认可。其基本技术构架为:传感器通过接口模块接入数据网络中。接口模块在硬件上分为 NCAP 和 STIM,二者通过 TII 或者其他类型的接口连接。传感器与 STIM 连接后,开发人员根据传感器厂家提供的信息和传感器接入传感网节点的状况,按照 IEEE 1451TEDS 的编写规则写好电子表单,将电子表单写入 STIM 中的特定存储区域。上电后,网络通信模块主动读取电子表单,判断 STIM 和传感器的身份信息等,根据其中的信息校正数据,读取传感器感知的信息,经过校正后,使用相应的处理程序对数据进行处理,最后通过网络协议发送到网络中。

　　IEEE 1451 标准包含了 7 个子标准,并仍然在继续扩充中,形成了一个内容丰富、覆盖面广的标准族。表 3-5 是 IEEE 1451 协议族各个子协议的内容。IEEE 1451.0 规定了通信功能与协议、电子表单的格式。IEEE 1451.0 子标准通过规定统一的命令设置流程和方式以及通信协议接口的内容和格式为不同传感器以及应用设备提供统一的、简便的标准,解决了使用不同通信协议设备之间的互操作问题。IEEE 1451.1 标准(面向智能变送器的网络通信模块信息模型,Network Capable Application Processor Information Model for Smart Transducers)定义了独立于通信网络的信息模型,为传感器以及应用设备提供面向对象的模型定义,使变送器通过标准接口与 NCAP 连接。IEEE 1451.2/1451.3/1451.4/1451.5/1451.6/1451.7 分别是 IEEE 1451 标准针对不同类型的智能变送器制定的网络通信模块和智能变送模块之间的接口。

表 3-5　　　　　　　　　　　　　　IEEE 1451 标准简介表

标 准 编 号	名称与描述	状 态
IEEE 1451.0	智能变送器接口标准	颁布标准
IEEE 1451.1.1999	网络适配处理器信息模型	颁布标准
IEEE 1451.1 Reversion	网络适配处理器信息模型	颁布标准
IEEE 1451.2.1997	变送器与微处理器通信协议和 TEDS 格式	颁布标准

续表

标 准 编 号	名称与描述	状 态
IEEE 1451.2 Reversion	变送器与微处理器通信协议和 TEDS 格式	颁布标准
IEEE 1451.3.2003	分布式多点系统数字通信与 TEDS 格式	颁布标准
IEEE 1451.4.2004	混合模式通信协议与 TEDS 格式	颁布标准
1EEE P1451.5	无线通信协议与 TEDS 格式	制定中
IEEE P1451.6	CANopen 协议变送器网络接口	制定中
IEEE P1451.7	RFID 通信接口与 TEDS 格式	制定中

3.5.2 IEEE 1451 标准的实现模型

1. IEEE 1451.1 的实现模型

IEEE 1451.1 定义了网络独立的信息模型，使传感器接口与 NCAP 相连，为传感器及其组件设备提供面向对象的模型定义。图 3-56 所示为 IEEE 1451.1 标准实现模型示意图，该模型由一组对象类组成，这些对象类具有特定的属性、动作和行为，它们为传感器提供一个清楚、完整的描述。该模型也为传感器的接口提供了一个与硬件无关的抽象描述。该标准通过采用一个标准的应用编程接口（API）来实现从模型到网络协议的映射。同时，这个标准以可选的方式支持所有接口模型的通信方式，如其他的 IEEE 1451 标准提供的 STIM、TBIM（Transducer BusInterface Module）和混合模式传感器。

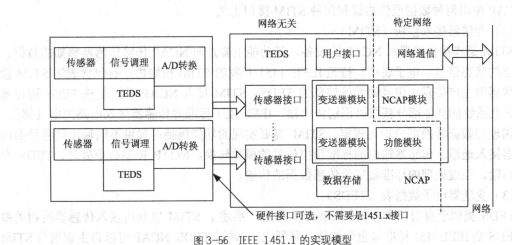

图 3-56 IEEE 1451.1 的实现模型

IEEE 1451.1 标准是围绕着面向对象系统技术建立的，这些系统中的核心是类的概念。一个类描述功能模块所共有的特征，这些功能模块被称为实例或对象。基本类的概念被附加的规范所扩展以用于 IEEE 1451.1。这些规范包括发布集合（类所产生的事件）、订阅集合（类所相对应的时间）、状态机（一个大规模的状态转换规则标准集）及一组数据类型的定义（提供互用性所必需的一部分特性）。

2. IEEE 1451.2 标准

IEEE 1451.2 标准规定了一个连接传感器到微处理器的数字接口，描述了电子数据表格（Transducer Electronic DataSheet，TEDS）及其数据格式，提供了一个连接 STIM 和 NCAP 的

10 线接口标准 TII，如图 3-57 所示，使制造商可以把一个传感器应用到多种网络中，使传感器具有"即插即用（plug-and-play）"的特性。这个标准没有指定信号调理、信号转换或 TEDS 如何应用，由各传感器制造商自主实现，以保持各自在性能、质量、特性与价格等方面的竞争力。

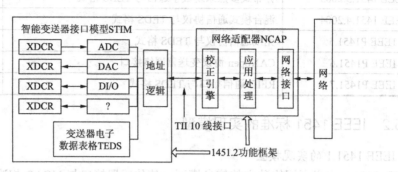

图 3-57   IEEE 1451.2 传感器接口标准的功能框架

（1）IEEE 1451 网络应用处理器（NCAP）

NCAP 是传感器通过 STIM 接入外部数据网络、实现传感器网络化的关键性通信桥梁设备。STIM 通过 TII 接口连接到 NCAP，进而连接到通信网络。NCAP 可在已经读取 TEDS 的前提下，通过提取 TEDS 中的相关参数校正传感器的原始数据，同时实现诸如接口控制、STIM 探测、传感数据校正、命令编码与解析、数据通信等数据处理和控制功能。这些功能的实现与 NCAP 使用何种数据通信协议和何种 STIM 接口无关。

（2）变送器接入模块（STIM）

STIM 是连接传感器和 NCAP 的设备，其功能主要是向 NCAP 传输传感器感知的数据、传感器的状态信息、电子表单。按照 IEEE 1451 开发的 STIM 模块内存有包含表述 STIM 接入的传感器生产信息、信号属性等信息的 TEDS。STIM 接入 NCAP 后，这些 TEDS 可以被 NCAP 及系统的其他部分获取以识别传感器。IEEE 1451 标准对传感器接入电路的电气部分、信号调理与数据转换部分均无规定。STIM 需要实现的功能包括：提供不同输出信号种类的传感器接入通道、传感器输出的标准模拟信号的模数转换、NCAP 控制命令处理、TEDS 存储与传输、经过处理的标准数字量传感数据的传输。

（3）变送器电子数据表（TEDS）

TEDS 类似于身份证中存储的公民个人信息，描述了 STIM 以及所接入传感器的相关参数。TEDS 是 IEEE 1451 标准最重要的技术革新之一。通过 TEDS，NCAP 可以自主识别与 STIM 连接的传感器，明确这些传感器的校正参数等信息；同时给上位机和用户提供远程访问的可能。TEDS 的出现使得制造商能以一定的统一格式给传感器/执行器一个自我描述的文档；让系统开发人员减少人工输入校正数据产生错误的可能性，精简系统配置开发步骤和时间，节省成本；标准化的 STIM 和 NCAP 减少了设置和更换设备的费用，不需要整个系统的更换而是部分部件更替，同时即插即用功能简化了用户的运营成本。

基于以上三个关键部分，IEEE 1451 协议在解决即插即用的问题时，同时定义了 NCAP 与 STIM 之间的接口。此接口根据采用的接入方式的不同分为几种，但是基本接入原理是相同的，只是因采用的通信协议不同而进行了相应的改变。所以 IEEE 1451.2（微处理器与变送器通信协议和电子表单表述格式，Transducer to Microprocessor Communication Protocols and

Transducer Electronic Data Sheet（TEDS）Formats）定义了标准的 TEDS、一个 10 线独立接口 TII（Transducer Independent Interface）和变送器与网络通信模块之间的通信协议。这样，通过电子表单里面关于传感器和变送器属性的描述文件的上传和解析实现了即插即用的功能。

3．IEEE 1451.3 标准

IEEE 1451.3 定义了标准的物理接口，以多点设置的方式连接多个物理上分散的传感器，如图 3-58 所示。这是非常必要的，比如说，在某些情况下，由于恶劣的环境，不可能在物理上把 TEDS 嵌入在传感器中。IEEE 1451.3 标准提议以一种"小总线"（mini-bus）方式实现变送器总线接口模型（TBIM），这种小总线因足够小且便宜可以轻易地嵌入到传感器中，从而允许通过一个简单的控制逻辑接口进行最大量的数据转换。

最简单的系统只含有总线管理通信通道，它被用作所有的通信通道。总线通信通道置于一个固定的频率，或至少是一个小频率，保证每一个总线控制器都能使用。对最简单的系统来说，TBIM 通信函数、同步函数、触发函数和数据传输函数都共享同样的通信通道。

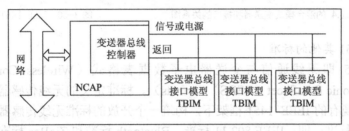

图 3-58　IEEE 1451.3 的物理连接表示

4．IEEE 1451.4 标准

IEEE 1451.4 定义了允许模拟量传感器（如压电传感器、变形测量仪）以数字信息模式（或混合模式）通信的标准，目的是使传感器能进行自识别和自设置。此标准同时建议数字 TEDS 数据的通信将与使用最少量的线——远远少于 IEEE 1451.2 标准所需的 10 根线的传感器的模拟信号共享。一个 IEEE 1451.4 的变送器包括一个变送器电子数据表格 TEDS 和一个混合模式的接口 MMI。图 3-59 所示为 IEEE 1451.4 的混合模式变送器（传感器和执行器）和接口的关系图。

IEEE 1451.4 作为 IEEE 1451 协议族成员之一，其定义了一个混合模式变送器接口标准。例如，为了达到控制和自我描述的目的，混合模拟量变送器将具有数字输出能力，图 3-60 所示为 IEEE 1451.4 接口示意图。

混合模拟量变送器通过建立一个标准的、允许模拟输出的、混合模式的变送器，来完成与 IEEE 1451 兼容的对象进行数字通信。每一个 IEEE 1451.4 兼容的混合模式变送器至少由一个变送器、一个变送器电子数据表格（TEDS）以及模拟接口的接口逻辑组成。虽然变送器的 TEDS 很小，但是其定义了足够的信息，可以允许一个高级的 IEEE 1451 对象进行补充。

IEEE 1451.4 的 TEDS 将包括以下内容：

（1）识别参数，如生产厂家、模块代码、序列号、版本号和数据代码；

（2）设备参数，如传感器类型、灵敏度、传输带宽、单位和精度；

（3）标定参数，如最后的标定日期、校正引擎系数；

（4）应用参数，如通道识别、通道分组、传感器位置和方向。

通过努力，IEEE 1451.4 工作组将建立一个标准，允许模拟量输出的混合模式变送器与高级的 IEEE 1451 对象进行数字通信。

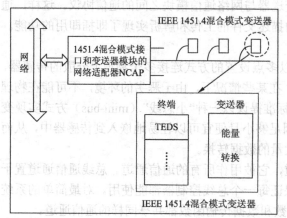

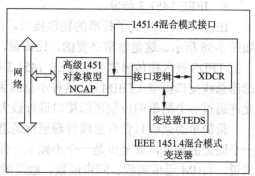

图 3-59　IEEE 1451.4 的混合模式变送器和接口的关系图　　　　图 3-60　IEEE 1451.4 接口

5. IEEE 1451 其他的标准

IEEE 1451.5 即无线通信与变送器电子数据表格式（Wireless Communication and Transducer Electronic DataSheet（TEDS）Formats）。标准定义的无线传感器通信协议和相应的 TEDS，旨在现有的 IEEE 1451 框架下，构筑一个开放的标准无线传感器接口。无线通信方式将采用三种标准，即：IEEE 802.11 标准、Bluetooth 标准和 ZigBee 标准。标准制订面临的任务在于定义 IEEE 1451.0/5 通信应用编程接口（API）；IEEE 1451.5 物理层（PHY）TEDS（包括 802.11、Bluetooth、ZigBee 以下传输协议物理层 TEDS）。该标准的参考模型、物理层（physical layer）TEDS 和命令集遵循 IEEE 1451.0 标准。

IEEE 1451.6 提议标准，即用于本质安全和非本质安全应用的高速、基于 CANopen 协议的变送器网络接口（A High-speed CANopen-based Transducer Network Interface for Intrinsically Safe and Non-intrinsically Safe Applications）。标准主要致力建立在 CANopen 协议网络的多通道变送器模型。定义一个安全的 CAN 物理层，使 IEEE 1451 标准的电子数据表（TEDS）和 CANopen 对象字典（ObjectDictionary）、通信消息、数据处理、参数配置和诊断信息一一对应，使 IEEE 1451 标准和 CANopen 协议相结合，在 CAN 总线上使用 IEEE 1451 标准变送器。标准中 CANopen 协议采用 CiADS404 设备描述。IEEE 1451.6 标准将为本质安全（IS）定义一个开放的物理层。

IEEE 1451.7 提议标准，即用于制定无线射频识别（RFID）和带有传感器的智能 RFID 标签之间的数据格式。基于 IEEE 1451 系列标准，定义了新的智能 RFID 标签传感器电子数据表格（TEDS），同时定义了一个全面的智能 RFID 标签指令集。

4.1 ZigBee 技术的发展

ZigBee 一词源自蜜蜂群在发现花粉位置时，通过跳 ZigZag 形舞蹈来告知同伴，达到交换信息的目的。可以说是一种小的动物通过简捷的方式实现"无线"的沟通。人们借此称呼一种专注于低功耗、低成本、低复杂度、低速率的近程无线网络通信技术，亦包含寓意。于是，2001 年 8 月成立了 ZigBee 联盟，2002 年下半年，Invensys、Mitsubishi、Motorola 以及 Philips 半导体公司四大巨头共同宣布加盟 ZigBee 联盟，共同研发名为 ZigBee 的下一代无线通信标准。

ZigBee 技术是一种具有统一技术标准的短距离无线通信技术，其 PHY 层和 MAC 层协议为 IEEE 802.15.4 协议标准（见图 4-1），网络层由 ZigBee 技术联盟制定，应用层的开发应用根据用户自己的应用需求来进行，因此该技术能够为用户提供机动、灵活的组网方式。

ZigBee 技术的特点突出，尤其是在低功耗、低成本上，主要有以下几个方面。

① 低功耗。ZigBee 设备为低功耗设备，其发射输出为 0~3.6dBm，具有能量检测和链路质量指示能力，根据这些检测结果，设备可自动调整发射功率，在保证链路质量的条件下，最小地消耗设备能量。在低耗电待机模式下，2 节 5 号干电池可支持 1 个节点工作 6~24 个月时间，甚至更长。

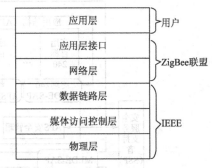

图 4-1　IEEE 802.15.4 和 ZigBee 的关系

② 低成本。通过大幅简化协议降低了对通信控制器的要求，按预测分析，以 8051 的 8 位微控制器测算，全功能的主节点需要 32KB 代码，子功能节点少至 4KB 代码，而且 ZigBee 免协议专利费。

③ 低速率。ZigBee 工作在 20~250kbit/s 的较低速率，分别提供 250kbit/s（2.4GHz）、40kbit/s（915MHz）和 20kbit/s（868MHz）的原始数据吞吐率，满足低速率传输数据的应用需求。

④ 近距离。相邻节点间的传输距离一般介于 10~100m 之间，在增加 RF 发射功率后，亦可增加到 1~3km。如果通过路由和节点间通信的接力，传输距离将可以更远。

⑤ 短时延。ZigBee 的响应速度较快，一般从睡眠转入工作状态只需 15ms，节点连接进入网络只需 30ms，进一步节省了电能。相比较，蓝牙需要 3～10s、WiFi 需要 3s。

⑥ 高容量。ZigBee 可采用星状、片状和网状网络结构，由一个主节点管理若干子节点，最多一个主节点可管理 254 个子节点；同时主节点还可由上一层网络节点管理；最多可组成 65 000 个节点的大型网络。

⑦ 高安全。ZigBee 提供了三级安全模式，包括无安全设定、使用接入控制清单（ACL，Access Control List）防止非法获取数据以及采用高级加密标准（AES-128，Advanced Encryption Standard-128）的对称密码加密方式，可以灵活确定其安全属性。

⑧ 免执照频段。在不需要特别许可的工业、科学、医疗（ISM）频段采用直接序列扩频技术，包括 2.4GHz（全球）、915MHz（美国）和 868MHz（欧洲）。

ZigBee 技术使用网状网拓扑结构，采用自动路由、动态组网、直接序列扩频的方式，满足了低数据量、低成本、低功耗、高可靠性的无线数据通信应用需求。由于 ZigBee 既可以进行点对点通信，也可以进行点对多点通信，同时还可以组建局域网，因而可以满足多种应用需求。

4.2 ZigBee 协议体系

4.2.1 ZigBee 协议栈架构

在 ZigBee 技术中，每一层负责完成所规定的任务，并且向上层提供服务，各层之间的接口通过所定义的逻辑链路来提供服务。完整的 ZigBee 协议体系由高层应用规范、应用会聚层、网络层、数据链路层和物理层组成。其中 ZigBee 的物理层、MAC 层和链路层直接采用了 IEEE 802.15.4 协议标准（见第 3 章）。其网络层、应用会聚层和高层应用规范（APL）由 ZigBee 联盟进行了制定，整个 ZigBee 协议架构如图 4-2 所示，协议栈各层的主要功能如图 4-3 所示。

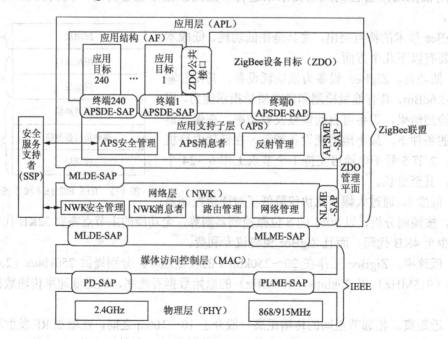

图 4-2 ZigBee 协议栈结构

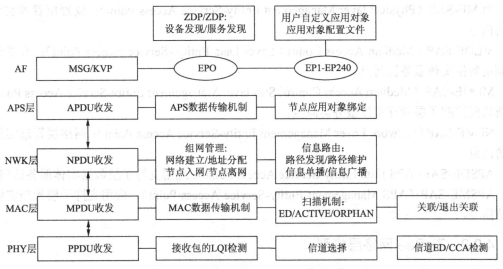

图 4-3 ZigBee 协议栈各层主要功能模块

PHY 层采用 IEEE 802.15.4 标准的 PHY 层协议，定义了无线射频应该具备的特征，提供了 868/915MHz、2.4GHz 三种不同的频段，分别支持 20kbit/s、40kbit/s 和 250kbit/s 的传输速率，1、10 和 16 个不同的信道。根据输出功率和环境参数的不同，传输距离一般为 10～100m。主要功能是通过无线信道进行收发数据包（PPDU，PHY Protocol Data Unit）、检测接收包的链路质量（LQI，Link Quality Indication）值、信道选择、信道能量检测（ED，Energy Detect）和空闲信道评估（CCA，Clear Channel Assessment）。

MAC 层采用 IEEE 802.15.4 标准的 MAC 层协议，使用 CSMA 冲突避免机制对无线信道访问进行控制，负责物理相邻设备间的可靠连接，支持关联（Association）和退出关联（Disassociation）以及 MAC 层安全。其功能是对从 PPDU 中提取的 MPDU 进行进一步的处理，同时还提供 MAC 层数据传输机制，ED、ACTIVE 和 ORPHAN 三种扫描机制和关联/退出关联功能。MAC 层的 ED 扫描调用 PHY 层的 ED 检测实现。

NWK 层负责 NPDU 收发、组网管理及信道路由的实现。NWK 层提供网络节点地址分配、组网管理、消息路由、路径发现和维护等功能。其中组网管理主要包括网络建立、地址分配、节点入网和节点离网。信道路由则包括路径发现、路径维护、信息单播及信息广播。

NWK 层之上的 APS 层负责对等设备间数据的传输、绑定表建立与维护等。其中 APS 子层负责 APDU（APS Protocol Data Unit）的处理，并提供 APS 数据传输机制，支持节点间的应用对象绑定。AF 主要为应用对象提供了 MSG 和 KVP 两种数据包服务类型，并为应用对象提供了活动模板。ZDO 为配备在端点 0 上的特殊应用对象，ZDP 为其对应的配置文件。其他用户自定义的应用对象配置使用端点 1～240。

AF 为各个用户自定义的应用对象提供了模板式的活动空间，并提供了键值对（KVP）服务和报文（MSG）服务给应用对象的数据传输使用。一个设备允许最多 240 个用户自定义应用对象，分别指定在端点 1～240 上。

ZDO 可以看成是指配到端点 0 上的一个特殊的应用对象，为所有 ZigBee 设备包含，为所有用户自定义的应用对象调用的一个功能集，包括网络角色管理、绑定管理、安全管理等。

SSP 向 NWK 层和 APS 层提供了安全服务。

PD-SAP（Physical layer Data-Service Access Point）：物理层数据服务访问点。

PLME-SAP（Physical layer Management Entity-Service Access Point）：物理层管理实体服务访问点。

MLDE-SAP（Medium Access Control Layer Data Entity -Service Access Point）：介质访问控制层数据实体服务访问点。

MLME-SAP（Medium Access Control Sub-layer Management Entity-Service Access Point）：介质访问控制子层管理实体服务访问点。

NLME-SAP（Network Layer Management Entity-Service Access Point）：网络层管理实体服务访问点。

APSDE-SAP（APS Data Entity-Service Access Point）：应用支持子层数据实体服务访问点。

APSME-SAP（APS Management Entity-Service Access Point）：应用支持子层管理实体服务访问点。

4.2.2 ZigBee 网络层模型

ZigBee 网络层（Network layer，NWK）负责发现设备和配置网络。ZigBee 允许使用星形结构和网状结构，也允许使用两者的组合（称为集群树网络）。ZigBee 网络层定义了两种相互配合使用的物理设备，为全功能设备（Full-Function Device，FFD）与精简功能设备（Reduced-Function Device，RFD）。相较于 FFD，RFD 的电路较为简单且存储容量较小。FFD 的节点具备控制器的功能，能够提供数据交换，而 RFD 则只能传送数据给 FFD 或从 FFD 接收数据。为了提供初始化、节点管理和节点信息存储，每个网络必须至少有一个称为协调器的 FFD。为了将成本和功耗降到最低，其余的节点应是由电池供电的简单 RFD。

网络层提供两个服务，通过两个服务访问点（Sevice Access Point，SAP）访问。网络层数据服务通过网络层数据实体服务访问点（NLDE-SAP）访问，网络层管理服务通过网络层管理实体访问点（NLME-SAP）访问，这两种服务提供 MAC 与应用层之间的接口，除了这些外部接口，还有 NLME 和 NLDE 之间的内部接口，提供 NWK 数据服务。图 4-4 描述了 NWK 层的内容和接口。

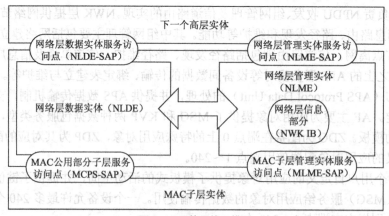

图 4-4 网络层接口模型

网络层包括逻辑链路控制子层。IEEE 802.2 标准定义了 LLC，并且通用于诸如 IEEE 802.3、IEEE 802.11 及 IEEE 802.15.1 等系列标准中。而 MAC 子层与硬件联系较为紧密，随不同的物理层实现而变化。网络层负责拓扑结构的建立和维护、命名和绑定服务，它们协同完成寻址、路由及安全这些必需任务。

（1）网络层数据实体（Network Layer Data Entity，NLDE）

网络层数据实体为数据提供服务，在两个或者更多的设备之间传送数据时，将按照应用协议数据单元（Application Protocol Data Unit，APDU）的格式进行传送，并且这些设备必须在同一个网络中，即在同一个个域网内部中。网络层数据实体提供如下的服务。

① 生成网络层协议数据单元（NetWork Protocol Data Unit，NPDU），网络层数据实体通过增加一个适当的协议头，从应用支持层的协议数据单元中生成网络层的协议数据单元。

② 指定拓扑传输路由，网络层数据实体能够发送一个网络层的协议数据单元到一个合适的设备，该设备可能是最终目的通信设备，也可能是在通信链路中的一个中间通信设备。

（2）网络层管理实体（Network Layer Management Entity，NLME）

网络层管理实体提供网络管理服务，允许应用与堆栈相互作用。网络层管理实体应该提供如下服务。

① 配置一个新的设备。为保证设备正常的工作需要，设备应该有足够堆栈，以满足配置的需要。配置选项包括对一个 ZigBee 协调器和连接一个现有的网络设备的初始化操作。

② 初始化一个网络。使之具有建立一个新网络的能力。

③ 加入或离开网络。具有连接或断开一个网络的能力，以及为建立一个 ZigBee 协调器或 ZigBee 路由器，具有要求设备同网络断开的能力。

④ 寻址。ZigBee 协调器和路由器具有为新加入网络的设备分配地址的能力。

⑤ 邻居设备发现。具有发现、记录和汇报有关一跳邻居设备信息的能力。

⑥ 路由发现。具有发现和记录有效地传送信息的网络路由的能力。

⑦ 接收控制。具有控制设备接收机接收状态的能力，即控制接收机什么时间接收、接收时间的长短，以保证 MAC 层的同步或者正常接收等。

ZigBee 网络针对时延敏感的应用做了优化，通信时延和从休眠状态激活的时延都非常短。设备搜索时延典型值为 30ms，休眠激活时延典型值是 15ms，活动设备信道接入时延为 15ms；上述参数均远优于其他标准，如 Bluetooth，这也有利于降低功耗。

网络层通用帧格式如图 4-5 所示，网络层路由子域如表 4-1 所示。

字节：2	2	2	1	1	可变
帧控制	目的地址	源地址	广播半径	广播序列号	净荷
	路由子域				
网络层数据头					网络层净荷

图 4-5 网络层通用数据格式

表 4-1 网络层路由子域

子 域	长 度	说 明
路由请求 ID	1	路由请求命令帧的序列号，每次器件在发送路由请求后自动加 1
源地址	2	路由请求发送方的 16 位网络地址
发送方地址	2	这个子域用来决定最终重发命令帧的路径
前面代价	1	路由请求源器件到当前器件的路径开销
剩余代价	1	当前器件到目的器件的开销
截止时间	2	以 ms 为单位，从初始值 nwkcRouteDiscoveryTime 开始倒计数，直至路由发现时终止

4.2.3 ZigBee 应用层模型

应用会聚层主要负责把不同的应用映射到 ZigBee 网络上，具体而言包括：安全与鉴权、多个业务数据流的会聚、设备发现、业务发现。

应用层包含应用支持子层（Application Support Sub-layer，APS）、ZigBee 设备对象（ZigBee Device Object，ZDO）及商家定义的应用对象。应用支持子层（APS）的作用是维护设备绑定表，具有根据服务及需求匹配两个设备的能力，且通过边界的设备转发信息。应用支持子层（APS）的另一作用是设备发现，能发现在工作范围内操作的其他设备。ZDO 的职责是定义网络内其他设备的角色（如 ZigBee 协调器或终端设备）、发起或回应绑定请求、在网络设备间建立安全机制（如选择公共密钥、对称密钥等）等。厂商定义的应用对象根据 ZigBee 定义的应用描述执行具体的应用。

APS 子层为下一个高层实体（NHLE）和网络层之间提供接口。APS 子层包括一个管理实体，叫做 APS 子层管理实体（Application Support Sub-layer Management Entity，APSME）。这个实体通过调用子层管理功能提供服务接口。APSME 也负责维护管理目标有关 APS 子层的数据库。这些数据库涉及到 APS 子层信息库（Application Support Sub-layer Information Base，APSIB）。如图 4-6 所示为 APS 子层接口模型。

APS 子层提供两种服务，通过两个服务访问点（SAP）访问。APS 数据服务是通过 APS 子层数据实体 SAP（Application Support Sub-layer Data Entity，APSDE-SAP）访问，APS 管理服务通过 APS 子层管理实体 SAP（APSDE-SAP）访问。这两种服务经过 NLDE-SAP 和 NLME-SAP 接口提供了 NHLE 和 NWK 层之间的接口。除了这些外部接口，还有一些 APSME 和 APSDE 之间的内部接口，这些内部接口允许 APSME 使用 APS 数据服务。图 4-6 描述了 APS 子层的内容和接口。

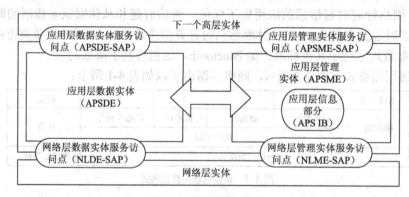

图 4-6　应用层接口模型

应用支持子层协议数据单元（Application Protocol Data Unit，APDU）的帧格式如图 4-7 所示。

字节：1	0/1	0/1	0/2	0/1	可变
帧控制	目的端点	簇标示符	协议子集标示符	源端点	净荷
	地址子域				
	应用层数据头				应用层净荷

图 4-7　应用层 APDU 帧格式

4.3 ZigBee 网络的构成

4.3.1 设备分类及功能

在 ZigBee 网络中，支持两种相互配合使用的物理设备：全功能设备和精简功能设备。

（1）全功能设备可以支持任何一种拓扑结构，可以作为网络协商者和普通协商者，并且可以和任何一种设备进行通信。

（2）精简功能设备只支持星型结构，不能成为任何协商者，可以和网络协商者进行通信，实现简单。

FFD 设备与 RFD 设备之间都可以通信。RFD 设备之间不能直接通信，只能与 FFD 设备通信，或者通过一个 FFD 设备向外转发数据。这个与 RFD 相关联的 FFD 设备称为该 RFD 的协调器（Coordinator）。RFD 设备主要用于简单的控制应用，如灯的开关、被动式红外线传感器等，传输的数据量少，对传输资源和通信资源占用不多，这样 RFD 设备可以采用非常廉价的实现方案。

在 ZigBee 网络中有一个称为 PAN 网络协调器的 FFD 设备，是网络中的主控制器。PAN 网络协调器（以后简称网络协调器）除了直接参与应用之外，还要完成成员身份管理、链路状态信息管理以及分组转发等任务。图 4-8 是 ZigBee 网络的一个例子，给出了网络中各种设备的类型以及它们在网络中所处的地位。

无线通信信道的特性是动态变化的。节点位置或天线方向的微小改变、物体移动等周围环境的变化都有可能引起通信链路信号强度和质量的剧烈变化，因而无线通信的覆盖范围是不确定的。这就造成了低速率无线个域网（Low-Rate Wireless Personal Area Network，LR-WPAN）网络中设备的数量以及它们之间关系的动态变化。

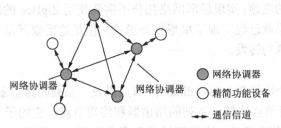

图 4-8 LR-WPAN 网络组件和拓扑关系

4.3.2 ZigBee 的网络拓扑

ZigBee 技术具有强大的组网能力，可以形成星型、树型和网状网，可以根据实际项目需要来选择合适的网络结构。ZigBee 网络要求至少有一个全功能设备作为网络协调器，网络协调器要存储以下的基本信息：节点设备数据、数据转发表、设备关联表。终端设备可以是精简设备，用来降低系统成本。

在 ZigBee 网络中，所有 ZigBee 终端设备均将有一个 64bit 的 IEEE 地址，这是一个全球唯一的设备地址，需要得到 ZigBee 联盟的许可和分配。在子网内部，可以分配一个 16bit 的地址，作为网内通信地址，以减小数据报的大小。

1. 星型网络

星形拓扑是最简单的一种拓扑形式（见图 4-9），它包含一个协调者（Co-ordinator）节点和一系列的终端（End Device）节点。每一个终端节点只能和协调者节点进行通信。如果需要在两个终端节点之间进行通信，必须通过协调者节点进行信息的转发。ZigBee 协调者必须是 FFD，它位于网络的中心，负责发起建立和维护整个网络，其他的节点（终端节点）一般为

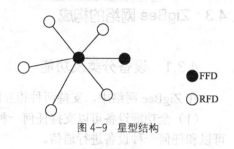

图 4-9　星型结构

RFD，也可以为 FFD，它们分布在 ZigBee 一个协调点的覆盖范围内，直接与 ZigBee 协调点进行通信。星形拓扑的控制和同步都比较简单，通常用于节点数量较少的场合。

星型网络以网络协调器为中心，所有设备只能与网络协调器进行通信，因此在星型网络的形成过程中，第一步就是建立网络协调器。任何一个 FFD 设备都有成为网络协调器的可能，一个网络如何确定自己的网络协调器由上层协议决定。一种简单的策略是：一个 FFD 设备在第一次被激活后，首先广播查询网络协调器的请求，如果接收到回应，说明网络中已经存在网络协调器，再通过一系列认证过程，设备就成为了这个网络中的普通设备。如果没有收到回应，或者认证过程不成功，这个 FFD 设备就可以建立自己的网络，并且成为这个网络的网络协调器。当然，这里还存在一些更深入的问题，一个是网络协调器过期问题，如原有的网络协调器损坏或者能量耗尽；另一个是偶然因素造成多个网络协调器竞争的问题，如移动物体阻挡导致一个 FFD 自己建立网络，当移动物体离开的时候，网络中将出现多个协调器。

网络协调器要为网络选择一个唯一的标识符，所有该星形网络中的设备都是用这个标识符来规定自己的主从关系。不同星形网络之间的设备通过设置专门的网关完成相互通信。选择一个标识符后，网络协调器就容许其他设备加入自己的网络，并为这些设备转发数据分组。

星形拓扑形式的缺点是节点之间的数据路由只有唯一的一个路径。Co-ordinator（协调者）有可能成为整个网络的瓶颈。实现星形网络拓扑不需要使用 ZigBee 的网络层协议，因为 IEEE 802.15.4 本身的协议层就已经实现了星形拓扑形式，但是这需要开发者在应用层做更多的工作，包括自己处理信息的转发。

2. 树形网络

树形拓扑包括一个协调者（Co-ordinator）节点以及一系列的路由器（Router）和终端（End Device）节点。协调者节点连接一系列的路由器和终端节点，它的子节点的路由器也可以连接一系列的路由器和终端节点。这样可以重复多个层级。树形网络结构中，节点可以采用 Star-Tree 路由传输数据和控制信息，枝干末端的叶子节点一般为 RFD（见图 4-10）。每一个在它的覆盖范围中充当协调点的 FFD 向与它相连的节点提供同步服务，这些协调者节点又受 ZigBee 协调者节点的控制，ZigBee 协调者节点比网络中的其他协调者节点具有更强大的处理能力和存储空间。树形网的一个显著优点就是它的网络覆盖范围较大，但随着覆盖范围的增大，信息的传输时延会增大，而且同步也会变得比较复杂。

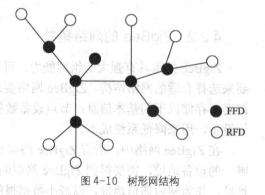

图 4-10　树形网结构

需要注意的是：

（1）协调者节点和路由器节点可以包含自己的子节点；

（2）终端节点不能有自己的子节点；

（3）有同一个父节点的节点之间称为兄弟节点；

（4）有同一个祖父节点的节点之间称为堂兄弟节点。

树形拓扑中的通信规则：

（1）每一个节点都只能和它的父节点和子节点之间通信；

（2）如果需要从一个节点向另一个节点发送数据，那么信息将沿着树的路径向上传递到最近的祖先节点，然后再向下传递到目标节点。

树形拓扑方式的缺点就是信息只有唯一的路由通道。另外，信息的路由是由协议栈层处理的，整个路由过程对于应用层是完全透明的。

3．Mesh 网络

Mesh 拓扑（网状拓扑）包含一个协调者节点和一系列路由器节点和终端节点。这种网络拓扑形式和树形拓扑相同，但网状网络拓扑具有更加灵活的信息路由规则。在可能的情况下，路由节点之间可以直接通信。这种路由机制使得信息的通信变得更有效率，而且意味着一旦一个路由路径出现了问题，信息可以自动地沿着其他的路由路径进行传输。

Mesh 网一般是由若干个 FFD 连接在一起组成骨干网（见图 4-11）。它们之间是完全对等的通信，每个节点都可以与它的无线通信范围内的其他节点通信，但它们中也有一个会被推荐为 ZigBee 协调点，例如把第一个在信道中通信的节点作为"ZigBee 协调点"，骨干网中的节点还可以连接 FFD 或 RFD 组成以它为协调点的子网。Mesh 网是一种高可靠性网络，具有"自恢复"能力，它可为传输的数据包提供多条路径，一旦一条路径出现故障，则存在另一条或多条路径可供选择，但正是由于两个节点之间存在多条路径，它也是一种高冗余的网络。

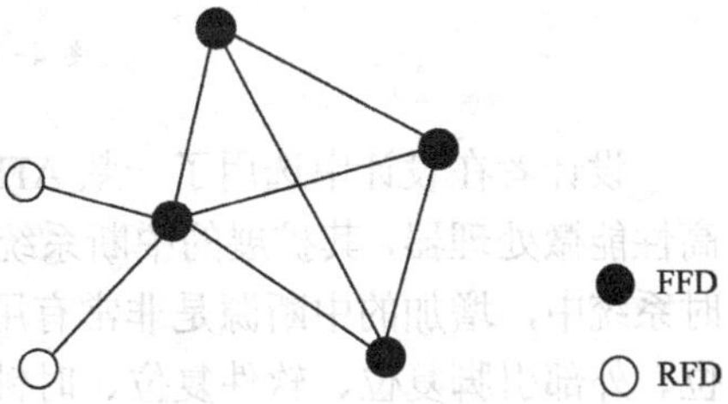

基于树状的 Mesh 网络形成分层网络结构，每个 FFD 节点可接收多个子节点，该子节点可以是 FFD 节点或 RFD 节点。这种结构具有天然的分布处理能力，簇头就是分布式处理中心，每个簇成员均把数据传给簇头，在簇头里完成数据处理和融合，然后由其他簇头多跳转发或直接传给协调器节点。由于簇头的通信

图 4-11 Mesh 网结构

和计算任务比较繁忙，能量会很快地消耗，为了避免这种情况发生，簇中的成员轮流或者每次选择剩余能量最多的成员做簇头。

基于网格型的 Mesh 网络结构具有强大的功能，网络可以通过"多级跳"的方式来通信，网络非常健壮、伸缩性好。该拓扑结构还可以组成极为复杂的网络，具备自组织、自愈功能。即在个别链路或节点失效时，不会引起网络的分离。且可以同时通过多条信源信宿路由传输数据，传输可靠性高。

通常在支持网状网络的实现上，网络层会提供相应的路由探索功能，这一特性使得网络层可以找到信息传输的最优化路径。需要注意的是，以上所提到的特性都是由网络层来实现的，应用层不需要进行任何的参与。

4.4 ZigBee 通信卡的开发

4.4.1 ZigBee 通信卡硬件设计

（1）ZigBee 通信卡结构设计

ZigBee 通信卡结构如图 4-12 所示，主要由微处理器、64K 的 SDRAM、LED 显示、ZigBee 模块以及与现场设备的接口隔离模块组成。其中 LED 用以指示 ZigBee 通信卡的各种工作状态；SDRAM 用来存储数据；隔离模块采用光电隔离的方式连接现场设备和微处理器，一方面对信号进行有效地隔离，另一方面利用光电隔离器两端采用不同电压供电的特点，达到信号电平转换的目的。ZigBee 模块完成无线数据传输功能。

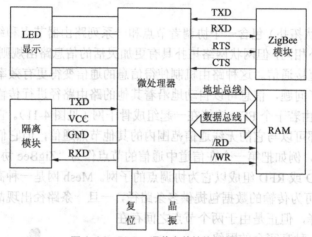

图 4-12 ZigBee 通信卡的结构示意图

设计者在设计中选用了一款 ATMEL 公司的 ATmega64 微处理器，ATmega64 是一款低价高性能微处理器，其扩展的中断系统向 ATmega64 提供 18 个中断源，在设计一个多任务的实时系统中，增加的中断源是非常有用的。微处理器还有多源复位，包括了上电复位、掉电复位、外部引脚复位、软件复位、时钟检测复位、比较器 0 复位、WDT 复位和引脚配置复位。众多的复位源为保障系统的安全、操作的灵活性以及零功耗系统设计带来极大的好处。ATmega64 内部集成了较大容量的存储器，包括 2K 字节的 EEPROM、4K 字节的片内 SRAM 以及 64K 字节的系统内可编程 Flash。ATmega64 还有 53 个可编程 I/O 口，可任意定义 I/O 的输入/输出方向；输出时为推挽输出，驱动能力强，可直接驱动 LED 等大电流负载；输入口可定义为三态输入，可以设定带内部上拉电阻，省去外接上拉电阻。（注：TXD（Transmit Ddata）-发送数据；RXD（Receive Data）-接收数据；RTS（Request To Send）-请求发送；CTS（Clear To Send）-清除发送；GND-信号地；RD（Read Data）-读信号；WR（Write Data）-写信号）。

（2）ZigBee 接口电路设计

ZigBee 无线传输模块采用的是德州仪器公司的 CC2530 芯片。该芯片是完全符合 IEEE 802.15.4 标准与 ZigBee 规范的 2.4GHz 嵌入式低功耗、低传输率无线收发片上系统解决方案。它能够以非常低的总的材料成本建立强大的网络节点。CC2530 具有领先的 RF 收发器的优良性能、业界标准的增强型 8051 CPU、系统内可编程闪存、8-KB RAM 和许多其他强大的功能。CC2530 有四种不同的闪存版本：CC2530F32/64/128/256，分别具有 32/64/128/256KB 的闪存。CC2530 具有不同的运行模式，使得它尤其适用于超低功耗要求的系统。运行模式之间的转换时间短，进一步确保了低能源消耗。

其主要性能参数如下。

① 频率：2.4GHz。

② 电源电压范围：2~3.6 V。

③ 调制方式：O-QPSK。

④ 数据速率：250kbit/s。

⑤ 传输距离：200m。

⑥ 发射功率：−16.6~4.5 dBm。

ZigBee 模块与 ATmega64 微处理器的接口电路如图 4-13 所示，采用了 ZigBee 模块的 UART0 接口和 ATmega64 通信，ZigBee 模块的串口 0 与 CPU 的串口 1 连接。ATmega64 自动对 ZigBee 进行初始化，当 ZigBee 初始化成功后，将在其覆盖范围内自动搜寻另一 ZigBee 现场设备；同时，若覆盖范围内有多个 ZigBee 现场设备，则这些设备将会形成 ZigBee 拓扑图结构的控制网络，实现 ZigBee 现场设备间的数据通信。

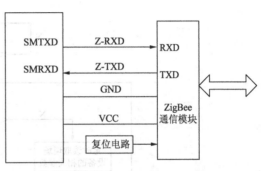

图 4-13 ZigBee 模块接口电路

4.4.2 ZigBee 通信卡软件设计

CC2530 无线网络收发模块的工作由外部设备控制。外部设备通过模块的 UART0 接口，采用 AT 命令或数据帧结构的形式对 CC2530 模块进行配置和操作，利用 AT 命令对 CC2530 配置的流程如图 4-14 所示。（注：UART——Universal Asynchronous Receiver/Transmitter，通用异步接收/发送装置）

CC2530 模块的工作状态分成两种，配置状态和数据状态。在配置状态下，可以对模块的重要参数进行设置，例如对 UART0 的波特率、模块的网络号、节点号等参数进行设置，配置的结果保存在模块内部的非易失性存储器中，即使在模块掉电的情况下也不会丢失配置参数。在数据状态下，模块的工作模式分为三种：活动模式、休眠模式和节电模式。

在软件设计时，主要对通信模块的各端口进行定义，本书中所用到的 ATmega64 有 4 组 I/O 口（input/output port，输入输出端口），在设计时必须充分考虑，定义好这些端口。当个端口定义好后，就要考虑测控程序的设计，包括数据采集程序、数据处理程序、数据输出程序。然后就是初始化 ZigBee 模块，这里主要包括 ZigBee 通信接口波特率设置（为了与现场中其他设备保持一致，波特率统一设置成 38 400bit/s）、数据接收准备、设备查询、ZigBee 链路连接等。

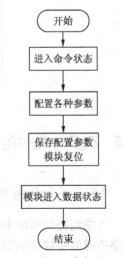

图 4-14 利用 AT 命令对 IP-Link 1270 模块配置的流程图

ZigBee 通信卡程序的烧写通过 CPU 的 JTAG 接口，程序保存在 Flash 中。数据的处理在 SDRAM 中进行，根据程序指示灯来显示不同部分的运行情况。ZigBee 通信卡每隔 2s 对现场设备（电磁流量计、阀门、温度变送器）进行数据采样，对采样的数据进行处理后保存，当主设备发出连接 ZigBee 设备时，建立连接并对相应的请求做出处理（如读数据和写数据）。ZigBee 通信卡软件流程如图 4-15 所示。

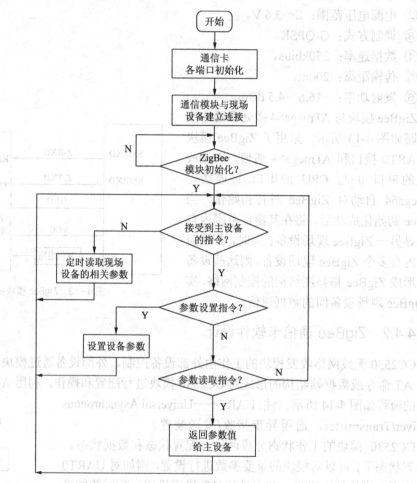

图 4-15 ZigBee 通信卡软件流程图

4.5 ZigBee 网关的开发

4.5.1 ZigBee 网关通信模型

考虑到控制网络中传送的信息多为短帧信息，且信息交换频繁的特点，同时为了使控制网络的通信协议简单实用、工作效率高、缩短系统响应时间、提高通信的实时性和时间确定性，在综合分析控制系统的特点以及 IEEE 802.15.4 协议与 ZigBee 协议的基础上，提出了如图 4-16 所示的 ZigBee 网关的通信协议模型。

在图 4-16 通信协议模型中，IEEE 802.15.4/ZigBee 各层协议的功能如下。

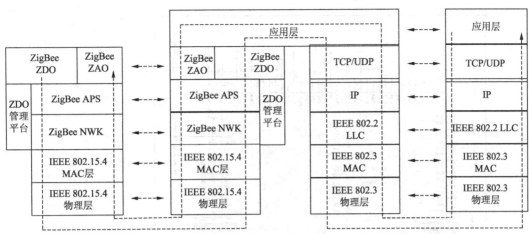

图 4-16　ZigBee 网关通信模型

物理层 IEEE 802.15.4 运行在 2.4GHz ISM 频段。采用直接序列扩频（Direct Sequence Spread Spectrum，DSSS）调制方式，降低数字集成电路的成本，并且都使用相同的包结构，以便低作业周期、低功耗地运行。

MAC 层负责处理所有的物理无线信道访问，并产生网络信号、同步信号，支持 PAN 连接和分离，提供两个对等 MAC 实体之间可靠的链路等。

以太网应用层为用户应用进程间的数据通信提供了接口。针对工业控制实时应用，提供了变量访问服务、事件管理服务、文件上传/下载服务等实时通信服务。

发送时，以太网应用进程在调用应用层服务时，应该提供所有服务所需的参数，然后由应用层服务将数据经过编码后，传给网络接口层对象，调用网络层数据传输服务把数据发送出去。

在接收时，应用层收到来自通信端口的数据后，上传给应用层服务，由应用层服务根据服务报文中的目的应用进程标识 ID，将接收到的数据传送到应用层中相应的用户应用进程，由用户应用进程对相应的参量进行更新和进一步地处理。

ZigBee 网关的基本原理就是在 ZigBee 的 MAC 之上，通过网络层构建 ZigBee PAN 实现模式之一的自组织网络 SON，这是带有 ZigBee 的设备间所形成的网络。客户端和网关都是 PAN 的成员，同时对于网关来说又要完成 ZigBee PAN 的另一种实现模式——网关 NAP 功能，其他带有 ZigBee 的设备在成为 PAN 成员的基础上才能通过 NAP 接入有线网络。

连接完全建立之后，ZigBee 设备与以太网设备之间的通信过程可描述如下：应用程序的数据经 MAC 层和 LLC 层打包后，再分别加上各层的分组头对其进行封装，然后将封装过的数据包通过物理层发送给 ZigBee 网关的对应物理层。在 ZigBee 网关，各对应层将对接收到的数据包进行解包，整个解包的过程与封装的顺序相反。解出的数据包将交给 LLC 层重新进行封装，并经 802.3 MAC 层进一步封装之后通过物理层接口传到以太网网络上。以太网现场设备接收到上述数据包后，也将执行解包的过程，直到得到发送端应用程序的数据为止。

4.5.2　ZigBee 网关的硬件设计

ZigBee 现场设备采集的数据经处理后通过无线链路传送到 ZigBee 网关。ZigBee 网关的接口电路如图 4-17 所示。主芯片 ATmega64 通过控制总线给其他模块提供控制信号，实现对系统整体的控制作用，同时通过数据总线、地址总线完成数据在各模块之间的有效传输。

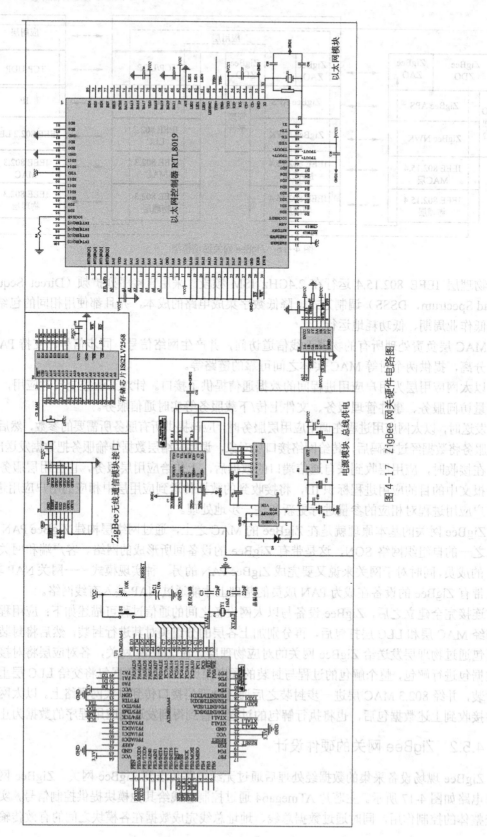

图 4-17 ZigBee 网关硬件电路图

（1）ZigBee 模块与单片机接口电路设计

CC2530 模块的接口一共有 14 个引脚，其接口定义如表 4-2 所示。ATmega64 通过串口 0 与 ZigBee 模块进行数据通信，如图 4-18 所示，同时为 ZigBee 模块提供系统 3.3V 电压及上电复位。

表 4-2　　　　　　　　　　　　　CC2530 模块引脚接口定义

引　脚　号	名　　称	类　　型	功　能　描　述
1	GND	Power	地
2	/RESET	RESET	复位
3	DCOUPL	Digital Power	电源（数字）1.8V 数字电源去耦。
4	RXD1	Digital In	UART1 Input RXD1
5	TXD1	Digital Out	UART1 Output RXD1
6	P0_0	Digital In/ Out	通用输入/输出
7	P0_1	Digital In/ Out	通用输入/输出
8	P0_2	Digital In/ Out	通用输入/输出
9	P0_3	Digital In/ Out	通用输入/输出
10	P0_4	Digital In/ Out	通用输入/输出
11	P0_5	Digital In/ Out	通用输入/输出
12	P0_6	Digital In/ Out	通用输入/输出
13	P0_7	Digital In/ Out	通用输入/输出
14	VCC	Power	电源（3.3V）

（2）以太网模块接口电路设计

以太网接口模块采用由台湾 Realtek 公司生产的 RTL8019AS 以太网控制器。RTL8019AS 以太网控制器芯片集成了介质接入控制子层（MAC）和物理层的功能，包括 MAC 数据帧的收发、地址识别、CRC（Cyclic Redundancy Check，循环冗余检验）编码/校验、曼彻斯特编解码、超时重传、链路完整性测试、信号极性检测与纠正等。主处理器需要做的只是在 RTL8019AS 的外部总线上读写 MAC 帧。

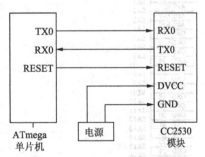

图 4-18　ZigBee 模块与单片机接口电路设计

另外，RTL8019AS 的外部总线符合 ISA 标准，因而可以方便地设计基于 ISA 的总线系统与通用单片机进行通信。

RTL8019AS 内部可分为远程 DMA（Direct Memory Access，直接内存访问）接口、本地 DMA 接口、MAC（介质接入控制）逻辑、数据编码解码逻辑和其他端口。远程 DMA 接口是指单片机对 RTL8019AS 内部 RAM 进行读写的总线，即 ISA 总线的接口部分。单片机收发数据只需对远程 DMA 操作。本地 DMA 接口是把 RTL8019AS 与网线连接的通道，完成控制器与网线的数据交换。

MAC（介质接入控制）逻辑完成以下功能：当单片机向网上发送数据时，先将一帧数据通过远程 DMA 通道送到 RTL8019AS 中的发送缓存区，然后发出传送命令；当 RTL8019AS

完成了上帧的发送后，再开始此帧的发送。RTL819 接收到的数据通过 MAC 比较、CRC 校验后，由 FIFO（先进先出队列）存到接收缓冲区；收满一帧后，以中断或寄存器标志的方式通知主处理器。FIFO（先进先出队列）逻辑对收发数据进行 16 字节的缓冲，以减少对本地DMA（直接内存访问）请求的频率。

RTL8019AS 内部有两块 RAM 区。一块 16K 字节，地址为 0x4000～0x7fff；一块 32 字节，地址为 0x0000～0x001f。RAM 按页存储，每 256 字节为一页。一般将 RAM 的前 12 页（即 0x4000～0x4bff）存储区作为发送缓冲区；后 52 页（即 0x4c00～0x7fff）存储区作为接收缓冲区。第 0 页叫 Prom 页，只有 32 字节，地址为 0x0000～0x001f，用于存储以太网物理地址。要接收和发送数据包就必须通过 DMA 读写 RTL8019AS 内部的 16KB RAM。它实际上是双端口的 RAM，有两套总线连接到该 RAM，一套总线 RTL8019AS 读或写该 RAM，即本地 DMA（直接内存访问）；另一套总线是单片机读或写该 RAM，即远程 DMA。因此，设计了如图 4-19 所示的以太网模块接口电路，这里使用了 8 位地址线和 8 位数据线与 ATmega64相连，实现地址的映射和数据的传递。RTL8019AS 输出部分使用 20F01N 与 RJ-45 插头相连，其中 20F01N 作为信号隔离器。

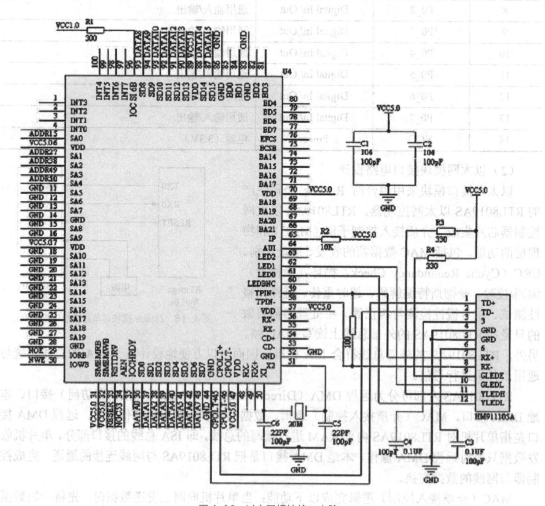

图 4-19 以太网模块接口电路

（3）存储器模块接口电路设计

本次设计的 ZigBee 网关选用 ISSI 公司的 IS61LV2568 静态存储器作为存储器模块存放临时数据和程序代码。IS61LV2568 是一个 256K×8bit SRAM 芯片，在不掉电的情况下，数据可以一直保存，不需要刷新，静态功耗低，读写周期为 12ns。IS61LV 12816 还具有以下特点：数据的高、低字节可控制；高速的访问时间（12ns）；低功耗；44 管脚 TSOP 封装。IS61LV2568 同 MCU 的接口采用如图 4-20 所示的电路，A0~A17 为地址总线，D0~D7 为数据总线，CS-RAM 为选通信号，外接电压为系统提供 3.3V 电压。

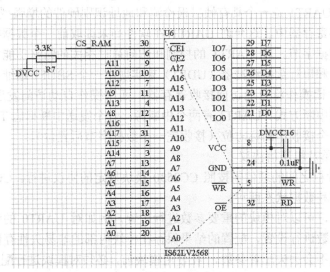

图 4-20　存储器模块接口电路

4.5.3　ZigBee 网关的软件实现

ZigBee 网关的软件部分大致由 3 个主要模块组成：ZigBee 与 ATmega64 之间的驱动和通信、ATmega64 与 RTL8019 之间的驱动和通信、ZigBee 报文转换为以太网报文。

（1）ZigBee 与 ATmega64 之间的驱动和通信

① 串口驱动

ATmega64 单片机有两个串口：串口 0（UART0）和串口 1（UART1）。在设计的 ZigBee 网关中，ATmega64 用 UART1 与 ZigBee 模块相连。ZigBee 模块（CC2530）通过 PC 机对其进行配置，初步设定 ZigBee 模块串口的各项参数为：波特率是 38400bit/s、数据位 8 位、停止位 1 位、无奇偶校验位。

实现 ZigBee 通信的过程如下：首先，单片机将需要传送的数据通过串口发送给 ZigBee 模块；然后，ZigBee 模块自动地将从单片机收到的数据采用无线的方式发送给目标 ZigBee 模块；目标 ZigBee 模块从空中获取到发送给自己的数据并将其保存起来，随后将数据通过串口传送给与其相连的微控制器，这样，就实现了 ZigBee 的无线通信。

为了实现 ZigBee 模块与 ATmega64 的串口通信，首先需要编写驱动串口程序，然后设计 ZigBee 模块（CC2530）与 ATmega64 单片机之间的通信协议。

编写驱动串口程序的第一步就是初始化 MCU（微控器）。单片机的初始化很重要，关系到程序能否正确运行。这里的主要功能是分配串口引脚、设置系统时钟、确定波特率。这里需要特别注意的问题是 MCU 的初始化，MCU（微控器）硬件资源相当丰富，但有一些是不能同时使用的，需要在初始化时进行设定，所以交叉开关译码表的正确使用非常重要。资料中提供的优先权交叉开关的分配是有区别的，关键看 XBR2 特殊功能寄存器中的 EMIFLE 位的值。串口分配时只用到 4 个引脚，没有用到外部存储器，所以 PB7、PB6、PB5 的功能由交叉开关或端口锁存器决定，而且 EMIFLE 的值为"0"，这样可以保证串口分配不出现错位。第二步就是编写 UART1 和 URAT0 的串口驱动程序，实现外接传感器和 ZigBee 模块的通信连接。

由于在 ZigBee 网关中，ATmega64 用 UART1 与 ZigBee 模块相连，因而需要编写 UART1 串口的驱动程序。UART1 是一个具有帧错误检测和地址识别硬件的增强型串行口。接收数据被暂存于一个保持寄存器中，这允许 UART1 在软件尚未读取前一个数据字节的情况下开始接收第二个输入数据字节。对 UART1 的控制和访问通过相关的特殊功能寄存器即串行控制寄存器（UCSR1）和串行数据缓冲器（UDR1）来实现。一个 SBUF1 地址可以访问发送寄存器和接收寄存器。读操作将自动访问接收寄存器，而写操作自动访问发送寄存器。UART1 可以工作在查询或中断方式。UART1 有两个中断源：一个发送中断标志 TI1（数据字节分散结束时置位）和一个接收中断标志位（接收完一个数据字节后置位）。

② ZigBee 与单片机通信协议

ZigBee 与单片机之间的通信需按照 CC2530 模块规定的协议进行。CC2530 模块的工作状态分成配置状态和数据状态两种。

在配置状态下，可以对模块的重要参数进行设置，例如对 UART0 的波特率、模块的网络号、节点号等参数进行设置，配置的结果保存在模块内部的非易失性存储器中，即使在模块掉电的情况下也不会丢失配置参数。在使用模块前，必须对模块进行配置。配置过程采用 AT 命令通过 UART0 实现。在配置过程结束后，利用 AT 命令中的"ATW\r"命令可以把配置参数保存到模块内部的非易失性存储器中，并将模块手动复位，使配置的参数生效并使之进入数据状态。

在数据状态下，模块可以处理 UART0 上的信息，进行无线收发数据。模块进入数据状态后，可以按 CC2530 模块的数据帧结构格式、通过串口控制模块收发数据或完成其他工作。在数据状态下，利用 CC2530 模块组成的网络可以进行数据交换。数据交换必须按照 CC2530 数据帧结构的格式来发送、接收、解析网络中的数据。CC2530 模块的数据帧结构如图 4-21 所示，由数据模式、目标地址、数据长度、数据信息与校验和五部分构成（数据帧结构中的数据都是 16 进制数）。

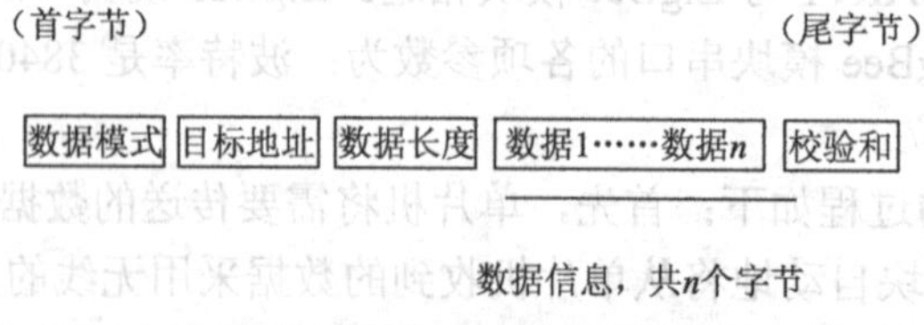

（首字节）   （尾字节）

| 数据模式 | 目标地址 | 数据长度 | 数据1……数据n | 校验和 |

数据信息，共n个字节

图 4-21　CC2530 模块的数据帧结构格式

"数据模式"占用一个字节，可以是 43H（'C'）、44H（'D'）、52H（'R'）和 57HW（'W'）四种数值之一，分别表示数据帧结构是正确返回型、数据型、错误返回型和命令型。"目标地址"表示数据帧结构要发送的目标位置（网络中的节点号），"目标地址"占用一个字节，取值范围是 0～255。当"目标地址"与自身模块的节点号一致时，表示数据帧结构发送到自身的模块内；当"目标地址"与自身模块的节点号不同时，表示数据帧结构要发送到目标地址所指定的网络节点中。"数据长度"表示数据帧结构中从"数据 1"到"数据 n"所占据的字节数。数据长度占据一个字节，取值范围是 0～100。"数据信息"表示用户要通过 UART0 传送的命令或有效数据，占据的字节数由"数据长度"规定，范围是 0～100 字节。"检验和"占据一字节，是对帧结构中的全部数据（校验和字节除外）进行的校验，采用字节逐位异或的方式实现。

单片机与 CC2530 模块之间的数据交换，是按照 CC2530 模块数据帧结构的格式来发送、接收和解析的。

当外部设备（如单片机等）把数据按照数据帧结构送入到 CC2530 模块后，模块或者在 5～100ms 内由串口向外部设备返回信息，或者出现模块在规定时间内没有返回信息的情况。没有返回信息时表示原来的数据帧结构对模块没能进行正常操作，出现返回信息时，数据格式将遵循返回型数据帧结构的约定。返回型数据帧结构的格式如图 4-22 所示。43H 表示命令或者数据被正确处理之后的返回数据帧，52H 表示命令或者数据处理出现错误之后的返回数据帧。若返回类型为 FF，则表示对应的数据帧结构没有对模块进行正常操作，返回值参数的第 1 个字节数值表示了错误信息；若返回类型为 0，表示对应的数据帧结构对模块进行了正常操作，返回值参数是操作结果。

（首字节）   （尾字节）

43H/52H	目标地址	5	返回类型（1字节），返回值参数（共4字节）	校验和
数据模式	目标地址	数据长度	数据信息（共5字节）	校验和

图 4-22　数据帧结构的格式

在软件设计中，单片机将数据发送到 CC2530 模块后，应遵循返回型数据帧结构约定的数据格式，通过返回值参数获得数据发送的操作结果。

（2）ATmega64 与 RTL8019AS 之间的驱动和通信

RTL8019AS 以太网控制器芯片具有 32 位输入输出地址，地址偏移量为 00H～1FH。其中 00H～0FH 共 16 个地址，为寄存器地址。寄存器分为 4 页：PAGE0、PAGE1、PAGE2、PAGE3，由 RTL8019AS 的 CR（Command Register 命令寄存器）中的 PS1、PS0 位来决定要访问的页。但与 NE2000 兼容的寄存器只有前 3 页，PAGE3 是 RTL8019AS 自己定义的，对于其他兼容 NE2000 的芯片如 DM9008 无效。远程 DMA 地址包括 10H～17H，都可以用来作远程 DMA 端口，只要使用其中的一个就可以了。复位端口包括 18H～1FH 共 8 个地址，功能一样，用于 RTL8019AS 复位。RTL8019 与 ATmega64 之间的连接由数据线、地址线和控制线组成，要完成它们之间的通信需要编写两者的串口驱动和通信程序。

4.6　基于 ZigBee 的三表数据采集系统设计

4.6.1　三表数据采集系统设计

小区三表数据采集作为楼宇能量管控系统数据采集的重要组成部分，主要是通过三表采集中继器和集中器节点来完成，其功能是远程自动采集用户的水、电、气表的数据，为系统节能降耗提供总的数据支持。三表采集系统的结构如图 4-23 所示，楼层中继器节点通过 ZigBee 通信卡与水、电、气表连接，中继器采集到的数据通过 ZigBee 通信卡上传到集中器，并通过 XML 语言进行存储，进而通过 ZigBee 网关接入以太网网络，最后通过交换机与小区的数据库服务器连接，定时上传采集的水、电、气能耗数据。小区的服务器对上传的能耗数据进行存储、计费以及能耗分析，小区的住户可以通过 PC 访问小区的服务器查看自家的水、电、气的消耗及费用，水、电、气等部门也可以访问小区的服务器进行能耗查询。在三表采集系统结构图中，系统采集的数据直接上传给小区的服务器，不会传给每个家庭用户，家庭服务器可以与小区服务器通信，获取自家的水、电、气消耗的情况，在智能家居系统中，住户通过手机、平板等终端访问自家服务器查看水、电、气的消耗以及当前费用。

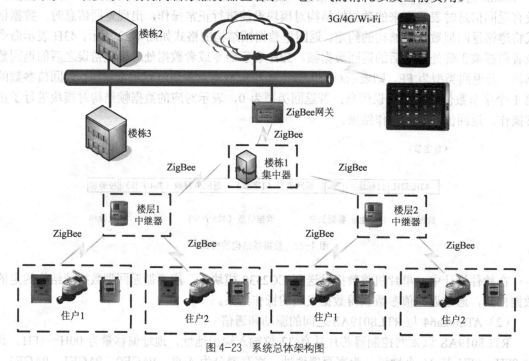

图 4-23　系统总体架构图

　　小区三表采集系统作为楼宇能量管控系统的一部分，主要优点在于减少人工操作的不便，节约人力，同时便于管理，大大降低了采集成本，简化了操作流程。在现代通信技术迅速发展的时代，更加智能的终端设备越来越多，这也为用户和管理单位提供了更多的平台和手段来查看和管理用能信息，智能化的三表采集方式将是社会发展的趋势。

4.6.2　三表数据采集中继器硬件设计

1. 中继器硬件结构设计

　　三表数据采集中继器硬件设计是在 ZigBee 通信卡的基础上进行拓展的（见图 4-24），包括 ZigBee 射频模块、主控模块、电源模块以及 I/O 接口。其中电源模块为整个设备提供 5V 和 3.3V 稳定电压，主控模块通过 I/O 口来接收 ZigBee 射频模块的数据信息，并控制 ZigBee 射频模块进行双向通信。一方面将三表数据向上发送，由服务器对数据信息进行存储和处理。另一方面将上层的指令传送给三表数据采集器。

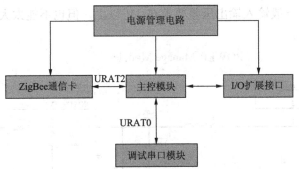

图 4-24　三表数据采集中继器硬件结构

2. 主控电路

三表数据采集中继器硬件设计是在 ZigBee 通信卡的基础上进行拓展的，ATmega64 主控电路如图 4-25 所示。最小系统电路是系统电路的核心，电路主要由 ATmega64 微处理芯片、晶振电路和复位电路组成。晶振电路采用 16MHz 外部晶振提供工作时钟；复位电路设计成按键复位和上电自动复位相结合的方式。

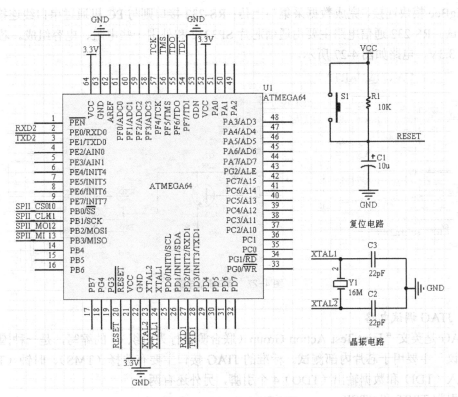

图 4-25　ATmega64 主控电路

3. 电源电路

电源电路采用外部 5V 电源模块供电，SW1 是电源开关。L1 是磁珠，主要作用是抑制电源线上的高频干扰和尖峰干扰。直流电源经电压转换芯片 SPX1117-3.3V 将 5V 电压转换为 3.3V，电路如图 4-26 所示。图中 CD1、CD2 是胆电容，其余电容是 X7R 的贴片电容，电源品质较好。SPX1117 一般输入输出压差要求在 **1V** 以上，但也不能太大，否则芯片会因为消耗的功耗过大而发热。

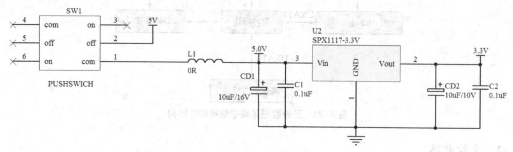

图 4-26 电源电路

4. 串口通信电路

为了满足节点一方面能进行三表数据采集以及控制指令传输，另一方面可以同 PC 机连接进行串口调试，电路通信接口设计中采用了 USART 和 RS-232 两种通信接口。USART 接口与 ZigBee 模块连接，完成数据采集与上传；RS-232 接口则与 PC 机通过串口线连接，完成数据测试。RS-232 通信电路主要由通信芯片 SP3232 和外围一些电阻、电容组成。芯片供电电压为 3.3V，电路如图 4-27 所示。

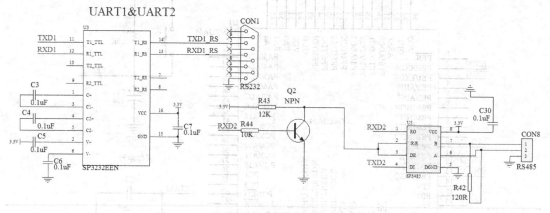

图 4-27 串口通信电路

5. JTAG 调试电路

JTAG 是英文"Joint Test Action Group（联合测试行为组织）"的缩写，是一种国际标准测试协议，主要用于芯片内部测试。标准的 JTAG 接口主要有选择（TMS）、时钟（TCK）、数据输入（TDI）和数据输出（TDO）4 个引脚，另外还有两个可选引脚 TRST 和 RTCK。

目前 JTAG 接口主要有 10 针接口、14 针接口和 20 针接口三种标准接口，大多数场合使用的是 20 针接口的电路。SWD 是一种简化的 JTAG 接口，它只使用两个测试线，SWCLK（TCK）、SWDIO（TMS），这样可以大大减少调试电路的接口数量。图 4-28 所示为 JTAG 调试电路，3.3V 的

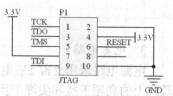

图 4-28 JTAG 调试电路

pin1 和 pin4 是需要目标板供电的，RESET 引脚连接系统复位引脚。

6. SPI 接口电路

SPI 接口即串行外接口（Serial Peripheral Interface），是 Motorola 公司首先在其 MC68HCXX 系列处理器上定义的。SPI 接口主要应用在 EEPROM、FLASH、实时时钟、AD 转换器、数字信号处理器和数字信号解码器之间。中继器的 SPI 接口连接了一颗 2MBYTE 的 FLASH 芯片，AT26DF161A 是 ATMEIL 公司的产品，操作速度高达 60M，可反复擦写 10 万次，数据保存 10 年以上。接口电路如图 4-29 所示。

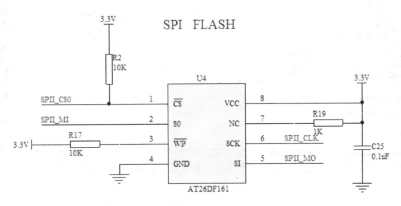

图 4-29　SPI 接口电路

4.6.3　三表数据采集中继器软件设计

中继器节点主要实现的功能是建立可靠的通信通道，处理和交换集中器与表单元间的数据信息，采集并存储每层楼的三表数据和地址信息。同时中继器接收集中器的采集指令，对下面挂载的所有表的能耗数据采集完成后，将数据发送到集中器。为保证数据的可靠采集和传输，通信过程中必须参照国家或行业相应的通信协议标准来进行。软件结构框图如图 4-30 所示。

中继器软件设计采用模块化的设计方法，对各功能模块进行封装。软件模块主要包括数据采集与数据存储、三表地址存储、串口通信、系统时钟和中断等几部分。

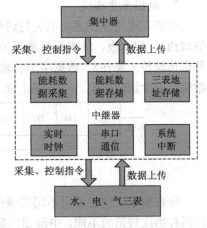

图 4-30　中继器软件结构框图

1. 软件开发环境

中继器软件开发选用 AVR Studio 编译软件。AVR Studio 是一款 ATMEL 的 AVR 单片机的集成环境汇编及开发调试软件，可免费使用。ATMEL AVR Studio 集成开发环境（IDE），包括了 AVR Assembler 编译器、AVR Studio 调试功能、AVR Prog 串行、并行下载功能和 JTAG ICE 仿真等功能。它集汇编语言编译、软件仿真、芯片程序下载、芯片硬件仿真等一系列基础功能，与任一款高级语言编译器配合使用即可完成高级语言的产品开发调试。操作界面如图 3-31 所示。

使用 AVR Studio 来开发嵌入式软件大致包括以下几个步骤：

（1）创建一个工程，选择目标芯片，并且进行一些必要的工程配置；

（2）编写 C 或汇编程序；

（3）编译应用程序；

（4）修改源程序中的错误；

（5）联机调试。

图 4-31　AVR Studio 操作界面图

2．数据采集模块

智能三表采集技术与电表的通信协议采用行业最新标准 DL/T 645-2007《多功能电表通信规约》，但水表、气表采集数据的通信协议是参照行业标准 CJ/T 188-2004《用户计量仪表数据传输技术条件》。数据字节传输格式如图 4-32 所示，每个字节包含 8 位数据位、1 个起始位、一个偶校验位、一个停止位，共 11 位。数据传输方向先传低位，再传高位。

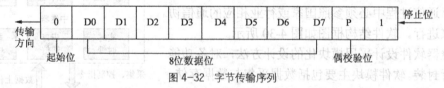

图 4-32　字节传输序列

电表和水、气表采用不同的通信标准，要实现不同通信协议数据的统一采集，首先要分析两种协议规范的不同，中继器向智能三表发出的帧格式如表 4-3、表 4-4 所示。集中器、中继器与三表之间都是采用主-从方式通信，每一块表都有自己的地址编码，当通过 ZigBee 无线方式建立通信链路后，由主站来发送控制信息帧。

表 4-3　　　　　　　　　　智能电表通信帧格式表

名称	帧起始符	地址域	帧起始符	控制	数据域长度	数据域	校验码	结束符
代码	68H	A0～A5	68H	C	L	DATA	CS	16H

表 4-4   智能水表、气表通信帧格式表

名称	帧起始符	仪表类型	地址域	控制	数据域长度	数据域	校验码	结束符
代码	68H	T	A0~A6	C	L	DATA	CS	16H

主站向从站发出的帧格式中控制码 C 为标识命令,当 C = 11H 表示抄表命令,C = 33H 表示断电处理;数据长度 L 表示符表示数据域 DATA 的长度;数据域 DATA 表示数据标识、密码、数据、帧序号等,其结构随控制码的功能而改变;校验码 CS 表示从第一个帧起始符开始到校验码字符之前的所有各字节的模 256 的和,即各字节二进制算术和,不计超过 256 的溢出值。

对比智能电表通信帧格式与智能水、气表通信帧格式,发现帧格式有明显的不同。

(1)智能电表通信帧格式中没有仪表类型标识位,而智能水、气表有此类型标识,且 T = 10H,为冷水水表;T = 30H,为燃气表。

(2)智能电表的地址域长度为 6 字节,A0~A5,智能水、气表的地址长度为 7 字节,A0~A6。

(3)智能电表的地址域后面多一个帧起始符 68H。

综合两种通信协议的相同和不同之处,通过一个中继器同时采集三种不同的能耗数据,首先按照水、电、气下行通行协议定义三组数组,代码如下。

```
charElcCommand[16]=                       //电表
{0x68 ,0x00 ,0x00 ,0x00 ,0x00 ,0x00 ,0x00 ,0x68 ,0x11 ,0x04 ,0x00 ,0x00 ,0x01 ,0x00
,0x36 ,0x16};
charWaterCommand[16]=                     //水表
{0x68 ,0x10 ,0x00 ,0x00 ,0x00 ,0x00 ,0x00 ,0x00 ,0x00 ,0x01 ,0x03 ,0x90 ,0x1F ,0x00
,0x36 ,0x16};
charGasCommand[16]=                       //气表
{0x68 ,0x30 ,0x00 ,0x00 ,0x00 ,0x00 ,0x00 ,0x00 ,0x00 ,0x01 ,0x03 ,0x90 ,0x1F ,0x00
,0x36 ,0x16};
```

用其实现中继器对三表数据的采集;其次定义水、电、气三表地址域的存储方式和三表数据存储方式,存储方式如表 4-5 和表 4-6 所示。

表 4-5   三表地址域存储格式

起始位	类型标识位	地址域	表编号	校验	结束符
67H	T	A0A1A2A3A4A5A6	B0B1	CS	16H

表 4-6   三表数据存储格式

起始位	类型标识位	地址域	表编号	能耗数据	校验	结束符
67H	T	A0A1A2A3A4A5A6	B0B1	DATA	CS	16H

程序中数据采集分集中器和中继器两个部分,集中器主要是向中继器发送采集指令,中继器根据接收到的采集指令完成数据的采集并将数据上传到集中器。当接收到上层管理中心的采集指令后,采集节点进入工作状态,上层模块(集中器)通过 ZigBee 通信卡向下层模块(中继器)发送命令,并且开始计时,下层模块要在规定的时间内将数据返回,若没有返回则认定超时,上层模块(集中器)重新发送采集指令。中继器节点设置在楼宇室内,与各计量表通过 ZigBee 通信卡建立连接,负责采集水、电、气等各种计量表的计量值,并将数据存储

后通过无线网络传送到上一级楼栋集中器中。根据传感器的特点，可以选择定时或定量的方式来发送数据，节点设备平时处于休眠状态，当收到楼栋集中器的操作指令时，按照指令要求，将操作指令通过 ZigBee 通信卡传给中继器节点，采集完的数据则按照操作指令回传给集中器。

中继器在通电后程序首先完成初始化工作，等待上层模块的采集指令，在得到采集指令后启动定时器并调用存储表信息，将读取的表的地址域加入到下行通信协议数组中，根据定义的表的类型进行分类判断，中继器根据返回的通信帧中的地址域和发送帧的地址域进行比对，如果一致则向三表节点发出指令完成数据的采集，并将数据存储在 EEPROM 中，同时将数据上传到集中器，不一致则将数据删除，程序回到初始化状态，继续等待采集指令。中继器数据采集处理流程图如图 4-33 所示。

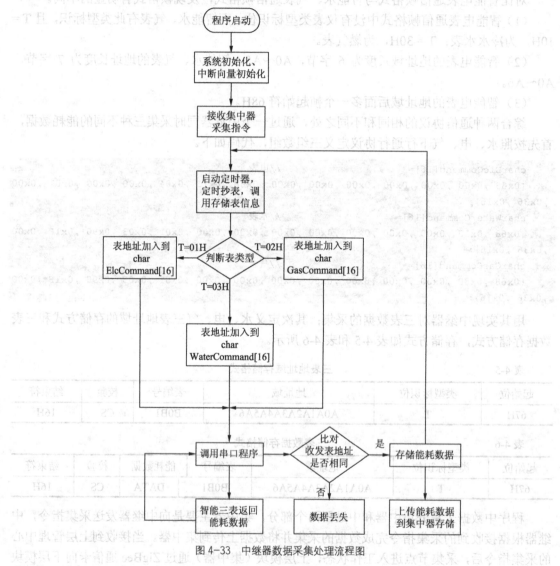

图 4-33　中继器数据采集处理流程图

3. 数据通信模块

中继器数据通信主要通过 ZigBee 通信卡来完成。根据所制定的通信协议格式，命令包以 68H 作为引导字节，根据长度字段循环接收命令包的采集数据，信息发送前先发送 1～4 字节唤醒接收方。数据通信主要分接收功能和发送功能，接收功能主要实现数据的接收和判断，发送功能主要对主站发送的帧信息进行判断，若信息正确则向主站发送正常的应答帧。接收功能和发送功能如图 4-34 所示。

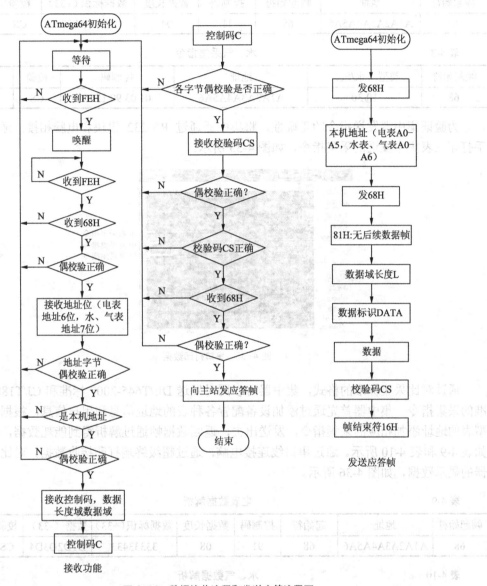

图 4-34 数据接收流程和发送应答流程图

4.6.4 三表数据采集系统测试

三表数据采集系统总体架构如图 4-23 所示，本节主要对三表数据采集功能进行测试。

（1）数据采集处理功能测试

分项能耗数据传输技术导则对三表采集的功能要求：支持同时对不同种类的计量装置进行数据采集，包括电能表、水表、燃气表，支持 DL/T645-2007《多功能电表通信规约》、CJ/T188-2004《户用计量仪表数据传输技术条件》采集通信协议。三表采集节点在软件设计中按照以上采集标准进行数据采集指令的发送，采集指令格式如表 4-7 和表 4-8 所示。

表 4-7　　　　　　　　　　　　　　　　　　　电表采集指令

帧起始符	地址	帧起始符	控制码	数据长度	数据标识（+33）	校验	结束符
68	A1A2A3A4A5A6	68	11	04	33 33 34 33	CS	16

表 4-8　　　　　　　　　　　　　　　　　　　水、气采集指令

帧起始符	类型（水/气）	地址	控制码	校验	结束符
68	10/30	A1A2A3A4A5A6	01 03 90 1f 00	CS	16

为验证集中器发送指令的正确性，将集中器通过 RS-232 模块和电脑相接，通过串口助手打印三表集中发送的采集指令，如图 4-35 所示。

图 4-35　串口打印数据

通过对比采集标准的格式，集中器可以同时发送 DL/T645-2007 标准和 CJ/T188-2004 标准的采集指令。集中器首先通过添加设备配置各种表的地址信息和用户信息，根据选择的类型表的地址添加相应的采集指令，发送出去，返回数据帧通过解析得到能耗数据，解析格式如表 4-9 和表 4-10 所示。通过串口线连接电脑，通过超级终端打印接收数据，对比三表集中器的显示数据，如图 4-36 所示。

表 4-9　　　　　　　　　　　　　　　　　　　电表数据解析

帧起始符	地址	起始符	控制码	数据长度	数据标识(+33)	数据（-33）	校验	结束符
68	A1A2A3A4A5A6	68	91	08	33333433	D1D2D3D4	CS	16

表 4-10　　　　　　　　　　　　　　　　　　　水、气数据解析

帧起始符	类型（水/气）	地址	控制码	数据	校验	结束符
68	10/30	A1A2A3 A4A5A6	8109901F	D1D2D3D4D5D6	CS	16

（2）数据网络上传功能测试

分项能耗数据传输技术导则要求集中器的能耗数据能进行定时远传，并且可以定时向服务器上传数据。测试方法：首先在三表集中器上设置上传服务器的 IP 地址和端口号，然后通过 socket 助手抓取三表集中器的网络包，并进行分析，验证上传数据的正确性，然后连接服务器进行长时间的数据上传测试。如图 4-37 所示为三表集中器的数据上传测试图。

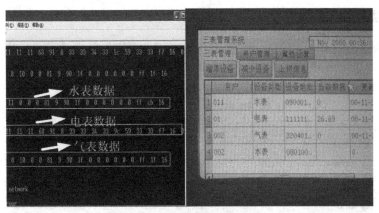

图 4-36　三表数据采集处理显示图

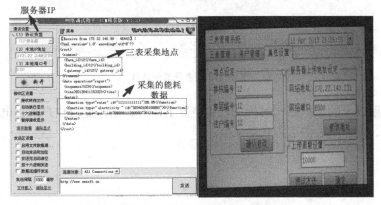

图 4-37　三表集中器数据上传图

通过 socket 助手可以成功抓到三表集中器发送的网络数据，进一步测试三表集中器数据上传功能，通过搭建数据服务器进行实际的测试。三表表采集环境中包括：水、电、气表各一只，无线路由器，数据服务器，中继器和集中器节点。三表集中器通过网线与无线路由器相接，数据服务器搭建在笔记本上，通过 Wi-Fi 连接无线路由器，通过无线路由器组建成一个小型局域网。集中器可以通过属性设置选项设置和修改服务器的 IP 地址和网络端口号，设置完成，通过程序定时发送数据，服务器后台数据库接收数据进行解析，如图 4-38 所示。

图 4-38　数据后台处理

解析后的数据在服务器前台显示，如图 4-39 所示。

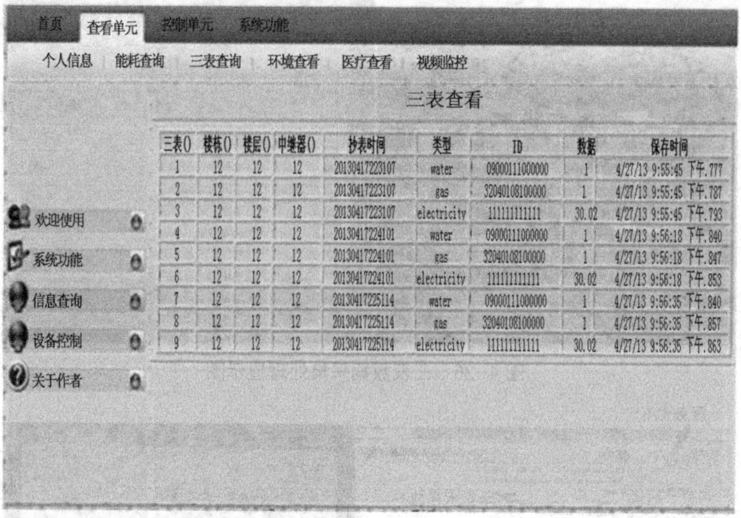

图 4-39　服务器前台显示

服务器按照以上的数据结构解析三表集中器上传的数据，提取住户水、电、气用量进行处理，实现水、电、气表的远程自动采集。

第 $\overset{第}{\Large 5}_{章}$ **6LoWPAN 技术**

5.1 6LoWPAN 技术的发展

IETF 在 2005 年成立了 6LoWPAN 工作组，制定适用于 IPv6 的低功耗、无线 Mesh 网络标准。6LoWPAN 旨在 IEEE 802.15.4 的网络中传输 IPv6 报文，但是底层标准并不局限于 IEEE 802.15.4 标准，也支持其他的链路层标准，6LoWPAN 的这些特性为其标准扩展提供了保证。

6LoWPAN 标准是由 IETF 制定的，目前 IETF 有 4 个工作组在从事与 6LoWPAN 相关的研究工作，表 5-1 展示了 6LoWPAN 相关的各个工作组的主要研究内容。

表 5-1   与 6LoWPAN 相关的 IETF 工作组的主要研究内容

工作组	研究内容和现存标准文档
6LoWPAN 工作组	为了解决将 IPv6 技术应用到低速率无线个域网而成立；目前已经提出了 3 个 RFC 标准文档（RFC4919、RFC4944、RFC6282）；并针对低功耗有损耗网络提出了一些改进的 draft 文档
ROLL 工作组	针对工业应用、城市应用、家居自动化和楼宇自动化应用的低功耗有损耗网络路由需求提出了 4 个 RFC 文档；4 个关于 RPL 的 RFC，分别介绍了 RPL 框架、指标、滴机制以及目标函数；跟进提出了一些针对低功耗有损耗网络路由技术的 draft 文档
CORE 工作组	提出的草案开始考虑对 6LoWPAN 网络提供支持；提出了适应 6LoWPAN 网络应用的改进的 COAP 协议、IPFIX 协议压缩方法，以及安全模式下的资源受限设备自举方法
LWIG 工作组	为 Internet 协议的轻量化、在 DNS 实施轻量化服务，以及设计轻量级嵌入式 IP 编程接口提供指导

与现存的其他传感器网络技术相比，6LoWPAN 具有以下明显的技术优势。

（1）地址空间方面，6LoWPAN 网络基于 IPv6 地址，拥有广阔的地址空间，可以满足海量节点的部署需要，这也是 6LoWPAN 相对于其他标准最重要的技术优势。

（2）网络互联方面，6LoWPAN 网络为每个设备配置了 IP 地址，因此 6LoWPAN 网络可以方便地与其他基于 IP 的网络（如 3G 网络、Internet 网络）互联，构建异构网络，实现互相通信。

（3）重用和基础验证方面，IP 网络可以保证 6LoWPAN 重用其他 IP 网络的设施和 IP 调试、诊断工具,并且 IP 技术已经稳定运行多年,为 6LoWPAN 标准提供了基础验证。

(4)标准开放性方面,6LoWPAN 是 IETF 制定的开放标准,应用广泛,全世界的开发人员都可以为其改进和完善而努力,为其快速发展、完善提供了保障。

5.2　6LoWPAN 网络核心协议

5.2.1　适配层协议

为了在基于 IEEE 802.15.4 底层的无线传感器网络中实现 IPv6 数据的有效传输,解决两种技术的差异性,6LoWPAN 适配层协议主要定义了分片重组、IPv6 报头压缩以及路由转发三种机制。分片重组将过长的 IPv6 数据分成多个适合于 IEEE 802.15.4 传输长度的数据报;报头压缩用于去除 IPv6 头部中不必要的信息,减少数据长度而节省网络开销;适配层路由可以实现多跳的 IEEE 802.15.4 网络,为上层构建一个虚拟的 IP 广播链路。此外,适配层还具备子网组建与管理、地址分配、组播支持等功能。

1. 报文格式

IPv6 无线传感器网络协议栈为层次式的报文格式,从下往上依次是 IEEE 802.15.4 MAC 帧头、适配层头部、IPv6 报头。6LoWPAN 适配层定义了本层的 LoWPAN 头部封装格式,存放于 IEEE 802.15.4 MAC 数据帧的有效负载 payload 中。

目前,适配层头部封装共定义了四种类型的 LoWPAN 头部:Mesh 寻址头部、广播头部、分片头部和 IPv6 压缩头部,并使用头部的首字节作为头部类型说明字段(Dispatch 值),以区分标识不同的 LoWPAN 头。Mesh 寻址头用于支持数据在适配层进行路由转发,广播头用于对广播数据或者多播数据提供支持,分片头用于数据的分片和重组,而压缩头则用于 IPv6 报文头部压缩。6LoWPAN 数据根据实际需求情况可能包含一个或多个 LoWPAN 头,当多个 LoWPAN 头部出现在同一个数据中时,他们将按照寻址头、广播头、分片头、压缩头的组成顺序进行排列,最后是 IPv6 负载。图 5.1 展示了典型的 LoWPAN 封装头栈。

LoWPAN头顺序	Mesh头	广播头	分片头			
LoWPAN帧格式举例						
IPv6标准报文	IPv6头类型说明	IPv6头	负载			
HC1/IPHC压缩报文	压缩头类型说明	HC1/IPHC头	负载			
Mesh+压缩报文	Mesh类型说明	Mesh头	压缩头类型说明	HC1/IPHC头	负载	
Frag+压缩报文	Frag类型说明	Frag头	压缩头类型说明	HC1/IPHC头	负载	
Mesh+Frag+压缩报文	Mesh类型说明	Mesh头	Frag类型说明	Frag头	压缩头类型说明	HC1/IPHC头	负载
Mesh+BC0+压缩报文	Mesh类型说明	Mesh头	BC0类型说明	BC0头	压缩头类型说明	HC1/IPHC头	负载

图 5-1　典型的 LoWPAN 封装头栈格式

RFC4944 和 RFC6282 标准对 LoWPAN 头部的 Dispatch 域值进行了分配和 IANA 登记,不同类型的 LoWPAN 头部对应着不同的 Dispatch 值,其分配关系如表 5-2 所示,其余尚未分配的 Dispatch 值预留为将来扩展使用。

表 5-2   Dispatch 分配值和对应头部类型

Dispatch 类型值	LoWPAN 头	分配描述
00 000000~00 111111	NALP	非 LoWPAN 封装帧
01000001	IPv6	未压缩的标准 IPv6 报头
01000010	LOWPAN_HC1	采用 LOWPAN_HC1 方式压缩的 IPv6 报头
01010000	LOWPAN_BC0	广播头
01 100000~01 111111	LOWPAN_IPHC	采用 LOWPAN_IPHC 方式压缩的 IPv6 报头
01111111	ESC	扩展其他头类型说明
10 00000~10 111111	MESH	Mesh 寻址报头
11 00000~11 000111	FRAG1	第一个分片报头
11 10000~11 100111	FRAGN	后续分片报头

2. 分片和重组

IPv6 标准 RFC2460 规定所使用底层链路的最大传输单元 MTU 至少为 1 280 字节,而 IEEE 802.15.4 标准报文的最大长度仅为 127 字节,其最大 MAC 报头长度为 25 字节,致使 MAC 层所提供的 payload 可能只有 102 字节。另外,若 MAC 帧使用安全机制,将进一步减小负载长度。因此,为了解决这个问题,必须在适配层中引入分片重组机制,将超过 MAC 层 payload 长度的 IPv6 报文分割成多个较小的报文,再递交给 IEEE 802.15.4 MAC 层传输,并在接收端重组恢复为完整的 IPv6 报文。分片和重组的工作原理如图 5-2 所示。

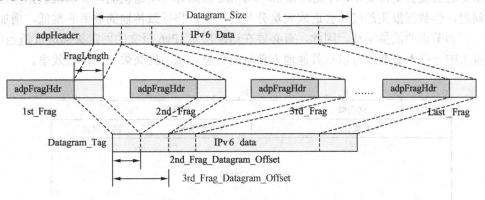

图 5-2   6LoWPAN 分片重组流程图

适配层对分片报文的格式进行了定义,包括数据报大小、数据报标签和数据报偏移量三个域。图 5-3 和图 5-4 分别展示了适配层第一个分片和后续分片的头部格式,由于第一个分片的偏移量一定为零,所以省去了数据报偏移域,而其余后续分片包括该域。

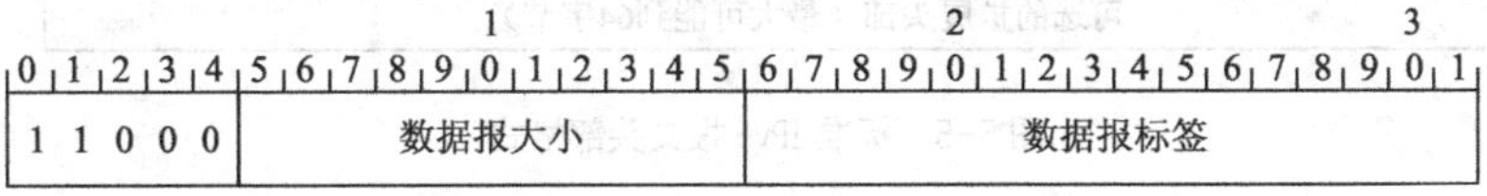

	1		2		3
0 1 2 3 4 5	6 7 8 9 0 1 2 3 4 5	6 7 8 9 0 1 2 3 4 5	6 7 8 9 0 1		
1 1 0 0 0	数据报大小		数据报标签		

图 5-3   适配层第一片分片头部格式

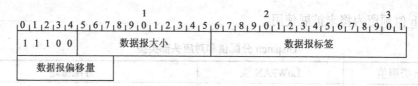

图 5-4 适配层后续分片头部格式

分片头部中具体字段的含义如下。

① 数据报大小：共 11 位，表示在适配层分片前的整个 IPv6 数据报长度（以 8 字节为单位），可表示的最大传输单元长度为 2 048 字节，完全能够满足 IPv6 标准要求支持的 1 280 字节 MTU。

② 数据报标签：共 16 位，对于同一 IPv6 数据报的分片该值应该相同。节点应初始数据报标签为一随机值，每成功发送 IPv6 数据一次就递增一次。

③ 数据报偏移量：共 8 位，表示分片在 IPv6 数据报的偏移位置。该域只出现于后续分片中，并以 8 字节为单位长度，因此分片报文的 Payload 必须以 8 字节边界对齐。

分片进行重组时，接收端通过数据报大小、数据报标签以及 MAC 源地址和目的地址，唯一标识分片属于同一个 IPv6 数据报。

3. IPv6 报头压缩

标准 IPv6 报文头部格式如图 5-5 所示，由 40 字节的固定头部域和可选的扩展头部域组成，虽然扩展头部域在 6LoWPAN 网络几乎不会使用到，但 40 字节的 IPv6 头部将差不多占用 IEEE 802.15.4 MAC payload 一半的空间。若报文中还有 TCP 或 UDP 等其他头部，则数据负载本身的长度会变得更小，可能只有 20 多字节。虽然分片重组机制能够解决数据报过长的传输问题，但数据报头部过长会造成大量分片的产生，将导致传输的效率非常低，增加了通信的负担和节点的能量消耗。因此，有必要在适配层对 IPv6 报文的固定头部进行适当压缩，去除报头中一些不必要或可以从其他地方获取的信息，从而提高数据的传输效率。

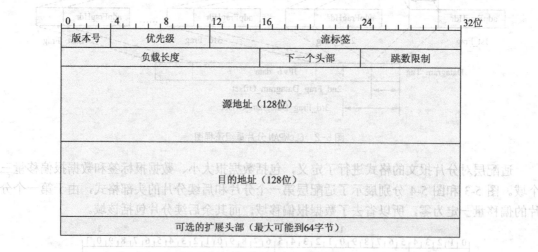

图 5-5 标准 IPv6 报文头部格式

RFC4944 提出了 LOWPAN_HC1 压缩算法，紧接着 RFC6282 又提出了压缩效率更高的 LOWPAN_IPHC 压缩算法，来弥补和代替 LOWPAN_HC1 的不足之处。LOWPAN_IPHC 可以支持有状态和无状态压缩，其基本的帧格式如图 5-6 所示。

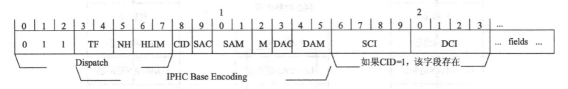

图 5-6 IPHC 压缩算法格式

IPHC 格式的前三位 "011" 用于表示为 IPHC 压缩算法，如表 5-3 所示。TF 域表示 IPv6 头部中优先级和流标签的压缩，其具体压缩方式如表 5-4 所示。NH 位用于判断下一头部是否压缩，如果 NH 位值为 1，则采用 NHC 压缩算法对下一头部进行压缩。

表 5-3   TF 的压缩方式

值	压缩方式
00	优先级和流标签字段不压缩
01	优先级字段不压缩，流标签字段压缩
10	优先级字段压缩，流标签字段不压缩
11	优先级和流标签字段都压缩

HLIM 域用于压缩 IPv6 头部的跳数限制字段，表 5-4 说明了其具体的压缩方式。CID 位用于表示 IPv6 地址是否适用基于环境的压缩方法，如果该位为 1，IPv6 压缩头部后需带有 SCI 和 DCI 字段。SAC 和 DAC 位表示源地址以及目的地址是否使用基于状态的压缩。SAM 和 DAM 表示源地址和目的地址的模式。M 位表示目的地址是否为多播地址。

表 5-4   HLIM 的压缩方式

值	压缩方式
00	跳数限制字段不压缩
01	若跳频限制字段值为 1，则压缩
10	若跳频限制字段值为 64，则压缩
11	若跳频限制字段值为 255，则压缩

5.2.2 路由协议

IPv6 无线传感器网络路由协议的设计主要考虑资源开销问题，其设计应当满足数据报低开销、路由过程低开销、存储占用小和计算能力低的需求。根据路由决策所在协议栈中工作位置的不同，6LoWPAN 路由分为两大类：Mesh-under 与 Route-over 方式。Mesh-under 依靠 Mesh 头在适配层进行路由转发工作，而 Route-over 则依靠 IPv6 头在网络层进行路由转发工作。

1. Route-over 路由

Router-over 路由方式在网络层进行路由选择和转发，而适配层不参与路由转发工作，中间节点会对转发数据的 IPv6 报头进行解析，其路由转发过程如图 5-7 所示。Router-over 路由中，节点的每一跳对应一跳 IP 链路，因此分片数据每转发一次就要重组一次。Router-over 是全 IP 化网络，因此可以较为容易地使用 IPv6 技术保障数据的安全性和服务质量。

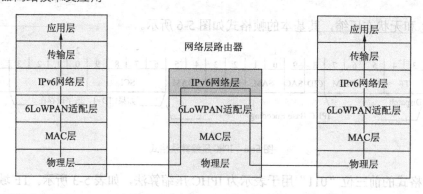

图 5-7 Route-over 路由转发模式

目前，针对低功耗有损网络的应用，ROLL 工作组制定了一种基于距离矢量的 IPv6 路由协议——RPL 路由协议（IPv6 Routing Protocol for Low-Power and Lossy Networks）。RPL 通过目标函数（OF）构建具有目标导向的有向无环图（DODAG），每个 DODAG 有一个根节点。目标函数通过一系列综合指标或者限制来计算最优路径。RPL 通过 DODAG 信息对象（DIO）消息建立和维护 DODAG，使用目的地通告（DAO）消息建立向下路由。RPL 支持三种基本的数据传输模式：多点到点（Multipoint-to-Point，MP2P）、点到多点（Point-to-Multipoint，P2MP）和点到点（Point-to-Point，P2P）。

RPL 使用如下四个值，以识别和维护拓扑。

① RPLInstanceID：一组 DODAG 的唯一标识，具有相同 RPLInstanceID 的 DODAG 使用相同的目标函数。

② DODAGID：DODAGID 标识一个 DODAG 根。由 DODAGID 和 RPLInstanceID 标识一个 DADAG。

③ DODAGVersionNumber：DODAG 的版本号。一个 DODAG 版本由 RPLInstanceID、DODAGID、DODAGVersionNumber 唯一标识。

④ Rank：定义了节点的相对根节点的位置，由目标函数生成。每个新加入图的节点需根据 Metric 和目标函数，用一定方法计算与该图根节点之间的 Rank 值。Rank 用于表示 DODAG 中某个节点的相对位置，即该节点与根节点之间相对距离的值。Rank 主要用于环避免。

在一个 DODAG 中，将配置一个或多个根节点和 LoWPAN 边界节点（LBR），DODAG 的建立从根节点或者 LBR 开始。根节点广播 DIO 消息，邻居节点收到 DIO 消息后进行处理，并根据目标函数、DAG 特性、广播路径消耗，以及潜在的本地策略等，决定自己是否加入 DODAG。一旦节点加入该 DODAG，就形成了指向根节点的一条路径，根节点就是其父节点，并将计算在该 DODAG 的 Rank 值。如果新加入的节点为路由节点，它将广播新的 DODAG 消息；如果新加入的节点为叶节点，则不会广播 DIO 消息。新加入节点的邻居节点重复上述步骤，进行父节点选择、路径添加和 DIO 广播等，此连锁反应从根节点到叶节点，形成完整的 DODAG 信息。最终，DODAG 的每个节点都有一个指向父节点的路由信息，具有到根节点的向上通信路径，称其为上行 MP2P（Multipoint-to-point）模式。DODAG 拓扑建立的过程如图 5-8 所示。

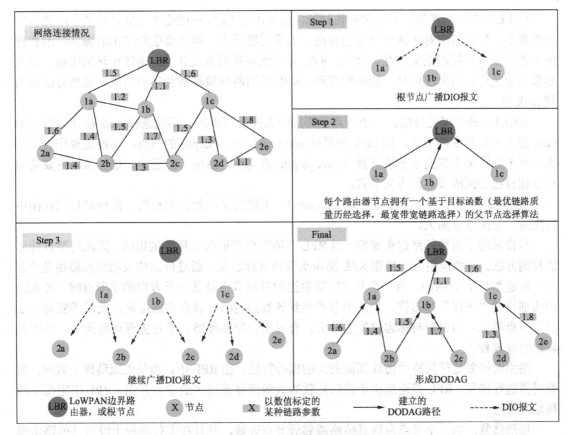

图 5-8　DODAG 拓扑建立过程

与 MP2P 上行通信相对应，下行通信 P2MP 的数据由根节点或中间路由节点发送到叶节点。下行路由通过 DAO 消息实现，DAO 包含了前缀信息、有效生存时间及其他前缀距离相关信息。每个加入 DODAG 的节点将向父节点发送 DAO，节点接收到 DAO 消息后，处理和缓存其前缀信息，并向父节点发送 DAO 消息，最终将前缀信息发送到根节点，形成一条完整的向下路径。

为了构造下行路由，位于图边缘的每个节点都需要发送 DAO 消息。而位于网络内部的节点，则需要将 DAO 消息中的前缀信息存储起来，并转化为路由表项添加到自己的路由表中。存储前缀的动作需要消耗内存资源。网络中的一些中间节点有可能资源受限，无法存储过多的下行前缀及路由表项。为了方便区分，RPL 将这些节点称为非存储节点；相反，有足够存储能力的节点称为存储节点。

当一个中间节点是非存储节点，且收到下级节点发来的 DAO 时，不会存储前缀信息，而是在收到的 DAO 的反向路径域中加入自己的地址，进一步向上转发该 DAO，直到该 DAO 被转发到某一级的存储节点。上级存储节点解析接收到的 DAO 消息，通过查询反向路径域，构造出到达 DAO 发起节点的下行路径。在非存储模式下，系统默认根节点具有存储全部路由信息的能力，DAO 被转发的最高级别是根节点。当源节点想与网络中的一个目标节点通信时，数据包首先从源节点"上行"到达上级存储节点。

此外，RPL 也支持 P2P（Point-to-Point）通信，任意两节点可以进行通信，源节点先将数据传输到与目的节点共同的祖先节点，然后再向下路由到目的节点。

　　在 LLN 中，环路的发生经常是临时的，而且由于 LLN 一般速率较低，环的影响比传统网络要小，所以网络对环路应该适当反应。如果过度反应，可能会引起路由的振荡，浪费额外的能量来进行控制报文交互。因此，RPL 并不保证从根本设计上完全防止环的出现，而是尽量去避免环，当出现环时，能够检测到。RPL 采用两种策略避免环的出现，这些方法都用到 rank 值。

　　策略 1：最大深度策略，一个节点在邻居中选择父节点时，不能选择 rank 值比它自己的 rank 值大一定程度的节点，即 rank 值超过 node-rank+max_depth 的节点，不能选择作为父节点。至于超过多少深度才不能选择（max_depth 的大小）由根节点确定。这种策略主要是防止选比自己还深的节点作为父节点。

　　策略 2：一个节点不能过度贪婪（greedy），不能为了增加父节点数，而移动自己在图中的深度，使深度值加大。

　　尽管采用了两种环路避免策略，但 RPL 不能完全保证防止环路的出现，因此需要设计环的检测方法。一种检测方法是在 RPL 路由头部放置标志位。通过标志位表明当前路由是"上行"还是"下行"。例如，当一个节点发送数据的目标节点是其下行方向的子节点时，可在路由头部设置"下行"标志位。当某个节点收到该数据包时，若查询路由表，发现需要向"上行"节点转发，则说明与标志位发生冲突，有可能会导致环路，于是丢弃该数据包，并引发环路修复流程。

　　路由的修复是任何路由协议都需关注的核心特性。在 RPL 中，当节点或链路失效时，需要对图进行修复。RPL 需避免由于临时短暂的失效而导致过大的修复开销。RPL 中定义了两种修复方法。

　　局部修复：当一个节点发现其链路或邻居节点失效，并且在上行路径上没有其他路由器可供中转时，将启动局部修复过程。该节点会快速寻找一个备用的父节点。

　　全局修复：对图进行整体的重建，全局修复只能由根节点发起，开销比较大。每个节点都会参与到修复过程中。

2. Mesh-under 路由

　　Mesh-under 方式进行路由转发的过程如图 5-9 所示，中间节点转发的数据不会到达网络层，而在适配层使用较短的 MAC 地址进行路由转发，适配层为 IP 提供一个虚拟的广播链路，网络层可以认为子网内的所有节点都处在同一 IP 链路上。因为子网内不需要 IP 报头进行路由转发，所以中间路由节点不需要重组分片数据，分片数据透明传输交给目的节点处理重组工作，因此 Mesh-under 可以支持分片的多路径传输。

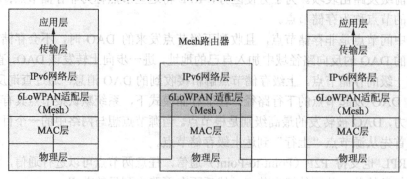

图 5-9　Mesh-under 路由转发模式

在 Mesh-under 方式路由中，适配层是基于 MAC 地址进行路由转发，需要知道数据路由的最终目的地址以及源地址，而由于 IEEE 802.15.4 MAC 帧头部的目的地址仅能表示下一跳节点的地址，无法表示路由最终节点的目的地址，因此 6LoWPAN 适配层引入了 Mesh 寻址头部，以支持适配层的多跳路由工作，其格式如图 5-10 所示。

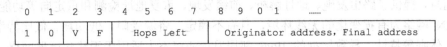

图 5-10 Mesh 寻址头消息格式

Mesh 寻址头中每个字段的含义如下。

① 1，0：Mesh 寻址头部的 Dispatch 类型值，如表 5-2 所示。

② V：表示 Originator address 的类型，值为 0 代表使用 EUI-64 地址，值为 1 代表使用 16 位短地址。

③ F：表示 Final address 的类型，值为 0 代表使用 EUI-64 地址，值为 1 代表使用 16 位短地址。

④ Hops Left：剩余跳数。表示 Mesh 数据在子网内所能经过的最大跳数，每转发一次该值减 1。

⑤ Originator address：Mesh 路由源地址。为 64 位 MAC 长地址或者 16 位短地址。

⑥ Final address：Mesh 路由最终目的地址。为 64 位 MAC 长地址或者 16 位短地址。

目前，Mesh-under 方式的路由协议主要包括按需路由协议和分层路由协议两大类，其中 IETF 提出的 LOAD 协议和 HiLow 分别是两者的经典代表，本书不对其详细介绍。

3. 路由机制比较

上文分析了两种路由机制的典型代表。Route-over 路由具有全 IP 化的网络特性，可以较为方便地使用现有 IP 网络的管理机制，具备良好的网络可扩展性。然而，Route-over 路由机制实现较为复杂，路由建立和维护过程会产生频繁的信息交互，需要节点有较大的存储空间和计算能力。与此相反，Mesh-under 路由机制的实现较为简单，具有开销小、功耗低、快速等优点，中间路由节点不用重组分片数据，节点的存储和计算开销要求低。可是，Mesh-under 路由使用 IEEE 802.15.4 的 MAC 地址进行路由寻址，网络不具备完全 IP 化的特性，与其他 IP 网络的互通性相比 Router-over 略逊一筹。表 5-5 对 Mesh-under 和 Route-over 两种路由机制的特性进行了对比说明。

表 5-5　　　　　　　　　　　　Mesh-under 和 Route-over 特性对比

条目 类别	不同点			相同点	优势
	链路特性	分片重组	需求		
Mesh-under	子网中的节点处于同一条链路上	中间路由节点不参与分片重组	计算和存储开销较小	终端 RFD 节点不参与路由选择和报文转发，只是普通的主机	模拟广播链路，支持组播，同一链路范围内高效；可以使用较短的链路层地址
Router-over	节点处于不同的多条链路上，链路复杂多变，可能具有多个重复的本地链路范围	中间每个路由节点都需要重组完分片后再转发	需要较多的计算和存储开销		通过邻居发现协议构建本地全 IP 化的 Mesh 拓扑，较好地对接现有 Internet 的网络管理和诊断工具

5.2.3　邻居发现协议

邻居发现协议用于同一链路上节点发现彼此的存在，解决链路上的互操作性问题。IPv6邻居发现协议一共定义了5种ICMPv6报文，包括RS和RA消息、NS和NA消息，以及Redirect重定向消息，提供了路由发现、地址解析、前缀发现、重复地址检测和重定向等功能。然而，6LoWPAN网络为有损变化的无线环境，具有不稳定、资源受限、低功耗、低比特率、短距离、节点休眠等特性，导致标准的IPv6邻居发现协议不太适用于无线传感器网络。因此，6LoWPAN对IPv6邻居发现协议进行了改进与优化，设计了扩展的6LoWPAN邻居发现协议，使其适应6LoWPAN网络。

6LoWPAN邻居发现协议的主要改进为：取消了基于组播的地址解析机制；取消了重定向机制；采用节点主动更新RA消息中信息的机制，去除了路由器周期性发送RA消息；允许节点休眠等。此外，6LoWPAN邻居发现协议增加了三种分别用于地址注册机制、头部压缩信息传递机制、前缀和头部压缩信息多跳分配机制的新选项，以及两个用于重复地址检测的ICMPv6报文类型，其描述如表5-6所示。

表 5-6　　　　　　　　　　　　　　　　6LoWPAN 新增选项和消息

类　　　型		具　体　描　述
选项	地址注册选项（ARO）	包括在NS和NA消息中，用于确保路由器获取可达节点的IP地址和链路层地址，作为邻居不可达检测的一部分
	6LoWPAN文本选项（6CO）	包括在RA消息中，为头部压缩携带前缀信息，一个文本可能是任何长度的前缀或者地址
	权威边界路由器选项（ABRO）	包括在RA消息中，用于传播前缀和文本信息。路由器需要从边界路由器获取相关配置信息，确保能够从6LoWPAN网络可靠地添加和删除陈旧的前缀和文本信息
ICMP报文	重复地址请求消息（DAR）	当IP地址由短地址生成时，路由器发送DAR消息到边界路由器，进行重复地址检测
	重复地址确认消息（DAC）	接收到DAR消息的边界路由器，发送DAC消息对其响应

1．地址注册机制

6LoWPAN的地址解析过程不再采用多播NS报文实现，而是利用邻居缓存表实现。节点和路由器通过交互NS和NA消息来完成IP地址的注册和链路层地址的解析，路由器建立相应的邻居缓存表，从而实现相互间的通信。如图5-11所示，节点生成临时的全球单播地址后，需在其默认路由器上完成该地址的注册。

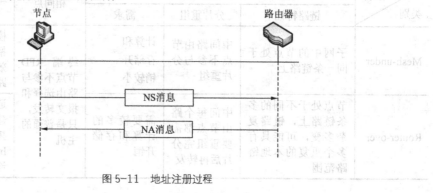

图 5-11　地址注册过程

如果节点没有报文需要发送,但仍希望接收其他节点发来的报文,则该节点需要维护其在路由器中的邻居缓存表项。在注册生存期到期前,单播发送带有 ARO 的 NS 消息给默认路由器。

2. 邻居不可达检测

在 6LoWPAN 邻居发现中,路由器为所有注册的 IP 地址维护邻居缓存条目。如果地址不存在于路由器的邻居缓存条目中,那么此地址可能不存在,或为其他路由器上的节点,或在 6LoWPAN 子网外。邻居不可达检测机制通过邻居可达性状态机来进行描述,其状态转换如图 5-12 所示。当节点上邻居不可达检测指出一个或者多个默认路由器变为不可达时,节点删除路由器在默认路由器缓存中的对应表项,使用组播 RS 消息发现一个新的默认路由器集合;

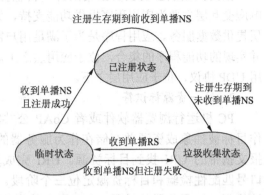

图 5-12 邻居可达性状态转换

当邻居不可达检测指出一个节点变为不可达时,路由器保留节点在邻居缓存中对应表项直至注册生存期到期。

3. 无状态地址自动配置

节点上电后,首先组播发送 RS 消息到本地链路所有路由器,通过回复的 RA 消息确定默认路由器,并获取其相应的信息,主要包括路前缀选项、6LoWPAN 文本选项、权威边界路由器选项等。如果 RA 的 M 标志位为 0,则表示节点自动配置地址,并执行重复地址检测。

不同于 IPv6 邻居发现的机制,重复地址检测在节点向路由器进行地址注册过程中 NS 消息和 NA 消息的交互期间,通过路由器与边界路由器交互 DAR 消息和 DAC 消息实现。6LoWPAN 邻居发现的无状态地址自动配置过程如图 5-13 所示。

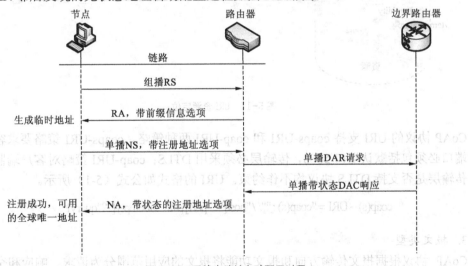

图 5-13 无状态地址自动配置过程

5.2.4 CoAP 协议

1. 应用层逻辑结构

CoAP 协议是基于 REST 架构的面向受限 IP 网络设计的应用层标准。CoAP 协议从逻辑

上把应用层划分为报文控制层和请求/响应交互层。应用
层的逻辑结构如图 5-14 所示。

报文控制层主要负责数据的异步传输控制。请求/
响应交互层主要为应用程序提供功能支持，为报文控制
层提供数据服务。应用程序是为了满足用户需求而设计
并实现的功能程序的集合，位于应用层之上。传输层采
用 UDP 协议，位于应用层之下。

2. 统一资源标识符

PC 机运行浏览器软件或者 CoAP 公共客户端软件，充当 CoAP 协议的客户端，其操
作目标被抽象成资源并存储在作为服务器的无线传感器网络设备中。服务器通过解析请求
报文携带的 URI 找到目标资源。URI 完成资源的定位需要依次经历目标服务器定位、端
口号匹配性检验和目标资源定位三个阶段。目标服务器定位是传感网设备根据 IP 地址寻
址找到目标服务器的过程。由于用户的资源访问具有并发性，因此端口号匹配性检验的目
的是保证响应的数据显示在正确的浏览器窗口中。资源定位是服务器解析目标资源的绝对
路径，找到目标资源，并区别于其他资源的过程。利用 URI 进行资源定位的过程如图 5-15
所示。

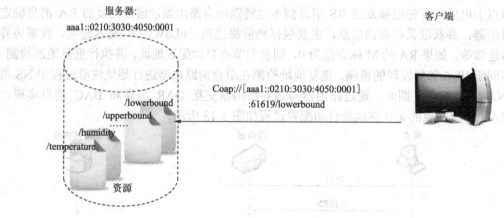

图 5-15 URI 资源定位

CoAP 协议的 URI 支持 coaps-URI 和 coap-URI 两种策略。coaps-URI 策略要求客户端监
听的端口必须包括默认端口 5683，传输层必须采用 DTLS；coap-URI 策略对客户端监听的端
口和传输层是否支持 DTLS 协议均不作约束。URI 的格式如公式（5-1）所示。

$$coap(s)-URI = "coap(s):"\ //\ "host[":"port]path-abempty["?"query] \tag{5-1}$$

3. 报文类型

CoAP 协议根据报文传输方向和报文功能将报文的应用范围分为请求、响应和空。请求
是发送的操作请求，响应是收到操作请求后返回的操作结果，空报文大多数是交互控制命令。
CoAP 协议定义了可靠报文（CON）、非可靠报文（NON）、确认报文（ACK）和重置报文（RST）
四种类型的报文。这四种报文在 CoAP 协议中的应用范围如表 5-7 所示。

表 5-7　　　　　　　　　　　　　报文的应用范围列表

范围＼类型	CON	NON	ACK	RST
请求	Y	Y	N	N
响应	Y	Y	Y	N
空	Depends	N	Y	Y

注："Y"表示某类报文可以用于该范围，"N"表示某类报文不能用于该范围，"Depends"表示某类报文用于该范围时因具体情况而定。

当 CON 类型的报文作为请求时，客户端要求服务器返回响应，如图 5-16（a）所示；当 NON 类型的报文作为请求时，客户端不要求服务器返回响应，如图 5-16（b）所示。当服务器收到 NON 类型的请求但是操作失败时，可以根据失败原因发送 ACK 类型的响应描述失败的原因，也可以发送 CON 类型或 RST 类型的空报文要求客户端重新发送。符合上述交互过程的交互模型以后均被称为"普通请求/响应交互模型"。

图 5-16　普通请求/响应交互模型

4. 报文代号

CoAP 协议的请求报文由一个资源定位 URI 和一种操作方法组成，描述对某特定资源进行某种功能的操作。CoAP 协议定义了 GET、POST、PUT、DELETE 四种操作方法，以及一系列操作结果的描述代号，被填充在报文代号域。报文代号域的填充形式为无符号整型，在浏览器中显示时需要转换为代号形式，以增强可读性。报文代号域的前 3 个比特的值等于代号表示形式的整数位，后 5 个比特的值等于代号表示形式的小数位。报文代号信息如表 5-8 所示。

表 5-8　　　　　　　　　　　　　报文代号信息列表

范围＼项目	代　号	无符号整型	名　称
请求	0.01	0x01	GET
	0.02	0x02	POST
	0.03	0x03	PUT
	0.04	0x04	DELETE
响应	2.01	0x41	Created

范围 项目	代 号	无符号整型	名 称
响应	2.02	0x42	Deleted
	2.03	0x43	Valid
	2.04	0x44	Changed
	5.03	0xC3	Service Unavailable
	5.04	0xC4	Gateway Timeout
	5.05	0xC5	Proxying Not Supported
	2.05	0x45	Content
	4.00	0x80	Bad Request
	4.01	0x81	Unauthorized
	4.02	0x82	Bad Option
	4.03	0x83	Forbidden
	4.03	0x83	Forbidden
	4.04	0x84	Not Found
	4.05	0x85	Method Not Allowed
	4.06	0x86	Not Accepted
	4.12	0x8C	Precondition Failed
	4.13	0x8D	Request Entity Too Large
	4.15	0x8F	Unsupported Content-Format
	5.00	0xC0	Internal Server Error
	5.01	0xC1	Not Implemented
	5.02	0xC2	Bad Gateway

5. 报文格式

CoAP 协议的报文由长度为 4 字节的头部、0～8 字节长度可变的令牌域、可选的选项域和长度可变的负载域四个部分组成。CoAP 协议规定的报文格式如图 5-17 所示。CoAP 协议规定的常用选项信息如表 5-9 所示。

CoAP 报文的头部由版本域、报文类型域、令牌长度域、报文代号域和报文 ID 域组成，具体描述如下。

（1）版本域用来描述 CoAP 协议当前的版本，其长度为 2 比特。

（2）报文类型域用来描述当前报文的适用范围以及是否要求返回响应，填充的数值根据操作任务而定，其长度为 2 比特。

（3）令牌长度域用来描述令牌域的长度，允许填充 0～8 的数值，以字节为单位，其长度为 4 比特。

（4）报文代号域用来描述请求报文的操作方法，或者响应报文的操作结果，填充的数值根据报文类型、操作任务和操作结果而定，其长度为 1 字节。

（5）报文 ID 域从报文收发时间先后的角度对请求报文和响应报文进行匹配性检验，其长度为 2 字节。

CoAP 报文令牌域从资源数据内容的角度对请求报文与响应报文进行匹配性检验，其长度等于头部令牌长度域内填充的数值。

CoAP 报文的选项域是可选域，由选项增量域、选项长度域和选项值域组成，其作用为丰富同类方法支持的功能，具体描述如下。

（1）选项增量域以累加选项增量域填充数值的方法计算得到选项编号，支持填充 1～14 的数值，其长度为 4 比特。如果填充的数值为 13 则扩展 1 字节作为选项增量的扩展域，如果填充的数值为 14 则扩展 2 字节作为选项增量的扩展域。

（2）选项长度域以累加选项长度域填充数值的方法计算选项值域的长度，以字节为单位，支持填充 1～14 的数值，其长度为 4 比特。如果填充的数值为 13 则扩展 1 字节作为选项长度的扩展域，如果填充的数值为 14 则扩展 2 字节作为选项增量的扩展域。

（3）选项值域填充的内容根据具体选项和资源而定，其长度等于选项长度域的累加结果。

CoAP 报文的负载包括负载内容开始标识符和负载内容，具体描述如下。

（1）负载内容开始标识符的十进制表示为 15，其长度为 1 字节，用于标识选项域结束，负载内容非空。

（2）负载内容通常填充的是用户定制化信息，其长度可变。

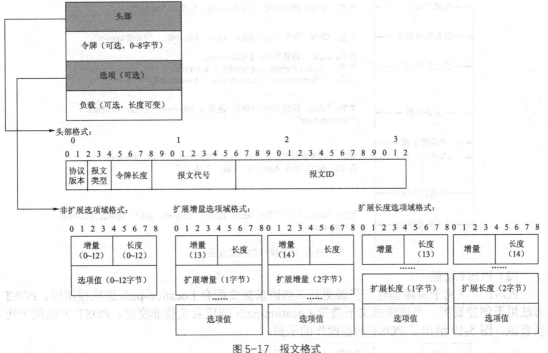

图 5-17 报文格式

表 5-9 选项信息列表

编号	名　称	长度（字节）	编号	名　称	长度（字节）
1	If-Match	0～8	8	Location-Path	0～255
4	Etag	1～8	11	Uri-Path	0～255
5	If-None-Match	0	12	Content-Format	0～2
6	Observe	0-3	14	Max-Age	0～4

6. 功能介绍

（1）GET 功能

GET 方法用于资源发现、资源读取和资源观察。当请求报文的 Uri-Path 选项对应到可读取资源时，GET 方法用于资源读取。当请求报文的 Uri-Path 选项值为"/.well-known"时，GET 方法用于资源发现。二者基于普通请求/响应交互模型。当请求报文配合 Observe 选项使用时，GET 方法用于资源观察。图 5-18 给出了 GET 功能操作的示例。

CoAP 协议规定的资源观察包括关系注册、资源汇报和关系解除三个阶段。关系注册阶段中客户端向服务器发送注册请求。资源汇报阶段中服务器周期性地向客户端发送资源信息。关系解除阶段中根据关系解除的发起方将关系解除方式分为主动解除和被动解除两种方式。被动解除方式是由客户端向服务器发送关系解除请求。主动解除方式由服务器自行判断用户是否还在关注资源数据的变化，并根据判断结果决定是否发送不携带 Observe 选项的响应，以解除观察关系。符合该交互过程的交互模型被称为"观察模式下的请求/响应交互模型"。

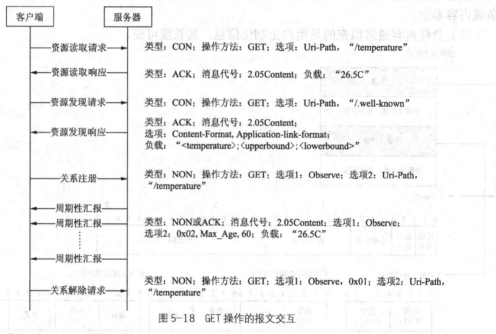

图 5-18　GET 操作的报文交互

（2）POST 功能

POST 方法用于资源创建与资源更新。当请求报文配合 Location-path 选项使用时，POST 方法用于创建资源。当请求报文不携带 Location-path 选项且负载非空时，POST 方法用于更新资源。图 5-19 给出了 POST 功能操作的示例。

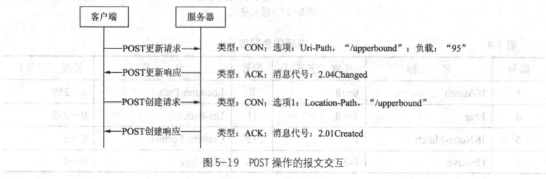

图 5-19　POST 操作的报文交互

（3）PUT 功能

PUT 方法用于资源创建或资源更新。当请求报文配合 If-none-match 选项使用时，PUT 方法用于创建资源。当请求报文配合 If-match 选项使用时，PUT 方法用于更新资源。图 5-20 给出了 PUT 功能操作的示例。

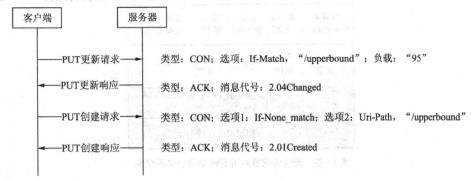

图 5-20　PUT 操作的报文交互

（4）DELETE 功能

DELETE 方法用于资源删除，图 5.21 给出了 DELETE 功能操作的示例。

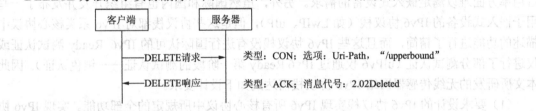

图 5-21　DELETE 操作的报文交互

5.3　轻量级 IPv6 无线传感网协议栈

5.3.1　协议栈体系结构

无线传感器网络 IPv6 协议栈底层采用 IEEE 802.15.4 或 IEEE 802.15.4e 等低功耗、短距离无线 MAC 层标准。网络层采用 IPv6 技术，为解决标准 IPv6 报文不能够直接在 IEEE 802.15.4 链路上传输的问题，协议栈在网络层与 MAC 层之间添加了一个中间层——适配层，适配层为在 IEEE 802.15.4 上传输 IPv6 报文提供支持。

应用层实现面向具体应用的应用协议。在本层可采用 CoAP、XMPP 等适用于传感网的应用层协议。

传输层实现无连接占用资源少的 UDP 协议。完成 UDP 报文的封装解析、UDP 连接的建立和销毁。

网络层功能为 IPv6 报文的封装解析、邻居发现、路由器发现和地址解析等。

适配层的功能包括 IPv6 报文的分片重组、报文的压缩解压缩和无状态地址配置等。

MAC 层和物理采用 802.15.4 规范，负责节点的入网、获取 16 位段地址和数据的收发等功能。无线传感器网络 IPv6 协议栈体系结构如图 5-22 所示。

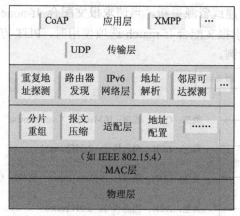

图 5-22　无线传感器网络 IPv6 协议栈体系结构

5.3.2　协议栈设计要求

鉴于传统的 IPv6 协议栈都是针对 PC 机、路由器等资源丰富的设备设计，在体积和资源占用率方面难以满足嵌入式设备的需求。另外，虽然国际和国内也有组织开发并发布了一些用于嵌入式设备的 IPv6 协议栈（如 LwIP、uIP），但是这些协议栈都对 IPv6 系类核心协议中描述的功能进行了精简，而且这些 IPv6 协议栈没有进行国际认可的 IPv6 Ready 测试认证或仅进行了部分测试认证（uIPv6 仅通过 IPv6 Ready 第一阶段的测试认证——银色认证）。因此本文所研发的无线传感器网络 IPv6 协议栈需达到如下设计要求。

（1）要求设计的 IPv6 协议栈实现 IPv6 所有核心协议中所规定的全部功能。实现 IPv6 协议中描述的 IPv6 报文验证功能，IPv6 报文的封装、解析功能，支持 IPv6 协议描述的扩展头等功能。实现邻居发现协议中描述的地址解析、路由器发现、网络前缀发现、重复地址检测等功能。实现其他 IPv6 核心协议中描述的无状态地址配置功能、路径最大传输单元发现功能等。本条要求所涉及到的 IETF 标准文档有 RFC 2460、RFC 4291、RFC 4861、RFC 4862、RFC 4443、RFC 1981。

（2）要求实现的 IPv6 协议栈通过国际认可的 IPv6 Ready Phase-2 阶段的测试认证（IPv6 Ready 金色认证）。

（3）要求设计的传感网 IPv6 协议栈实现适配层协议所规定的全部功能。包括 IPv6 报文的压缩/解压缩功能、IPv6 报文的分片重组功能、适配层的无状态地址配置功能。

（4）要求协议栈运行过程中占用的 RAM 和 ROM 等资源尽可能地少，使协议栈能够在资源受限的嵌入式平台（如 STM32、CC2430、CC2530）上运行。

（5）要求协议栈在设计上独立于特定的硬件平台，在实现过程中具有硬件抽象层，方便协议栈的移植，并具有良好的可扩展性。

为了满足上述设计要求，在协议栈的设计过程中，需重点突破如下关键技术。

（1）协议栈的标准化问题。所研发的 IPv6 协议栈必须严格符合各项国际标准，保持与各项 RFC 标准的一致性并能与其他厂商设计的 IPv6 协议栈互联互通，这是在协议栈设计和开发过程中始终要关注的关键问题。

（2）协议栈的小型化问题。由于协议栈面向资源受限的传感器节点开发，所以如何有效地开发一款轻量级的 IPv6 协议栈，是研发所面临的重要问题。为了降低协议栈的运行开销，协议栈将基于有限状态机机制进行设计。采用有限状态机机制，既能使协议栈的运行状态可控和可追溯，又能减少协议栈所需的 ROM 和 RAM 开销，还能提升协议栈的响应速度，是小型化问题的良好解决方案。

（3）协议栈的模块化问题。为了实现协议栈的可扩展性和可裁剪性，协议栈采用分层设计机制。每一层都是一个独立的模块，各层之间通过规范化的接口进行数据传递和服务功能的实现。这也使得协议栈在功能和资源占用率上可裁剪、可配置，并能够根据不同的实际需求在功能和资源占用率方面进行配置、修改。

现有协议在传感网中进行应用时的改进问题。所设计的协议栈一方面需严格遵守各项 IPv6 的国际标准，但考虑到传感网自身的特征，目前 IETF 等国际标准组织已启动了对 IPv6 应用于传感网各项标准的改进和提升工作。本文在设计和实现协议栈过程中除了吸收和遵守这些标准外，还对实际开发中所出现的问题进行改进。

5.3.3　协议栈整体方案设计

根据 5.3.2 节给出的设计要求，本文实现的 IPv6 协议栈按照协议的层次概念进行设计。协议栈共分为四层，从上到下依次为应用层、传输层、网络层和适配层。应用层实现具体的应用层协议和具体的用户应用实例。传输层实现 IPv6 协议栈中的的传输层协议，在本协议栈中传输层实现 UDP 协议。网络层是 IPv6 协议栈的核心部分。在网络层实现 IPv6 协议、邻居发现协议、ICMPv6 协议、无状态地址自动配置和路径最大传输单元发现机制。适配层实现 IPv6 数据包在无线传感器网络 MAC 层上的传输，功能包括 IPv6 数据包的压缩和解压缩及 IPv6 数据包的分片重组功能。

IPv6 协议栈的每层都具有独立的主状态机和接收状态机。每层中的主状态机为该层协议功能的主体部分，负责接收上层协议状态机传递下来的数据，对数据按照指定的要求进行封装，将数据继续传递给下层并获得服务的返回状态，根据返回状态判断上层协议要求的服务是否完成。每层中的接收状态机，负责接收下层协议上传的数据，并对数据包进行解析。

每层当中除具备主状态机和接收状态机外，还分别向上层协议和下层协议提供独立的交互接口。在每一层中提供面向上层协议的服务接口——DoService。上层协议通过调用该接口将服务命令和数据传递给下层，并将数据的处理权转交给下层状态机，由下层状态机继续处理数据。同样在每一层也提供了面向下层协议的服务接口——RxHandoff。下层协议通过调用该接口将需要由上层协议解析处理的数据传递给上层状态机。

每一层主状态机在开始执行主状态机实体功能前，都要先调用下层主状态机和本层接收状态机，确保下层状态机的任务已经完成，并且本层中不存在未被解析和处理的数据。同样下层主状态机在执行状态机实体功能前，也要先调用它的下一层协议的主状态机和本层的接收状态机。以此类推这个调用过程一直到达协议栈的最底层。也就是说协议栈每层中的主状态机在执行实体功能前，都先完成下层状态机未完成的任务和本层接收状态机的数据解析任务。无线传感器网络 IPv6 协议栈总体设计方案如图 5-23 所示。

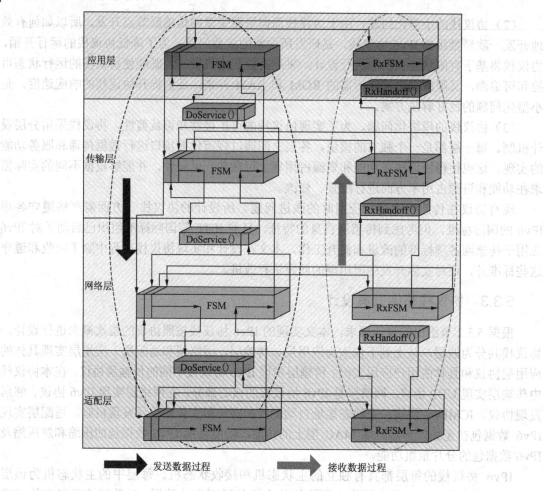

图 5-23 无线传感器网络 IPv6 协议栈总体设计方案

5.3.4 协议栈应用层设计

应用层状态机分为应用层主状态机（用 apsFSM（void）来表示）、应用层接收状态机（apsRxFSM（void））、应用层发送状态机（apsTxFSM（void））。如图 5-24 所示为实现应用层主状态机的枚举类型。

```
typedef enum APS_STATE_ENUM {
    APS_STATE_IDLE,
    APS_STATE_COMMAND_START,
    APS_STATE_GENERIC_TX_WAIT,
    APS_STATE_CS_REQ_TX_WAIT1,
    APS_STATE_CS_REQ_TX_WAIT2,
    APS_STATE_NWK_PASSTHRU_WAIT,
    APS_STATE_ACK_SEND_START
} APS_STATE_ENUM;
```

图 5-24 应用层主状态机状态类型

（1）APS_STATE_IDLE：为空闲状态，即状态机现在处于空闲状态，没有什么事情做。

（2）APS_STATE_COMMAND_START：为命令开始状态，当设备将要发送一般的数据包时，应用层状态机应该设置为这个状态。

（3）APS_STATE_GENERIC_TX_WAIT：一般发送等待状态，当数据经过应用层的打包发送给网络层时，即要进入这个状态，等待下层状态机返回的发送状态。

（4）APS_STATE_CS_REQ_TX_WAIT1：在 C/S 通信模式下进行通信将数据发送出去后，进入这个状态，等待 C/S 数据发送成功。

（5）APS_STATE_CS_REQ_：当在 C/S 通信模式下将数据成功发送出去以后，进入这个状态，等待客户端返回一个响应信息。

（6）APS_STATE_NWK_PASSTHRU_WAIT：当设备经过上面（3）状态后，装包成功后状态机进入这个等待状态。

（7）APS_STATE_ACK_SEND_START：为等待确认帧发送状态。

应用层主状态机在满足一定的条件时，应用层主状态机之间的状态转换图如图 5-25 所示。

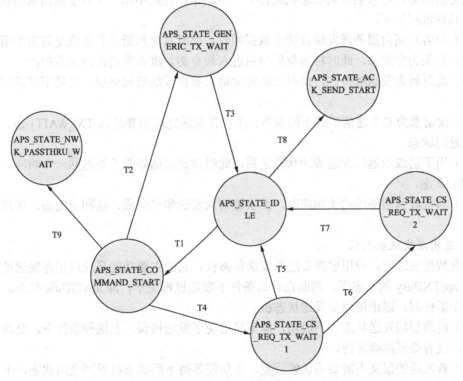

图 5-25　应用层主状态机状态转换图

在图 5-25 主状态机转换图中，状态转换条件如表 5-10 所示。

表 5-10　　　　　　　　　　　　应用层主状态机状态转换表

转换标识	转换条件
T1	应用程序调用 apsDoService 进入此状态
T2	当服务类型为通用类型时，应用层打包完毕进入此状态

续表

转换标识	转换条件
T3	数据包不需要响应，或者需要响应但没收到响应而且重传次数已经达到 MaxRetries 时，或者网络出现故障
T4	当应用层工作下 C/S 通信模式下时进入此状态
T5	当在 C/S 通信模式下数据发送失败时进入此状态
T6	当在 C/S 通信模式下数据发送成功后，等待服务端返回信息进入此状态
T7	当成功接收到服务端返回的信息状态后进入此状态
T8	当有确认帧需要发送时进入此状态
T9	等待网络层为空闲状态时进入此状态

当应用层主状态机为空闲态时，有数据信息需要发送或者接收时将标志位置位，此时状态机就得到消息，进入响应的状态机进行下一步动作。在此举出一个关于读请求的状态迁移实例，具体过程如下。

（1）当客户端向服务器发送读请求数据帧时，此时首先判断主状态机是否为空闲态。

（2）如果为空闲态，此时标志位置位后进入命令态，准备发送读请求数据；

（3）此时转为发送等待态，此时已经将读请求数据发送给网络层，等待下层返回一个发送状态。

（4）读请求为 C/S 通信模式下的服务，所以在发送完成后要进入 TX_WAIT1 态，等待数据发送返回状态。

（5）当下层成功返回发送成功状态之后，此时读请求需要服务端返回一个响应，便进入 TX_WAIT2 态。

（6）当接收到服务端的读响应时，此次读请求发送便已完成，返回空闲态，等待下一次动作。

1. 应用层发送状态机

当有数据发送时，应用层就要进入发送状态机，它的主要功能是应用层在发送忙的状态下，即 apsTXBusy 的状态下，判断在什么条件下发送过程完毕，即 apsTXIdle 状态。当满足下列三个条件时，退出应用层发送状态机。

（1）网络层的发送状态为不成功，即下层出现了发送错误，在这种条件下，此次发送提前结束，没有必要继续等待。

（2）若发送的报文不需要确认帧回复，本层便等待下层状态机返回空闲状态，下层在成功返回发送成功状态后就将本层状态机设为 apsTXIdle 状态。

（3）若发送的报文需要确认帧回复，在发送数据完成后等待确认帧回复，在规定的时间内没有收到确认帧回复，便进行重传，若超过重传最大次数，则发送失败，设为 apsTXIdle 状态。

在 apsTXBusy 状态下，应用层不能有其他的数据发送，在上面三个条件下，应用层发送状态为 apsTXIdle，应用层就可以进行其他的数据发送了。

2. 应用层接收状态机

如图 5-26 所示为实现应用层发送状态机的枚举类型。

```
Typedef enum_APS_RXSTATE_ENUM {
APS_RXSTATE_IDLE,
APS_RXSTATE_START,
#ifdef LOWSN_COORDINATOR
#ifdef LOWSN_SLIP_TO_HOST
APS_RXSTATE_FORWARD_HOST,
#endif
#endif
APS_RXSTATE_ACK_SEND_WAIT
} APS_RXSTATE_ENUM;
```

图 5-26　应用层接收状态机状态类型

当传输层接收到底层的数据进行处理后需要传给应用层时，调用应用层的接收状态机，应用层的接收状态机根据接收端口的信息，分为下面几个状态。

（1）APS_RXSTATE_IDLE：为空闲状态，即接收状态机现在处于空闲状态，没有什么事情做。

（2）APS_RXSTATE_START：为命令开始状态，当设备将要接收数据包时，应用层状态机应该设置为这个状态。

（3）APS_RXSTATE_FORWORD_HOST：通过 slip 将数据转发给主机。

（4）APS_RXSTATE_ACK_SEND_WAIT：为等待确认帧发送状态。

应用层主状态机在满足一定的条件时，应用层接收状态机之间的状态转换图如图 5-27 所示。

判断接收状态机为空闲态时，需要进行接收数据包时便进入命令开始态，接收数据包，然后通过 slip 将数据转发给主机。当在 ACK_SEND_WAIT 态时就表示主状态机动作已完成，将等待进行新的数据接收动作，转入接收空闲态。

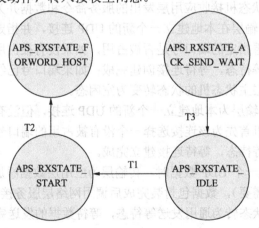

图 5-27　应用层接收状态机状态转换图

5.3.5　协议栈传输层设计

无线传感器网络 IPv6 协议栈传输层采用占用资源少的 UDP 协议。传输层状态机的状态转移图如图 5-28 所示。

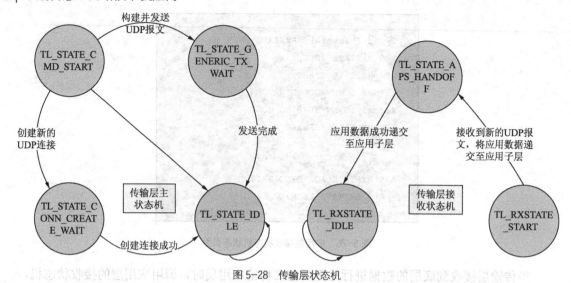

图 5-28 传输层状态机

1. 传输层主状态机

传输层主状态机负责传输层数据的封装发送和 UDP 连接的创建。传输层主状态机的状态包括：

（1）空闲状态（TL_STATE_IDLE）；

（2）命令态（TL_STATE_CMD_START）；

（3）连接建立等待态（TL_START_CONN_CREATE_WAIT）；

（4）通用发送等待态（TL_START_GENERIC_TX_WAIT）。

（1）空闲态

在空闲态下传输层主状态机不完成任何实际功能，仅为状态机的正常运转提供支持。

（2）命令态

在命令态下传输主状态机接收应用层发出的服务命令和数据并为应用层提供服务。

① 当应用层要求传输层在本地建立一个新的 UDP 连接，并指定了连接所用端口号时，传输层主状态机首先查看指定的端口号是否被占用，如果没有被占用，则将传输层主状态机的状态转换为连接建立等待态，等待连接创建完成；如果端口号已经被占用，则通知应用层连接建立失败并将传输层主状态机的状态转变为空闲态。

② 当应用层要求传输层为本地建立一个新的 UDP 连接，但没有指定本地连接所用的端口号时，传输层主状态机首先为该连接选择一个没有被占用的端口号，然后传输层主状态机的状态转变为连接建立等待态，等待连接建立完成。

③ 当应用层要发送一个 UDP 数据时，传输层为应用层数据添加 UDP 头部并计算 UDP 头部中的校验和（如果需要），数据包封装完成后调用网络层服务接口将数据发送到网络层，并将传输层主状态机的状态转为通用发送等待态，等待数据的发送完成。

（3）连接建立等待态

在连接建立等待态下，传输层等待本地 UDP 连接建立完成，并将服务的返回状态传递给应用层，通知应用层连接是否建立成功。

（4）通用发送等待态

在通用发送等待态下，传输层主状态机等待网络层完成数据的封装和发送并获取数据发送服务的返回状态，通知应用层数据发送是否成功。

2. 传输层接收状态机

传输层接收状态机完成 UDP 数据的解析，并将解析后得到的应用层数据递交给应用层。传输层接收状态机的状态包括空闲状态（TL_RXSTATE_IDLE）、开始接收态（TL_RXSTATE_START）、递交态（TL_RXSTATE_HANDOFF）三种。

（1）空闲态

在空闲态下传输层接收状态机不完成任何实际功能，仅为状态机的正常运转提供支持。

（2）开始接收态

开始接收态为传输层接收状态机的入口状态，当网络层有需要递交给传输层继续处理的数据包时，会通过传输层提供的服务接口将数据递交给传输层，并将传输层接收状态机的状态设置为此状态。在该状态下传输层完成 UDP 数据包头部的解析，并将传输层接收状态机的状态转为递交态，准备将解析得到的应用层数据递交给应用层。

（3）递交态

在递交态下传输层接收状态机将解析得到的应用层数据递交给应用层。传输层接收状态机通过调用应用层向传输层提供的服务接口，将应用层数据递交给应用层，完成后将传输层接收状态机的状态转为空闲态，准备接收下一个数据。

5.3.6　协议栈网络层设计

1. 网络层发送数据流程

网络层发送数据的流程为，当网络层主状态机接收到发送数据命令（如发送 UDP 数据包）或网络层本身需要发送数据时（如在执行地址解析时发送邻居请求消息），网络层首先根据本层的网络参数构造 IPv6 报文，然后根据数据包的目的 IP 地址执行下一跳确定过程，在获得下一跳邻居节点的 IP 地址后，再执行地址解析过程，获得邻居节点的链路层地址。最终将构造完成的 IPv6 数据包和相关参数递交给下层协议继续处理。

执行下一跳确定的过程为，首先判断数据包的目的 IP 地址是否为多播地址，如果是则根据已知的链路层的多播地址将该数据包递交给下层继续处理。如果 IPv6 数据包的目的 IP 地址不是多播地址，则根据该 IP 地址查看节点内的目的缓存表中是否存在对应的表项。如果在目的缓存表中找到对应的条目，则从目的缓存表中获得下一跳节点的 IPv6 地址。若不存在对应的表项，则根据前缀列表判断目的节点是否与发送节点位于同一链路，如果是则确定下一跳的 IP 地址就是目的 IP 地址。如果目的 IP 地址既不是多播地址也不与发送节点位于同一链路，则从默认路由表中选择一个默认路由器作为该 IPv6 数据包的下一跳节点。

在获得下一跳节点的 IP 地址后，开始进行地址解析过程。首先查看邻居缓存表是否存在对应下一跳节点的表项，如果存在则从该邻居表条目中获得下一跳节点的链路层地址，并将 IPv6 数据递交给下层协议继续处理。否则，将 IPv6 数据包暂存并在邻居缓存表中添加一条新的邻居表条目。网络层根据该邻居表条目发送 NS 消息，等待邻居节点回复 NA 消息。当收到可用 NA 回复后，更新邻居缓存表并发送之前被缓存的 IPv6 数据包。如果在收到可用 NA 消息回复之前，已多次重传 NS 消息且达到了 NS 消息的最大重传数，则判定无法获得邻居 IPv6 节点的链路层地址，最终放弃发送到该邻居的 IPv6 数据包。网络层发送数据流程如图 5-29 所示。

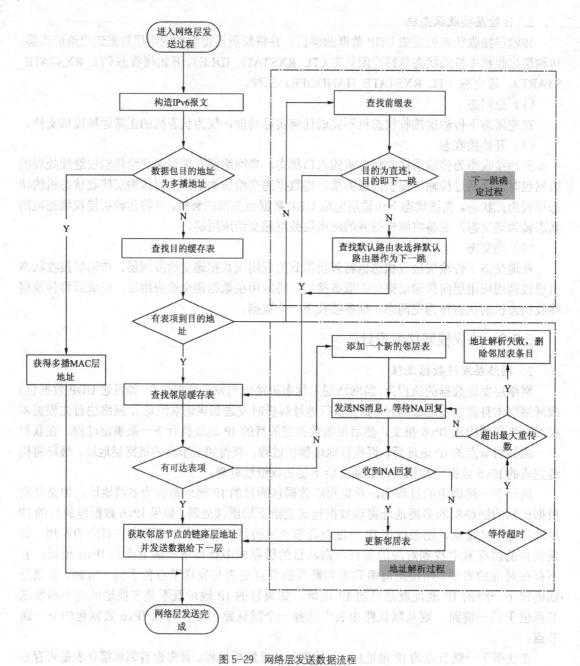

图 5-29 网络层发送数据流程

2. 网络层主状态机

根据状态机的工作机制和网络层的功能，本文为网络层主状态机设定六个状态，分别为：

（1）空闲状态（NWK_STATE_IDLE）；

（2）命令态（NWK_STATE_CMD_START）；

（3）下一跳确定态（NWK_STATE_NEXT_HOP_START）；

（4）地址解析态（NWK_STATE_ADDR_RESOL_START）；

（5）通用发送等待态（NWK_START_GENERIC_TX_WAIT）；

（6）分片发送等待态（NWK_START_FRAG_TX_WAIT）。

网络层主状态机负责网络层数据的发送，主状态机内不同状态间的转化关系和转移条件如图 5-30 所示。

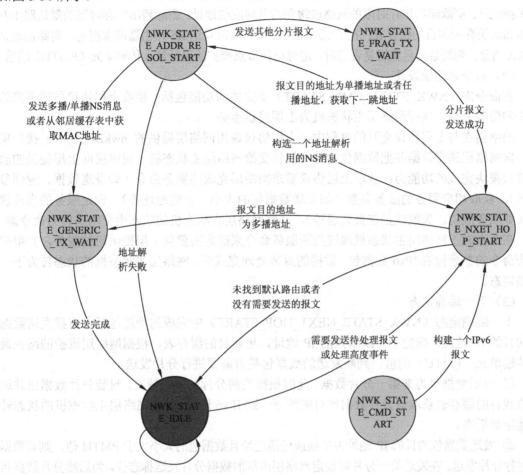

图 5-30 网络层主状态机

（1）空闲态功能设计

在空闲态（NWK_STATE_IDLE）下完成的功能包括：查询网络层中是否有要发送的 IPv6 数据包。如响应 NS 消息的 NA 消息，针对出错的 IPv6 报文产生的 ICMPv6 差错报文等。在空闲态下完成的另外一个功能为，对网络层内部的定时或超时事件进行处理。如前缀表中前缀生存时间的更新，若超出前缀的生存时间则需要删除该前缀和与其对应的 IPv6 地址；更新邻居发现协议内部维护的邻居表；控制地址解析和邻居不可达探测过程中 NS 消息的发送和重传；控制节点在启动时路由请求消息的发送和重传等。

① 当在空闲态下既没有正在等待被发送的 IPv6 数据包也没有超时事件需要处理时，那么网络层主状态机将维持在空闲态下。

② 当在空闲态下有数据等待发送，则将网络层主状态机的状态转为下一跳确定态。

③ 当在空闲态下检测到有超时事件需要处理，则立即处理该超时事件，如果在处理该事件的过程中网络层需要发送 IPv6 数据包，则在超时事件处理完成后将网络层主状态机的状态转为

下一跳确定态，否则网络层主状态机将继续维持在空闲态下。在该状态下处理的定时或超时事件有：为地址解析和邻居不可达探测功能发送或重传 NS 邻居请求消息，并更新邻居缓存表和目的缓存表；为重复地址探测功能发送 NS 邻居请求消息；删除超出生存时限的单播地址和与其对应的多播地址；删除超出生存时限的网络前缀和与其对应的地址；删除超出生存时限的默认路由并更新邻居缓存表和目的缓存表；在节点或网络接口重启时发送 RS 路由器请求消息，向路由器请求 RA 消息；判断数据包重组是否超时；定时更新节点维护的路径最大传输单元（PMTU）的值。

（2）命令态功能设计

在命令态（NWK_STATE_CMD_START）下完成的功能包括，接收上层协议传递下来的数据和服务命令，执行网络层主状态机为上层提供服务。

网络层在与上层协议交互的过程中，上层协议调用网络层提供的 nwkDoService 接口模块，向网络层递交数据并把数据包的处理权转交给网络层主状态机。网络层向上层提供的服务接口模块完成的功能为：获取上层协议要求网络层完成的服务命令（如发送数据、返回参数等），获取相应服务的服务参数（如发送数据包的大小、目的地址等），设定服务的当前状态（如服务成功、失败或正在被处理等），并将网络层主状态机的状态由空闲态转为命令态。

在命令态下网络层主状态机通过判断服务命令来确定需要向上层提供何种服务，并根据相应命令的参数构造 IPv6 数据包。数据的封装处理完成后，网络层主状态机的状态转为下一跳确定态。

（3）下一跳确定态

下一跳确定态（NWK_STATE_NEXT_HOP_START）中完成的功能包括，根据发送数据包的目的 IP 地址，确定下一跳节点的 IP 地址，更新目的缓存表，根据网络层维护的路径最大传输单元（PMTU）的值，判断发送的数据包是否需要进行分片发送。

① 发送数据包为非第一分片数据。此时根据当前分片的发送情况，封装分片数据包并通过查找目的缓存表获取该分片数据包对应的下一跳 IPv6 地址，并将网络层主状态机的状态转为地址解析态。

② 发送数据包的目的 IP 地址为单播或任播地址且数据包的大小大于 PMTU 值，则对数据包进行分片发送。在发送第一分片时设定网络层内部的数据分片发送标志位，为后续分片数据包的发送提供支持。当原 IPv6 数据包的第一个分片封装完成后，根据该分片数据包的目的 IP 地址进行下一跳确定，获得该数据包的下一跳 IP 地址并将网络层主状态机的状态转为地址解析态。

③ 发送数据包的目的 IP 地址为单播或任播地址且数据包的长度小于等于 PMTU 值，则根据该数据包的目的 IP 地址进行下一跳确定，获得该数据包的下一跳 IP 地址并将网络层主状态机的状态转为地址解析态。

④ 发送数据包的目的 IP 地址为多播地址且数据包的长度大于 PMTU 值，则对该多播数据包进行分片发送，并将网络层主状态机的状态转为分片发送等待态。

⑤ 发送数据包的目的 IP 地址为多播地址且数据包的长度小于等于 PMTU 值，则直接将网络层主状态机的状态转为通用发送等待态。

（4）地址解析态

地址解析态（NWK_STATE_ADDR_RESOL_START）下完成的功能包括，完成数据包发送前针对邻居节点的地址解析功能和邻居表的更新。

① 查找邻居缓存表，若在邻居缓存表中找到下一跳邻居节点对应的邻居表条目，且为 REACHABLE 状态，则从该邻居缓存表条目中获得邻居节点的链路层地址和网络参数（如协

议类型、地址长度等）。最终调用下层协议状态机提供的服务接口模块，将数据包递交给下层继续处理。如果发送的是分片数据包则将网络层主状态机的状态转为分片发送等待态，否则将网络层主状态机的状态转为通用发送等待态。

对于该邻居缓存表条目，若此时还没有超出可达时间，则维持在 REACHABLE 状态下。否则将该邻居表条目的状态转为 DELAY 态，延时一段时间后启动针对该邻居的邻居不可达探测过程。

② 查找邻居缓存表，若在邻居缓存表中找到下一跳邻居节点对应的邻居表条目，且为 STALE 状态，则从邻居缓存表中获得下一跳节点的链路层地址和网络参数，并调用下层协议状态机提供的服务接口模块，将数据包递交给下层继续处理。如果发送的是分片数据包则将网络层主状态机的状态转为分片发送等待态，否则将网络层主状态机的状态转为通用发送等待态。

对于邻居缓存表，此时将其状态转为 DELAY 态，延时一段时间后启动针对该邻居的邻居不可达探测过程。

③ 查找邻居缓存表，若在邻居缓存表中找到下一跳邻居节点对应的邻居表条目，但该条目的状态为 DELAY 或 PROBE 态，则使用邻居缓存表中存储的下一跳节点的链路层地址和网络参数，调用下层提供的服务接口模块将数据包递交给下层继续处理，完成后如果发送的是分片数据包则将网络层主状态机的状态转为分片发送等待态，否则将网络层主状态机的状态转为通用发送等待态。

对于邻居缓存表，将维持原来的状态不变。

④ 查找邻居缓存表，若在邻居缓存表中找到下一跳邻居节点对应的邻居表条目，但该条目的状态为 INCOMPLETE 态，则说明该邻居缓存表条目正在进行地址解析。此时需将要发送的数据暂存到与该邻居对应的数据缓存区中，等待地址解析完成再发送。该过程处理完成后，将网络层主状态机的状态转为空闲态。

对于邻居缓存表，将继续维持在 ICOMPLETE 态不变。

⑤ 查找邻居缓存表，若在邻居缓存表中没有与下一跳邻居节点对应的邻居表条目，则在邻居缓存表中添加一个新的条目。设置新邻居表条目的状态为 ICOMPLETE 态，并根据该邻居表的信息构造并发送用于地址解析的 NS 邻居请求消息。最终将网络层主状态机的状态转换为通用发送等待态。引起地址解析的原数据包被暂存到与邻居表条目对应的缓存区中，等待地址解析完成后再发送。

（5）通用发送等待态

在通用发送等待态（NWK_STATE_GNENRIC_TX_WAIT）下完成的功能包括：等待下层协议完成对数据包的处理和发送；当下层数据发送任务完成，根据下层协议状态机返回的服务状态获取网络层此次服务的返回状态，并将网络层主状态机的状态转为空闲态。

（6）分片发送等待态

在分片发送等待态（NWK_STATE_GNENRIC_TX_WAIT）下完成的功能包括：等待下层协议完成对分片数据包的处理和发送；当下层数据发送任务完成，根据下层协议状态机返回的服务状态获取网络层此次服务的返回状态，并将网络层主状态机的状态转为下一跳确定态，继续发送剩余分片数据包。

3. 网络层接收数据流程

网络层接收数据的流程为，首先对收到的 IPv6 报文进行验证，包括 IPv6 头部中的版本域、IPv6 头部中标识的负载长度、数据包的源地址和目的地址。如果版本不为"6"、目的地址不为本节点所具有的 IPv6 地址或 IPv6 头部中负载长度大于实际数据包的大小，则视接收到的数据包不符合 IPv6 协议规范或不是发给本节点的 IPv6 数据包，丢弃该数据包。

当 IPv6 头部验证通过，开始处理数据包中的扩展头部选项和上层协议头部。若存在逐跳选项头部、目的选项头部或路由选项头部，则分别对每个扩展头进行验证，验证通过后再处理选项头部中所包含的选项信息。若头部格式不对或某个域的值填充不正确，则向数据包的源点发送 ICMPv6 错误报文。如果数据包内含有分片头部，则对数据包进行重组后再处理。如果是第一分片，在启动重组时启动一个定时器，若在定时器溢出前重组任务未完成，则将收到的相关分片数据全部丢弃。

扩展头部解析处理完成后，开始解析上层协议头部。当上层协议为 UDP 时，需要确认UDP 的目的端口是否可达。只有在本地存在对应的端口时才将接收到的数据上传到传输层继续处理，否则丢弃该数据包并向数据包的发送方发送 ICMPv6 端口不可达错误报文。当上层协议为 ICMPv6 协议时，需要判断收到的为何类型的 ICMP 消息。若为邻居请求消息且验证通过，则构造并发送邻居响应消息并更新节点内部维护的邻居缓存表；若为邻居通告消息且验证通过，则更新节点内部的邻居缓存表；若为路由器通告消息且验证通过，则需更新节点内部的默认路由生存时间、前缀生存时间等；若为重定向消息且验证通过，则需更新节点内部维护的目的缓存表；若为回显请求，则发送回显响应消息；若为 ICMPv6 数据包太大错误报文，则根据该数据包内的 MTU 值更新节点当前的最大路径传输单元。网络层接收状态机解析数据的流程如图 5-31 所示。

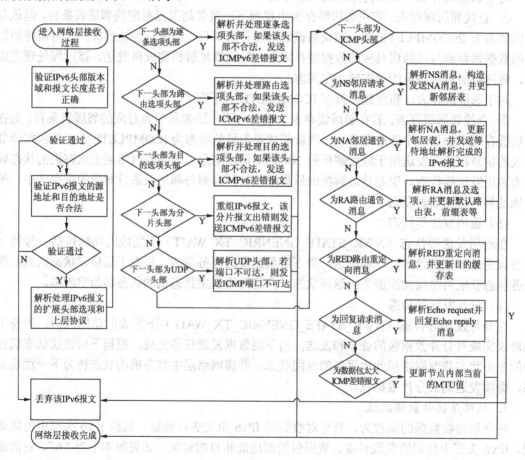

图 5-31　网络层接收数据流程

4．网络层接收状态机

根据状态机的工作机制和网络层的功能，为网络层接收状态机设定五个状态，分别为：

（1）空闲状态（NWK_RXSTATE_IDLE）；

（2）开始接收态（NWK_RXSTATE_START）；

（3）递交态（NWK_RXSTATE_HANDOFF）；

（4）命令等待态（NWK_RXSTATE_CMD_PENDING）；

（5）路由转发态（NWK_RXSTATE_DOROUTE）。

网络层接收状态机负责网络层数据的接收，接收状态机内部不同状态间的转化关系和条件如图 5-32 所示。

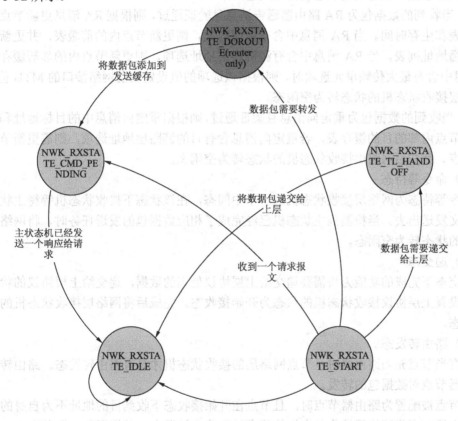

图 5-32　网络层接收状态机

（1）空闲态

在空闲态下网络层接收状态机不完成任何实际功能，仅为状态机的正常运转提供支持。

（2）开始接收态

开始接收态为网络层接收状态机的入口状态，当下层协议状态机通过网络层向下层提供的服务接口模块成功向网络层上传数据后，网络层接收状态机的状态被设置为该状态。网络层对数据包的解析和请求类消息的响应都在该状态下完成。

① 收到的数据包需要递交给上层协议继续处理（如 UDP 数据包），则将网络层的接收状态机的状态转为递交态。

② 当收到的数据包为 ICMPv6 报文，如果是回显请求报文，则根据该请求消息构

造回显响应报文，完成后设定网络层中的等待发送标志位，通知网络层主状态机网络层中有数据包正在等待发送，并将网络层接收状态机的状态转为命令等待态。如果收到的 ICMPv6 报文为差错报文，则对报文处理完成后，网络层接收状态机的状态转为空闲态。

③ 当收到的数据包为合法的 NS 邻居请求消息且需要节点作出回复，则为 NS 消息的发送方构造 NA 消息。完成后设定网络的等待发送标志位，并将网络层接收状态机的状态转为命令等待态。

④ 当收到的数据包为 NA 消息且验证通过，则根据收到的 NA 消息对邻居表进行更新，完成后网络层接收状态机的状态转为空闲态。

⑤ 当收到的数据包为 RA 路由器通告消息且验证通过，则根据 RA 消息更新节点内的默认路由表和生存时间。当 RA 消息中含有前缀选项，则更新节点内的前缀表，并更新网络接口的单播地址列表。当 RA 消息中含有源链路层地址选项，则更新节点内的邻居缓存表。当 RA 消息中含有最大传输单元选项时，则根据该选项的值设定当前网络接口的 MTU 值。完成后网络层接收状态机的状态转为空闲态。

⑥ 当收到的数据包为重定向消息且验证通过，则根据重定向消息中的目标地址和目的地址更新节点内部的目的缓存表，若重定向消息含有目的链路层地址选项，则需更新节点的邻居缓存表。完成后网络层接收状态机的状态转为空闲态。

（3）命令等待态

命令等待态为网络层接收状态机的一个中间态，在该状态下接收状态机等待主状态机将响应报文发送出去。当检测到主状态机已经完成了相应数据包的发送任务时，将网络层接收状态机的状态转为空闲态。

（4）递交态

递交态下完成的功能为将需要递交给上层协议处理的数据，递交给上层协议的状态机处理。并设置上层协议接收状态机的状态为开始接收态。完成后将网络层接收状态机的状态转为空闲态。

（5）路由转发态

只有当节点充当路由器时，节点网络层的接收状态机才具有路由转发态。路由转发态完成路由器节点对数据包的转发。

当节点被配置为路由器节点时，且节点在开始接收态下收到目的地址不为自身的数据包时，路由器节点将网络层接收状态机的状态转为路由转发态。并根据路由器节点内部的路由功能来转发数据包，完成后将网络层接收状态机的状态转为命令等待态，等待网络层主状态机完成对被转发数据包的发送任务。最终网络层接收状态机的状态转为空闲态。

5.3.7 协议栈适配层设计

1. 适配层主状态机

根据有限状态机工作机制和适配层功能，设计适配层主状态机具有五个状态，分别为：

（1）空闲状态（ADAPT_STATE_IDLE）；

（2）命令态（ADAPT_STATE_CMD_START）；

（3）通用发送等待态（ADAPT_STATE_GENERIC_TX_WAIT）；

（4）分片发送态（ADAPT_STATE_FRAG_TX）；

（5）分片发送等待态（ADAPT_STATE_FRAG_TX_WAIT）。

适配层主状态机负责适配层数据的发送及发送前对数据的压缩和分片操作。主状态机内部不同状态间的转化关系和跳转条件如图 5-33 所示。

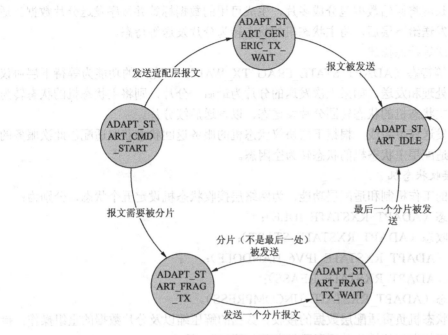

图 5-33　适配层主状态机

（1）空闲态描述

在空闲态下适配层主状态机不完成任何实际功能，仅为状态机的正常运转提供支持。

（2）命令态描述

在命令态（ADAPT_STATE_CMD_START）下完成的功能主要包括接收上层协议传递下来的数据和命令、调用适配层功能为上层提供服务。在命令态下适配层为数据添加适配层头部，并根据相应的参数对数据包进行压缩处理。

① 当上层在向适配层传递数据时明确表明数据不需要被压缩，适配层为数据添加未压缩 IPv6 头部类型。如果添加适配层头部后数据的大小能够通过一个链路传输单元发送，则将数据发送给下一层并将主状态机的状态转为通用发送等待态。如果数据不能通过一个链路层传输单元发送，则将主状态机的状态转为分片发送态，对其进行分片处理。

② 当上层在向适配层传递数据时没有表明数据不进行压缩，则适配层根据有状态压缩机制或无状态压缩机制对原始数据的 IPv6 头部以及下一层头部进行压缩，并添加相应的适配层压缩头部。如果添加适配层头部后数据的大小能够通过一个链路传输单元发送，则将数据发送给下一层并将主状态机的状态转为通用发送等待态。如果数据不能通过一个链路层传输单元发送，则将主状态机的状态转为分片发送态，对其进行分片处理。

（3）通用发送等待态描述

在通用发送等待态（ADAPT_STATE_GNENRIC_TX_WAIT）下完成的功能为等待下层协议完成数据的处理和发送。当下层数据发送任务完成，根据下层协议状态机的服务返回状态获取适配层此次服务的返回状态，并将适配层主状态机的状态转为空闲态。

（4）分片发送态描述

在分片发送态（ADAPT_STATE_FRAG_TX）下完成的功能为对不能够通过一个链路层传输单元发送的适配层数据，进行分片处理并发送分片数据。适配层首先根据链路层传输单元可接受的负载长度将原始数据包分成多片，生成可用的数据标签并按序发送分片数据。适配层将分片数据发送给下层后，将主状态机的状态转为分片发送等待态。

（5）分片发送等待态描述

在分片发送等待态（ADAPT_STATE_FRAG_TX_WAIT）下完成的功能为等待下层协议完成分片数据的处理和发送。如果上次发送的分片为最后一分片，则将主状态机的状态转为空闲态，否则将主状态机的状态转回分片发送态，以发送后续分片。

当下层数据发送任务完成，根据下层协议状态机的服务返回状态获取适配层此次服务的返回状态，并将适配层主状态机的状态转为空闲态。

2. 适配层接收状态机

根据状态机的工作机制和适配层功能，为网络层接收状态机设定五个状态，分别为：

（1）空闲状态（ADAPT_RXSTATE_IDLE）；

（2）开始接收态（ADAPT_RXSTATE_START）；

（3）递交态（ADAPT_RXSTATE_IPV6_HANDOFF）；

（4）重组态（ADAPT_RXSTATE_REASS）；

（5）解压缩态（ADAPT_RXSTATE_UNCOMPRESS）。

适配层接收状态机负责适配层数据的接收、数据的解压缩以及分片数据的重组操作，接收状态机内部不同状态间的转化关系和跳转条件如图 5-34 所示。

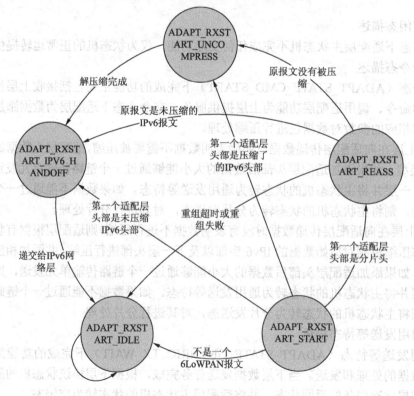

图 5-34　适配层接收状态机

（1）空闲状态描述

在空闲态下适配层接收状态机不完成任何实际功能，仅为状态机的正常运转提供支持。

（2）开始接收态描述

① 开始接收态为适配层接收状态机的入口状态，当下层协议状态机向适配层成功上传数据后，适配层接收状态机被转为该状态。适配层数据包的解析工作都在该状态下完成。当数据包在该状态下验证通过后，则开始对数据包进行解析和处理。

② 如果数据的第一个适配层帧头为分片头部（包括第一分片头部和后续分片头部），则将适配层接收状态机的状态转为重组态，进行分片数据的重组。

③ 如果数据的第一个适配层帧头为压缩头部，则将适配层接收状态机的状态转为解压缩态，对数据进行解压缩操作。

④ 如果数据的第一个适配层帧头表明负载为未压缩的 IPv6 数据，则将适配层头部剥离并将接收状态机的状态转为递交态。

⑤ 如果数据的第一个头部不可识别，则丢弃该数据并将接收状态机的状态转为空闲态，准备接收下一个数据。

（3）递交态描述

递交态下完成的功能为将需要递交给上层协议处理的数据，递交给上层协议的状态机，并设置上层协议接收状态机的状态为开始接收态。完成后将适配层接收状态机的状态转为空闲态。

（4）重组态描述

重组态下完成分片数据的重组功能。当收到一分片数据后，首先判断属于同一原始数据的所有分片是否都已经收到。如果是则开始数据的重组过程，获得分片前的原始数据，否则将接收状态机的状态转为空闲态。如果原始数据的第一个头部为非压缩的 IPv6 头部，则将适配层接收状态机的状态转为递交态。如果第一个头部为压缩头部，则接收状态机的状态转为解压缩态。

（5）解压缩态描述

解压缩态下完成压缩数据的解压缩过程，还原原始的 IPv6 头部和传输层头部。操作完成后接收状态机的状态转为递交态，将 IPv6 数据上传给网络层处理。

5.4 6LoWPAN 传感网设备开发平台

5.4.1 6LoWPAN 传感网设备开发平台总体设计

1. 功能设计

6LoWPAN 网络由于支持 IPv6 协议而极易接入互联网，只要在网络的边缘配置一个同时支持 6LoWPAN 和 IPv6 协议的双栈路由器即可实现不同网络的互联。边界路由设备在传统的互联网中很常见，不同 IP 地址域的网络通过边界路由设备来实现互联。但 6LoWPAN 网络作为互联网的边缘，IP 地址域不同，而且链路层技术差别较大，各种各样的链路如 WiFi、GPRS 和 LR-WPAN 等网络设备都需通过桥接技术接入互联网。随着 IP 路由在无线通信领域应用的深入，边界路由设备的作用将越来越大。

为此，设计了基于 IPv6 协议的便携式多功能传感网设备开发平台同时支持 6LoPWAN 和

IPv6 两种协议栈，具有两个网络接口，能转发两种网络之间的数据流量，并具有简单网络管理功能。边界路由设备在网络层进行 IP 路由和数据转发，是标准的网络层路由器。其双栈结构如图 5-35 所示。

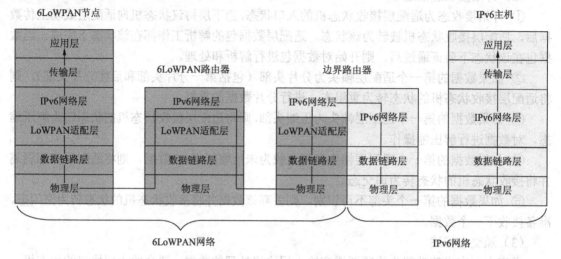

图 5-35　基于 IPv6 协议的便携式多功能传感网设备开发平台双栈结构图

　　基于 IPv6 协议的便携式多功能传感网设备开发平台同时具有 IEEE802.15.4 网关、边界路由设备和 Sniffer 抓包器三种功能，具体功能可根据不同的应用场景进行选择。鉴于此，将边界路由设备设计为可分离的设备：把 6LoWPAN 协议栈设计在一个具备 USB 接口的便携式物联网（IoT）设备上，而 IPv6 网络接口设计在 Linux 主机上，这样，边界路由设备既能作为物联网网关在本地使用，也能够与任意 Linux 主机结合，同时实现 IEEE802.15.4 网关、边界路由设备和 Sniffer 抓包器等三种功能，如图 5-36 所示。

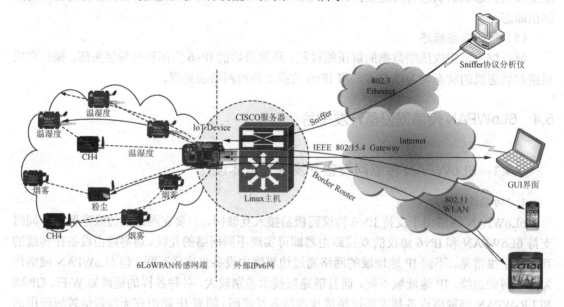

图 5-36　基于 IPv6 协议的便携式多功能传感网设备开发平台功能示意图

2. 性能指标

基于 IPv6 协议的便携式多功能传感网设备开发平台的主要性能指标如表 5-11 所示。

表 5-11　设备主要性能指标

技 术 指 标	参 数 描 述
电源电压	5V
工作电流	50mA
通信接口	RS232、SPI、USB
MCU 主频	72MHz
MCU 存储器	FLASH 128K，RAM 20K
无线通信频段	2.4～2.485GHz
通信速率	250kbit/s
调制方式	QPSK
无线传输距离	70～100m 无障碍传输
支持接口	USB 2.0 全速接口、IEEE802.15.4 无线接口
天线	陶瓷天线
微处理器	STM32F103RBT6
FLASH	128KB
SRAM	20K
射频芯片	UZ2400D
接收灵敏度	-95dBm（典型值）
技术支持	Linux Ubuntu 操作系统（作为网关、边界路由设备）；Windows XP 系统（作为 sniffer 抓包器）
协议支持	IEEE 802.15.4 标准；6LoWPAN 适配层协议；RPL 路由协议；CoAP 协议
工作温度	-20℃～70℃

5.4.2　6LoWPAN 传感网设备开发平台硬件设计

1. 硬件总体结构

基于 IPv6 协议的便携式多功能传感网设备开发平台的硬件设计需考虑到灵活紧凑、易于移植的需求。主控制器模块需要具有标准 USB 接口来支持即插即用的功能，射频芯片一般通过 SPI 接口与主控制器模块连接。

基于 IPv6 协议的便携式多功能传感网设备开发平台在硬件结构上比较紧凑，主控制器模块通过 SPI 总线通信接口拖带无线射频通信模块，可以实现对无线通信模块的寄存器的读写，从而完成对模块通信参数的配置，进一步控制无线数据的收发。主控制器模块获取无线模块传送过来的数据，通过 USB 接口上传给上位机。系统硬件结构如图 5-37 所示。

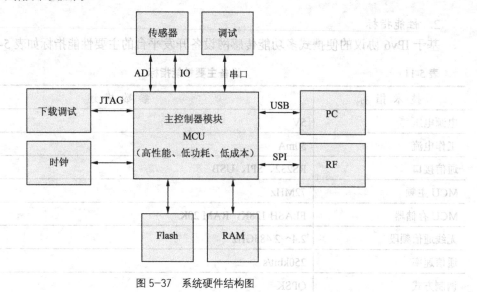

图 5-37　系统硬件结构图

2．硬件电路设计
（1）电源电路设计

基于 IPv6 协议的便携式多功能传感网设备开发平台由外部 USB 供电，USB 提供的 5V 电压经转压芯片 AME8800 转压为 3.3V 后为整个电路供电，电源电路设计图如图 5-38 所示。

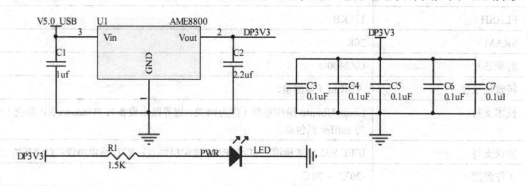

图 5-38　电源电路设计图

（2）调试电路电路设计

基于 IPv6 协议的便携式多功能传感网设备开发平台添加了硬件调试单元，用户通过 JTAG 或者 SW 接口即可方便地在线调试和烧录程序。为简化设计，本作品采用 SW 接口作为调试和下载接口，它只需 4 个引脚（电源、地、时钟、数据）便可对主控制器芯片烧写代码和在线调试，调试电路设计图如图 5-39 所示。

（3）最小系统电路设计

基于 IPv6 协议的便携式多功能传感网设备开发平台最小系统包括晶振电路和复位电路。慢晶振为 32.768kHz，系统主时钟为 8MHz。BOOT0 引脚通过一个 10kΩ 电阻接

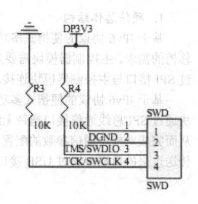

图 5-39　调试电路设计图

地，芯片的启动方式为片内 FLASH 启动，最小系统设计图如图 5-40 所示。

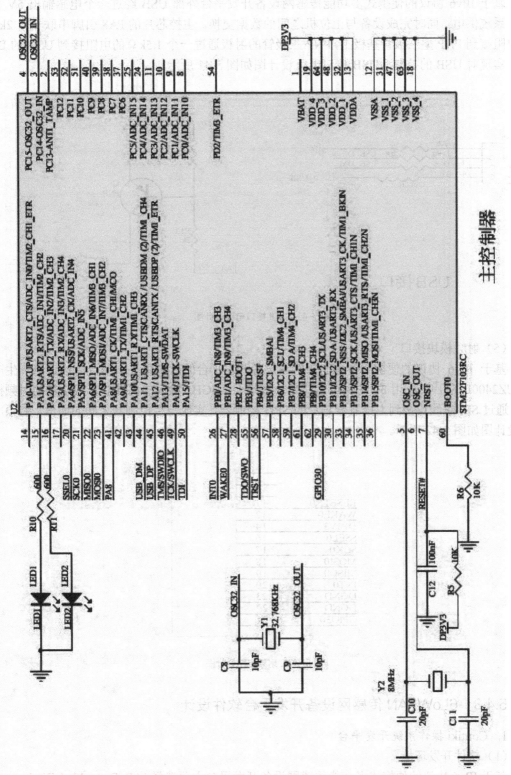

图 5-40　最小系统设计图

（4）USB 接口

基于 IPv6 协议的便携式多功能传感网设备开发平台外部 USB 经过一个电感输出 5V 为整个系统供电，同时完成设备与上位机之间的数据交换。主控芯片的 PA8 引脚串联一个 2kΩ 的电阻接到 PNP 型三极管基极上，PNP 三极管的射极通过一个 1.5kΩ 的电阻接到 USB 的 D+ 端，实现对 USB 的控制，USB 接口电路设计图如图 5-41 所示。

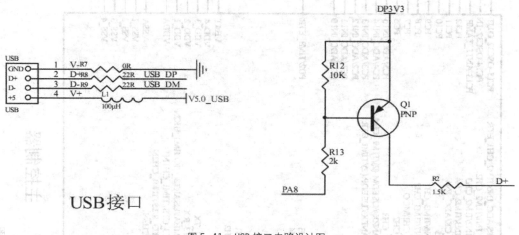

图 5-41　USB 接口电路设计图

（5）射频模块接口

基于 IPv6 协议的便携式多功能传感网设备开发平台的射频模块采用台湾达盛电子生产的 UZ2400D 芯片，采用 3.3V 供电，其是一款基于 2.4GHz 频段的高性能、低功耗的射频模块。通过 SPI 总线连接到主控制器芯片的 SPI1 控制器，实现与主控制器之间的通信，射频电路设计图如图 5-42 所示。

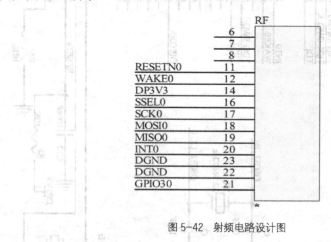

图 5-42　射频电路设计图

5.4.3　6LoWPAN 传感网设备开发平台软件设计

1. Contiki 操作系统开发平台
（1）软件开发环境
基于 IPv6 协议的便携式多功能传感网设备开发平台主要选择 IAR Embedded Workbench

for ARM、Source Insight、协议分析仪以及串口调试助手等软件作为软件开发环境。

IAR Embedded Workbench 是一个高效的嵌入式软件集成开发环境，适用于大量 8 位、16 位和 32 位嵌入式处理器或单片机，用户可以用同样的编程风格和解决方案应对不同的架构，有效地提高了开发效率。支持 C 和 C++语言，集成了强大的文本编辑器和 C-SPY 调试器，能够进行源代码和反汇编的编辑调试工作，支持单步调试、设置断点以及变量监控等调试手段。IAR Embedded Workbench 的 C/C++编译器和 XLINK 链接器能够为普通或特定的微处理器进行目标文件和库文件的链接、优化并输出高效的机器代码。IAR Embedded Workbench for ARM 版本是专门为 ARM 系列控制器设计的带有 C/C++编译器和调试器的集成开发环境。

Source Insight 是一个强大的源代码编辑查看工具，其几乎支持所有的编程语言，如 C、C++、ASM、PAS、ASP 和 HTML 等常见语言，具有快速访问源代码和源信息的功能。

IEEE 802.15.4 抓包器和协议分析仪是基于 IPv6 协议的便携式多功能传感网设备开发平台的辅助工具，用来捕获和分析各种 UZ2400 射频芯片发出的数据包，具有以下功能：显示连接设备；数据包不同字段以不同颜色醒目地区分；按照 IEEE 802.15.4 协议分析信标帧、数据帧、命令帧和确认帧以及不符合标准的帧，显示帧的 MAC 层 64 位长地址、16 位短地址和 PANID 以及时间戳等信息；显示时间轴线；任意选择 2.4GHz 频段的 16 个信道之中的任何一个进行捕获和分析。

串口调试助手是嵌入式项目开发常用的调试和分析工具。通过串口连接 PC 机与设备之后，利用串口调试助手即可看到嵌入式设备输出的信息。根据设备的实际传输速率设置合理的波特率、串口协议参数以及在 PC 机上占用的串口号，并且能够通过 ASCII 码或 HEX 显示接收或发送周期的任何数据或字符。

（2）Contiki 操作系统

基于 IPv6 协议的便携式多功能传感网设备开发平台选择 Contiki 操作系统作为系统开发平台。Contiki 操作系统是瑞典计算机科学院用 C 语言开发的基于事件驱动并支持线程抢占的多任务无线传感器网络节点操作系统。Contiki 操作系统有一个高效的内核调度机制，能够运行在资源非常受限的嵌入式节点中，只需要几 K 的 RAM 和几十 K 的 FLASH 就能够满足系统运行的需求。目前，Contiki 操作系统已经更新到 2.6 版，支持包括 MSP430、AVR、ARM、CC2430/2530 以及部分 STM32 系列在内的芯片。

在存储器资源非常受限的嵌入式节点中，多线程的操作模式非常消耗内存资源，每个线程必须拥有其自己的堆栈。由于通常情况下无法提前知道一个线程需要多少堆栈空间，需要事先分配过量的堆栈。因此，在传感器节点中并不十分适用。Contiki 操作系统具有事件驱动内核，在事件驱动系统中，进程作为事件处理程序实现，所有的进程可以使用同一个堆栈，在所有进程间高效地分享设备及其有限的内存资源。此外，为了结合事件驱动系统和抢占式多线程系统的优势，Contiki 操作系统使用了混合模式，以事件驱动为主，以可选的多线程为辅：系统基于一个事件驱动内核，可抢占的多线程也能够在应用程序明确选用的时候被连接。

Contiki 操作系统支持轻量级的 TCP/IP 协议栈 uIP 和一个低功耗无线通信栈 Rime。uIP 支持 IPv4/IPv6、UDP、ICMP 以及 TCP 通信，并通过了"IPv6 Ready"的银牌认证。Rime 是为低功耗无线传感器网络 MAC 层和 PHY 层设计的数据采集和传输的实现方式。在 Contiki2.6 操作系统中，实现了 6LoPWAN 工作组的 RFC4944、RFC6282 和 RFC4861 几个标准，并初步对 RPL 路由协议和 CoAP 应用层协议提供了支持。

基于 IPv6 协议的便携式多功能传感网设备开发平台在 6LoWPAN 子网接口端使用 Contiki

操作系统作为平台进行开发,重点是扩展 Contiki 操作系统平台的硬件支持,如 STM32F103、UZ2400,并将 Contiki 操作系统的开发环境由 GCC 移植到 IAR 软件平台,方便后续开发,并针对边界路由设备的特点开发私有的网络管理、数据转发以及流量过滤等后台处理功能。Contiki 操作系统结构图如图 5-43 所示。

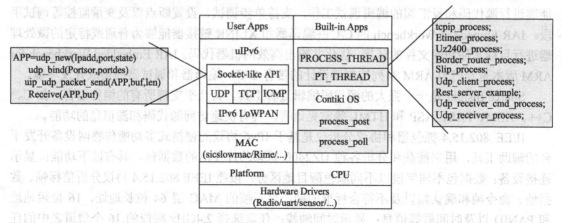

图 5-43　Contiki 操作系统结构图

Contiki 操作系统主要由操作系统调度内核与网络协议栈构成。系统调度内核实现可选的抢占式多任务,并提供轻量级的线程模型 protothread 来实现多线程编程方式。PROCESS_THREAD 用于定义任务的主体内容;PT_THREAD 用于定义子线程;process_post 用于进程间的调用,基于事件驱动;process_poll 用于基于轮询机制的进程调用。网络协议栈的核心是轻量级的 TCP/IP 协议栈 uIP/uIPv6,用户的应用程序通过类似于套接字的应用程序接口即可方便地调用 uIP/uIPv6 协议栈。

在 Contiki 操作系统的底层集成了 CPU、平台以及各种硬件设备的驱动,目前已经支持 20 多种 CPU,并有多家公司开发了基于 Contiki 的例子和使用平台,其他硬件驱动包括射频驱动、通信接口驱动以及多种传感器驱动等。基于 IPv6 协议的便携式多功能传感网设备中,基于 Contiki 操作系统的硬件驱动程序设计是一个重点工作。

(3)Contiki 操作系统开发平台移植

Contiki 操作系统遵循模块化设计,与硬件相关的代码集中在底层,上层协议栈与应用程序中,尽量与硬件无关。因此系统的移植主要是底层平台和微控制单元(MCU)的移植。Contiki 操作系统源代码主要目录包括:apps、core、cpu、platform、examples、tools。这些目录的描述如表 5-12 所示。

表 5-12　　　　　　　　　　　　　　Contiki 操作系统源代码主要目录

Contiki 操作系统源代码主要目录	目 录 描 述
apps	包括许多应用程序,在开发过程中可以直接使用
core	Contiki 操作系统的核心,包括 uIP 栈、Rime 通信栈、部分设备驱动和链接库文件等
cpu	Contiki 操作系统支持的处理器代码,如 AVR、ARM 和 TI2430 等
platform	系统支持的开发平台
examples	系统自带的实例程序,可以对某些功能进行验证
tools	常用的工具,如仿真工具 cooja、网络工具 tunslip 等

通过对 Contiki 源代码目录的分析可知只有 core、cpu 和 platform 三个目录与硬件相关，因此，对系统的移植主要是添加微控制单元（MCU）的驱动和与平台相关的硬件设备的驱动程序。

如前文所述，基于 IPv6 协议的便携式多功能传感网设备开发平台的主控制器模块芯片选用 STM32F103RBT6，此芯片目前主流的软件开发环境为 Keil 和 IAR，而 Contiki 官方对 ARM 芯片的支持是针对 GCC 环境编写的，而且对 STM32F103 系列芯片的支持也非常有限。因此，需要进行系统移植，使其能够在 Windows 环境下方便地进行开发，并且完全支持 STM32F103 系列的芯片。因此，对 Contiki 操作系统的移植首先需要建立合适的软件编译开发环境。

基于 IPv6 协议的便携式多功能传感网设备开发平台使用 IAR Embedded Workbench for ARM 在 Windows 下进行一系列协议栈软件的开发，需要将 Contiki 操作系统中的目录组织到 IAR 工程中以便后续开发。由于 IAR 的编译器与 Contiki 操作系统中的 GCC 有所区别，而且 Contiki2.6 源代码中的头文件与 STM32 官方库版本不同，难以直接使用，需要将 Contiki 源代码中的 STM32 平台代码移植到 IAR 工程，以便后续的开发工作。移植的过程中还需要针对微控制单元（MCU）平台所使用的库文件进行修改和优化，使得 STM32 芯片能够在 Contiki 操作系统下正常工作，同时去掉本作品中不必要的 cpu 与 platform 代码，简化源代码。在 IAR 工程中移植后的 Contiki 操作系统文件目录如图 5-44 所示。

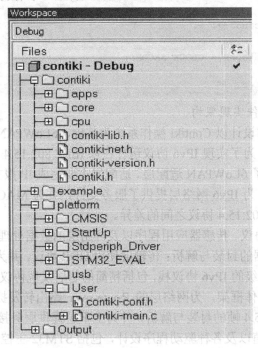

图 5-44　Contiki 在 IAR 下的工程目录

Contiki 操作系统采用事件驱动机制，而事件的产生方式主要有两种情况：第一，定时器中断事件；第二，某个中断发生，产生某个事件，例如外部中断事件。由于 Contiki 操作系统是非抢占的，所以并不需要保存上下文。因此，移植 Contiki 操作系统到 STM32 平台上的另一个重点工作就是系统时钟的移植，由于 STM32 使用 ARM Contex M3 的内核，具有专门的系统时钟 systick，所以在系统移植的过程中对 systick 的移植十分重要。

利用 STM 官方提供的 v3.4 库文件，移植之后的系统时钟函数为

```
void clock_init()
{
    //每秒钟触发一次中断
    if(SysTick_Config(SystemCoreClock/CLOCK_SECOND))
    //系统库函数
    {
        while (1);
    }
}
```

系统时钟中断服务函数为

```
void SysTick_Handler(void)
{
    current_clock++;
    if(etimer_pending() && etimer_next_expiration_time() <= current_clock)
    {
        etimer_request_poll();//触发etimer
    }
    if (--second_countdown == 0)
    {
        current_seconds++;

        second_countdown = CLOCK_SECOND;
    }
}
```

2. 边界路由设备软件实现架构

6LoWPAN 协议栈的设计以 Contiki 操作系统为基础，6LoWPAN 协议栈软件层次结构基于 OSI 标准的参考模型，为了实现 IPv6 协议运行在以 IEEE 802.15.4 为底层的传感器网络上，在 OSI 模型基础上增加了 6LoWPAN 适配层。适配层主要完成 IP 报文的分片重组、报头压缩以及 Mesh 路由等功能，为 IPv6 网络层提供了服务支持，并为 MAC 层提供了服务接口，从而屏蔽了 IPv6 与 IEEE 802.15.4 协议之间的差异。

应用层运行 CoAP 协议、传感器应用程序以及应用层的数据处理程序。通过 UDP 套接字程序接口进行应用层数据的封装与解析；传输层使用 UDP 协议，并为上层提供类似于套接字的接口；网络层运行轻量级的 IPv6 协议栈，包括精简的邻居发现协议，同时，实现了 RFC6550 定义的 RPL 路由协议主体框架，为网络层的 Route-over 路由转发提供支持；适配层以下的 MAC 层实现 IEEE 802.15.4 帧的封装与解析，并为上下层提供服务接口；PHY 层提供信道切换、Contiki 操作系统移植以及各种驱动程序设计，包括 STM32 主控制器芯片的 USB 接口驱动、串口驱动、UZ2400 射频芯片驱动以及多种传感器驱动程序的设计等。

IPv6 物联网边界路由设备基于 Contiki 操作系统平台实现，边界路由设备节点与 6LoWPAN 子网节点具备不同的功能。因此，在 Contiki 协议栈中需要设计不同功能的进程来完成相应的功能。协议栈架构如图 5-45 所示，根据 Contiki 操作系统的事件驱动内核的进程调度机制，以及各层次功能及逻辑关系表述了边界路由设备各层的报文处理、数据通信以及具体功能的实现。

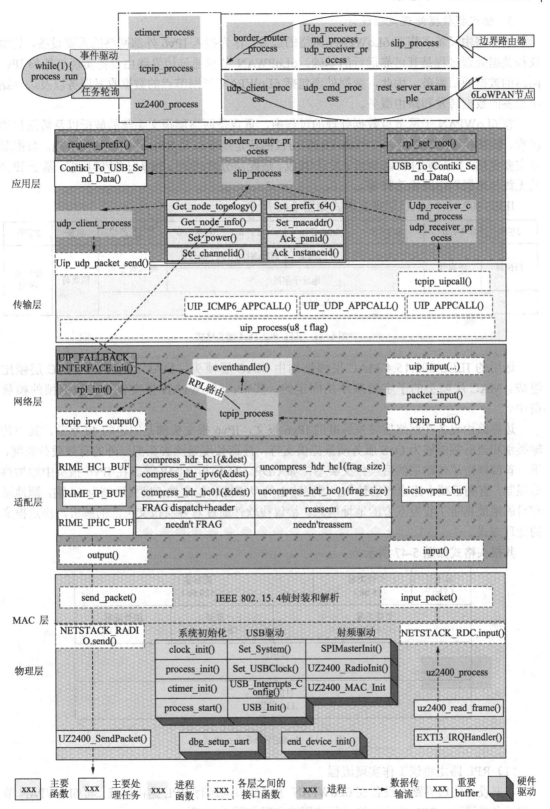

图 5-45　边界路由设备协议栈实现架构

3. 协议栈数据处理流程设计

边界路由设备工作在 6LoWPAN 网络的边界，作为接入 IPv6 外部网络的重要设备，其协议栈数据处理过程是其可靠运行的基础。6LoPWAN 节点通过边界路由设备实现与外部 IPv6 网络的数据通信服务。因此，数据处理包括 6LoWPAN 子网节点的数据收发服务以及边界路由设备的数据转发和路由服务。

在 6LoWPAN 子网节点数据处理的过程中，重点是网络层报文头部的解析以及数据包的接收、转发和路由等功能，并考虑适配层协议的特定功能以及 RPL 路由协议的实施。数据服务主要包括：数据帧的装载/解析、发送/接收、适配层分片/重组、报头压缩/解压缩、基于 IPv6 的无线传感器网络路由选择等。

IEEE 802.15.4 MAC 层报文格式如图 5.46 所示。

2字节	1字节	0/2字节	0/2/8字节	0/2字节	0/2/8字节	0/5/6/10/14字节	可变	2字节
帧控制	序列号	目的PAN标识符	目的地址	源PAN标识符	源地址	辅助安全头	帧载荷	帧校验序列
		地址子字段						
MAC层帧头								

图 5-46　IEEE 802.15.4 帧头格式

通用的 IEEE 802.15.4 MAC 层帧结构由 MAC 层帧头、MAC 层载荷和 MAC 层帧尾组成。MAC 层帧头的子字段顺序是固定的，其中，6LoWPAN 报文包含在数据帧的帧载荷中。

边界路由设备在网络层转发标准的 IPv6 报文，IPv6 报文头部是固定的 40 字节，其中传输类别和流标签能够为 QoS 服务质量提供支持，净荷长度是除去头部以外的有效载荷长度，下一首部规定了传输层的后续报文类型，如 UDP、TCP 和 ICMP 等。在 IPv6 报头中增加跳数限制，有利于减小路由表的体积，增强路由的可靠性和稳定性，最大限制为 64 跳。源地址和目的地址携带了收发双方的地址信息。协议栈软件通过对各层报文头部的解析，决定报文的处理方式。

其报头格式如图 5-47 所示。

版本号 (4 bit)	传输类别 (8 bit)	流标签 (20 bit)	
负载长度 (16 bit)		下一首部 (8 bit)	跳数限制 (8 bit)
源地址 (16 字节)			
目的地址 (16 字节)			

图 5-47　标准的 IPv6 报头格式

（1）RPL 路由协议工作实现流程

本书设计的边界路由设备在 6LoWPAN 子网接口端运行 RPL 路由协议，与 6LoWPAN 节点实现多跳通信。RPL 路由协议运行流程的实现如图 5-48 所示。

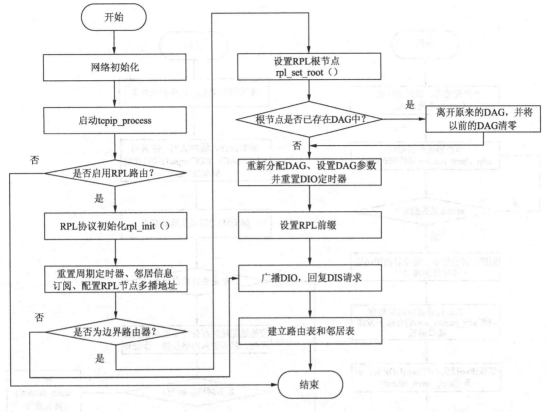

图 5-48 RPL 路由协议运行流程图

Contiki 嵌入式系统中，各个功能块都是以进程的方式实现。RPL 路由协议属于 IPv6 网络层的路由协议，因此，其初始化在网络层的主进程 tcpip_process() 中完成。RPL 路由协议的初始化包括定时器、路由表和邻居表的清零以及 RPL 节点组播地址的配置。如果是边界路由设备节点，则将其配置为 DAG 的根节点，并更新版本信息、对象函数、DIO 间隔时间、跳数等级以及默认生命周期等 RPL 网络信息。

（2）6LoWPAN 子网节点数据处理

在 Contiki 操作系统平台中，6LoWPAN 数据处理流程的实现如图 5-49 所示。

子网节点的数据处理分为数据发送处理和数据接收处理。由于子网节点网络层运行 RPL 路由协议，因此在接收数据的时候，必须判断是否进行路由转发，发送节点也会选择下一跳地址，如果找不到下一跳接收者，则发送失败。

（3）边界路由设备数据处理

6LoWPAN 边界路由设备的数据服务是指对 6LoWPAN 子网节点的数据进行转发或者将外部 IPv6 网络的数据通过边界路由设备转发给 6LoWPAN 子网节点，实现 6LoWPAN 节点与外部 IPv6 网之间的相互通信。IPv6 物联网边界路由设备由 6LoWPAN 根节点与一台 Linux 主机共同构成，根节点通过 USB 接口与 Linux 主机连接，根节点将不是发给自己的数据转化为 SLIP 协议，发送给 Linux 主机进一步处理。Linux 主机调用内核自带的网络层 IP 路由规则寻找报文的下一跳地址，如果能够找到则通过外部 IPv6 网络转发出去，否则丢弃。边界路由设备数据处理流程的实现如图 5-50 所示。

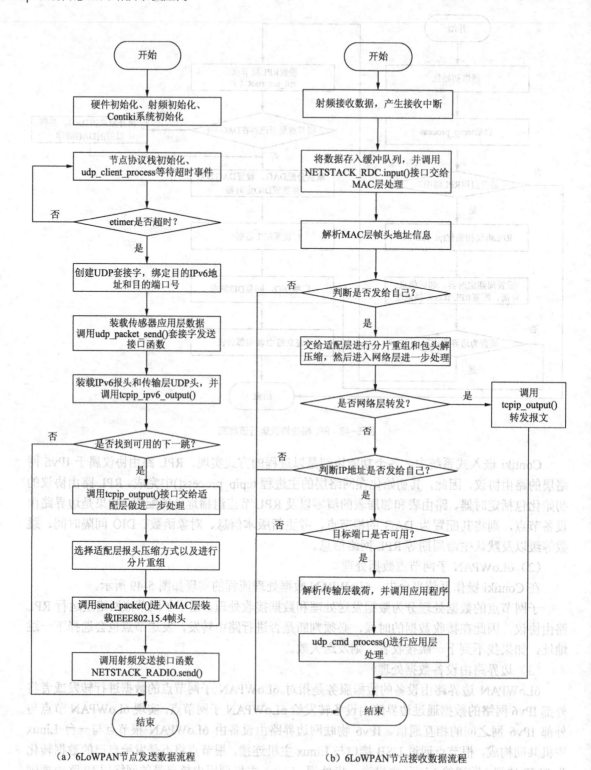

（a）6LoWPAN节点发送数据流程　　　　　　　（b）6LoWPAN节点接收数据流程

图5-49　6LoWPAN数据处理流程图

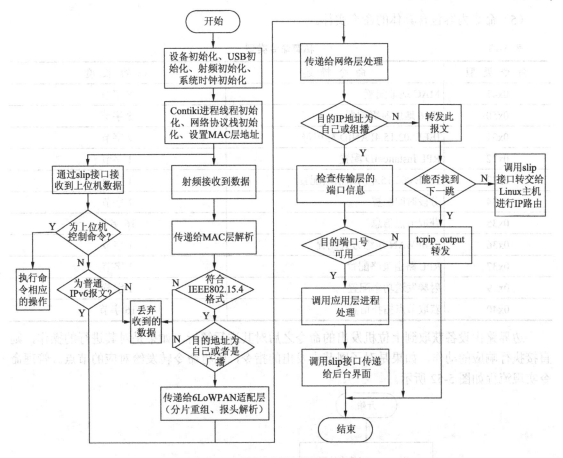

图 5-50　边界路由设备数据处理流程图

4. 网络管理命令设计

边界路由设备通过 USB 接口与后台 Linux 主机连接，USB 以虚拟串口形式运行，Linux 主机与边界路由设备之间的数据封装在 SLIP 帧中传输。边界路由设备位于 6LoWPAN 网络的边缘，具有比较丰富的资源，能够对 6LoWPAN 网络进行一定程度的管理和配置。其配置命令来自于 GUI 人机交互界面或者后台守护程序，封装在 SLIP 帧之中，其格式如图 5-51 所示。

SLIP头	请求/响应	命令类型	命令长度	命令内容	SLIP尾
CO	1字节	1字节	1字节	不定	CO

图 5-51　SLIP 配置命令格式

（1）SLIP 协议规定帧的开头和结构都必须是"CO"。

（2）紧随 SLIP 头的域用 1 字节表示该命令为请求命令还是响应命令，如"0x21"表示请求命令，"0x3F"表示响应命令。

（3）命令类型标识了命令的功能，具体如表 5-14 所示。

（4）命令长度表示了命令内容的具体长度，便于处理。

（5）命令内容包含具体的命令实体。

表 5-13   私有命令类型

命 令 类 型	命 令 描 述	内 容 长 度
0x41	MAC 地址配置	8 字节
0x50	IPv6 地址前缀配置	8 字节
0x31	IEEE802.15.4PANID 标识符	2 字节
0x32	RPL InstanceID 配置	1 字节
0x33	IEEE 802.15.4 网络信道配置	1 字节
0x34	分段时间配置	1 字节
0x35	获取节点信息	16 字节
0x36	6LoPWAN 压缩方式配置	1 字节
0x37	RPL 路由策略配置	1 字节
0x39	射频发送功率配置	1 字节
0x40	获取节点拓扑信息	16 字节

边界路由设备获取到上位机发出的命令之后对其进行解析，如果是对其进行的操作，则直接执行响应的动作，如果是对子网节点发出的指令，则将命令转发给对应的节点。管理命令实现流程如图 5-52 所示。

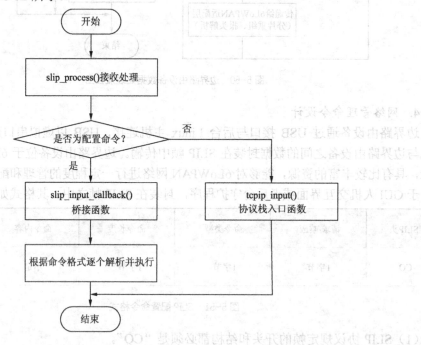

图 5-52 管理命令实现流程图

IPv6 地址自动配置机制由前缀和全网标识符组成，是网络层运行的基础，因此，在所有的配置命令中，前缀的请求与获取命令是初始化之后必须执行的，其他命令根据网络的应用场景可以选择配置。

5. 传感器节点应用程序设计

平台使用工业现场常用的几种传感器搭建基于 6LoPWAN 的无线传感器网络，如：瓦斯、温湿度、烟雾、粉尘、一氧化碳和二氧化硫等传感器。传感器节点同样使用 STM32F103 作为主控芯片，UZ2400 芯片作为无线射频模块，采用充电电池供电，并连接传感器。

传感器大都使用常用的微控制单元（MCU）外围接口与单片机进行连接，如串口、I2C 总线、AD 转换器以及 I/O 口等，传感器驱动程序设计主要为接口的初始化配置、中断操作以及数据读写操作。由于 STM32 官方提供了功能强大的库函数，几乎所有对硬件的操作都能通过库函数完成，因此，使用库函数能有效降低工作量。

本平台设计了两种传感器数据获取机制：周期性汇报机制，传感器节点通过定时器定期向网关汇报所采集的传感器数据；查询机制，通过上位机发送信息获取指令，传感器节点收到指令之后被动返回传感器采集到的数据。

在 Contiki 操作系统中，通过类似于 UDP 套接字的 API 函数来实现应用层数据的收发。传感器节点的两种数据获取机制通过两个进程来实现：udp_client_process 和 udp_cmd_process，这两个进程都设置为自启动方式运行。

（1）周期性汇报机制

udp_client_process 启动以后首先设置自己的本地链路地址和全局 IPv6 地址，然后创建一个 UDP 套接字，并绑定目的地址和目标端口，再初始化 etimer 定时器，设置定时间隔。当 etimer 超时以后，会产生一个超时事件，触发该事件所关联的任务，从而调用相应的超时处理函数 timeout_handler()，在超时处理函数中完成传感器数据的读取、应用层载荷的填充。最后，调用 API 接口函数 uip_udp_packet_send()发送出去。

在 uip_udp_packet_send()中，先将应用层载荷放入 uip_buf 发送缓冲区，然后调用进程 uip_process()。在 uip_process()中，进入"udp_send"状态，并装载传输层 UDP 头部域以及 IPv6 头部的部分信息。然后调用 tcpip_ipv6_output()函数，在此函数中完成网络层头部的装载以及路由选择的功能。此后，调用 tcpip_output()函数，该函数的指针形参"a"在 sicslowpan.c 文件中的 sicslowpan_init()函数中初始化为 output()，在这个函数中完成 6LoWPAN 协议栈的报头压缩和报文分片功能。完成之后调用 sicslowmac 层的服务 send_packet()函数，封装 MAC 层帧头。最后调用无线射频接口函数 NETSTACK_RADIO.send()将数据包发送出去。周期性汇报机制应用程序设计流程如图 5-53 所示。

（2）查询机制

上位机发出数据查询指令，封装成 SLIP 帧发给 IEEE 802.15.4 网关，网关的 slip_process 进程按照 SLIP 协议接收并解析命令，然后调用 SLIP 桥接文件中的命令处理函数 slip_input_callback 来执行命令。由于查询命令的目标并不是网关，因此，网关提取出目标节点的 IP 地址并重新构造节点查询命令，发送给目标节点的应用层命令处理进程 udp_cmd_process，该进程负责处理发送到终端节点的命令，如信息查询命令、拓扑获取命令等。当终端节点收到查询命令之后，Contiki 操作系统产生一个"tcpip_event"事件，触发应用层的命令处理进程，然后在进程中调用节点应用层时间处理函数，读取传感器数据并调用 API 接口函数 uip_udp_packet_send()发送给上位机。查询机制应用程序的设计流程如图 5-54 所示。

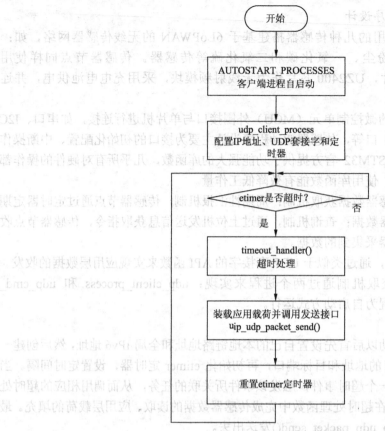

图 5-53　周期性汇报机制应用程序设计流程图

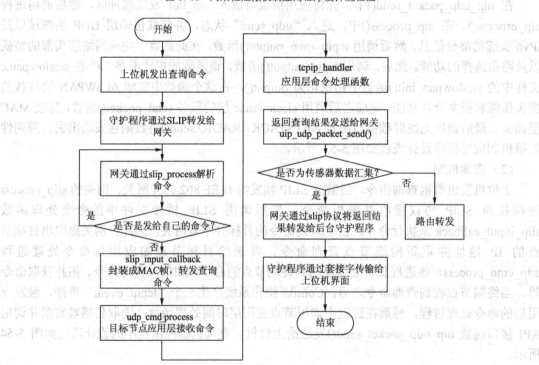

图 5-54　查询机制应用程序设计流程图

5.4.4　LoWPAN 传感网网络管理程序设计

本书设计的基于 IPv6 WSN 边界路由设备需要与一台 Linux 主机配合以完成路由转发和远程数据服务功能，因此需要设计一个在 Linux 系统上运行的后台守护程序以完成 USB 设备驱动、数据中转、路由以及命令下发和上传等工作。此守护程序既可以直接在 Linux 系统中以命令行的形式运行，也可以与上位机人机交互界面配合，最终完成本地或远程的数据服务远程/本地监控和网络参数配置等功能。

1. Linux 系统分层结构

操作系统的出现使上层应用程序开发摆脱了硬件的束缚，对硬件设备的操作都集中在系统内核底层，由设备驱动来完成。因此，设备驱动就是夹在应用程序与底层硬件之间的中间软件层，通常为操作系统内核提供统一的接口，并且方便了系统对不同种类的硬件设备采用统一的管理和操作方式。

在 Linux 操作系统中，文件的含义十分广泛，不仅包含磁盘中的数据、目录，而且还有各种各样的硬件设备也被映射为文件，比如说网卡、串口、标准输出等，这样就可以像操作普通文件一样来对硬件设备进行读、写与管理。在 Linux 中的每个设备文件都有相应的设备名，以及设备类型、主设备号和从设备号四个属性。其中，主设备号用来表示同一个驱动程序控制的所有设备的标识；从设备号表示同一主设备号下面的不同设备的标识。

Linux 系统中，对所有硬件设备的操作都是通过接口来实现的，不同类型的硬件设备抽象出来的接口函数相同，即对不同硬件的操作可以通过同样的方式完成。设备驱动为操作系统内核提供统一的接口，操作系统为应用程序提供统一的函数调用，图 5-55 是设备驱动与函数调用接口的关系。

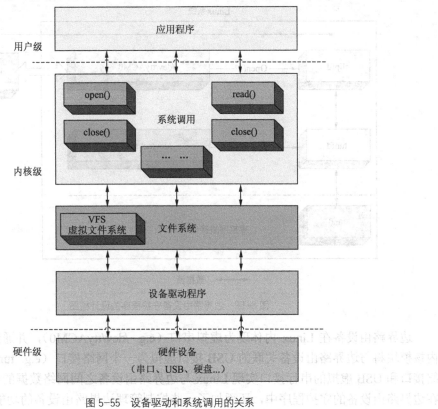

图 5-55　设备驱动和系统调用的关系

Linux 内核中的虚拟文件系统（VFS）为用户控件提供统一的文件操作接口，为不同的真实文件系统提供统一的抽象接口。用户编写的应用程序通过系统调用与虚拟文件系统交互，对实际的文件系统或者设备进行操作。

在 Linux 系统中，设备文件通常放在目录/dev 下面，找到设备文件之后，就可以用通用的接口函数（如：由 Linux 操作系统内核提供给用户层面的系统调用）对设备进行控制和访问。本作品设计的边界路由设备在 Linux 系统中被看作通用终端接口。

另外，为了对终端设备更方便地读写和严格的控制，除了通过简单的文件操作来完成对终端的一些访问和读写控制之外，Linux 还提供了一组函数调用（General Terminal Interface，GTI），利用 GTI 就可以控制终端驱动程序的行为，从而对终端的输入输出进行更好的控制。这组函数调用与用于读写数据的函数是分离的，这就使得读写数据的接口非常简洁，又保证了用户可以对终端进行更精细的控制。

本平台中的边界路由设备使用 USB 接口与 Linux 主机对接，使用 USB 协议中的虚拟串口模式，这样 Linux 系统就能通过串口（如 ttyACM0）的操作方式来进行设备的驱动和文件读写操作，大大降低了操作的复杂性，简化了程序设计。

2. 守护程序框架设计

边界路由设备的守护程序运行在 Linux 主机端，完成设备的驱动、工作模式设定和数据转发等功能。守护程序经过边界路由设备在 Linux 中虚拟为一个网络接口，网络接口在操作系统中相当于一个数据发送和接收的实体，可以是实际的网络设备或者是通过软件虚拟。这样在 Linux 端的设计不必关心设备的具体实现方式，对边界路由设备的数据转发及处理就可以采用 Linux 系统中的通用方式。守护程序的设计框图如图 5-56 所示。

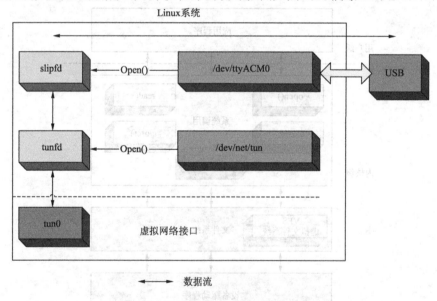

图 5-56　边界路由设备守护程序的设计框图

边界路由设备在 Linux 内体现为虚拟串口（e.g. /dev/ttyACM0），并通过 Linux 内的 tun 内核模块将与边界路由设备关联的 USB 接口虚拟为一个网络接口（e.g. tun0）。利用 tun0 网络接口和 USB 虚拟的串行接口实现 Linux 与边界路由设备之间网络数据的传输。除此之外，在边界路由设备的守护程序中，还添加了一些控制管理边界路由设备的功能。

3. TCP 网络编程及套接字程序设计

（1）TCP 网络编程

后台守护程序是前端无线传感器网络与后端 GUI 人机交互界面或者协议分析仪等外部网络连接的桥梁，GUI 界面和 Sniffer 协议分析软件通过套接字远程或本地连接到守护程序，完成数据获取和命令配置等功能。

Linux 系统中 TCP/IP 协议栈最常用的应用程序接口是套接字，套接字能够有效地屏蔽下层中不同网络协议之间的差异，并提供大量的系统级调用函数，如读写、打开、关闭等，非常适合 Linux 网络程序的开发。套接字能够在相同或者不同主机上的应用程序实现双向对等的数据通信，但是实际上跟通用的协议栈数据发送和接收流程一样，都是要调用下层的软件或者硬件实现真正的数据传输。图 5-57 是 Linux 系统中的套接字通信模型。

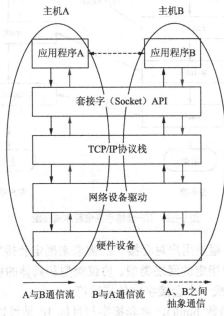

图 5-57　套接字通信模型

Linux 系统中有面向连接的套接字和面向非连接的套接字，分别对应于传输层的 TCP 协议和 UDP 协议。在本作品中，为了保证后台守护程序数据处理和转发的服务质量，采用 TCP 套接字通信。TCP 网络编程是目前比较通用的方式，很多应用层协议都是基于 TCP 协议的。

TCP 编程主要为 C/S，即客户端/服务器模式，TCP 网络编程的流程包含服务器和客户端两种模式。服务器模式创建一个服务器程序，等待客户端连接，当接收到用户的连接请求之后，就根据用户的请求进行处理；而客户端模式则是根据目标服务器地址和目标端口进行连接，向服务器发送请求并对服务器的响应进行数据处理，其程序流程如图 5-58 所示。

客户端与服务器在连接、数据读写、关闭过程中有交互。客户端在连接过程中与服务器之间进行三次握手建立 TCP 连接，之后就可以进行数据的交互，而数据交互完成之后关闭套接字连接。本作品的守护程序作为套接字服务器，在网络通信中处于主导地位，在此主要研究套接字服务器的程序设计方法。

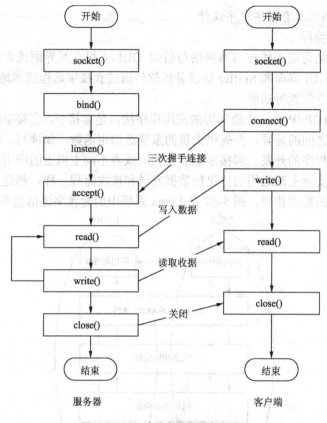

图 5-58   TCP 套接字通信程序流程图

① 套接字初始化过程，根据用户对套接字的需求来确定套接字选项，这个过程的系统调用函数为 socket()，按照用户指定的网络类型、协议类型和具体的协议标号等参数来定义。初始化成功以后系统为用户生成一个套接字文件描述符。

② 套接字与端口绑定函数 bind()，将套接字与目标 IP 地址以及端口号绑定，并指定协议类型，这样应用层直接调用绑定后的套接字就能进行网络程序设计。

③ 套接字服务器能够同时被多个客户端连接，套接字侦听函数 listen()会设置服务器接受客户端的队列长度，保证客户端的服务质量。

④ 服务器被动地接收客户端连接请求，调用 accept()函数进行连接响应。

⑤ 准备工作就绪以后，套接字服务器通过 read()和 write()函数来发送和接收数据。

⑥ 完成套接字数据处理之后，通过 close()来关闭套接字，结束通信。

（2）守护程序套接字设计

守护程序在进行套接字通信时以服务器模式运行，需要同时监听多个端口，被动等待客户端的连接。套接字作为线程的形式运行，线程的建立是通过调用 Linux 系统中的 pthread_create()函数来实现的。在调用 pthread_create()函数时，传入的参数有线程属性、线程函数、线程函数变量等。而边界路由设备担任 IEEE 802.15.4 网关的 GUI 界面与担任 Sniffer 抓包器的协议分析仪是分别在不同环境（Linux、Windows）中开发的两套上位机软件，因此需要建立多个套接字子线程，方法如下。

```
/*建立 TCP 套接字客户端连接请求处理子线程*/
pthread_create(&thread_do[0], NULL, handle_connect4, NULL);
/*建立抓包器套接字客户端连接请求处理子线程*/
pthread_create(&thread_do[1],NULL,Sniffer_connect,  NULL);
```

后台守护程序在套接字程序设计中作为服务器，程序实现的关键代码如下。

```
void * handle_connect4(void * arg){
    struct sockaddr_in from;
……
    creat_server_sockfd4(&s_s4,&local_addr4,SERVER_PORT4);
    while(1) { /*处理客户端连接请求*/
s_c4 = accept(s_s4, (struct sockaddr*)&from, &len);
    ……
    }

void creat_server_sockfd4(int *sockfd, struct sockaddr_in *local, int portnum)
{
    *sockfd = socket(AF_INET, SOCK_STREAM, 0);
……
    err=setsockopt(*sockfd,SOL_SOCKET,SO_REUSEADDR,&optval,sizeof(optval));
    err=setsockopt(*sockfd,IPPROTO_TCP,TCP_NODELAY,&nodelay,sizeof(nodelay));
    if(err) { perror("setsockopt"); }
    memset(local, 0, sizeof(struct sockaddr_in));
    local->sin_family = AF_INET;
    local->sin_addr.s_addr = htonl(INADDR_ANY);
    local->sin_port = htons(portnum);
    err = bind(*sockfd, (struct sockaddr*)local, sizeof(struct sockaddr_in));
        err = listen(*sockfd, BACKLOG);
……
    }
}
```

函数 creat_server_sockfd4()为用户处理 TCP 客户端的连接请求，在此之前必须创建一个 TCP 套接字服务器，因此子函数 creat_server_sockfd4()就用来完成服务器的创建过程。创建之后还需要按照服务器的程序设计流程完成目标绑定以及端口侦听等步骤。其中涉及到的主要系统调用如下所述。

socket()为 Linux 提供系统调用，其中：AF_INET 通信域，在此是表示以太网；SOCK_STREAM 用于指定套接字类型，在这里表示流式套接字（即 TCP 套接字）；第三个参数设为 "0" 表示流式套接字只有一种特定类型。这样，如果此函数执行正确，则套接字创建成功，返回套接字文件描述符。

setsockopt(*sockfd,SOL_SOCKET,SO_REUSEADDR,&optval,sizeof(optval))是为 Linux 提供设置套接字属性相关参数的系统调用函数。

4. 数据处理和转发程序设计

边界路由设备处于传感器网络、外部网络以及上位机之间，会转发或者处理不同种类的数据或命令，表 5-14 为后台守护程序可能的数据类型。

表 5-14   数据类型

流量类型	流量来源	处理方式
数据	传感器网络汇集数据	转发给上位机界面
	IPv6 数据	转发给对应的 IPv6 节点或丢弃
	Sniffer 抓包数据	转发给上位机协议分析软件
	其他数据	丢弃
命令	私有网络管理命令	转发给对应的节点执行

  边界路由设备作为网关时将接收到的传感器数据目的地址就是自己，解析到应用层，然后通过 SLIP 协议重新封装之后发送给上位机目的地；作为边界路由设备的时候接收到的数据目的地址是其他的 IPv6 主机或节点，自己只是中间路由节点，因此数据只解析到网络层，调用 IP 层路由规则进行转发，如果找不到下一跳地址则丢弃；作为 Sniffer 抓包器的时候是以第三方设备的身份对射频范围内的数据进行监测，并将捕获的数据原封不动地转交给守护程序，守护程序为了让上层界面知道这种数据的类型加上 66AB 的包头，这样上位机的协议分析软件就能够对这种包进行进一步地分析和测试。

  由于边界路由设备处于传感器网络边缘，具备一定的网络管理和配置能力，本作品设计了一系列的私有命令，命令在底层传输的时候与数据一样都是通过 SLIP 或 IEEE 802.15.4 协议来封装并传输。但是到了接收端，会逐步解析到应用层，根据本文设计的特定命令头部来判断具体的命令类型，从而执行相应的动作，这样只需要在应用层来区分是命令还是数据，在底层都按照统一的方式传输。守护程序对数据处理的数据类型如图 5-59 所示。

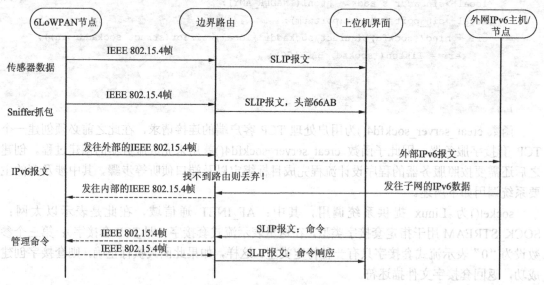

图 5-59 守护程序数据处理方式

  图 5-64 中的虚线表示可能经历的步骤，而不是必须经历的。在两种条件下可能出现这种情况。

  ① 当边界路由设备收到不是发给自己或者上位机界面所在的主机地址的 IPv6 报文时，

会通过 IP 路由规则查找下一跳，如果寻找不到有效的下一跳地址，则将报文丢弃，因此不能
到达目的地。

② 上位机界面或者守护程序一般作为命令的发起方，边界路由设备和传感器网络被动接
收，执行完毕以后返回确认命令。部分命令只需要到达边界路由设备（如：信道配置、前缀
配置等），而另一些命令才会到达 6LoPWAN 子网节点，如获取传感器信息、获取拓扑信息等。

在程序启动后开始处理程序收到的参数、初始化相应的接口及网络套接字。在守护程序
中需要同时监听多个接口（文件描述符），守护程序中通过调用 Linux 系统提供的 select()系
统调用实现守护程序对多个网络接口的监听。当有数据可读时，通过判断收到数据的接口和
数据类型采取不同的处理方式。守护程序的程序流程图如图 5-60 所示。

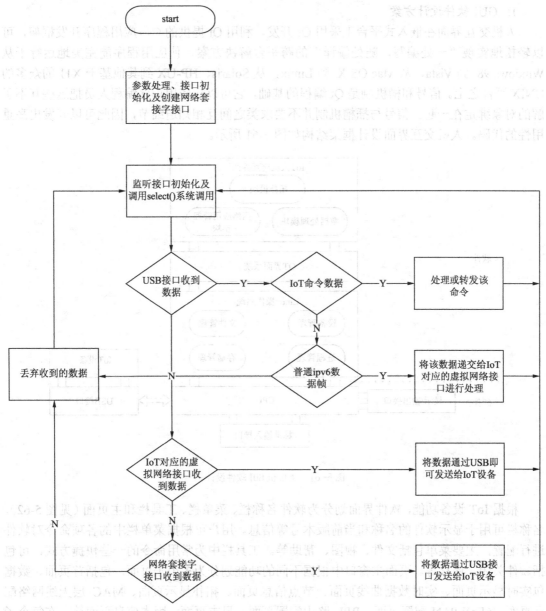

图 5-60　边界路由设备守护程序流程图

守护程序对虚拟网络接口、套接字接口和 USB 虚拟串口持续监听，判断数据类型并进行不同处理。守护程序具有双向数据通信能力，上行通信和下行通信。其中上行通信可能是边界路由设备作为 IEEE 802.15.4 网关而汇集传感器网络数据、响应命令、边界路由转发的外网IPv6 数据或者 Sniffer 抓包数据。下行通信只可能是命令或者外部网络发往传感器网络的 IPv6数据。

另外，守护程序的虚拟网络接口可能会收到其他外部主机或者节点的其他数据，收到之后直接丢弃。

5.4.5 上位机 GUI 软件设计

1. GUI 软件设计方案

人机交互界面在嵌入式平台上采用 Qt 开发。利用 Qt 提供的 C++应用程序开发框架，可以轻松地实现"一处编写，随处编译"的跨平台解决方案，使应用程序能完美地运行于从Windows 98 到 Vista，从 Mac OS X 到 Linux，从 Solaris、HP-UX 到其他基于 X11 的众多的UNIX 平台之上。信号和槽机制是 Qt 编程的基础，它可以让应用程序编程人员把这些互不了解的对象绑定在一起。信号与插槽机制并不要求类之间互相知道细节，因此可以开发出高重用性的代码。人机交互界面设计框架结构如图 5-61 所示。

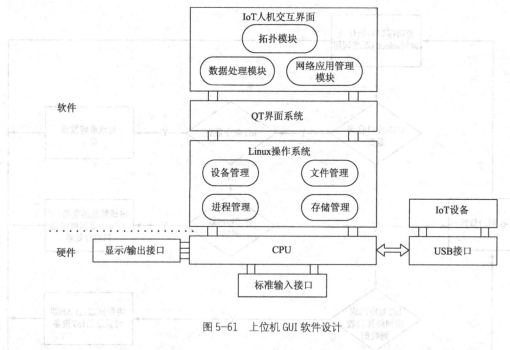

图 5-61 上位机 GUI 软件设计

根据 IoT 设备功能，软件界面划分为软件名称栏、菜单栏、工具栏和主页面（见图 5-62）。名称栏可用于显示软件的名称和当前版本号等信息。用户可根据菜单栏中的各项命令对软件进行配置，主要菜单包括文件、视图、帮助等。工具栏中为常用命令的一些快捷方式，可包括软件关闭、保存等。页面主窗口中根据不同的功能划分为多个子页面，包括首页面、数据包实时显示页面、实时数据曲线页面、节点信息页面、拓扑显示页面、MAC 层无线网络配置页面、6LoWPAN 配置页面、RPL 路由配置页面、日志页面、版本信息页面等。在每个子页面中对具体的功能进行配置和信息的获取。同时在每个子页面的下方都有"apply""cancel"
两个功能按键，用于使配置的参数生效和取消设置。

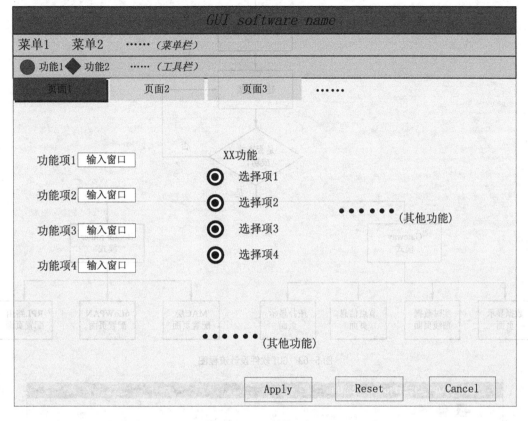

图 5-62　GUI 软件示意图

2. GUI 软件设计流程

在本阶段的 GUI 软件中，IoT 设备有两种工作模式，分别为 Gateway 模式和 Bordor router
模式。当设备工作在 Gateway 模式下时，用户可以跳转到数据包实时显示页面、实时数据曲
线页面、节点信息页面、拓扑显示页面，对网络内设备的数据、拓扑进行监控；当设备工作
在 Bordor router 模式下时，用户可以跳转到 MAC 层无线网络配置页面、6LoWPAN 配置页面、
RPL 路由配置页面对 IoT 设备进行配置。

在程序运行的任意时刻，用户均可跳转到日志页面、版本信息页面来查看软件的操作日
志以及软件的版本信息等。GUI 软件设计流程如图 5-63 所示。

3. 首页面

首页面为软件启动后用户进入的第一个页面，首页面中的主要功能是 GUI 程序和守护程
序的连接，输入守护程序所在 PC 机的 IP 地址和端口号，点击"Connect"按钮，如果守护程
序存在并且输入正确，在守护程序和 GUI 之间就建立起连接，此时 IoT 设备、守护程序和
GUI 之间存在一条完整的数据通路，即可进行后续的数据处理。如果连接成功，则"connect"
按钮变为"disconnect"按钮，此时点击按钮，就会断开守护程序和 GUI 之间的连接，连接
信息在状态栏显示。首页面的设计如图 5-64 所示。

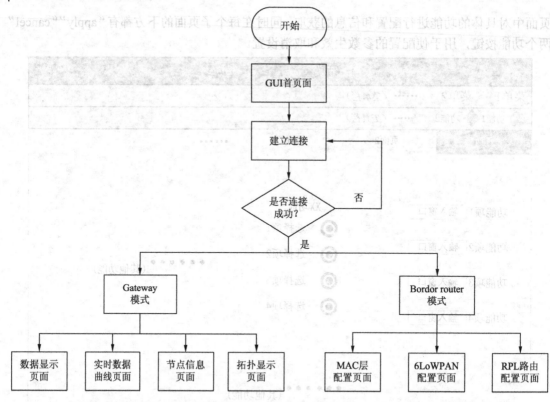

图 5-63 GUI 软件设计流程图

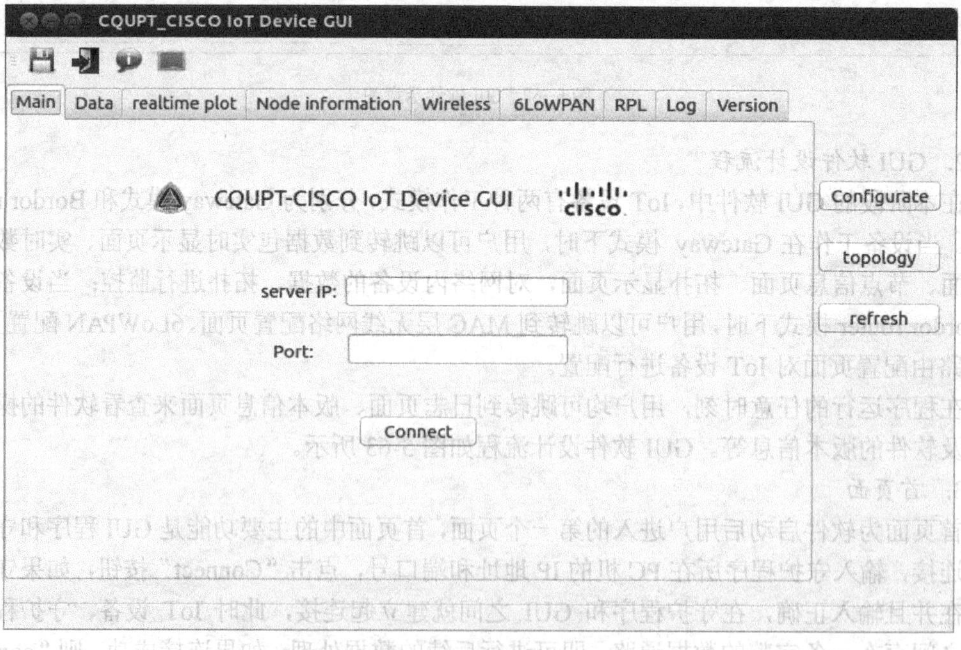

图 5-64 GUI 首页面

4. 数据显示页面

在该页面中实时监控显示 GUI 软件收到的所有数据包。用户可通过直接点击该子页面的标签进入。数据显示页面中的功能包括：

（1）有一个可供实时显示数据的窗体；

（2）以列表的形式在窗体中显示收到的数据包，列表项包括收到数据包的索引号、时间、设备名称、设备数值等。

5．实时数据曲线页面

在该模块中要求实时显示不同种类设备的数据曲线，便于用户直观地监测设备的历史数据和当前数据，对设备的运行情况有一个全局的了解。用户可通过直接点击该子页面的标签进入。实时数据曲线页面的功能包括：

（1）不同种类的传感器在不同的曲线中显示；

（2）显示传感器的名称、数值、单位等信息，并实时刷新。

6．节点信息页面

在该模块中要求实现点对点的控制与监测，如可以获取目前在网的任一设备的数据值和属性值，实现对网络内设备的点对点控制，用户可通过直接点击该子页面的标签进入。节点信息页面的功能包括：

（1）可以获取任意在网节点的信息；

（2）节点回复信息后，显示节点详细信息，包括接收的时间、设备的名称、设备当前数值等；

（3）可以对接收的信息进行清空；

（4）在日志信息中记录每一次获取节点信息的动作。

7．拓扑显示页面

在该模块中要求实时、动态地显示在网设备的连接情况，使得用户可以直观地监测到网络的连接情况。用户可通过直接点击该子页面的标签进入。拓扑显示页面的功能包括：

（1）实时、动态地显示网络内设备的连接情况；

（2）在状态栏显示当前接收的拓扑包的子节点名称、父节点名称；

（3）点击"refresh"按钮，可以使设备重新发送拓扑包，即刷新拓扑显示；

（4）点击"topology"按钮，跳转到拓扑显示页面，点击"configu rate"按钮，跳转到其他页面。

8．MAC 层配置页面

在该页面中可对网络 MAC 层的相关信息进行配置和管理。用户可通过直接点击该子页面的标签进入。MAC 层配置页面中的功能如下。

（1）设置信道号：可手动选择设备工作在 2.4GHz 频段的哪个信道。

（2）设置网络的 PID：可手动输入网络运行时所需的 PID 号，PID 号可在 0～65 535 之间进行选择。

（3）设备功率：在该页中向用户提供设置设备功率的选项，有低、中、高三个选项可供选择。

（4）设置设备的 MAC 地址：用户可根据提供的输入框，手动输入设备的 MAC 地址。

（5）设置最大重传次数：用户可根据页面中提供的输入框或选择项，设置 MAC 层数据最大重传次数。

9. 6LoWPAN 配置页面

在该页面中对 6LoWPAN 网络适配层参数进行配置和管理。用户可通过直接点击该子页面的标签进入。该页面中的功能如下。

（1）设置网络前缀：可以手动设置整个 6LoWPAN 网络的 IPv6 地址前缀。

（2）设置子网支持的报文压缩方式：用户可在本页面中勾选 IoT 设备支持的报文压缩方式，可供选择压缩方式有 LOWPAN_HC1、LOWPAN_HC2、LOWPAN_IPCH 三种压缩机制。

（3）设置报文重组超时时间：在对分片数据报进行重组时，如果在一定的时间内重组失败，则接收方将丢弃已经收到的报文分片。该功能可使用户根据实际网络情况，设置分片报文重组的超时时限。

10. RPL 路由配置页面

在该页面中经对有关 6LoWPAN 网络路由的一些参数进行配置。用户可通过直接点击该子页面的标签进入。该页面中的功能如下。

（1）设定 RPL 协议 Instance ID：用户可根据需要设定一个路由拓扑实体的 ID 号。

（2）设定 RPL 协议路由策略：用户可以根据网络情况和协议实现情况来选择 RPL 协议所要采用的路由策略，可供选择的路由策略有：最短路径、节点能量。

（3）设定 RPL 协议路由维护时间：根据网络的用途设定运行路由维护的时间间隔。

11. 日志页面

该页面中记录了软件自己的活动。这些消息可能是指示错误、警告或是与系统状态有关的一般信息。例如，GUI 软件向外发送请求，获取外界响应等关于 GUI 软件本身动作的信息。该页面便于需要时进行查看。

12. 版本信息页面

用户可以从该模块中获取使用软件的名称、软件历史版本号、更新信息等。

5.5 6LoWPAN 无线传感网系统实验

5.5.1 6LoWPAN 无线传感网系统组成

6LoWPAN 传感网设备开发平台具有 IEEE 802.15.4 网关、6LoWPAN 边界路由设备和 Sniffer 抓包器三种功能，支持 IEEE 802.15.4 标准、6LoWPAN 适配层协议、RPL 路由协议和 CoAP 协议等。实验包括 IEEE 802.15.4 网关实验、6LoWPAN 边界路由实验、Sniffer 抓包器实验。

首先搭建由 20 个传感器节点组成的 6LoPWAN 网络，工业上常用的传感器节点，如：温湿度传感器节点、甲烷传感器节点、烟雾传感器节点和一氧化碳传感器节点等。节点之间通过 RPL 协议进行路由和数据通信。每个节点通过广播得到的子网前缀和自己的 MAC 64 位长地址自动生成 IPv6 网络地址。然后将边界路由设备通过 USB 接口插入实验室的服务器，进行 6LoPWAN 网内测试和网间测试。

图 5-65 测试系统实物图

5.5.2 IEEE 802.15.4 网关功能实验

本文设计的基于 Contiki 操作系统的 6LoWPAN 验证系统在 MAC 层使用 IEEE802.15.4 非信标网络，MAC 层主要负责数据的封装/解析和数据通信功能，所以此项实验的主要目的是验证 MAC 层的帧是否符合 IEEE 802.15.4 协议规定的格式和数据能否正常收发并传输给上层界面显示。

在此实验过程中，通过基于 IEEE 802.15.4 的 Packet Sniffer 软件捕获空中的数据包，能够看到边界路由设备发出的数据帧如图 5-66 所示，通过对抓取的数据帧进行分析，符合 IEEE 802.15.4 协议规范，证明 IEEE 802.18.4 网关能够正常工作。

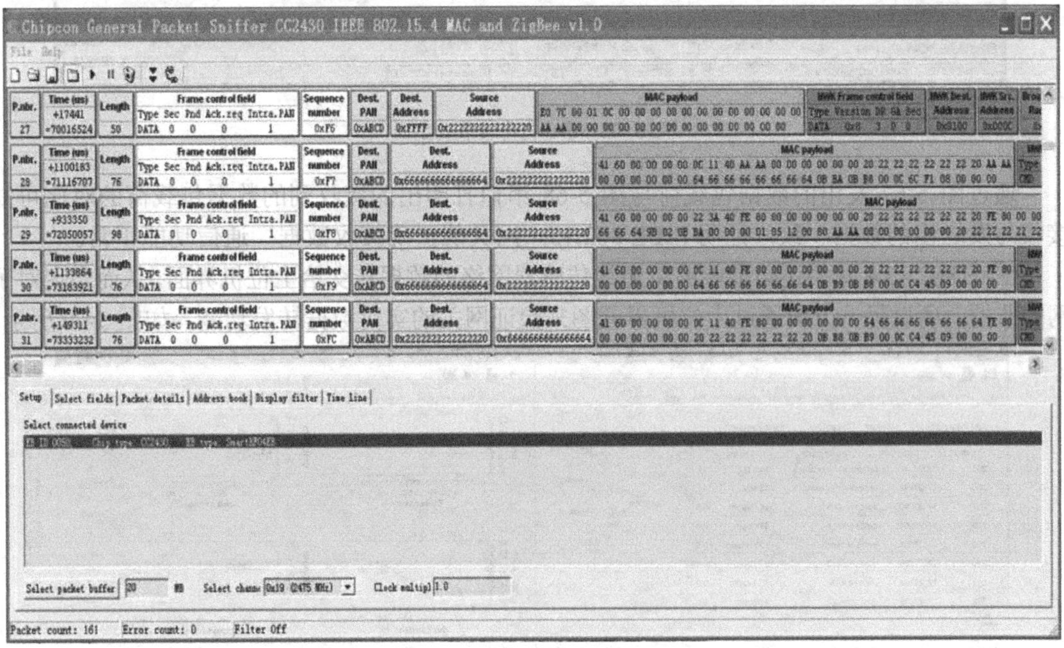

图 5-66 抓包器截图

在此实验过程中，将 Packet Sniffer 软件的信道设置为与 IEEE 802.15.4 网关相同的信道，以捕获发送节点通过射频发出的无线数据包。并将边界路由设备收到数据帧的信息打印到串口调试助手上，以此来验证边界路由设备充当 IEEE 802.15.4 网关时能否正确接收数据。如图 5-67 所示是捕获的无线数据帧。

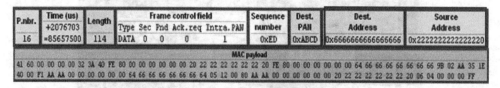

P.nbr.	Time (us)	Length	Frame control field				Sequence number	Dest. PAN	Dest. Address	Source Address
			Type	Sec	Pnd	Ack.req Intra. PAN				
16	+2076703 =85657500	114	DATA	0	0	0　　　1	0xED	0xABCD	0x6666666666666666	0x2222222222222220

MAC payload
41 60 00 00 00 00 32 3A 40 FE 80 00 00 00 00 00 00 00 20 22 22 22 22 22 22 FE 80 00 00 00 00 00 00 00 64 66 66 66 66 66 66 9B 02 AA 35 1E
40 00 F1 AA AA 00 00 00 00 00 64 66 66 66 66 66 64 05 12 00 80 AA AA 00 00 00 20 22 22 22 22 22 20 06 04 00 00 00 FF

图 5-67　捕获的数据帧

其中 Dest Address 字段指的是数据帧发往的目的地址，Source Address 字段指的是数据帧发出的源地址，MAC payload 字段中显示的是数据帧的内容。同时，将 IEEE 802.15.4 网关设备收到数据帧的信息打印到串口调试助手上，所显示的内容如图 5-68 所示。

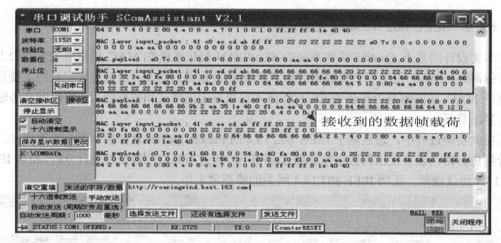

图 5-68　串口打印接收的数据

通过图 5-67 发出的数据包载荷与图 5-68 串口打印出的接收到的数据包载荷的对比可知接收与发送出的数据一致，证明 IEEE 802.15.4 网关能正确接收数据，通信功能正常。

IEEE 802.15.4 网关还必须能够将无线传感器网络的数据转交给上位机界面，从而实现对子网的监控，所以另一方面通过上位机界面截图来验证网关的实时数据转发功能，如图 5-69 所示。

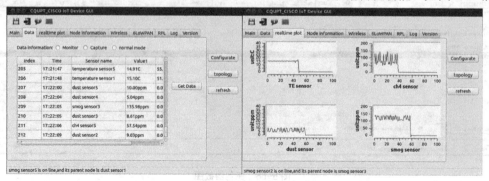

图 5-69　GUI 子网监控界面

可见，GUI 监控界面中能够正常显示传感器的数据，并实时绘制出曲线，IEEE 802.15.4 网关能够正常工作。

5.5.3　6LoWPAN 边界路由实验

6LoWPAN 边界路由设备既能够对无线传感器网络节点内部的数据进行路由转发，也能使 6LoWPAN 子网与外部 IPv6 网络连接。所以实验也分为子网内通信实验和网间通信实验。

1．网内通信功能实验

边界路由设备在 6LoWPAN 子网内作为根节点，能够与普通节点实现双向通信，而且普通节点之间也能够通过根节点相互通信。而且既能够对一跳之间的节点进行数据通信，也能够对多跳距离的节点进行数据转发。

（1）根节点到普通节点的通信

① 根节点到普通节点的一跳通信

当边界路由设备（根节点）通过 RPL 协议与普通节点建立向下通信路径，且普通节点与根节点的距离为单跳时，使用基于 IEEE 802.15.4 的 Packet Sniffer 软件进行抓包分析，所抓取的数据帧如图 5-70 所示，使用串口调试助手可查看普通节点接收的数据，如图 5-71 所示。

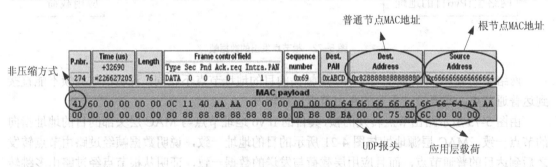

图 5-70　根节点发出数据帧

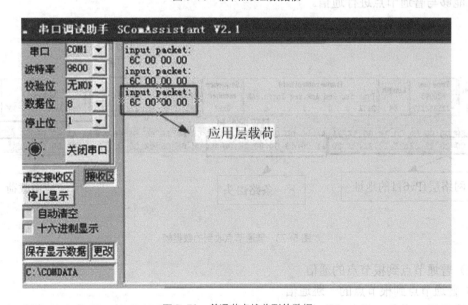

图 5-71　普通节点接收到的数据

根节点向子节点发送内容为已知的数据（6C 00 00 00），再结合根节点打印的接收数据进行分析可得，普通节点收到的数据与边界路由设备（根节点）发送的数据一致，证明根节点能够经过单跳与普通节点进行通信。

② 根节点到普通节点的多跳通信

在①的测试中，在普通节点和边界路由设备（根节点）之间增加 RPL 路由中间节点，形成多跳通信。通过基于 IEEE 802.15.4 的 Packet Sniffer 软件进行抓包，所抓取的数据帧格式如图 5-72 所示。

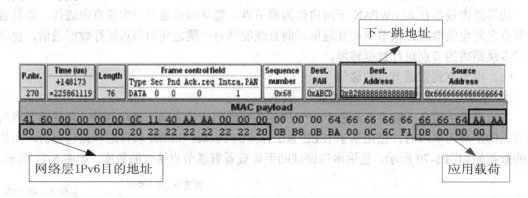

图 5-72　根节点发出的数据帧

网络层的 IPv6 目的地址与 MAC 层帧头的目的地址节点不相同，说明该数据帧不能直接到达普通节点，需要经过重要的路由节点进行转发。

由图 5-73 所示路由节点转发的帧，其目的 IPv6 地址节点与 MAC 层头部的目的地址指向的节点一致，MAC 层源地址与图 4-21 所示的目的地址一致，说明数据帧经过路由节点转发之后到达目的普通节点，而且应用层载荷与发送的数据一致，证明从根节点经过路由多跳转发之后能够与普通节点进行通信。

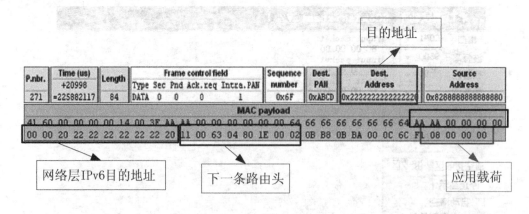

图 5-73　普通节点收到的数据帧

（2）普通节点到根节点的通信

① 普通节点到根节点的一跳通信

用边界路由设备（根节点）作为接收方，6LoWPAN 普通节点（子节点）作为发送方，

并且子节点与根节点的距离设为一跳。在以上环境下，使用基于 IEEE 802.15.4 的 Packet Sniffer
软件进行抓包，所抓取的数据帧显示如图 5-11 所示。

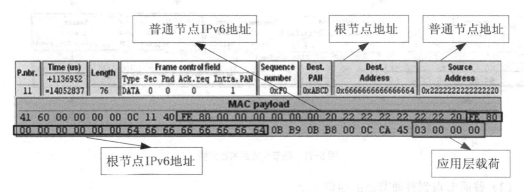

图 5-74　捕获的数据帧

　　普通节点向根节点发送内容为已知的数据（03 00 00 00），且通过对基于 IEEE 802.15.4
的 Packet Sniffer 软件抓到的数据帧进行分析，可以得出普通节点发送的数据与边界路由设备
（根节点）收到的数据一致，证明普通节点能够经过单跳与根节点进行通信。

　　② 普通节点到根节点的多跳通信

　　在普通节点到根节点的一跳通信测试的基础上，中间增加 RPL 路由中间节点，使得普通
节点到根节点的距离变为多跳。在以上环境下，使用 Packet Sniffer 软件进行抓包，所抓取的
数据帧如图 5-75 所示。

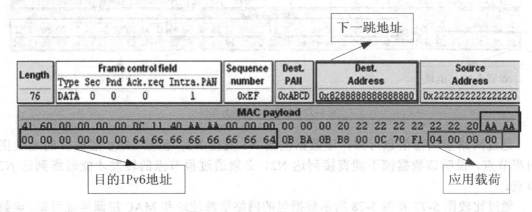

图 5-75　路由节点收到的数据帧

　　网络层目的节点（黑色标注部分）与 MAC 层头部的目的地址所指向的节点不一致，说
明数据帧没有到根节点，需要通过 RPL 路由中间节点进行转发。

　　由图 5-75 与图 5-76 对比可知，普通节点与根节点不能直接通信，必须通过 MAC 地址为
828888888880 的路由节点进行转发，以此来实现多跳通信，测试使用应用层进行标注，可以
验证发送与接收到的数据一致，测试证明普通节点能够与根节点进行通信。

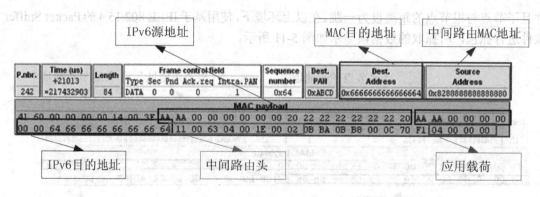

图 5-76　根节点收到的数据帧

（3）普通节点到普通节点的通信

本项测试 6LoWPAN 子网节点 N1（发送端）与 N2（接收端）之间能否正常通信。节点之间通过 RPL 协议建立通信路径，普通节点之间的通信数据需要经过根节点（边界路由设备）来进行路由转发。使用基于 IEEE 802.15.4 的 Packet Sniffer 软件抓包，所抓取的数据帧如图 5-77 所示。

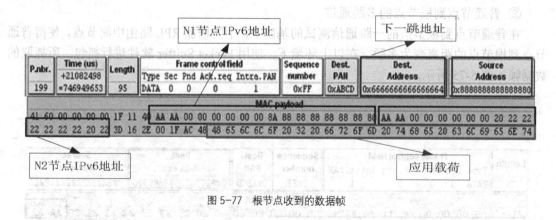

图 5-77　根节点收到的数据帧

通过网络层头部信息可知，该数据帧由 N1 发往 N2，但是 MAC 层的目的地址指向根节点，说明该数据帧不能直接到达 N2，必须通过根节点的转发才能最终到达 N2 节点。

通过比较图 5-77 和图 5-78 所示数据包的网络层源地址和 MAC 层源地址可知，该数据包是一个转发报文。源 IPv6 地址表示该数据包是 N1 节点发出的，经过根节点进行转发，并且通过 MAC 头部的目的地址可知，该数据帧下一跳就能到达最终目的节点 N2。测试结果表明普通节点 N1 发送的数据经过根节点到达普通节点 N2，并且 N2 接收到的数据与普通节点 N1 发送的数据一致，证明普通节点到普通节点可以通过 RPL 根节点转发进行通信。

（4）复杂结构通信测试（MP2P）

该测试案例测试 6LoWPAN 网络内多点到单点（MP2P）的通信。边界路由设备在 6LoWPAN 子网内作为根节点，同时在网络中存在多个子节点，子节点都能够与根节点进行通信。

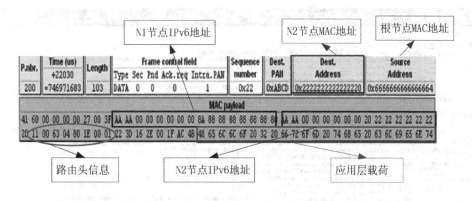

图 5-78 普通节点 N2 收到的数据

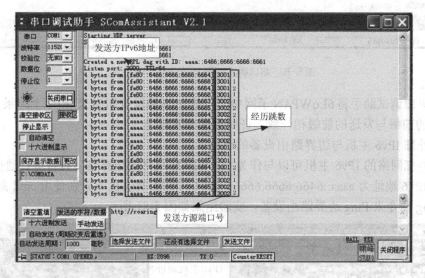

图 5-79 根节点打印出子节点的通信数据

通过对串口打印的结果进行分析，可知在复杂拓扑情况下，RPL 网络中子节点都能够与根节点进行通信，如果父节点直接是根节点则通过一跳路径到达，否则经过中间节点路由到达。实验结果证明复杂结构下，边界路由设备通信功能正常。

2. 网间通信功能实验

IPv6 无线传感器网络边界路由设备为连通 6LoWPAN 子网与外部 IPv6 的桥梁，网间通信实验是证明其功能是否正常的关键，本节将从前缀分发、外部 IPv6 主机与边界路由设备的通信、外部 IPv6 主机与 6LoWPAN 子网节点通信以及 CoAP 协议测试这四个方面来进行实验。

（1）前缀分发实验

6LoWPAN 网络内的节点，在加入网络后会从父节点获得 IPv6 地址前缀信息，并根据该信息配置节点本身的全球单播 IPv6 地址。USB host 将网络前缀发送给与边界路由设备相连的虚拟网络接口的 IPv6 地址。边界路由设备将前缀信息发送到 6LoWPAN 网络中，子网中每个节点自动生成 IPv6 地址。通过串口调试助手将节点的 IPv6 地址打印出来，实验结果如图 5-80 所示。

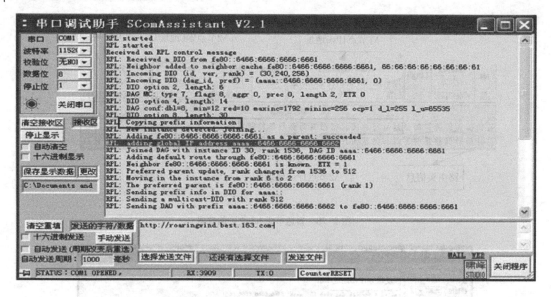

图 5-80　串口调试助手打印的节点 IPv6 地址

通过串口调试助手将 6LoWPAN 子网中节点的 IPv6 地址打印出来，由以上结果分析可得，IPv6 地址的前缀与发送的前缀相一致，证明前缀分发成功。

（2）外部 IPv6 主机与边界路由设备的通信

位于外部网络的 IPv6 主机可以与作为 6LoWPAN 网络的边界路由设备进行通信。边界路由设备的 IPv6 地址为 aaaa::6466:6666:6666:6664/64。在外网主机上分别使用 cmd 命令提示符窗口的 Ping 命令来 Ping 边界路由设备，实验结果如图 5-81 所示。

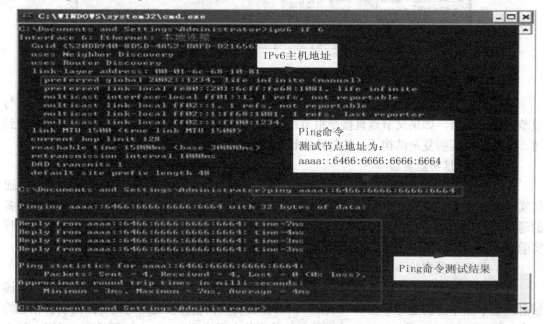

图 5-81　外网主机与边界路由设备的 Ping6 实验

外网主机的 IPv6 地址为 2002::1234，通过在外部的 IPv6 主机上使用 Ping 命令（Ping

aaaa::6466:6666:6666:6664/64），可以收到边界路由设备的回应。

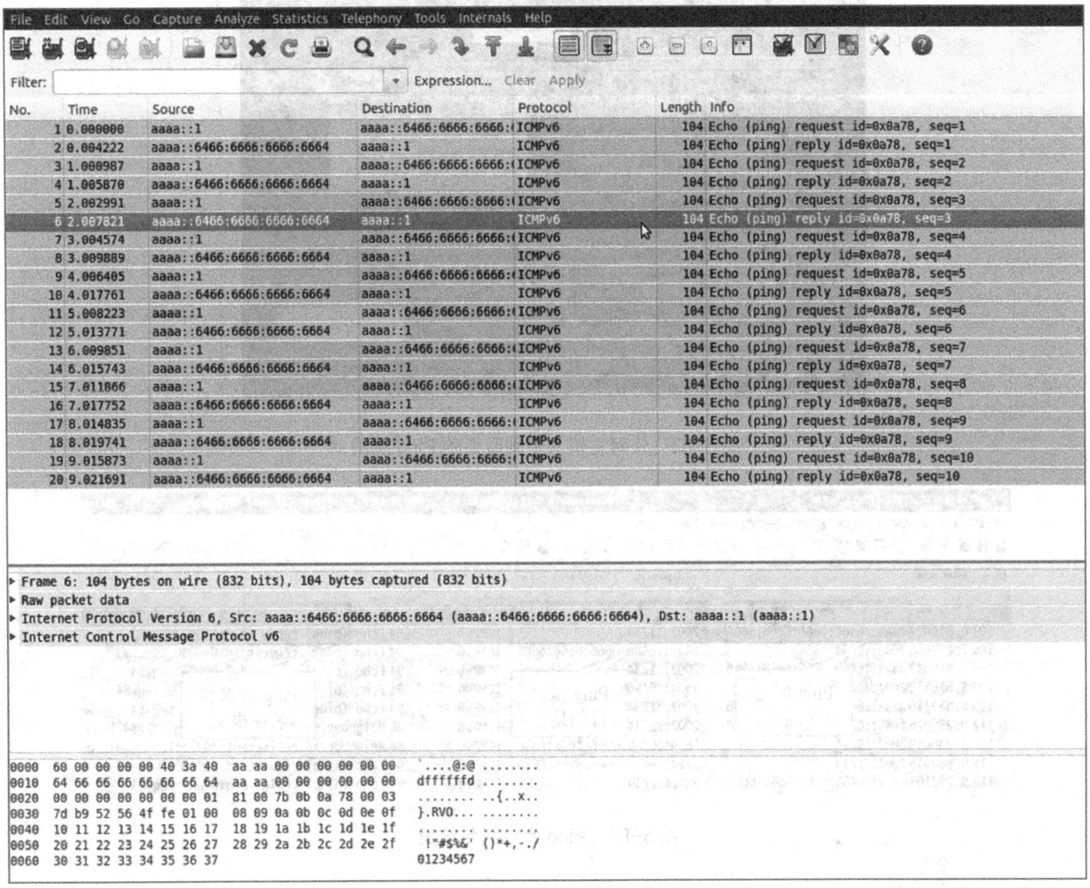

图 5-82　Ping 命令抓包结果

此外，通过 PC 上的网络分析工具 Wireshark 抓取 Ping 报文，可以更有利地证明外部 IPv6 主机能够与 6LoWPAN 边界路由设备实现双向通信。

（3）外网 IPv6 主机与 6LoWPAN 子网内节点的通信实验

外部网络中 IPv6 主机与 6LoWPAN 子网的相互通信是边界路由设备功能是否正常的关键，在此采用 Ping 命令与 UDP 通信两种实验方法。6LoWPAN 子网内某节点的地址为 aaaa::6466:6666:6666:6666/64，外部 IPv6 主机的 IPv6 地址为 2001::1234。

① Ping 命令测试

在外网 IPv6 主机上使用 cmd 命令提示符窗口的 Ping 命令来测试与 6LoPWAN 子网节点的连通性，并使用 Wireshark 网络分析工具抓包分析，结果如图 5-83 所示。

Ping 命令测试，能够正常收到响应，再通过 Wireshark 抓包可以进一步分析 Ping 命令的请求和响应报文。

由图 5-84 可知，Wireshark 网络分析软件捕获了 Ping 的报文，外部主机（2001::1234）发出 Ping 命令请求，6LoWPAN 节点（aaaa::6466:6666:6666:6666/64）收到以后恢复 Ping 响应报文，证明 Ping 测试通过。

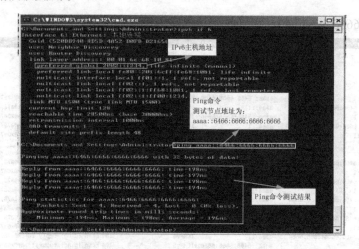

图 5-83 外网主机与子网节点的 Ping 测试

图 5-84 Ping 命令抓包结果

② UDP 通信实验

上文的 Ping 命令测试证明了网络层的连通性，而 UDP 通信测试则能够验证传输层的连通性。在外网主机上使用 Wireshark 网络分析软件对 6LoWPAN 子网内节点进行 UDP 通信实验结果抓包分析，实验结果如图 5-85 所示。

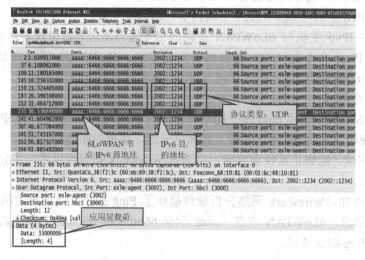

图 5-85 外网主机与子网节点的 UDP 通信

通过外网主机上对 6LoWPAN 子网内节点分别使用 Ping 测试和 UDP 通信测试，对测试结果分析可得，外网 IPv6 主机可以 Ping 通 6LoWPAN 子网节点，并且能够成功与 6LoWPAN 子网节点进行 UDP 通信，证明外网 host 可以与 6LoWPAN 子网节点通信。

（4）CoAP 协议测试

CoAP 是资源受限网络中的应用层协议，使用这种协议能够验证不同网络在边界路由设备作用下的应用层的连通性。

测试外部网络 IPv6 主机（2001::2）是通过 CoAP 协议与 6LoWPAN 子网内节点进行通信。6LoWPAN 网络的边界路由设备作为桥梁，能够支持内网与外网之间的双向通信。用 6LoWPAN 子网某个节点 N1（aaaa::8a88:8888:8888:8880）作为 CoAP 协议的服务器端，外网中的测试主机（2001::2）作为 CoAP 协议的客户端。在测试主机上采用 Firefox 浏览器加 Copper（Cu）插件进行测试，测试结果如图 5-86 和图 5-87 所示。

图 5-86　Firefox 浏览器加 Copper 插件　　　　图 5-87　CoAP 资源获取测试

通过使用 Firefox 浏览器加 Copper（Cu）插件对 6LoWPAN 子网内节点 N1 上资源的结果进行分析，可以得出测试主机成功获得 N1 上 "Hello World" 资源的结论。另外，在 6LoPWAN 节点上使用串口打印，可以看到资源获取请求和响应过程的详细信息，证明 CoAP 测试通过。

5.5.4　6LoWPAN 协议分析实验

Sniffer 抓包器作为第三方的侦听设备，需要上位机协议分析软件配合来完成其功能的测试。通过执行协议分析软件下的抓包，对射频范围内相同信道的数据包进行捕获，并添加特定的报头传递给上位机协议分析软件，进行显示、统计或进一步的分析。测试过程为：

（1）首先开启 6LoWPAN 网络进行正常的网络通信；

（2）启动上位机协议分析软件，配置 TCP 服务器地址和端口号，并进行远程登录，如图 5-88 所示；

（3）登录以后发送抓包捕获命令（CA 03 AA BB）给设备，Sniffer 设备在其射频范围内对 6LoWPAN 节点和 6LoWPAN 网关之间的数据通信进行侦听，捕获的数据在经过后台守护程序加上特定包头（66 AB）以后，上传至上位机界面。

当上位机协议分析软件没有下发抓包监听指令的时候，边界路由设备没有 Sniffer 功能，只能够充当 IEEE 802.15.4 网关和 6LoWPAN 边界路由设备，对子网数据进行汇集和路由转发，守护程序之中只出现需要网关发往 GUI 监控界面的数据或者是内网和外网通信的数据。当获取了抓包指令以后，同时还会将射频范围内所有侦听到的包添加 Sniffer 头（66 AB）之后全部通过 SLIP 协议发给后台守护程序，如图 5-89 所示。守护程序识别到 Sniffer 包以后通过 TCP 套接字发给远程的上位机协议分析软件，结果如图 5-89 所示，进行协议分析和测试。

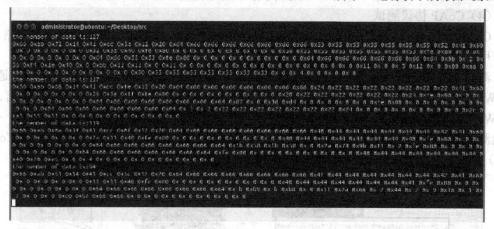

图 5-88 Sniffer 捕获的数据包

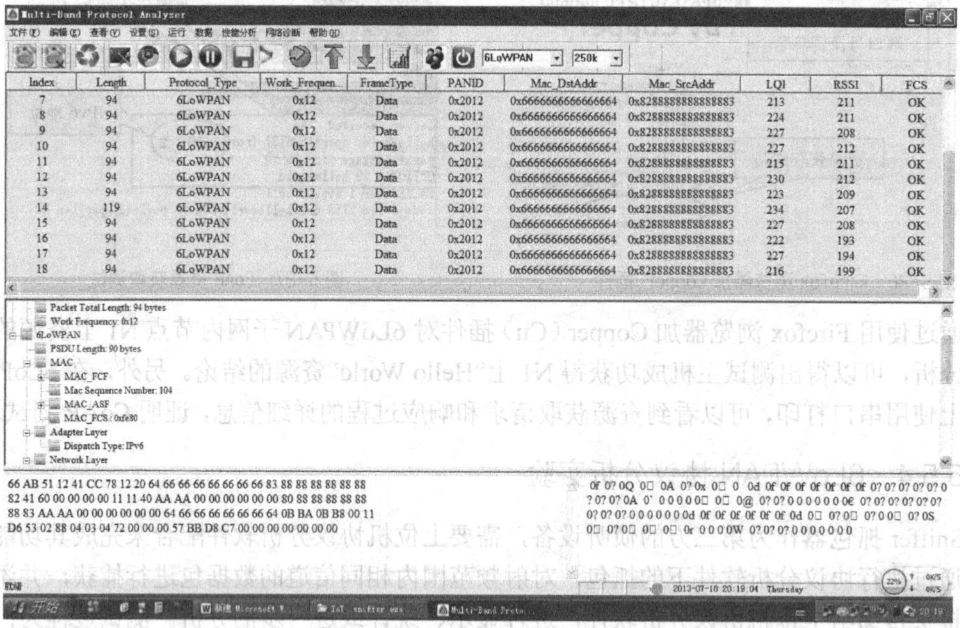

图 5-89 上位机软件协议分析

5.5.5 GUI 监控实验

后台守护程序在基于 Linux 的 ubantu 系统中运行，作为边界路由的外网接口，必须具有全网单播 IPv6 地址，因此将边界路由设备插入 Linux 主机之后需要在命令行窗口给网络接口（tun0）配置全网 IPv6 地址（如 aaaa∷1/64）之后边界路由设备才能工作。

在守护程序的目录下，输入命令为：sudo./iot_deamons/dev/tty ACM0aaaa::1/64，该命令的作用是启动守护程序并配置网络接口地址 aaaa::1/64 。配置完成后会接收到边界路由设备发出 3F 50 的前缀请求命令，当守护程序收到前缀请求命令时，会给边界路由设备配置一个公网前缀，配置成功会返回一个 3F 51 的确认命令，这样边界路由设备的两个网络接口都具有公网 IPv6 地址了。

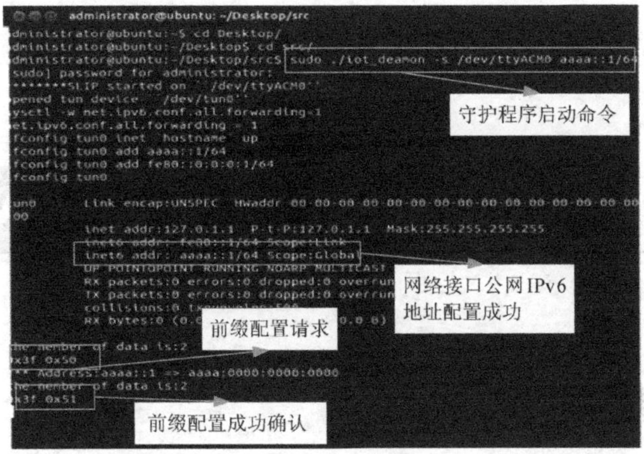

图 5-90 守护程序测试

配置完毕之后就可以进行 GUI 界面登录测试，GUI 作为 TCP 套接字的客户端，只要在界面中正确设置后台守护程序所在主机的地址和端口就能够远程或本地登录到后台守护程序，如图 5-91 所示。

图 5-91 登录界面

本实验将 GUI 监控界面直接放在守护程序所在的主机运行，这样 GUI 界面就是在本地主机上，所以登录界面只需要将 TCP 服务器地址设置为：127.0.0.1（IPv4 回环地址），并在 Port 中输入正确的端口号，这样就能够在本地登录到守护程序。

当 GUI 与守护程序连接成功后会在守护程序中出现登录成功信息，如图 5-92 所示，表明服务器与守护程序成功连接。当边界路由设备收到节点数据时，在第一个字节前面加上 3F，然后发送给守护程序，当守护程序判定收到第一个字节为 3F 的数据后，转给 GUI 界面显示。

图 5-92 守护程序接收到的数据

第6章　WIA-PA 技术

6.1　WIA-PA 标准的发展

6.1.1　WIA-PA 标准发展概述

WIA-PA（Wireless Networks for Industrial Automation - Process Automation）作为我国拥有自主知识产权的工业无线标准，通过 IEC 投票决定，作为国际标准化文件正式发布，是工业无线领域三大主流国际标准之一。

2007 年，中国科学院沈阳自动化研究所联合重庆邮电大学、浙江大学等十余家单位成立了中国工业无线联盟，着手制定 WIA-PA 标准。2008 年 10 月，标准起草工作组完成了 WIA-PA 国家标准的征求意见稿。2011 年 7 月 29 日，WIA-PA 正式发布为中华人民共和国国家标准 GB/T 26790.1-2011。

WIA-PA 国际标准的起草与国家标准同步推进。2008 年 5 月，IEC/TC65 成立了 WIA-PA 国际标准起草项目组，正式启动 WIA-PA 国际标准的制定工作。2008 年 10 月 31 日，WIA-PA 规范作为公共可用规范 IEC/PAS 62601 予以发布。2011 年 10 月 14 日 WIA-PA 成为正式的 IEC 国际标准（IEC 62601），是国际上在工业无线领域的第二个正式国际标准，其他工业无线技术国际标准还包括 WirelessHART（HART 基金会）、ISA 100.11a（国际自动化学会）等。

我国拥有自主知识产权的 WIA-PA 技术成为国际标准，标志着我国在工业无线通信领域已经成为技术领先的国家之一。同时也为我国推进工业化与信息化融合提供了一种新的高端技术解决方案。

6.1.2　WIA-PA 的技术特征

WIA-PA 标准的主要技术特征包括以下几点。

1. 支持扩频通信与窄带通信

WIA-PA 网络物理层工作频带的选择符合中国《微功率（短距离）无线电设备的技术要求》，在其中的低频频带支持窄带通信，其优点是通信距离远、绕障能力好、同频其他设备少、干扰较小；在高频频带支持扩频通信，其优点是通信速率高、抗干扰能力强。WIA-PA 网络可同时支持扩频通信与窄带通信，并将它们无缝地集成到同一网络中。

2. 星形和网状两层拓扑结构

WIA-PA 网络采用星形和网状两层拓扑结构，其中终端设备构成星型网络，降低了终端设备协议的复杂性，提高了终端设备加入和退出网络的灵活性。路由设备构成网状网络，提高了通信的可靠性和网络的可扩展能力。

3. 集中式与分布式结合的系统管理

WIA-PA 网络采用集中式与分布式结合的系统管理方式，在路由设备组成的网状网络中采用了集中式的管理策略，保证了簇间通信资源的优化配置及统一管理；在终端设备组成的多个星型网络中采用了分布式的管理策略，簇首可以自主决定簇成员的加入与退出，提高了网络的灵活性。

4. TDMA/CSMA 混合接入模式

WIA-PA 网络通过 TDMA/CSMA 混合接入模式支持周期性和非周期性通信负载。

5. 多信道通信

WIA-PA 网络的多信道通信具有两层含义：

（1）利用多信道通信提高系统容量，例如，可以使用不同的簇同时工作于不同信道，避免了不同簇间的通信干扰，提高了系统容量；

（2）利用跳频通信提高通信的可靠性，例如，在 2.4GHz 频段，存在符合 Wi-Fi、蓝牙标准的设备，通过跳频通信可降低这些设备对 WIA-PA 网络的干扰。

6. 多种措施结合保证通信可靠性

WIA-PA 网络采用了以下措施保障工业环境中无线通信的可靠性：

（1）TDMA 避免了报文冲突；

（2）跳频通信方式提高了点到点通信的抗干扰能力；

（3）自动请求重传保证了报文传输的成功率；

（4）Mesh 路由提高了端到端通信的可靠性；

（5）设备冗余提高了系统的鲁棒性。

7. 超低能耗

WIA-PA 网络支持由电池供电的终端设备，采用基于 TDMA 的休眠模式，减少了监听和待机时间，使设备能以极低的占空比运行，在不更换电池的情况下能工作 2 年以上。

8. 兼容 IEEE802.15.4 标准

WIA-PA 网络在链路层兼容 IEEE 802.15.4 的超帧结构，并对其进行了扩展。WIA-PA 网络维护两种不同的超帧：网络超帧、簇内超帧。网络超帧用于骨干网的数据传输，保证了通信的可靠性和实时性。簇内超帧用于路由器与现场设备之间的通信，使得符合原 IEEE 802.15.4 标准的设备可加入 WIA-PA 网络。

9. 支持以降低通信开销为目的的报文合并

WIA-PA 网络支持簇内的报文合并，通过簇首将多个簇成员的周期性报文合并，提高了报文中的有效数据比例，降低报文头部的通信开销。

6.2　WIA-PA 网络构成

6.2.1　WIA–PA 网络的拓扑结构

WIA-PA 网络支持星型和网状结合的两层网络拓扑结构或者星型拓扑结构，通过网络管理者的属性"NetworkTopology"指示。星型和网状结合的两层拓扑结构示例如图 6-1 所示，第一层是网状结构，由网关设备及路由设备构成；第二层是星型结构，由路由设备及现场设备或手持设备（如果存在）构成。星型拓扑结构示例如图 6-2 所示，仅由网关设备和现场设备（或手持设备）构成。

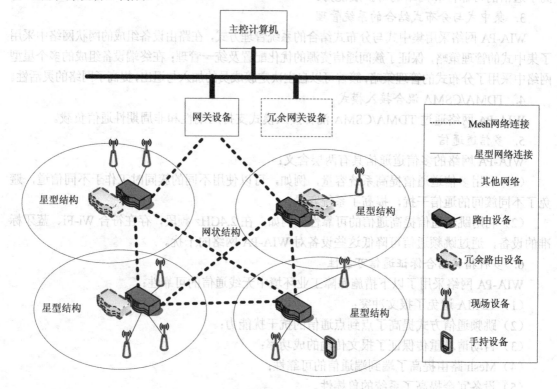

图 6-1 WIA-PA 网络星型和网状结合的两层拓扑结构

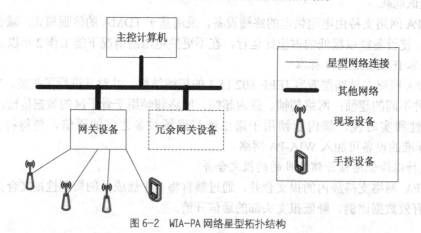

图 6-2 WIA-PA 网络星型拓扑结构

6.2.2 WIA-PA 的设备分类及功能

为了便于实现管理功能，WIA-PA 标准定义了以下 5 类逻辑角色。

（1）网关（Gateway）：负责 WIA-PA 网络与工厂内的其他网络的协议转换与数据映射。

（2）网络管理者（Network Manager）：管理和监视全网。

（3）安全管理者（Security Manager）：负责网关设备、路由设备、现场设备和手持设备（如果有）的密钥管理与安全认证。

（4）簇首（Cluster Head）：管理和监视现场设备和手持设备（如果有）；负责安全地聚合及转发簇成员和其他簇首的数据。

（5）簇成员（Cluster Member）：负责获取现场数据并发送到簇首。

一种类型的物理设备可以担任多个逻辑角色。网关设备可以担任网关、网络管理者、安全管理者和簇首的角色；路由设备可以担任簇首的角色；现场设备和手持设备只能担任簇成员的角色。本部分以下内容中均以星型和网状结合的两层拓扑结构为主要拓扑结构；星型拓扑结构中设备的加入、离开和通信资源分配等过程是在星型和网状结合的两层拓扑结构相关过程中省略了路由设备转发的环节，具体流程不再详述。

6.3 WIA-PA 协议栈的设计与实现

6.3.1 WIA-PA 协议体系

WIA-PA 网络的协议栈结构遵循 ISO/OSI 的层次结构定义，但只定义了物理层、数据链路层、网络层、应用层。基于 IEEE 802.15.4 的工业无线网络协议栈结构如图 6-3 所示，WIA-PA 协议栈由数据链路层、网络层、应用层等协议层实体，以及各层实体间的数据接口和管理接口构成；其物理层和 MAC 层完全兼容 IEEE 802.15.4 协议。

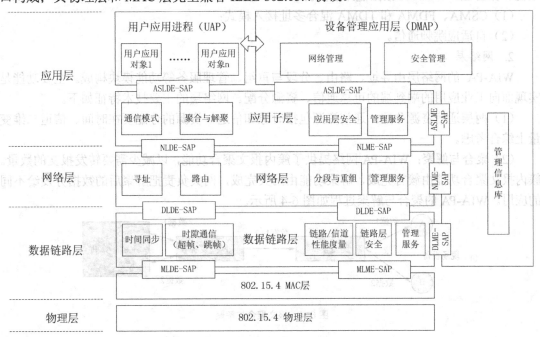

图 6-3 WIA-PA 协议架构

MLDE-SAP（Medium Access Control Sub-layer Data Entity-Service Access Point）：介质访问控制子层数据实体服务访问点。

MLME-SAP（Medium Access Control Sub-layer Management Entity-Service Access Point）：介质访问控制子层管理实体服务访问点。

DLDE-SAP（Data Link Sub-layer Data Entity-Service Access Point）：数据链路子层数据实体服务访问点。

DLME-SAP（Data Link Sub-layer Management Entity-Service Access Point）：数据链路子层管理实体服务访问点。

NLDE-SAP（Network Layer Data Entity-Service Access Point）：网络层数据实体服务访问点。

NLME-SAP（Network Layer Management Entity-Service Access Point）：网络层管理实体服务访问点。

ASLDE-SAP（Application Sub-layer Data Entity-Service Access Point）：应用子层数据实体服务访问点。

ASLME-SAP（Application Sub-layer Management Entity-Service Access Point）：应用子层管理实体服务访问点。

1. 数据链路层

WIA-PA 数据链路层的主要任务是保证 WIA-PA 网络设备间的可靠、安全、无误、实时地传输。WIA-PA 数据链路层兼容 IEEE 802.15.4 的超帧结构，并对其进行了扩展。WIA-PA 数据链路层支持基于时隙的跳频机制、重传机制、TDMA 和 CSMA 混合信道访问机制，保证传输的可靠性和实时性。WIA-PA 数据链路层采用 MIC 机制和加密机制保证通信过程的完整性和保密性。WIA-PA 数据链路层支持：

（1）CSMA、FDMA 和 TDMA 混合多址接入模式；

（2）自适应跳频通信。

2. 网络层

WIA-PA 的网络层由寻址、路由、分段与重组、管理服务等功能模块构成。主要功能是实现面向工业应用的端到端的可靠通信、资源分配。网络层的主要技术特征如下。

（1）两层通信资源分配：通信资源包括时隙和信道，资源的分配要在时间、信道二维变量上综合考虑。

（2）聚合与解聚：WIA-PA 网络提供了簇内报文聚合功能，以减少需要转发报文的数量。簇内报文聚合功能由簇首完成，解聚功能由网关完成，网关负责把解聚后的数据分发给不同的应用。WIA-PA 的聚合与解聚过程如图 6-4 所示。

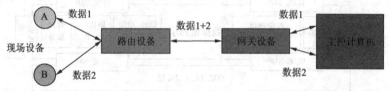

图 6-4　报文聚合与解聚

3. 应用层

WIA-PA 的应用层包括用户应用进程（UAP）和应用子层（ASL）两个部分。设备管理应用进程（DMAP）是一种特殊的 UAP，实现系统管理功能。应用子层提供在 WIA-PA 网络中的两个或者多个应用实体之间的数据通信：应用子层定义的数据实体提供数据通信服务，为上层提供透明的数据收发接口。

用户应用进程可以是根据 GB/T19769 "工业过程测量和控制系统用功能块"和 GB/T 21099 定义的"过程控制用功能块"所构成的应用进程，也可以是用户自定义方式所实现的应用进程。通过用户应用进程，可实现工业现场的分布式应用功能。用户应用进程由一个或多个用户应用对象（UAO）组成。在设备中，用户应用对象间可以实现本地交互。

应用子层主要提供数据传输服务和信息管理服务。

（1）数据传输服务：为用户应用进程和设备管理应用进程提供端到端的、透明的数据通信服务，支持 Client/Server、Publisher/Subscriber、Report/Sink 通信模式的数据传输。

（2）信息管理服务：支持对设备的本地和远程管理。通过应用层管理服务，可以远程修改/设置应用层管理信息库的数据。

用户应用进程的功能主要包括如下。

（1）通过传感器采集物理世界的数据信息，如工业现场的温度、压力、流量等过程数据。在对这些信息进行处理后，如量程转换、数据线性化、数据补偿、滤波等，UAP 将这些数据或其他设备的数据进行运算产生输出，并通过执行器完成对工业过程的控制。

（2）产生并发布报警功能，UAP 在监测到物理数据超过上下限，或 UAO 的状态发生切换时，产生报警信息。

（3）通过 UAP 可以实现与其他 WIA-PA 设备的互操作。

6.3.2　WIA-PA 协议栈总体设计

WIA-PA 协议栈总体设计结构如图 6-5 所示。WIA-PA 协议栈遵循 ISO/OSI 层次结构，分为 5 个协议层，每个协议层包括主状态机和接收状态机两个状态机。协议层由物理层（完全兼容 IEEE 802.15.4 标准）、MAC 层、数据链路层、网络层和应用层等协议层实体，以及各层实体间的数据和管理接口构成。

WIA-PA 协议栈各协议层所包括的状态机和相应实现的主要功能如下。

应用层主状态机（apsFSM）和接收状态机（apsRxFSM）在 WIA-PA 协议栈应用层实现，apsFSM 用于应用层主要功能模块的实现和网络层服务请求原语的调用；apsRxFSM 用于协议的解析、上层服务指示原语的调用和到主状态机服务响应原语接口的调用。其中，应用层主要功能模块包括数据通信、聚合与解聚以及应用层管理服务等。

网络层主状态机（nlFSM）和接收状态机（nlRxFSM）在 WIA-PA 协议栈网络层实现，提供端到端的可靠通信和资源分配。nlFSM 用于网络层主要功能模块的实现和数据链路层服务请求原语的调用；nlRxFSM 用于协议的解析、上层服务指示原语的调用和到主状态机服务响应原语接口的调用。其中，网络层主要功能模块包括寻址、路由和网络层管理服务等功能模块。

数据链路层主状态机（dlslFSM）和接收状态机（dlslRxFSM）在 WIA-PA 协议栈数据链路层实现，提供 WIA-PA 网络设备间传输的可靠性和完整性。dlslFSM 用于数据链路层主要功能模块的实现和 IEEE 802.15.4 MAC 层服务请求原语的调用；dlslRxFSM 用于协议的解析、上层服务指示原语的调用和到主状态机服务响应原语接口的调用。其中，数据链路层主要功能模块包括时间同步、KeepAlive 帧构造和数据链路层管理服务等。

MAC 层包含主状态机（macFSM）和接收状态机（macRxFSM）。其中，macFSM 用于 IEEE 802.15.4 MAC 层主要功能模块的实现和 IEEE 802.15.4 物理层服务请求原语的调用；macRxFSM 用于协议的解析、上层服务指示原语的调用和到主状态机服务响应原语接口的调用。IEEE 802.15.4 MAC 层的主要功能包括 MAC 层帧构造、MAC 层帧解析和 MAC 层管理服务等。

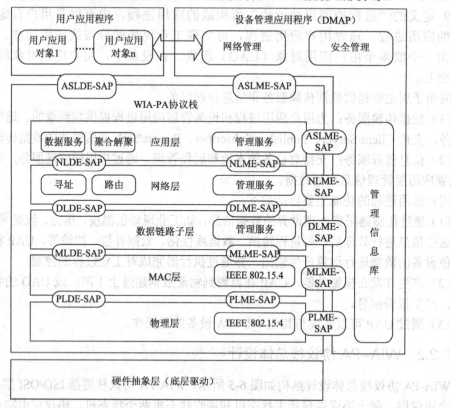

图 6-5 WIA-PA 协议栈总体设计结构

物理层包含主状态机（phyFSM）和接收状态机（phyRxFSM）。其中，phyFSM 用于 IEEE 802.15.4 物理层主要功能模块的实现和射频收发器的启动；phyRxFSM 用于射频接收数据的解析、上层服务指示原语的调用和到主状态机服务响应原语接口的调用。WIA-PA 物理层实际任务的执行由芯片硬件完成，协议栈中的物理层主要作为服务和调用接口，为上层协议提供一个逻辑上完备的物理层。

6.3.3 WIA-PA 数据结构设计

WIA-PA 协议栈主要是设计和实现非结构化属性、结构化属性以及链表处理的数据结构。

1. 非结构化属性数据结构设计

非结构化属性包括物理层 PHY_PIB 数据结构、MAC 层 MAC_PIB 数据结构、网络层 NL_PIB 数据结构、应用层 APS_PIB 数据结构、能量管理 POWER_PIB 数据结构和 DMAP（Device Management Application Process，WIA-PA 设备管理应用进程）的 DMAP_ATTRIBUTE_PIB 数据结构。

（1）PHY_PIB 数据结构

物理层 PHY_PIB 数据结构主要用于描述 WIA-PA 协议栈物理层的属性参数。同时，构成 MIB（Management Information Base，管理信息库）的物理层对象属性部分，提供给 DMAP

和 WIA-PA 系统管理器进行管理。

```
typedef struct _PHY_PIB {
    PHY_FREQ_ENUM phyCurrentFrequency;          //当前频率
    BYTE phyCurrentChannel;                     //当前信道
    BYTE phyTransmitPower;                      //传输能量
    BYTE phyCCAMode;                            //CCA 模式
    BYTE currentTxFlen;                         //当前发送帧长度
    BYTE *currentTxFrm;                         //当前发送帧
    UINT16 symbolspersecond;                    //每秒脉冲值
    UINT32 baudrate;                            //波特率
    UINT32 phyChannelsSupported;                //信道支持
}PHY_PIB;
```

（2）MAC_PIB 数据结构

MAC 层 MAC_PIB 数据结构主要用于描述 WIA-PA 协议栈 MAC 层的属性参数。同时，构成 MIB 的 MAC 层对象属性部分，提供给 DMAP 和 WIA-PA 系统管理器进行管理。

```
typedef struct _MAC_PIB {
    BYTE macDSN;                                //MAC 层帧随机值
    BYTE SeqNum;                                //序列号
    BYTE depth;                                 //深度
    BYTE macCapInfo;                            //节点能力
    BYTE macMaxAckRetries;                      //最大重传次数
    BYTE currentAckRetries;                     //当前重传次数
    BYTE bcnDepth;                              //信标深度
    BYTE bcnRSSI;                               //信标 RSSI 值
    BYTE GotBeaconNum;                          //获取信标计数
    BYTE GTS_Characteristics;                   //GTS 特性
    UINT16 macPANID;                            //PANID 值
    UINT16 bcnPANID;                            //信标 PANID 值
    SADDR bcnSADDR;                             //信标 WIA-PA 网络地址
    SADDR macCoordShortAddress;                 //入网临时父节点 WIA-PA 网络地址
    UINT32 macAckWaitDuration;                  //ACK 等待时间
    UINT32 macAssocWaitDuration;                //关联请求等待时间
    UINT32 macOrphanWaitDuration;               //孤立请求等待时间
    LADDR macCoordExtendedAddress;              //入网临时父节点长地址
}MAC_PIB;
```

（3）NL_PIB 数据结构

网络层 NL_PIB 数据结构主要用于描述 WIA-PA 协议栈 NL 层的属性参数。同时，构成 MIB 的 NL 层对象属性部分，提供给 DMAP 和 WIA-PA 系统管理器进行管理。

```
typedef struct _NL_PIB{
    BYTE nlHCMethod;                            //压缩支持标识
    BYTE nlPagEnableFlag;                       //包聚合支持标识
    BYTE nlPagPeriodFlag;                       //周期性包聚合支持标识
    BYTE deviceType;                            //设备类型
    BYTE exeState;                              //命令帧状态
    BYTE SeqNum;                                //Nl 序列号
    BYTE LeaveReason;                           //离开原因
    UINT32 IdenINFO;                            //身份信息
    UINT32 joinWaitDuraton;                     //加入等待时间
    UINT32 leaveWaitDuraton;                    //离开等待时间
    UINT32 clrmemWaitDuraton;                   //簇成员汇报等待时间
    UINT32 othercmdWaitDuraton;                 //其他命令帧发送等待时间
    UINT32 beaconWaitDuraton;                   //信标等待时间
}NL_PIB;
```

（4）APS_PIB 数据结构

应用层 APS _PIB 数据结构主要用于描述 WIA-PA 协议栈 APS 层的属性参数。同时，构成 MIB 的 APS 层对象属性部分，提供给 DMAP 和 WIA-PA 系统管理器进行管理。

```
typedef struct _APS_PIB{
    BYTE apsServiceID;                  //服务 ID
    BYTE apsSeqNum;                     //序列号
    BYTE apscMaxFrameRetries;           //最大重传次数
    BYTE currentAckRetries;             //重传次数
    BYTE currentCsRetries;              //C/S 重传次数
    BYTE apsAggEnableFlag;              //聚合支持标志位
    UINT16 apsAckWaitMultiplier;        //ACK 等待计数
    UINT16 apsAckWaitMultiplierCntr;    //ACK 当前等待计数
    UINT32 apscAckWaitDuration;         //ACK 发送等待时间
    UINT32 csWaitDuration;              //C/S 发送等待时间
}APS_PIB;
```

（5）POWER_PIB 数据结构

能量管理 POWER _PIB 数据结构主要用于描述 WIA-PA 协议栈能量相关的属性参数。同时，构成 MIB 的能量对象属性部分，提供给 DMAP 和 WIA-PA 系统管理器进行管理。

```
typedef struct _POWER_PIB{
    BYTE KeepAliveMethod;               //KeepAlive 帧支持标识
    UINT16 voltage;                     //当前电量
    BYTE DataReportMethod;              //周期性数据汇报支持标识
    BYTE GoToSleep;                     //执行休眠支持标识
    UINT32 WaitToPeriod;                //等待执行休眠时间
    UINT32 SleepPeriod;                 //执行休眠时间
    UINT32 RxPeriod;                    //接收数据时间
}POWER_PIB;
```

（6）DMAP_ATTRIBUTE_PIB 数据结构

DMAP 管理的 DMAP_ATTRIBUTE_PIB 数据结构主要用于描述 WIA-PA 协议栈中 WIA-PA 标准定义的相关属性参数。同时，构成 MIB 的 DMAP 对象属性部分，提供给 DMAP 和 WIA-PA 系统管理器进行管理。

```
typedef struct _DMAP_ATTRIBUTE_PIB {
    BYTE NetworkID;Duration;            //统计信息的收集周期
    BYTE MaxNSDUSize;                   //网络层支持的最大服务数据单元长度
    UINT32 BitMap;                      //信道位图
    UINT24 KeepAliveDuration;           //发送 KeepAlive 帧周期
    UINT24 KeepAliveFailure;            //若在此时间内没有收到 KeepAlive 帧，则启动冗余设备
    UINT24 TimeSynDuration;             //发送时间同步命令帧周期
    BYTE ChannelThreshold;              //自适应调频中信道切换的阈值
    UINT8 SecEnableFlag;                //安全使能标识
    UINT32 KeyupdataDur;                //密钥更新周期
    UINT16 MaxAttackedCnt;              //允许的最大被攻击次数
    UINT24 EtoEACKTimeOut;              //等待端到端确认的时间上限值
    UINT16 TimeSlotDuration;            //时隙长度
    BYTE PLRThreshold;                  //丢包率的阈值
    UINT16 CmemRptCycle;                //簇成员信息汇报周期
    UINT16 NeiInforRptCycle;            //邻居信息汇报周期
    UINT16 ChaStaRptCycle;              //信道状态汇报周期
    UINT16 DevStaRptCycle;              //设备状态汇报周期
```

```
        UINT16 PathFailRptCycle;          //路径失败汇报周期
        BYTE MaxEtoERetry;                //端到端最大重传次数
        BYTE NetworkTopology;             //指示网络拓扑结构
        UINT32 UTCTime;                   //协调时间
        BYTE SecMode;                     //数据链路层和应用层是否使用安全服务
        BYTE SecLevel;                    //数据链路层和应用层使用安全服务的安全级别
        UINT8 AuthenState;                //指示设备是否认证成功成为合法设备
        UINT32 AuthenTime;                //设备认证成功成为合法设备的时间
        UINT16 AttackedCount;             //设备被攻击次数
        BYTE AggPeriod;                   //聚合周期
        BYTE ObjectNumber;                //对象表使用情况
        BYTE Resallociscompleted;         //资源配置完成标识位, 指示可以对链表进行刷新
        BYTE WaitResalloccomplete;        //指示需要等待资源配置完成再对链表进行刷新
        BYTE Datasendisallowed;           //资源配置完成, 指示可以开始数据上报
}DMAP_ATTRIBUTE_PIB;
```

2. 结构化属性数据结构的设计

结构化属性包括路由表 NLRoute_Table 数据结构、超帧表 Superframe_Struct_Table 数据结构、链路表 Link_Struct_Table 数据结构、邻居表 Neighbor_Struct_Table 数据结构、信道状态表 ChanCon_Struct_Table 数据结构、设备信息表 Device_Struct_Table 数据结构、VCR(Virtual Communication Relationship, 虚拟通信关系) 表 VCR_Struct_Table 数据结构、设备状态表 DevConRep_Struct_Table 数据结构、密钥表 key_Struct_Table 数据结构和对象表 ObjList_Struct_Table 数据结构。

(1) NLRoute_Table 数据结构

路由表 NLRoute_Table 数据结构主要用于描述 WIA-PA 协议栈中 WIA-PA 标准定义的路由表属性参数。同时, 构成 MIB 的路由表对象表项、属性部分, 提供给 DMAP 和 WIA-PA 系统管理器进行管理。

```
typedef struct _NLRoute_Table{
    UINT16 RouteID;              //路由 ID
    UINT16 SourceAddress;        //源地址
    UINT16 DestinationAddress;   //目的地址
    UINT16 NextHop;              //下一跳地址
    UINT8 RetryCounter;          //重传计数
}NLRoute_Table;
```

(2) Superframe_Struct_Table 数据结构

超帧表 Superframe_Struct_Table 数据结构主要用于描述 WIA-PA 协议栈 WIA-PA 标准定义的超帧表属性参数。同时, 构成MIB的超帧表对象表项、属性部分, 提供给DMAP和WIA-PA 系统管理器进行管理。

```
typedef struct _Superframe_Struct_Table{
    UINT16 SuperframeID;         //超帧 ID
    UINT8 SuperframeMultiple;    //现场设备最大数据更新周期与所在网络路由设备数据更新周期比值
    UINT16 NumberSlots;          //超帧大小
    UINT8 ActiveFlag;            //超帧激活支持标识
    UINT48 ActiveSlot;           //超帧激活的绝对时隙号
}Superframe_Struct_Table;
```

(3) Link_Struct_Table 数据结构

链路表 Link_Struct_Table 数据结构主要用于描述 WIA-PA 协议栈中 WIA-PA 标准定义的

链路表属性参数。同时，构成 MIB 的链路表对象表项、属性部分，提供给 DMAP 和 WIA-PA 系统管理器进行管理。

```
typedef struct _Link_Struct_Table{
    UINT16 LinkID;              //链路 ID
    UINT16 NeighborID;          //邻居 ID
    UINT8 LinkType;             //链路类型
    UINT16 RelativeSlotNumber;  //相对时隙号
    UINT8 LinkSuperframeNum;    //现场设备的数据更新周期与所在网络路由设备数据更新周期比值
    UINT8 ActiveFlag;           //链路激活支持标识
    UINT8 ChannelIndex;         //当前采用信道编号
    UINT16 SuperframeID;        //超帧 ID
}Link_Struct_Table;
```

（4）Neighbor_Struct_Table 数据结构

邻居表 Neighbor_Struct_Table 数据结构主要用于描述 WIA-PA 协议栈中 WIA-PA 标准定义的邻居表属性参数。同时，构成 MIB 的邻居表对象表项、属性部分，提供给 DMAP 和 WIA-PA 系统管理器进行管理。

```
typedef struct _Neighbor_Struct_Table{
    UINT16 NeighborAddr;           //邻居设备短地址
    UINT8 NeighborStatus;          //邻居设备是否作为时间源
    UINT8 BackoffCounter;          //退避计数器
    UINT8 BackoffExponent;         //退避指数
    UINT64 LastTimeCommunicated;   //与该邻居设备最后一次通信的时间
    UINT8 AveRSL;                  //统计时间内接收该邻居设备的信号的平均级别
    UINT16 PacktetsTransmitted;    //统计时间内发送给该邻居设备的非广播数据包
    UINT16 AckPacktets;            //统计时间内未收到的期望 ACK/NACK 包的数量
    UINT16 PacketsReceived;        //统计时间内接收到该邻居设备好的数据包的数量
    UINT16 BroadcastPackets;       //统计时间内接收到该邻居设备好的广播包的数量
}Neighbor_Struct_Table;
```

（5）ChanCon_Struct_Table 数据结构

信道状态表 ChanCon_Struct_Table 数据结构主要用于描述 WIA-PA 协议栈中 WIA-PA 标准定义的信道状态表属性参数。同时，构成 MIB 的信道状态表对象表项、属性部分，提供给 DMAP 和 WIA-PA 系统管理器进行管理。

```
typedef struct _ChanCon_Struct_Table{
    UINT16 DeviceShortAddress;   //设备短地址
    UINT8 ChannelID;             //信道 ID
    UINT16 NeighborAddr;         //邻居设备短地址
    UINT8 LinkQuality;           //每条信道上的 LQI 值
    UINT16 PacketLossRate;       //每条信道上的丢包率
    UINT8 RetryNum;              //每条信道上的帧重传次数
}ChanCon_Struct_Table;
```

（6）Device_Struct_Table 数据结构

设备信息表 Device_Struct_Table 数据结构主要用于描述 WIA-PA 协议栈中 WIA-PA 标准定义的设备信息表属性参数。同时，构成 MIB 的设备信息表对象表项、属性部分，提供给 DMAP 和 WIA-PA 系统管理器进行管理。

```
typedef struct _Device_Struct_Table{
    UINT64 LongAddress;          //设备长地址
    UINT8 RedundantDevFlag;      //指示设备是否为冗余设备
    UINT16 MasterDevAddr;        //主设备短地址
```

```
    UINT8 NetAddressAssign;             //指示设备是否已分配短地址
    UINT16 DeviceshortAddress;          //设备短地址
    UINT24 ManufacturerID;              //厂商标识
    UINT64 DeviceSerialNumber;          //设备序列号
    UINT8 PowerSupplyStatus;            //供电状态
    UINT8 RouterCapable;                //指示设备是否具有路由功能
    UINT8 DeviceState;                  //设备加入状态
    UINT32 DeviceMemoryTotal;           //设备总内存
    UINT32 DeviceUsedMem;               //已使用内存
    UINT8 ClockMasterRole;              //是否时间基准设备
    UINT32 ClockUpdate;                 //最近一次时间调节量
    UINT32 PktsMACToDLSL;               //从 MAC 层发往数据链路子层的包的个数
    UINT32 PktsFromDLSLRej;             //来自链路子层但被网络层丢弃的包的个数
    UINT32 PktsFromDLSLAcc;             //来自链路子层并被网络层接受的包的个数
    UINT32 PktsFromASL;                 //来自应用子层的包的个数
    UINT32 PktsFromASLRej;              //来自应用子层但被网络层丢弃的包的个数
    UINT32 PktsOutToDLSL;               //来自应用子层并被网络层发送到数据链路子层的包的个数
    UINT8 AGGSupportFlag;               //聚合和解聚功能支持标识
    UINT8 AGGEnableFlag;                //聚合和解聚功能启用标志
    UINT8 IntraChannelNum;              //簇内通信使用的信道数
    UINT8 IntraChanel[2];               //信道存储数组
    UINT16 SuperframeID;                //超帧 ID
}Device_Struct_Table;
```

（7）VCR_Struct_Table 数据结构

VCR 表 VCR_Struct_Table 数据结构主要用于描述 WIA-PA 协议栈中 WIA-PA 标准定义的 VCR 表属性参数。同时，构成 MIB 的 VCR 表对象表项、属性部分，提供给 DMAP 和 WIA-PA 系统管理器进行管理。

```
typedef struct _VCR_Struct_Table{
    UINT16 VcrID;                       //虚拟通信关系 ID
    UINT8 VcrType;                      //VCR 类型
    UINT8 SrcObjID;                     //VCR 源端对象标识符
    UINT8 SrcObjInsID;                  //VCR 源端对象实例标识符
    UINT8 DesObjID;                     //VCR 目的端对象标识符
    UINT8 DesObjInsID;                  //VCR 目的端对象实例标识符
    UINT32 DataUpdateRate;              //数据更新周期
    UINT8 VcrStatus;                    //VCR 状态
    UINT32 VcrActivationTime;           //VCR 激活时间
    UINT32 ServiceTime;                 //VCR 服务时间
    UINT16 SourceChAddress;             //源端设备所在簇的簇首的网络地址
    UINT16 SourceAddress;               //源端设备的网络地址
    UINT16 DestinationAddress;          //VCR 目的端所在设备的网络地址
    UINT8 SecurityPolicy;               //数据包的安全分级
    UINT16 RouteID;                     //路由 ID
}VCR_Struct_Table;
```

（8）DevConRep_Struct_Table 数据结构

设备状态表 DevConRep_Struct_Table 数据结构主要用于描述 WIA-PA 协议栈中 WIA-PA 标准定义的设备状态表属性参数。同时，构成 MIB 的设备状态表对象表项、属性部分，提供给 DMAP 和 WIA-PA 系统管理器进行管理。

```
typedef struct _DevConRep_Struct_Table {
    UINT16 DevShortAddr;                //设备短地址
    UINT16 NumPktSent;                  //上一次报告后本设备发送的包数量
    UINT16 NumPktRcvd;                  //上一次报告后终止于本设备的包数量
```

```
    UINT16 NumMacMicFailures;        //上一次报告后 MAC 层消息完整性代码(MIC)验证失败数量
    UINT8 BatLevel;                  //电池供电时的剩余电量级别
    UINT16 RestartCount;             //设备重启次数
    UINT32 Uptime;                   //距上次重启的时间
}DevConRep_Struct_Table;
```

（9）key_Struct_Table 数据结构

密钥表 key_Struct_Table 数据结构主要用于描述 WIA-PA 协议栈中 WIA-PA 标准定义的密钥表属性参数。同时，构成 MIB 的密钥表对象表项、属性部分，提供给 DMAP 和 WIA-PA 系统管理器进行管理。

```
typedef struct _key_Struct_Table {
    UINT16 keyID;                    //密钥 ID
    UINT8 keyType;                   //密钥类型
    UINT8 keyLength;                 //密钥的有效长度
    UINT64 keyActiveTime;            //密钥更新激活时间
    UINT8 keyData[16];               //密钥值
    UINT8 keyAttackTimes;            //密钥被攻击次数
    UINT8 KeyState;                  //密钥状态
}key_Struct_Table;
```

（10）ObjList_Struct_Table 数据结构

对象表 ObjList_Struct_Table 数据结构主要用于描述 WIA-PA 协议栈中 WIA-PA 标准定义的对象表属性参数。同时，构成 MIB 的对象表对象表项、属性部分，提供给 DMAP 和 WIA-PA 系统管理器进行管理。

```
typedef struct _ObjList_Struct_Table {
    UINT8 ObjectID;                  //对象 ID
    UINT8 InstanceID;                //实例 ID
    UINT16 ProfileID;                //遵循的行规
    UINT8 ParameterNumber;           //包含的参数个数
}ObjList_Struct_Table;
```

3. 链表数据结构的设计

链表处理包括链表表项 linklist_item 数据结构和链表表头 linklist 数据结构。

（1）linklist_item 数据结构

链表表项 linklist_item 数据结构主要用于描述 WIA-PA 协议栈中 WIA-PA 标准定义的结构化属性单个对象表的单个表项的存储结构和表项状态信息，并建立与前后表项之间的关联。

```
typedef struct linklist_item{
    struct linklist_item*prev;       //指向上一项表项地址
    struct linklist_item*next;       //指向下一项表项地址
    struct linklist *q;              //管理整个表项指针
    BYTE *data;                      //指向当前表项数据
    BYTE listtemstate;               //表示当前表项使用状态
} linklist_item_t;
```

（2）linklist 数据结构

链表表头 linklist 数据结构主要用于描述 WIA-PA 协议栈中 WIA-PA 标准定义的结构化属性单个对象表的全部表项的存储结构和信息。

```
typedef struct linklist{
    struct linklist_item*head;       //指向第一个表项
    struct linklist_item*tail;       //指向最后一个表项
```

```
    UINT16  len;                        //表项个数
    UINT16  maxlen;                     //支持最大表项个数
    UINT8   busy;                       //表项操作状态
} linklist_t;
```

6.3.4　WIA-PA 主要流程及接口设计

WIA-PA 协议栈主要包括报文收发、设备加入、设备离开等流程及接口的设计与实现。

1. 报文收发流程及接口设计

（1）发送报文流程及接口

现场设备应用进程的 NodeAction()函数周期性地调用应用层的 aplSendPublishMSG()函数发送数据；因事件触发调用应用层的 aplSendReportMSG()函数汇报数据；在收到需要响应的应用数据请求报文时调用应用层的 aplSendCSMSG()函数响应数据。并转入 NodeAction()函数的对应发送等待状态。

边界路由应用进程的 slipFSM()函数调用应用层的 aplSendCSMSGNoFSM()函数发送应用数据请求报文；调用 DMAP 的 aplJoinRsp()函数发送加入响应管理报文；调用 DMAP 的 aplLeaveReq()函数发送离开请求管理报文；调用 DMAP 的 aplLeaveRsp()函数发送离开响应管理报文；调用 DMAP 的 aplClrmemRsp()函数发送簇成员响应管理报文；调用 DMAP 的 aplAddRouteReq()函数发送增加路由管理报文；调用 DMAP 的 aplUpdateRouteReq()函数发送更新路由管理报文；调用 DMAP 的 aplDeleteRouteReq()函数发送删除路由管理报文，调用 DMAP 的 aplAddLinkReq()函数发送增加链路管理报文；调用 DMAP 的 aplUpdateLinkReq()函数发送更新链路管理报文；调用 DMAP 的 aplReleaseLinkReq()函数发送释放链路管理报文；调用 DMAP 的 aplAddSfrReq()函数发送增加超帧管理报文；调用 DMAP 的 aplUpdateSfrReq()函数发送更新超帧管理报文；调用 DMAP 的 aplReleaseSfrReq()函数发送释放超帧管理报文；调用 DMAP 的 aplGetAttributeReq()函数发送获取属性管理报文；调用 DMAP 的 aplSetAttributeReq()函数发送配置属性管理报文。并转入 slipFSM()函数的对应发送等待状态。

应用层的 aplFmtSendCSMSG()函数通过 apsFSM()函数中的 apsTxData()函数，封装成网络层帧格式，调用网络层的 nlDoService()函数发送应用数据请求报文；应用层的 aplFmtSendPublishMSG()函数通过 apsFSM()函数中的 apsTxData()函数，封装成网络层帧格式，调用网络层的 nlDoService()函数发送周期性应用数据报文；应用层的 aplFmtSendReportMSG()函数通过 apsFSM()函数中的 apsTxData()函数，封装成网络层帧格式，调用网络层的 nlDoService()函数发送因事件触发应用数据报文。并转入 apsFSM()函数的对应发送等待状态。

网络层的 nlFSM()函数通过 nlTxData()函数，封装成 DLSL 层帧格式，调用 DLSL 层的 dllDoService()函数发送网络层报文。并转入 nlFSM()函数的对应发送等待状态。

DLSL 层的 dllFSM()函数通过 dllTxData()函数，封装成 MAC 层帧格式，调用 MAC 层的 macDoService()函数发送网络层报文。并转入 dllFSM()函数的对应发送等待状态。

MAC 层的 macFSM()函数通过 macTxData()函数，封装成物理层帧格式，调用物理层的 phyDoService()函数发送 MAC 层报文。并转入 macFSM()函数的对应发送等待状态。

物理层的 phyFSM()函数调用 halSendPacket()函数，通过底层射频芯片的数据包装载函数 RF_Fill_TXFIFO()将报文填充至射频的 TXFIFO，并开始发送。并转入 phyFSM ()函数的对应发送等待状态，等待 a_phy_service.status 返回的发送结果，在物理层发送完成并获得发送结果后，物理层 phyFSM()函数转为空闲态。

MAC 层的 macFSM()函数根据物理层 a_phy_service.status 值返回的 a_mac_service.status 值，确定发送报文是否成功。若为 MAC 层发送的报文，且发送成功，则 MAC 层的 macFSM()函数的状态转为空闲态，否则，在重传次数许可范围内执行报文重传；若为上层发送的报文，则将确认信息告知处于发送等待状态的网络层。

DLSL 层的 dllFSM()函数根据 MAC 层 a_mac_service.status 值返回的 a_dll_service.status 值，确定发送报文是否成功。若为 DLSL 层发送的报文，且发送成功，则 DLSL 层的 dllFSM()函数的状态转为空闲态，否则，在重传次数许可范围内执行报文重传；若为上层发送的报文，则将确认信息告知处于发送等待状态的应用层。

网络层的 nlFSM()函数根据 DLSL 层 a_dll_service.status 值返回的 a_nl_service.status 值，确定发送报文是否成功。若为网络层发送的报文，且发送成功，则网络层的 nlFSM()函数的状态转为空闲态，否则，在重传次数许可范围内执行报文重传；若为上层发送的报文，则将确认信息告知处于发送等待状态的应用层。

应用层的 apsFSM()函数根据网络层 a_nl_service.status 值返回的 a_aps_service.status 值，确定发送报文是否成功。若为应用层发送的报文，且发送成功，则应用层的 apsFSM()函数的状态转为空闲态，否则，在重传次数许可范围内执行报文重传；若为应用进程发送的报文，则将确认信息告知处于发送等待状态的相应应用进程。

应用进程根据应用层返回的 a_aps_service.status 值，确定发送报文是否成功。若发送成功，则将对应状态转为空闲态，否则，在重传次数许可范围内执行报文重传。

（2）接收报文流程及接口

在无线收发射频中断中调用 RF_RxPacket()函数，将接收到的报文装载至 RxPacketBuff 中。RF_RxPacket()函数调用 macRxCallback()函数，将 RxPacketBuff 存放的接收报文装载至接收队列中。

MAC 层的 macRxFSM()函数通过 macGetRxPacket()函数，将接收报文从接收队列中取出。若为 MAC 层报文，则执行相应处理（执行相应操作或发送响应报文），处理完毕后清空接收队列；若为上层报文，则调用 dllRxHandoff()函数，将接收报文拷贝给上层接收缓存 a_dll_rx_data.orgpkt.data，并清空接收队列。

DLSL 层的 dllRxFSM()函数对接收缓存的报文类型进行判断。若为数据链路层报文，则执行相应处理，处理完毕后清空接收缓存；若为上层报文，则调用 nlRxHandoff()函数，将接收报文拷贝给上层接收缓存 a_nl_rx_data.orgpkt.data，并清空接收缓存。

网络层的 nlRxFSM()函数对接收缓存的报文类型进行判断。若为网络层报文，则执行相应处理（执行相应操作或发送响应报文），处理完毕后清空接收缓存；若为上层报文，则调用 apsRxHandoff()函数，将接收报文拷贝给上层接收缓存 a_aps_rx_data.orgpkt.data，并清空接收缓存。

应用层的 nlRxFSM()函数对接收缓存的报文类型进行判断。若为应用层报文，则执行相应处理（执行相应操作或发送响应报文），处理完毕后清空接收缓存；若为需要转给系统管理器的报文，则调用 slipSend()函数，将接收报文通过串口发送给 WIA-PA 系统管理器，并清空接收缓存。

2. 设备加入流程及接口设计

（1）现场设备/路由设备一跳加入流程及接口

边界路由设备网络层判断周期性发送信标时间到，触发 MAC 层通过 macFormatBeacon()函数构造信标帧，并调用 macTxData()函数广播发送信标帧。

待加入设备 MAC 层的 macRxFSM()函数判断接收到的信标帧后，对信标帧进行解析，在 MAC 层的 macFSM ()函数中通过 macFormatAssocRequest()函数构造关联请求，并调用 macTxData()函数发送关联请求至边界路由设备。

边界路由设备 MAC 层的 macRxFSM()函数判断接收到待加入设备的关联请求后，在网络层 nlFSM()函数构造对应的加入请求转发给 WIA-PA 系统管理器，由系统管理器解析并为该入网设备分配网络地址，在收到系统管理器构造并发送的加入响应后，在 MAC 层 macFSM()函数构造对应的关联响应，并调用 macTxData()函数发送关联响应至待加入设备。

待加入设备 MAC 层的 macRxFSM()函数判断接收到边界路由设备的关联响应后，对关联响应进行解析，判断入网是否成功，若成功，则启动返回的由 WIA-PA 系统管理器分配的网络地址；否则重新执行入网过程。

（2）现场设备/路由设备多跳加入流程及接口

代理路由设备网络层判断周期性发送信标时间到，触发 MAC 层通过 macFormatBeacon()函数构造信标帧，并调用 macTxData()函数广播发送信标帧。

待加入设备 MAC 层的 macRxFSM()函数判断接收到信标帧后，对信标帧进行解析，在 MAC 层的 macFSM ()函数中通过 macFormatAssocRequest()函数构造关联请求，并调用 macTxData()函数发送关联请求至代理路由设备。

代理路由设备 MAC 层的 macRxFSM()函数判断接收到待加入设备的关联请求后，对关联请求进行解析，在网络层的 nlFSM()函数中通过 dmapFmtJoinRequest()函数构造加入请求，并调用 nlTxData()函数发送加入请求至边界路由设备。

若存在其他路由设备，其网络层的 nlRxFSM()函数判断接收到的不是发给自己的加入请求后，调用 nl_pib.rxBuff 数组队列对待转发报文进行缓存，并通过 nlCopyFwdPkt()函数按照路由表调用 nlTxData()函数转发加入请求报文。

边界路由设备网络层的 nlRxFSM()函数判断接收到代理路由设备的加入请求后，转发给 WIA-PA 系统管理器，由系统管理器解析并为该入网设备分配网络地址，在收到系统管理器构造并发送的加入响应后，在网络层的 nlFSM ()函数中调用 nlTxData()函数发送加入响应至代理路由设备。

若存在其他路由设备，其网络层的 nlRxFSM()函数判断接收到的不是发给自己的加入响应后，调用 nl_pib.rxBuff 数组队列对待转发报文进行缓存，并通过 nlCopyFwdPkt()函数按照路由表调用 nlTxData()函数转发加入响应报文。

代理路由设备网络层的 nlRxFSM()函数判断接收到边界路由设备的加入响应后，对加入响应进行解析，通过 MAC 层的 macFSM()函数的 macFormatAssociationResponse()函数构造关联响应，并调用 macTxData()函数发送关联响应至待加入设备。

待加入设备 MAC 层的 macRxFSM()函数判断接收到代理路由设备的关联响应后，对关联响应进行解析，判断入网是否成功，若成功，则启动返回的由 WIA-PA 系统管理器分配的网络地址；否则重新执行入网过程。

3. 设备离开流程及接口设计

（1）现场设备主动离开流程及接口

① 现场设备主动离开边界路由设备

现场设备需要离开网络，现场设备 MAC 层的 macFSM()函数通过 macFormatDisassoc

Notification()函数构造断联请求，并调用 macTxData()函数发送断联请求至边界路由设备。

边界路由设备 MAC 层的 macRxFSM()函数判断接收到待离开设备的断联请求，将该离开设备从自己的邻居表中删除，并清除接收缓存。

② 现场设备主动离开代理路由设备

现场设备需要离开网络，现场设备 MAC 层的 macFSM()函数通过 macFormatDisassoc Notification()函数构造断联请求，并调用 macTxData()函数发送断联请求至代理路由设备。

代理路由设备 MAC 层的 macRxFSM()函数判断接收到待离开设备的断联请求，将该离开设备从自己的邻居表中删除，更新簇成员列表，并清除接收缓存。同时，通过网络层的 nlFSM()函数的 dmapFmtClrmemRequest()函数构造簇成员汇报请求报文，调用 nlTxData()函数发送簇成员汇报请求至边界路由设备。

若存在其他路由设备，其网络层的 nlRxFSM()函数判断接收到的不是发给自己的簇成员汇报请求后，调用 nl_pib.rxBuff 数组队列对待转发报文进行缓存，并通过 nlCopyFwdPkt()函数按照路由表调用 nlTxData()函数转发簇成员汇报请求。

边界路由设备网络层的 nlRxFSM()函数判断接收到代理路由设备的簇成员汇报请求，转发给 WIA-PA 系统管理器，由系统管理器解析，删除该离开设备的相关信息并构造簇成员汇报响应，在网络层的 nlFSM ()函数中调用 nlTxData()函数发送至代理路由设备。

若存在其他路由设备，其网络层的 nlRxFSM()函数判断接收到的不是发给自己的簇成员汇报响应后，调用 nl_pib.rxBuff 数组队列对待转发报文进行缓存，并通过 nlCopyFwdPkt()函数按照路由表调用 nlTxData()函数转发簇成员汇报响应。

代理路由设备网络层的 nlRxFSM()函数判断接收到边界路由设备的簇成员汇报响应，知晓汇报簇成员离开成功，并清除接收缓存。

（2）路由设备主动离开流程及接口

路由设备需要离开网络，路由设备网络层的 nlFSM()函数通过 dmapFmtLeaveRequest()函数构造离开请求，并调用 nlTxData()函数发送离开请求至边界路由设备。

若存在其他路由设备，其网络层的 nlRxFSM()函数判断接收到的不是发给自己的离开请求后，调用 nl_pib.rxBuff 数组队列对待转发报文进行缓存，并通过 nlCopyFwdPkt()函数按照路由表调用 nlTxData()函数转发离开请求。

边界路由设备网络层的 nlRxFSM()函数判断接收到待离开设备的离开请求，将该离开设备从自己的邻居表和路由表中删除，转发给 WIA-PA 系统管理器，由系统管理器解析，删除该离开设备的相关信息并构造离开响应，在网络层的 nlFSM()函数中调用 nlTxData()函数发送至待离开设备。

若存在其他路由设备，其网络层的 nlRxFSM()函数判断接收到的不是发给自己的离开响应后，调用 nl_pib.rxBuff 数组队列对待转发报文进行缓存，并通过 nlCopyFwdPkt()函数按照路由表调用 nlTxData()函数转发离开响应。

路由设备网络层的 nlRxFSM()函数判断接收到边界路由设备的离开响应，知晓离开网络成功，并清除接收缓存。若该路由设备存在簇成员设备，则通过 MAC 层的 macFSM()函数通过 macFormatDisassocNotification()函数构造断联请求，并调用 macTxData()函数发送断联请求至各簇成员现场设备。

（3）现场设备被动离开流程及接口

① 现场设备被动离开边界路由设备

边界路由设备需要某现场设备离开网络，将该离开设备从自己的邻居表中删除，边界路由设备 MAC 层的 macFSM()函数通过 macFormatDisassocNotification()函数构造断联请求，并调用 macTxData()函数发送断联请求至该待离开设备。

待离开设备 MAC 层的 macRxFSM()函数判断接收到边界路由设备的断联请求，离开网络，并清除接收缓存。

② 现场设备被动离开代理路由设备

代理路由设备需要某现场设备离开网络，代理路由设备 MAC 层的 macFSM()函数通过 macFormatDisassocNotification()函数构造断联请求，并调用 macTxData()函数发送断联请求至该待离开设备。

待离开设备 MAC 层的 macRxFSM()函数判断接收到代理路由设备的断联请求，离开网络，并清除接收缓存。

代理路由设备收到发送断联请求后离开设备所回复的 ACK 报文，将该离开设备从自己的邻居表中删除，更新簇成员列表，并通过网络层的 nlFSM()函数的 dmapFmtClrmemRequest()函数构造簇成员汇报请求报文，调用 nlTxData()函数发送簇成员汇报请求至边界路由设备。

若存在其他路由设备，其网络层的 nlRxFSM()函数判断接收到的不是发给自己的簇成员汇报请求后，调用 nl_pib.rxBuff 数组队列对待转发报文进行缓存，并通过 nlCopyFwdPkt()函数按照路由表调用 nlTxData()函数转发簇成员汇报请求。

边界路由设备网络层的 nlRxFSM()函数判断接收到代理路由设备的簇成员汇报请求，转发给 WIA-PA 系统管理器，由系统管理器解析，删除该离开设备的相关信息并构造簇成员汇报响应，在网络层的 nlFSM()函数中调用 nlTxData()函数发送至代理路由设备。

若存在其他路由设备，其网络层的 nlRxFSM()函数判断接收到的不是发给自己的簇成员汇报响应后，调用 nl_pib.rxBuff 数组队列对待转发报文进行缓存，并通过 nlCopyFwdPkt()函数按照路由表调用 nlTxData()函数转发簇成员汇报响应。

代理路由设备网络层的 nlRxFSM()函数判断接收到边界路由设备的簇成员汇报响应，知晓汇报簇成员离开成功，并清除接收缓存。

（4）路由设备被动离开流程及接口

边界路由设备需要某路由设备离开网络，将该离开设备从自己的邻居表和路由表中删除，边界路由设备网络层的 nlFSM()函数通过 dmapFmtLeaveRequest()函数构造离开请求，并调用 nlTxData()函数发送离开请求至该待离开设备。

若存在其他路由设备，其网络层的 nlRxFSM()函数判断接收到的不是发给自己的离开请求后，调用 nl_pib.rxBuff 数组队列对待转发报文进行缓存，并通过 nlCopyFwdPkt()函数按照路由表调用 nlTxData()函数转发离开请求。

待离开设备网络层的 nlRxFSM()函数判断接收到边界路由设备的离开请求，离开网络，并清除接收缓存。若该待离开路由设备存在簇成员设备，则通过 MAC 层的 macFSM()函数通过 macFormatDisassocNotification()函数构造断联请求，并调用 macTxData()函数发送断联请求至各簇成员现场设备。

6.3.5　WIA-PA 协议栈的实现

根据上述 WIA-PA 协议栈总体设计结构，WIA-PA 协议栈整体包含以下 5 个模块，分别为图 6-6 所示的 WIA-PA 数据链路层模块、WIA-PA 网络层模块、WIA-PA 应用层模块、WIA-PA 网络管理模块以及 WIA-PA 安全模块。

图 6-6 WIA-PA 协议栈系统结构图

相应各协议层主状态机和接收状态机数据收发系统结构如图 6-7 所示。WIA-PA 协议栈整个架构采用状态机来运行，以完成设备对数据收发的处理，其中应用层、网络层、数据链路子层、MAC 层以及物理层均需利用状态机来完成各自的操作。

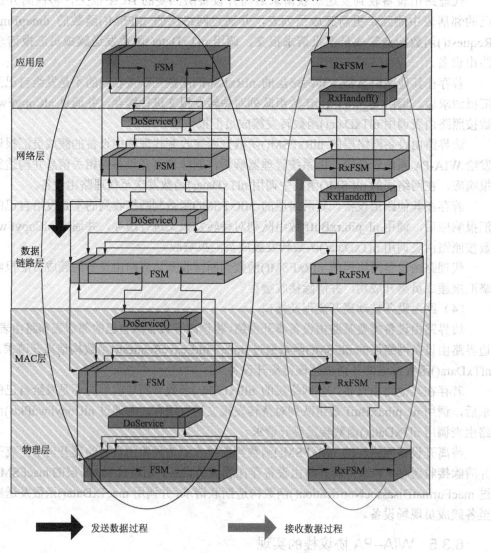

图 6-7 WIA-PA 协议栈各协议层数据收发系统结构

WIA-PA 协议栈中每层均有主状态机、发送状态机和接收状态机。其中主状态机完成每层协议的核心功能，同时对上层传递的数据进行处理、封装，并将封装好的数据继续传递给下层，此时主状态机根据获取的返回状态来判断其是否完成了上层指示的动作。发送状态机在协议栈中没有执行发送数据功能，主要是在主状态机中用于判断本层已成功完成了所有动作。接收状态机在每层中的作用在于对下层上传的数据帧进行处理、解析，同时将处理完的数据帧继续传递给上层。协议栈中每层状态机之间对数据帧的收发由特定的接口完成，例如网络层接收应用层下发的接口为 DoService，下层上传给网络的数据帧接口为 RxHandoff。下面将分层阐述 WIA-PA 协议栈具体设计方案。

1. WIA-PA 数据链路层的设计与实现

（1）数据链路层状态机的设计

WIA-PA 数据链路层的主要任务是保证 WIA-PA 网络设备间的可靠、安全、无误、实时地传输，包括数据链路子层和 MAC 层，其中数据链路子层主要提供设备加入/离开信道状况指示、邻居信息上报、设备存活请求、时间同步等管理服务。由于现有的时间同步、时隙通信、确定性调度等功能均由硬件辅助完成，且涉及的帧构造/解析功能较少，因此目前未将数据链路子层单独运行，而将其与 MAC 层融合处理。下面对数据链路层进行状态机的设计。

① 数据链路层主状态机

数据链路层主状态机的功能包含两个部分，一是完成对网络层下发数据的封装并将封装好的网络层数据发给下层处理；二是实现对数据链路层命令帧的构造和解析。图 6-8 为数据链路层主状态机状态转移图。

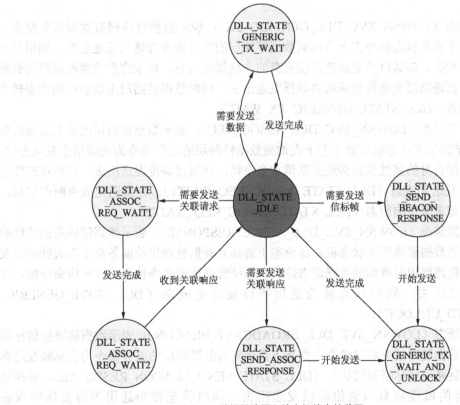

图 6-8　数据链路层主状态机状态转移图

在数据链路层的主状态机状态转移图中，包含的 7 个状态是根据状态机机制设计的，用于完成数据链路层主状态机功能，表 6-1 为上述 7 个状态。

表 6-1 数据链路层主状态机介绍

DLL_STATE_IDLE	空闲态
DLL_STATE_COMMAND_START	命令态
DLL_STATE_GENERIC_TX_WAIT	通用发送等待态（解锁）
DLL_STATE_ASSOC_REQ_WAIT1	关联请求等待发送完成态
DLL_STATE_ASSOC_REQ_WAIT2	关联请求等待响应态
DLL_STATE_SEND_ASSOC_RESPONSE	关联响应发送态
DLL_STATE_GENERIC_TX_WAIT_AND_UNLOCK	通用发送等待态（不解锁）

（a）空闲态设计

数据链路层主状态机中的空闲态（DLL_STATE_IDLE），主要功能是对数据链路层接收状态机中未处理的命令帧进行处理。

（b）命令态设计

数据链路层主状态机中的命令态（DLL_STATE_COMMAND_START）为上层发送数据时调用数据链路层主状态机的入口，在该状态下数据链路层主要为上层提供数据服务接口，根据上层下发的数据进行封装并发送给下层。在该状态下，主要的服务命令如下。

通用发送态（LOWSN_SVC_DLL_GENERIC_TX）：表示数据链路层有数据需要发送。当数据链路层主状态机在命令态下查询到数据链路层的服务命令为通用发送态时，则根据上层传递下来的数据、参数以及数据链路层自身的一些属性信息，构造完整的数据链路层数据帧，并采用数据链路层发送数据函数将数据发送出去，同时数据链路层主状态机的状态转为通用发送等待态（DLL_STATE_GENERIC_TX_WAIT）。

关联请求发送态（LOWSN_SVC_DLL_ASSOC_REQ）：表示数据链路层的关联请求需要发送。当数据链路层主状态机在命令态下查询到数据链路层的服务命令为关联请求发送态时，数据链路层根据自身的属性信息构造关联请求命令帧，并通过调度发送出去，同时状态转为关联请求等待发送完成态（DLL_STATE_ASSOC_REQ_WAIT1），在发送完成中断产生后，状态转为关联请求等待响应态（DLL_STATE_ASSOC_REQ_WAIT2）。

关联响应发送态（LOWSN_SVC_DLL_ASSOC_RESPONSE）：表示数据链路层的关联响应需要发送。当数据链路层主状态机在命令态下查询到数据链路层的服务命令为关联响应发送态时，数据链路层根据收到的关联请求信息和系统管理器的命令构造关联响应命令帧，并通过调度发送出去，同时状态转为通用等待发送完成态（DLL_STATE_GENERIC_TX_WAIT_AND_UNLOCK）。

信标帧发送态（LOWSN_SVC_DLL_BROADCAST_BEACON）：表示数据链路层信标帧需要发送。当数据链路层主状态机在命令态下查询到数据链路层的服务命令为信标帧发送态时，转至数据链路层信标帧发送状态（DLL_STATE_SEND_BEACON_RESPONSE），数据链路层根据自身的属性信息构造信标帧发送出去，同时状态转为通用等待发送完成态（DLL_STATE_GENERIC_TX_WAIT_AND_UNLOCK）。

（c）通用发送等待态设计

数据链路层主状态机通用发送等待态（DLL_STATE_GENERIC_TX_WAIT）的主要功能是检测下层协议是否完成对数据帧的发送和处理，同时通过下层协议返回的服务状态来获取数据链路层此次操作的服务状态，并将数据链路层主状态机转换为空闲态。

② 数据链路层接收状态机

WIA-PA 数据链路层接收状态机的设计主要是对下层上发的数据帧进行解析。图 6-9 为数据链路层接收状态机状态转移图。

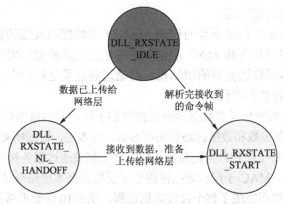

图 6-9　数据链路层接收状态机状态转移图

在数据链路层接收状态机的状态转移图中，包含的 3 个状态是根据状态机机制设计的，用于完成数据链路层接收状态机功能，表 6-2 为上述 3 个状态。

表 6-2　　　　　　　　　　　　　　　　网络层接收状态机介绍

DLL_RXSTATE_IDLE	接收空闲态
DLL_RXSTATE_START	接收开始态
DLL_RXSTATE_APS_HANDOFF	传递态

（a）接收空闲态设计

数据链路层接收状态机在接收空闲态（DLL_RXSTATE_IDLE）下不执行任何操作，表明目前数据链路层接收状态机处于空闲。

（b）接收开始态设计

数据链路层接收开始态（DLL_RXSTATE_START）是在下层上传数据帧给数据链路层时调用的状态，当下层接收状态机通过接口完成传递数据帧给数据链路层后，数据链路层接收状态机置为该状态。在该状态下，数据链路层主要对下层协议上传的数据帧进行解析、处理，其中数据链路层数据帧解析的情况包含以下两种。

WIA-PA 数据链路子层/MAC 层命令帧：若数据链路层接收到的数据帧为数据链路子层或 MAC 层命令帧，则解析命令帧后，根据命令帧的要求执行相应的操作，同时释放数据链路层接收缓存，并将数据链路层接收状态机置为接收空闲态。

WIA-PA 数据链路层数据帧：数据链路层接收状态机置为传递态（DLL_RXSTATE_NL_HANDOFF），将数据帧继续传递给上层进行解析、处理。

（c）传递态设计

传递态（DLL_RXSTATE_NL_HANDOFF）的功能是数据链路层为上层提供数据传递的接口，通过nlRxHandoff接口将数据上传给网络层。同时数据链路层接收状态机的状态置为接收空闲态。

（2）数据链路层收发数据流程

① 数据链路层发送数据流程

数据链路层发送数据流程的启动主要包含两种情况：一是上层通过接口函数传递数据以及相应的参数给数据链路层，作为MAC子层的数据帧发送出去；二是数据链路子层或者MAC子层本身有命令帧数据需要发送。

对于上层通过接口函数传递下来的作为 MAC 子层数据帧发送的数据，需要在数据链路层构造，添加数据链路层帧头和 MAC 层帧头，并通过调度函数的安排发送出去。对于本层产生的命令帧需要在本层构造完整的帧结构，再通过底层发送接口发送出去。

② 数据链路层接收数据流程

数据链路层接收数据流程是当数据链路层接收到下层上发的数据后，首先通过头部解析函数依次获取 MAC 层头部参数和数据链路层头部参数，在本层，数据帧类型包含两种情况：一是接收到的为数据帧，MAC 子层和数据链路层子层将此数据帧通过服务接口发送给上层继续处理；二是接收到的为命令帧，MAC 子层和数据链路层子层将根据本层命令帧的指示，继续执行相应的操作。由此，数据链路层完成了整个接收数据流程。图 6-10 为数据链路层接收数据的流程。

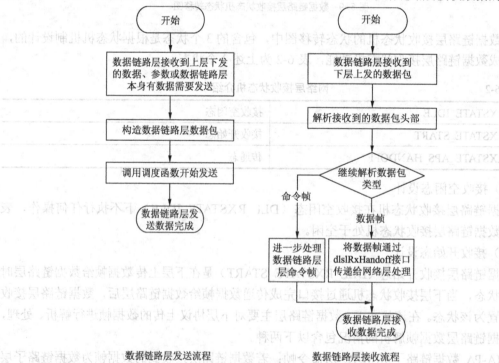

图 6-10　数据链路层收发数据流程

2. WIA-PA 网络层的设计与实现

（1）网络层状态机的设计

WIA-PA 网络层包含数据服务和管理服务，其中数据服务为应用子层提供数据的收发接口，管理服务完成 WIA-PA 网络中的管理进程。同时，网络层还具有设备寻址、路由转发以及命令帧的构造解析等功能，下文将对 WIA-PA 网络层进行状态机设计。

① 网络层主状态机

网络层主状态机的功能包含两个部分：一是完成对应用层下发数据的封装，并将封装好的网络层数据发送给下层；二是 WIA-PA 网络中的管理命令帧均在网络层中进行构造、发送。网络层主状态机状态转移图如图 6-11 所示。

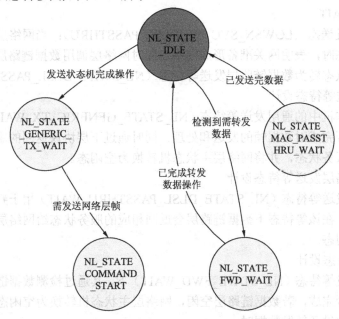

图 6-11 网络层主状态机状态转移图

在网络层主状态机状态转移图中，包含的五个状态是根据状态机机制设计的，用于完成网络层主状态机功能，表 6-3 为上述五个状态。

表 6-3 网络层主状态机介绍

NL_STATE_IDLE	空闲态
NL_STATE_COMMAND_START	命令态
NL_STATE_GENERIC_TX_WAIT	通用发送等待态
NL_STATE_DLSL_PASSTHRU_WAIT	数据链路层发送等待态
NL_STATE_FWD_WAIT	转发等待态

（a）空闲态设计

网络层主状态机中的空闲态（NL_STATE_IDLE）的主要功能是路由设备检测是否需要转发数据给其他设备。若转发数据标志位为 1，则网络层主状态机状态置为转发等待态（NL_STATE_FWD_WAIT）。反之，网络层主状态机继续保持空闲态。WIA-PA 网络层管理命令帧的构造和发送操作也可在空闲态中进行设计。

（b）命令态设计

网络主状态机中的命令态（NL_STATE_COMMAND_START）为上层发送数据时调用网

络层主状态机的入口，在该状态下网络层主要为上层提供数据服务接口，根据上层下发的数据进行封装并发送给下层。在该状态下，主要的服务命令如下。

通用发送态（LOWSN_SVC_NL_GENERIC_TX）：表示网络层有数据需要发送。当网络层主状态机在命令态下查询到网络层的服务命令为通用发送态时，则根据上层传递下来的数据、参数以及网络层自身的一些属性信息，构造完整的网络层数据帧，并采用网络层发送数据函数将数据发送出去，同时网络层主状态机的状态转为通用发送等待态（NL_STATE_GENERIC_TX_WAIT）。

数据链路层发送态（LOWSN_SVC_NL_DLSL_PASSTHRU）：当网络层主状态机检测其服务命令为该状态时，表明网关准备形成网络，同时网络层调用数据链路层的接口函数，网络层主状态机的状态转为数据链路层发送等待态（NL_STATE_DLSL_PASSTHRU_WAIT）。

（c）通用发送等待态设计

网络层主状态机中的通用发送等待态（NL_STATE_GENERIC_TX_WAIT）的主要功能是检测下层协议是否完成对数据帧的发送和处理，同时通过下层协议返回的服务状态来获取网络层此次操作的服务状态，并将网络层主状态机转换为空闲态。

（d）数据链路层发送等待态设计

数据链路层发送等待态（NL_STATE_DLSL_PASSTHRU_WAIT）用于判断数据链路层是否完成组网操作，在该等待态下数据链路层会返回相应的服务状态给网络层，同时网络层主状态机转换为空闲态。

（e）转发等待态设计

在网络层转发等待态（NL_STATE_FWD_WAIT）下，其通过检测数据链路层是否空闲来判断数据转发是否完成，若数据链路层空闲，网络层主状态机转换为空闲态。该转发等待态的设计仅用于路由设备转发数据时。

② 网络层接收状态机

WIA-PA 网络层接收状态机的设计主要是对数据链路层上发的数据帧进行解析。网络层接收状态机的状态转移图如图 6-12 所示。

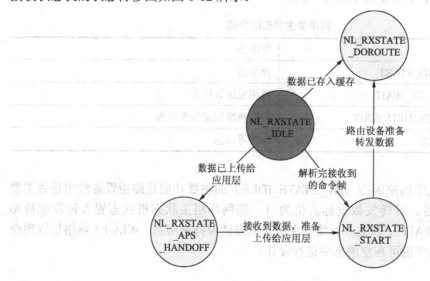

图 6-12 网络层接收状态机状态转移图

在网络层接收状态机状态转移图中包含的四个状态是根据状态机机制设计的，用于完成网络层接收状态机功能，表 6-4 为上述四个状态。

表 6-4　　　　　　　　　　　　　　　网络层接收状态机介绍

NL_RXSTATE_IDLE	接收空闲态
NL_RXSTATE_START	接收开始态
NL_RXSTATE_APS_HANDOFF	传递态
NL_RXSTATE_DOROUTE	路由态

（a）接收空闲态设计

网络层接收状态机在接收空闲态（NL_RXSTATE_IDLE）下不执行任何操作，表明目前网络层接收状态机处于空闲。

（b）接收开始态设计

网络层接收开始态（NL_RXSTATE_START）是在数据链路层上传数据帧给网络层时调用的状态，当数据链路层接收状态机通过接口完成传递数据帧给网络层后，网络层接收状态机置为该状态。在该状态下，网络层主要对下层协议上传的数据帧进行解析、处理，其中网络层数据帧解析的情况包含以下两种。

WIA-PA 网络命令帧：若网络层接收到的数据帧为网络管理命令帧，则解析命令帧后，根据命令帧要求执行相应的操作，同时释放网络层接收缓存，并将网络层接收状态机置为接收空闲态。

WIA-PA 网络数据帧：若接收到数据帧的设备为路由设备，且该数据帧不是发送给设备本身，此时网络层接收状态机置为路由态（NL_RXSTATE_DOROUTE），进一步转发该数据帧给目的设备；若网络层所接收数据帧的接收方为现场设备本身，此时网络层接收状态机置为传递态（NL_RXSTATE_APS_HANDOFF），将数据帧继续传递给上层进行解析、处理。

（c）传递态设计

传递态（NL_RXSTATE_APS_HANDOFF）的功能是网络层为上层提供数据传递的接口，通过 apsRxHandoff 接口将数据上传给应用层。同时网络层接收状态机的状态置为接收空闲态。

（d）路由态设计

网络层路由态（NL_RXSTATE_DOROUTE）主要完成将数据放入缓存的操作，然后将网络层接收状态机的状态置为接收空闲态。

（2）网络层收发数据流程

WIA-PA 网络层协议的主要功能是完成数据的发送和接收。其中，网络层主状态机的作用在于对上层下发的数据进行封装，并发送给下层；接收状态机的作用是解析下层上发的网络层数据帧，根据对数据帧的解析完成相应的操作。图 6-13 为网络层收发数据流程，其具体地描述如下。

① 网络层发送数据流程

网络层发送数据流程的启动可通过两种情况来完成：一是上层通过接口函数传递数据以及相应的参数给网络层；二是网络层本身有数据需要发送出去，例如 WIA-PA 网络中的管理命令帧均是从网络层开始构造并通过下层协议发送出去。网络层接收到数据后，根据相应的参数对网络层头部进行填充。其中，网络层头部中目的地址的获取需通过判断设备本身的类型来实现。若设备为普通节点，则目的地址为网关地址；若设备为路由器或网关，则可通过查找路由表来获取下一跳地址。至此，网络层数据帧的构造完成，并将该数据帧继续发送给下层协议。为网络层发送数据流程。

② 网络层接收数据流程

网络层接收数据流程是当网络层接收到下层上发的数据后，首先通过头部解析函数获取网络层头部参数，然后通过解析网络层头部中的目的地址来判断接收的数据是否发送给设备本身。若目的地址不是设备本身，此时，普通节点会丢弃该数据帧，而路由设备会将数据帧存入发送缓存以等待转发给最终的目的设备。若目的地址是设备本身，则继续解析该数据帧，并判断接收到的数据帧类型。已知网络层数据帧类型包含两种情况：一是接收到的为数据帧，网络层将此数据帧通过服务接口发送给上层继续处理；二是接收到的为命令帧，网络层将根据该命令帧的指示，继续执行相应的操作。至此，网络层完成了整个接收数据流程。

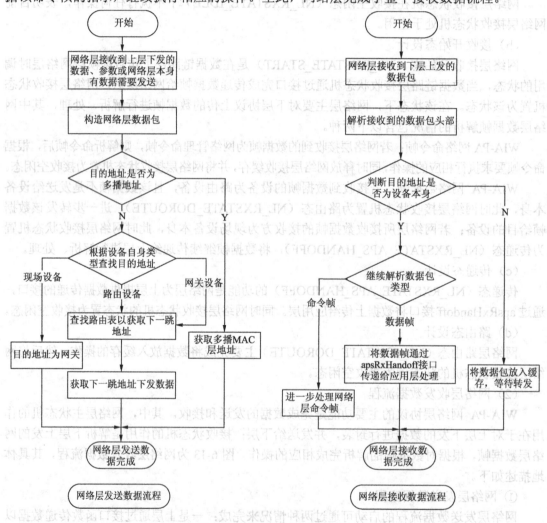

图6-13 网络层收发数据流程图

3. WIA-PA 应用层的设计与实现

（1）应用层状态机的设计

WIA-PA 应用层分为用户应用进程和应用子层两个部分，其主要功能是利用用户应用对象与工业现场进行通信，并通过特定的通信模式完成相应的交互过程。

① 应用层主状态机

应用层主状态机负责将用户应用进程发送的数据进行封装，并下发给下层。应用层主状态机转移图如图 6-14 所示。

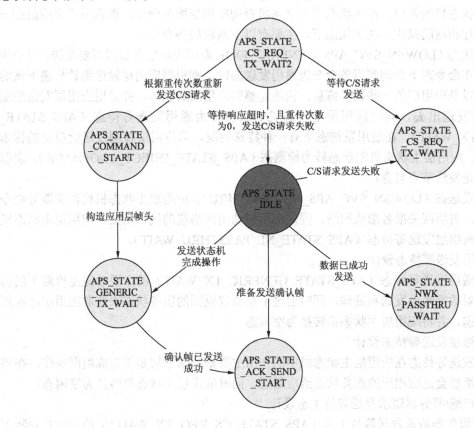

图 6-14 应用层主状态机状态转移图

在应用层主状态机转移图中，包含的七个状态是根据状态机机制设计的，用于完成应用层主状态机功能，表 6-5 为上述七个状态。

表 6-5   应用层主状态机介绍

APS_STATE_IDLE	空闲态
APS_STATE_COMMAND_START	命令态
APS_STATE_GENERIC_TX_WAIT	通用发送等待态
APS_STATE_NL_PASSTHRU_WAIT	网络层发送等待态
APS_STATE_ACK_SEND_START	确认帧发送态
APS_STATE_CS_REQ_TX_WAIT1	客户端/服务器请求等待 1 态
APS_STATE_CS_REQ_TX_WAIT2	客户端/服务器请求等待 2 态

（a）空闲态设计

应用层空闲态（APS_STATE_IDLE）主要的功能是通过判断确认帧标志位来决定是否需

要发送确认帧。若确认帧标志位为 1，则应用层主状态机的状态转为确认帧发送态（APS_STATE_ACK_SEND_START）；否则重新运行应用层主状态机。

（b）命令态设计

应用层主状态机中的命令态（APS_STATE_COMMAND_START）为应用层发送函数调用应用层主状态机的入口，在该状态下主状态机查询应用层服务命令，根据用户应用进程下发的指令进行相应的操作。在该状态下，主要有以下两种服务命令：

通用发送态（LOWSN_SVC_APS_GENERIC_TX）：表示应用层有数据需要发送。当应用层主状态机在命令态下查询到服务命令为通用发送态时，则根据应用层发送函数传递下来的数据、参数以及应用层的一些属性信息，构造完整的应用层数据帧，并采用应用层发送数据函数将数据发送出去，同时应用层主状态机的状态转为通用发送等待态（APS_STATE_GENERIC_TX_WAIT）。在通用发送态下有一种特殊情况，当应用层检测发送给自身的标志位被置位时，应用层主状态机的状态转为检测态（APS_STATE_INJECT_LOOPBACK），表明当前的数据是发给节点自身的。

网络层发送态（LOWSN_SVC_APS_NL_PASSTHRU）：应用层主状态机检测其服务命令为该状态时，表明网关准备形成网络，同时应用层调用网络层的接口函数，应用层主状态机的状态转为网络层发送等待态（APS_STATE_NL_PASSTHRU_WAIT）。

（c）通用发送等待态设计

应用层通用发送等待态（APS_STATE_GENERIC_TX_WAIT）的主要功能是检测下层协议是否完成对数据帧的发送和处理，同时通过下层协议返回的服务状态来获取应用层此次操作的服务状态，并将应用层主状态机转换为空闲态。

（d）网络层发送等待态设计

网络层发送等待态在应用层主状态机中的作用主要是判断下层是否完成组网操作，在该等待态下网络层会返回相应的服务状态给应用层，同时应用层主状态机转换为空闲态。

（e）客户端/服务器请求发送等待 1 态设计

客户端/服务器请求发送等待 1 态（APS_STATE_CS_REQ_TX_WAIT1）的功能是判断下层是否完成了客户端/服务器通信模式，并接收到响应帧。若返回的服务状态为不成功，则应用层主状态机转换为空闲态；反之，应用层主状态机转换为客户端/服务器请求发送等待 2 态（APS_STATE_CS_REQ_TX_WAIT2）。

（f）客户端/服务器请求发送等待 2 态设计

在客户端/服务器请求发送等待 2 态（APS_STATE_CS_REQ_TX_WAIT2）下完成的功能包括：判断客户端/服务器通信模式是否完成，同时接收响应帧标志位是否为 1。若接收到响应帧，则应用层服务状态置为成功，同时应用层主状态机转换为空闲态；反之，应用层采用重传机制继续发送该请求帧。

② 应用层接收状态机

应用层接收状态机的设计用于对网络层上发的应用层数据帧进行解析。如图 6-15 所示为应用层接收状态机状态转移图。

应用层接收状态机中涉及的四个状态如图 6-15 所示，主要是根据状态机机制设计的，用于完成应用层接收状态机功能，表 6-6 为上述四个状态。

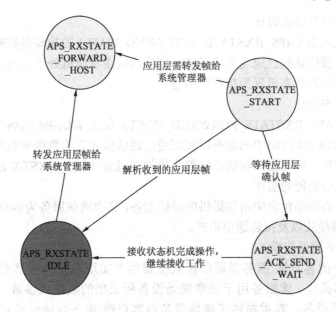

图 6-15　应用层接收状态机转移图

表 6-6　　　　　　　　　　　　应用层接收状态机介绍

APS_RXSTATE_IDLE	接收空闲态
APS_RXSTATE_START	接收开始态
APS_RXSTATE_ACK_SEND_WAIT	等待确认帧发送态
APS_RXSTATE_FORWARD_HOST	数据转发态

（a）接收空闲态设计

应用层接收状态机在接收空闲态（APS_RXSTATE_IDLE）下不执行任何操作，表明目前应用层接收状态机处于空闲。

（b）接收开始态设计

接收开始态（APS_RXSTATE_START）是在网络层上传应用层数据帧时调用的状态。当网络层接收状态机通过接口完成向应用层传递数据帧后，应用层接收状态机置为该状态。在该状态下，应用层主要对下层协议上传的数据帧进行解析、处理。其中，应用层数据帧解析的情况包含以下几种。

WIA-PA 网络命令帧：若接收到的应用层数据帧为网络管理命令帧，则直接转发给系统管理器，同时应用层接收状态机置为数据转发态（APS_RXSTATE_FORWARD_HOST）。

确认帧：若接收到的应用层数据帧为 WIA-PA 网络应用层确认帧，此时应用层接收状态机置为接收空闲态（APS_RXSTATE_IDLE）。

应用层数据帧：若接收到的应用层数据帧为应用层三种通信模式下的数据帧，则直接转发给系统管理器，同时应用层接收状态机置为数据转发态。

不是上述三种情况：若接收到的应用层数据帧均不为上述情况，同时数据帧中的确认帧标志位为 1，则应用层接收状态机将设定确认帧发送标志位为 1，同时应用层接收状态机置为等待确认帧发送态（APS_RXSTATE_ACK_SEND_WAIT）。

（c）等待确认帧发送态设计

等待确认帧发送态（APS_RXSTATE_ACK_SEND_WAIT）的功能是判断应用层是否已成功发送确认帧，若该确认帧已成功完成发送，则应用层主状态机处于空闲，可继续执行其他操作，同时应用层接收状态机置为接收空闲态。

（d）数据转发态设计

数据转发态（APS_RXSTATE_FORWARD_HOST）仅在 WIA-PA 网络的网关中执行，其作用是用于转发 WIA-PA 网络中的命令帧或应用层通信模式下的数据帧给系统管理器。在完成数据的转发操作后，应用层接收状态机置为接收空闲态（APS_RXSTATE_IDLE）。

（2）应用层核心功能的实现

应用层协议核心功能包含应用层提供的通信服务，其中通信服务为客户端/服务器通信模式、发布/订阅通信模式以及报告通信模式。

① 客户端/服务器通信模式

应用层协议中的客户端/服务器通信模式主要用于实现系统管理器对现场设备所采集的数据进行读、写操作。读服务用于获取现场设备所采集的数据或参数，写服务用于设置相应的参数到现场设备。着重描述了现场设备对客户端/服务器通信模式下请求帧的处理以及返回响应帧的过程。图 6-16 为现场设备在读服务或写服务情况下的实现流程图。

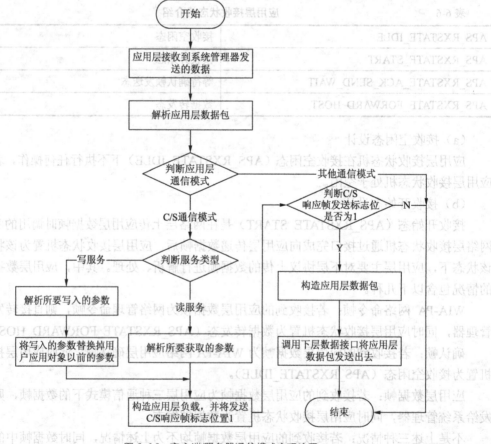

图 6-16　客户端/服务器通信模式实现流程

现场设备接收到系统管理器发送的客户端/服务器通信模式下的请求帧时，通过解析该数据帧来获取应用层头部相关参数，然后判断该数据帧的通信模式类型，若不是客户端/服务器通信模式，将在下文对其处理过程进行描述；若为客户端/服务器通信模式，则进一步判断其服务类型。读服务情况下，应用层通过解析该数据帧可知系统管理器想要获取的参数，随即构造含有参数的应用层负载，并将发送客户端/服务器通信模式下的响应帧标志位置 1；写服务情况下，应用层通过解析该数据帧可知系统管理器想要写入的参数，并将此参数写入相应的用户应用对象，然后构造相应的应用层负载，同时将发送客户端/服务器通信模式下的响应帧标志位置 1。应用层中的用户应用进程在检测到客户端/服务器通信模式下的响应帧标志位为 1 时，则构造相应的应用层数据帧，并调用下层协议数据接口将该数据帧发送出去。

② 发布/订阅通信模式

应用层协议中的发布/订阅通信模式的作用是现场设备周期性地汇报数据。发布/订阅通信模式的实现流程如图 6-17 所示，其主要是现场设备周期性地发送数据给系统管理器，整个过程系统管理器不需要执行任何操作。

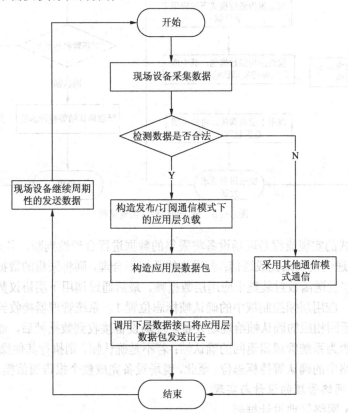

图 6-17 发布/订阅通信模式实现流程

发布/订阅通信模式下的通信过程是现场设备将采集的数据进行合理性判断，若采集的数据不合理，则采用报告通信模式来完成通信。若采集的数据合理，则将采集的数据构造为应用层负载，再利用应用层发送函数封装整个应用层数据帧，最后通过调用下层协议数据接口将数据帧发送出去。当现场设备成功完成数据发送后，将继续周期性重复发送数据的过程。

③ 报告通信模式

应用层提供的报告通信模式的主要功能是现场设备向系统管理器汇报事件或报警信息，

当系统管理器接收到报告信息后应立即回复确认帧给现场设备。报告通信模式的实现流程如图 6-18 所示。

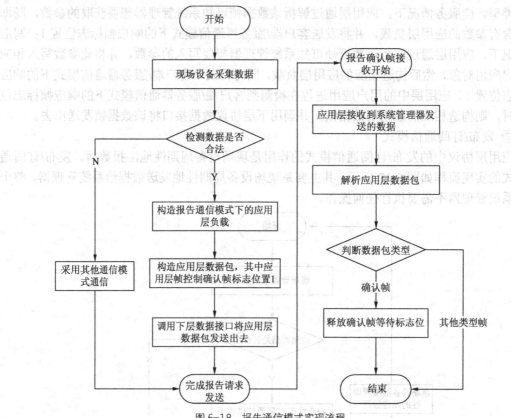

图 6-18 报告通信模式实现流程

报告通信模式的实现流程是现场设备将采集的数据进行合理性判断，若采集的数据合理，则采用发布/订阅通信模式来完成通信；若采集的数据不合理，则将采集的数据构造为应用层负载，再利用应用层发送函数封装整个应用层数据帧，最后通过调用下层协议数据接口将数据帧发送出去。其中，应用层帧控制域中的确认帧标志位置 1。系统管理器接收到现场设备发送的报告请求后，将返回相应的确认帧给现场设备。现场设备接收到数据帧后，通过解析该数据帧类型来判断其是否为系统管理器返回的确认帧：若不是确认帧，则执行其他操作；若是确认帧，现场设备释放网络中的确认等待标志位。至此，现场设备完成整个报告通信模式下的通信过程。

4. WIA-PA 网络管理的设计与实现

（1）WIA-PA 网络管理设计框架

WIA-PA 网络管理的通信交互主要在 WIA-PA 协议栈的网络层实现。其中，网络层负载域紧随网络层帧的帧头，根据帧控制域确定帧类型为网络管理命令帧。WIA-PA 协议栈网络管理设计框架如图 6-19 所示。

（2）WIA-PA 网络管理信息交互

WIA-PA 网络管理具有主动和被动管理信息两种交互模式，包括 P/S（Publisher/Subscriber，发布/订阅）、R/S（Report/Sink，报告）、C/S（Client/Server，客户端/服务器）三种通信模式。其网络管理命令帧主要用于 WIA-PA 管理信息库中各管理信息对象对应属性的属性值的获取、配置、因事报告和周期性汇报服务等操作。WIA-PA 网络管理通信交互如图 6-20 所示。

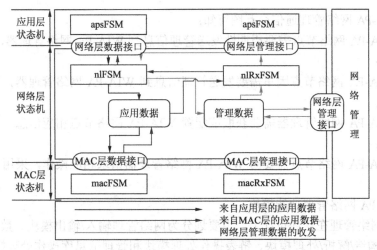

图 6-19 WIA-PA 协议栈网络管理设计框架

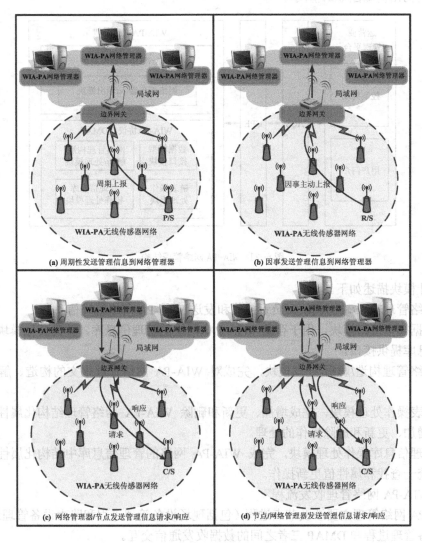

图 6-20 WIA-PA 网络管理通信交互

根据 WIA-PA 网络管理通信交互图可知：

① 当 WIA-PA 网络节点需要周期性发送管理信息到 WIA-PA 网络管理器，采用 P/S 通信模式进行通信；

② 当 WIA-PA 网络节点因事需要发送管理信息到 WIA-PA 网络管理器，采用 R/S 通信模式进行通信；

③ 当 WIA-PA 网络管理器需要获取或配置 WIA-PA 网络节点相应信息，采用 C/S 通信模式进行通信；

④ 当 WIA-PA 网络节点需要向 WIA-PA 网络管理器请求相应操作，采用 C/S 通信模式进行通信。

（3）WIA-PA 网络管理功能模块

WIA-PA 网络管理在软件设计上，主要划分为网络管理输入/输出模块、数据模型接口模块、网络管理构造/解析/处理模块、链表操作处理模块和管理信息库操作处理模块。WIA-PA 网络管理结构结构如图 6-21 所示。

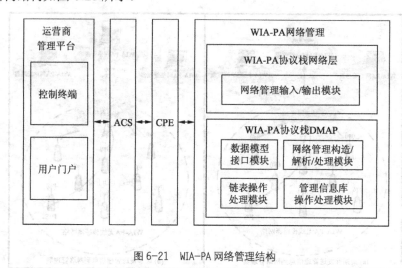

图 6-21　WIA-PA 网络管理结构

各设计模块描述如下。

① 网络管理输入/输出模块，负责接收和发送 WIA-PA 网络管理信息。

② 数据模型接口模块，用于存储 WIA-PA 网络的管理信息库，并为其他模块访问和控制管理信息库提供接口。

③ 网络管理构造/解析/处理模块，完成对 WIA-PA 网络管理报文的构造、解析和处理调用。

④ 链表操作处理模块，完成增加、更新和删除 WIA-PA 网络管理结构化属性表项对应的链表的增加、更新和删除操作的处理。

⑤ 管理信息库操作处理模块，完成 WIA-PA 网络的管理信息库中结构化属性和非结构化属性的统一查找和属性值更新操作。

（4）WIA-PA 网络管理收发流程

WIA-PA 网络管理主要涉及节点进程（包括现场设备管理进程和路由设备管理进程）、边界路由设备管理进程和 DMAP 三者之间的数据收发通信交互。

① 网络管理主状态机实现

对于边界路由设备进程和节点进程发送的网络管理请求，采用被动交互通信模式。对于边界路由设备进程转发的来自后台的网络管理请求，在应用层和网络层主状态机为空闲状态时，通过判断当前网络管理请求类型，确定需转入的网络层管理请求服务状态。在底层空闲时，进行管理信息帧头部的构造和发送。同时，在发送等待状态 1 通过查询下层返回的状态，判断发送是否成功。若发送成功则转入发送等待状态 2，等待对应的网络管理响应。节点进程发送网络管理请求过程类似于边界路由设备进程。

对于节点进程发送的因事件触发或周期性的网络管理信息，采用主动交互通信模式。对于因事件触发的网络管理信息，在事件触发时设置事件标志位，并设置触发的事件类型。在主状态机为空闲状态，通过事件标志位和事件类型的查询，进入对应事件类型的状态，在底层空闲时进行管理信息的构造与发送。同时，在发送等待状态通过查询下层返回的状态，判断发送是否成功。对于周期性发送的网络管理信息，通过在节点成功入网时设置定时，在定时到时，设置事件标志位，与事件触发类似，发现并发送。发送成功后重新设置定时，等待下一周期的到来。

若发送失败或者等待响应超时，则执行管理信息重传操作，若重传次数达到极限值，则丢弃当前管理信息，并返回空闲状态。网络层的网络管理主状态机如图 6-22 所示。其状态跳转说明如表 6-7 所示。其程序流程图如图 6-23 所示。

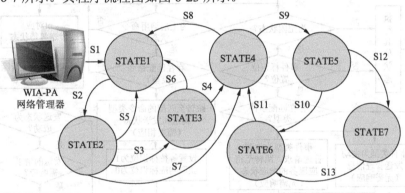

图 6-22 网络层网络管理主状态机

其中，状态 STATE1 表示 NL_STATE_COMMAND_START；状态 STATE2 表示请求服务态对应的 WAIT1 态；状态 STATE3 表示 STATE2 对应的 WAIT2 态；状态 STATE4 表示 NL_STATE_IDLE；状态 STATE5 表示事件类型判断态；状态 STATE6 表示发送 WAIT 态；状态 STATE7 表示相应请求命令事件类型的响应态。

表 6-7 网络层网络管理主状态机状态跳转说明

标 识	状 态 跳 转	跳 转 条 件
S1	管理后台到 STATE1	收到来自后台管理信息，准备判断相应管理请求服务状态
S2	STATE1 到 STATE2	存在匹配的请求服务态，并发送管理信息（需要响应）
S3	STATE2 到 STATE3	管理请求发送成功，清除获得响应标识位，设置等待标识位
S4	STATE3 到 STATE4	收到对应管理响应，清除等待标识位

续表

标 识	状态跳转	跳转条件
S5	STATE2 到 STATE1	管理请求发送失败，需要执行重传
S6	STATE3 到 STATE1	等待管理响应超时，需要执行重传
S7	STATE2 到 STATE4	管理请求发送失败，重传达极限值，不可再重传
S8	STATE3 到 STATE4	等待管理响应超时，重传达极限值，不可再重传
S9	STATE4 到 STATE5	事件标识位置位，准备判断相应事件类型
S10	STATE5 到 STATE6	匹配的事件类型为发送管理信息，并发送（不需要响应）
S11	STATE6 到 STATE4	管理信息发送成功
S12	STATE5 到 STATE7	匹配的事件类型为收到管理请求，准备跳转响应发送态
S13	STATE7 到 STATE6	存在匹配的响应发送态，并发送管理响应（不需要响应）

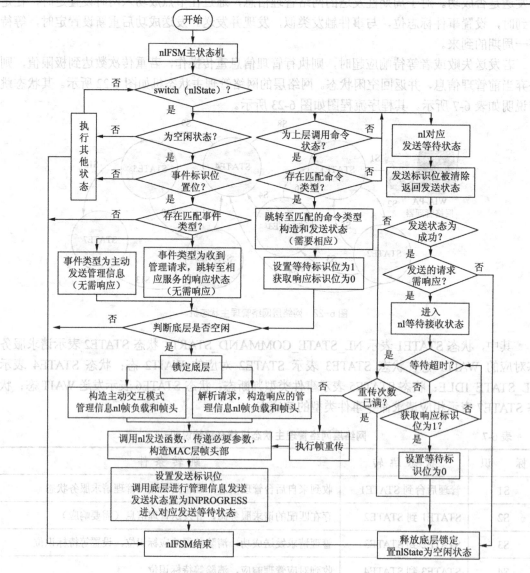

图 6-23　网络管理主状态机程序流程图

② 网络管理接收状态机实现

对于来自底层的数据，在接收状态机中确定接收信息是否为管理信息，并确定其通信模式类型。如果为 P/S 或 R/S 通信模式，则直接接收并处理，处理结束后，清除接收缓存，并置接收状态机状态为空闲。如果为 C/S 通信模式，则确定管理信息为请求还是响应。若为管理信息响应，则与 P/S 或 R/S 通信模式的处理类似；若为管理信息请求，则暂不进行处理，设置标志位来通知主状态机，并进入等待状态，等待主状态机对管理信息进行处理和相应管理信息响应的发送。确定主状态机执行操作完毕后，清除接收缓存，并置接收状态机状态为空闲。主状态机在空闲状态时，通过查询标志位来发现接收状态机的置位，判断事件类型，提取接收的数据进行解析和处理，构造响应并发送。网络层网络管理接收状态机如图 6-24 所示。其状态跳转说明如表 6-8 所示。其程序流程图如图 6-25 所示。

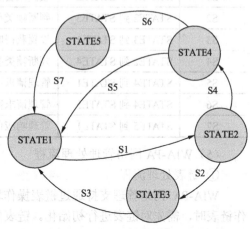

图 6-24　网络层网络管理接收状态机

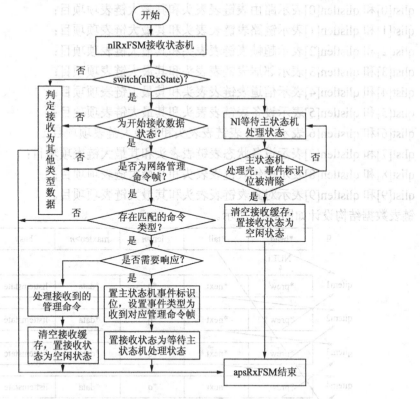

图 6-25　网络管理接收状态机程序流程图

其中，状态 STATE1 表示 NL_RXSTATE_IDLE；状态 STATE2 表示 NL_RXSTATE_START；状态 STATE3 表示接收到响应帧态；状态 STATE4 表示接收到请求帧态；状态 STATE5 表示 NL_RXSTATE_CMD_PENDING。

表 6-8   网络层网络管理接收状态机状态跳转说明

标 识	状 态 跳 转	跳 转 条 件
S1	STATE1 到 STATE2	收到来自底层的管理信息
S2	STATE2 到 STATE3	判断帧类型，存在匹配的管理信息态，为管理响应
S3	STATE3 到 STATE1	设置获得响应标识位，清除等待标识位，清除接收缓存
S4	STATE2 到 STATE4	判断帧类型，存在匹配的管理信息态，为管理请求
S5	STATE4 到 STATE1	管理请求不需要响应，解析帧并清除接收缓存
S6	STATE4 到 STATE5	管理请求需要响应，设置事件标志位和类型，等待响应的发送
S7	STATE5 到 STATE1	管理响应信息成功发送，清除接收缓存

（5）WIA-PA 网络管理处理流程

① 链表处理流程

WIA-PA 网络管理支持通过链表操作增加、更新和删除任意结构化属性表指定表项。操作链表时，需先对链表进行初始化。链表的初始化在 WIA-PA 协议栈初始化时完成，并需要根据不同结构化属性定义不同链表表头。同时，考虑到增加链表函数、更新链表函数和删除链表函数的通用性，定义链表表头数组 qlist[10]和对应表项大小 qlistlen[10]：

qlist[0]和 qlistlen[0]表示路由表链表表头和其最大链表项项目；

qlist[1]和 qlistlen[1]表示链路表链表表头和其最大链表项项目；

qlist[2]和 qlistlen[2]表示超帧表链表表头和其最大链表项项目；

qlist[3]和 qlistlen[3]表示邻居表链表表头和其最大链表项项目；

qlist[4]和 qlistlen[4]表示信道表链表表头和其最大链表项项目；

qlist[5]和 qlistlen[5]表示设备表链表表头和其最大链表项项目；

qlist[6]和 qlistlen[6]表示 VCR 表链表表头和其最大链表项项目；

qlist[7]和 qlistlen[7]表示设备状态表链表表头和其最大链表项项目；

qlist[8]和 qlistlen[8]表示密钥表链表表头和其最大链表项项目；

qlist[9]和 qlistlen[9]表示对象表链表表头和其最大链表项项目。

链表数据结构设计如图 6-26 所示。

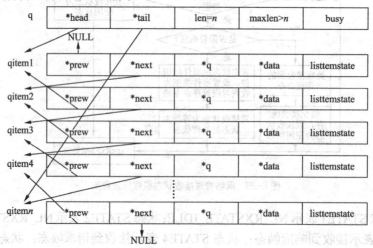

图 6-26 链表数据结构示意图

其中，q 代表链表表头，qitem 表示其所管理的表项。data 为指向结构化属性对应表项第一个属性值的指针。考虑到在资源配置过程中需要操作的表项不能通过一次指令完成，故先增加的、更新的或意图删除的表项不能立即启用。因此，使用 listtemstate 表示对应表项的状态，分为使能、稍后更新和稍后删除状态。

链表数据结构关系如表 6-9 所示。

表 6-9 链表数据结构关系表

q	head 指向 qitem1	tail 指向 qitemn	len=n	maxlen>n	busy 0/1
qitem1	prev 指向为 NULL	next 指向 qitem2	q 的地址	第 1 项的数据	
qitem2	prev 指向 qitem1	next 指向 qitem3	q 的地址	第 2 项的数据	
qitem3	prev 指向 qitem2	next 指向 qitem4	q 的地址	第 3 项的数据	
qitem4	prev 指向 qitem3	next 指向 qitem5	q 的地址	第 4 项的数据	
……	……	……	……	……	…
qitemn	prev 指向 qitem($n-1$)	next 指向为 NULL	q 的地址	第 n 项的数据	

（a）增加链表操作

增加链表时，根据链表数据结构设计链表项增加函数，各表项在链表中根据对应标识符由小到大排列。每执行一次链表项增加函数，增加一项 qitem。若只增加一项且链表中只有一项，q→head 和 q→tail 均指向该 qitem1，且 qitem1→prev 和 qitem1→next 均为空；若增加后共有 n 项 qitem，则 q→head 指向 qitem1，q→tail 指向 qitemn，q→len 为 n（表示表项共有 n 项，且 n 不大于 maxlen，链表被操作时 busy 置 1，否则置 0），qitem1→prev 为空，qitem1→next 指向 qitem2，qitem1→prev 指向 qitem(n-1)，qitem1→next 为空。其中，增加表项即把新增加的表项设置为稍后更新状态。资源配置结束，结构化属性表中所有为稍后更新状态的表项修改为使能状态，系统开始使用该结构化属性新增加的表项。

（b）更新链表操作

更新链表时，根据链表数据结构设计链表数据更新函数，在链表中查询更新表项命令中准备更新数据的索引项。若查找到匹配的索引项，则将待更新的新数据作为新的表项增加到该链表中，并把其表项的状态设置为稍后更新状态。同时，把待更新表项原来的表项设置为稍后删除状态。资源配置结束，结构化属性表中所有为稍后更新状态的表项修改为使能状态，所有为稍后删除状态的表项均予以删除，系统开始使用该结构化属性更新后的表项。

（c）删除链表操作

删除链表时，根据链表数据结构设计链表项删除函数，在链表中查询删除表项命令中的待删除索引项。若查找到匹配的索引项，则把待删除的表项设置为稍后删除状态。资源配置结束，结构化属性表中所有为稍后删除状态的表项均予以删除，系统开始使用该结构化属性删除对应表项后的表项。

在删除过程中，如果链表中只有一项，q→head 和 q→tail 均为空，如果链表中有多项，记录待删除表项 qitem→prev 即 qitemp，其 qitem→next 即 qitemn。若需删除的表项为链表第一项，则令 q→head 指向 qitemn，qitemn→prev 为空；若需删除的表项为链表最后一项，则令 q→tail 指向 qitemp，qitemp→next 为空；若需删除的表项为链表中间一项，则令 qitemn→prev 指向 qitemp，qitemp→next 指向 qitemn。

② 管理信息库操作处理流程

WIA-PA 网络管理支持通过属性获取请求和属性配置请求对管理信息库属性进行操作。对应的对象 ID 名和对象号如表 6-10 所示。

表 6-10   属性结构设计表

类　别	结 构 体 名	对象 ID 名	对象号
非结构化	PHY_PIB	DMAP_OBJECT_ID_PHY	94
	MAC_PIB	DMAP_OBJECT_ID_MAC	95
	NL_PIB	DMAP_OBJECT_ID_NL	96
	APS_PIB	DMAP_OBJECT_ID_APS	97
	POWER_PIB	DMAP_OBJECT_ID_POWER	98
	DMAP_ATTRIBUTE_PIB	DMAP_ATTRIBUTE_TABLE_ID	99
结构化	NLRoute_Table	DMAP_ROUTE_TABLE_ID	100
	Superframe_Struct_Table	DMAP_SUPERFRAME_TABLE_ID	101
	Link_Struct_Table	DMAP_LINK_TABLE_ID	102
	Neighbor_Struct_Table	DMAP_NEIGHBOR_TABLE_ID	103
	ChanCon_Struct_Table	DMAP_CHANCON_TABLE_ID	104
	Device_Struct_Table	DMAP_DEVICE_TABLE_ID	105
	VCR_Struct_Table	DMAP_VCR_TABLE_ID	106
	DevConRep_Struct_Table	DMAP_DEVCONREP_TABLE_ID	107
	key_Struct_Table	DMAP_KEY_TABLE_ID	108
	ObjList_Struct_Table	DMAP_OBJECT_TABLE_ID	109

为了后续属性的查找，在协议栈初始化时需要按管理信息对象号将其包括的属性的属性个数和顺序属性号对应的属性长度记录在定义的管理信息库属性信息二维数组 dmap_id_list[16][50]中，将非结构化属性对应的结构体地址记录在定义的指针*dmap_idaddr_list[6]中，用于属性值的定位查找。管理信息库属性信息二维数组对应的属性信息存放示意图如图 6-27 所示。

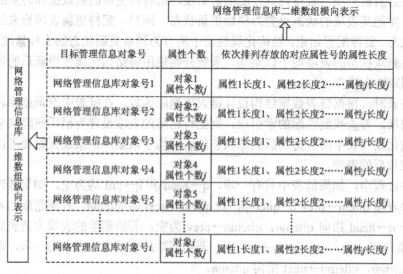

图 6-27   管理信息库属性信息存放示意图

　　管理信息库属性信息二维数组 dmap_id_list 纵向值与各对象号相对应；横向值为对象号对应的结构体的属性个数和顺序属性号排列的各属性值的长度。支持功能包括：一次读取或修改一个非结构化属性；一次读取或修改多个连续非结构化属性；一次读取或修改任意结构化属性表全部表项全部属性；一次读取或修改任意结构化属性表指定表项单个属性；一次读取或修改任意结构化属性表指定表项多个连续属性；一次增加任意结构化属性表一个表项。

　　定义属性获取请求解析和响应函数 dmapFmtGetAttributeResponse 以及属性配置请求解析和响应函数 dmapFmtSetAttributeResponse，通过解析接收到的帧的对象号，判断需要操作的属性为结构化属性或非结构化属性。

　　（a）结构化属性

　　通过 linklist_search_index 函数，根据解析到的索引项查找对应链表表项。

　　如果查找到，则调用处理和响应构造函数 dmapFmtListResponsePayload，其包括的参数有*IDptr、acttype、*data 和 iflookup。其中，参数*IDptr 用于指向接收帧命令帧标识符之后的负载数据；参数 acttype 用于指示当前为属性获取或配置操作；参数*data 用于指向已找到的结构化属性对应表项所存储属性值的起始地址；参数 iflookup 恒为 1，用于表示需要执行属性查找操作。

　　进入 dmapFmtListResponsePayload 函数，通过判断 data 指向不为空，记录指向对应结构化属性对象对应表项结构体的第一个属性的指针 dmap_id.value。然后，调用属性查找函数 dmapIdLookup，在二维数组 dmap_id_list 中查找对应属性和属性长度。根据对象号，确定被查找对象所在的二维数组的横向 i。根据 dmap_id_list[i][0]，确定最多能查找的次数。每次属性匹配不成功则纵向 j 加 1，且 dmap_id.value 向后移匹配不成功属性所对应的长度，直到 j 与被查找属性号匹配。匹配后，从当前属性长度起记录需要进行操作的 dmap_id_list[i][0]个属性长度到 dmap_id.len 数组中，记录指向当前属性所存储地址的指针 dmap_id.value。最后，通过查找函数所确定的属性在属性结构体中的位置，最终构造属性获取或属性配置响应。

　　如果未查找到，若为属性获取操作，则认为属性获取操作失败，构造属性获取响应帧，其获取状态为失败。若为属性配置操作，则查看需要操作的属性个数是否与该结构化属性的属性总数一致。如果一致，则认为需要添加一项表项，调用增加链表函数增加表项，并构造属性配置响应，其配置状态为成功；否则认为属性配置操作失败，构造属性配置响应，其配置状态为失败。

　　（b）非结构化属性

　　直接调用 dmapFmtListResponsePayload 函数。其中，参数*data 与结构化属性应用的意义不一致，其恒为空，表示为非结构化属性的调用。

　　进入 dmapFmtListResponsePayload 函数，通过判断 data 为空和 dmap_idaddr_list，得到指向非结构化属性结构体第一个成员变量地址的指针 dmap_id.value。然后，与结构化属性的处理一致，通过查找函数确定属性在属性结构体中的位置，最终构造属性获取或属性配置响应。

　　对应结构化属性和非结构化属性的属性查找程序流程图如图 6-28 所示。

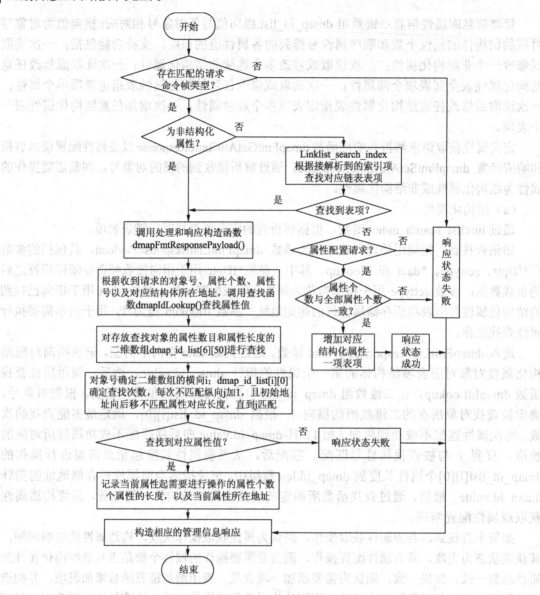

图 6-28 属性查找程序流程图

5. WIA-PA 网络安全的设计与实现

考虑到 WIA-PA 网络通信的实时性、现场设备资源的有限性与安全管理问题，WIA-PA 网络采用集中式与分布式结合的安全管理方式。在路由设备组成的 mesh 网络中采用了集中式的安全管理策略，网络管理者和安全管理者直接管理路由设备和现场设备，提高了通信的可靠性和网络的可扩展能力，保证了簇间安全通信资源的优化配置及统一管理；在终端设备组成的多个星型网络中采用了分布式的安全管理策略，网络管理者和安全管理者直接管理路由设备，同时把对现场设备的管理权限下放给路由设备。路由设备承担簇首角色，可以自主决定簇成员安全通信资源的分配，执行安全管理代理的功能，降低终端设备协议的复杂性，提高终端设备加入和退出网络的灵活性。WIA-PA 网络使用的这种分层的组织模式，对网络拓扑的维护将更加灵活、快速。

WIA-PA 网络的安全管理架构由安全管理者、网关设备的安全管理模块，路由设备的安全管理模块和现场设备的安全管理模块组成。网络通过边界网关和边界路由器与外部网络进行安全交互，边界网关和边界路由器是外部网络访问 WIA-PA 网络的安全防火墙接口，对整个 WIA-PA 网络实施边界保护，保证 WIA-PA 网络正常工作。

WIA-PA 网络的安全包括：各个层的安全、安全服务以及数据流安全传输过程。安全服务主要提供了数据完整性、保密性、认证服务和重放攻击服务。

（1）协议栈各层安全

① MAC 层安全

MAC 层负责处理安全传输流出 MAC 帧和安全接收流入 MAC 帧。上层通过设置合适的密钥和帧计数器，以及使用的安全级别等控制 MAC 安全处理操作。WIA-PA 网络的 MAC 层安全是基于 IEEE 802.15.4 标准的。MAC 层完整的协议数据单元（MPDU）结构见表 6-11。

表 6-11　　　　　　　　　　MAC 层完整的协议数据单元（MPDU）结构

MPDU		
IEEE 802.15.4 MAC 帧头（MHR）	DPDU	FCS

MPDU 是基于 IEEE802.15.4 标准的数据帧，由 IEEE 802.15.4 MAC 帧头、DPDU 和 FCS 组成。MAC 层的安全相关属性、校验模式等与安全相关信息的定义与 IEEE 802.15.4 标准一致。

② 数据链路子层安全

数据链路子层的安全职责是实现点到点数据安全传输。数据链路子层利用数据加密和消息完整性校验码（MIC）保护单跳传输的数据安全。其中数据加密实现了数据的保密性；用于验证数据完整性的 MIC 是由数据链路子层数据密钥、数据链路子层有效载荷以及时间戳等经过校验算法生成。数据链路子层完整的 PDU 结构见表 6-12。

表 6-12　　　　　　　　　　数据链路子层完整的 PDU 结构

MPDU				
IEEE 802.15.4 MAC 帧头（MHR）	DDU			FCS
	DLSL 帧制	DLSL 层安头	DLSL 载荷	MIC	

由于 IEEE 802.15.4 标准的 MAC 层安全措施作为可选功能，WIA-PA 网络在数据链路子层提供了类似的安全措施。是否在数据链路子层使用安全机制将由数据链路子层（DLSL）帧控制字段中安全使能（第 2 位）来控制，当该位置为 1 时，表示 DPDU 是安全帧，必须根据相关安全策略设置数据链路子层的安全头。

③ 应用层安全

应用层负责安全发送流出包、安全接收流入包、建立安全服务和维护密钥信息。通过安全管理实体向应用层发送的原语来控制密钥管理。密钥建立、密钥更新等安全服务均要在应用层上发起，因而应用层的安全策略是涵盖密钥机制、安全认证、设备安全管理等内容。安全管理实体位于应用子层之上，是每个设备中完成系统管理功能的 DMAP 实体，根据安全策略，它将先对数据进行安全处理，然后把安全数据发送到应用实体，从而实现对 WIA-PA 网络应用层的安全措施进行管理。应用层通用包格式如表 6-13 所示。

表 6-13　　　　　　　　　　　　　　应用层通用帧格式

1 字节	1 字节	1 字节	1 字节	变长
包控制	序列号	包长度	安全控制	包载荷
ASL 包头				ASL 载荷

与数据链路子层安全帧作用类似，应用层安全同样需要先将应用层帧控制的安全使能位置 1，然后依照安全策略设置安全控制字段，格式如表 6-13 所示。

（2）安全服务

① 数据完整性服务

为了及时发现数据信息在传输过程中是否被篡改，需要提供数据安全性服务。这里介绍一种对数据包采用基于密码分组链接模式（CBC）+消息认证码（MAC）算法的 CCM*认证模式进行完整性校验的方法。WIA-PA 网络在数据链路子层和应用层都提供完整性校验服务。发送方利用校验算法和密钥对整个数据包进行完整性计算，将产生的完整性码作为报文的一个字段附在数据包尾部，发送给接收方；接收方将接收到的数据包使用共享的密钥和相同的校验算法，重新计算产生一个新的完整性码，并与从接收到的数据包直接获取的完整性码进行比较，如果相同则表示数据没有被篡改，否则将丢弃错误的数据包。

CCM*模式是分组密码中一种全新的操作模式，其中加密算法使用 128 位对称密钥的 AES 算法。CCM*模式可以选择产生 0、4、8、16 字节长度的完整性认证码 MIC。这种认证模式不仅可以检测出数据的意外错误，而且也能检测出攻击者故意的、未经授权的数据篡改。

使用 CCM*校验模式的基本条件包括发送方和接收方定义相同的校验算法、共享相同的校验密钥 Key、指定校验码长度等，该模式必须使用一个非重复的参数值 Nonce，Nonce 可以是时间值、计数器或为了限制或防止未授权的重放的特殊标记。当使用 CCM*模式时，发送方输入的参数有附加完整性校验数据 a、校验数据长度 len_a、明文有效数据 m、明文有效数据长度 len_m、随机数 Nonce。

② 数据保密性服务

WIA-PA 网络提供数据链路层和应用层的数据保密性服务，通过加密/解密过程实现：发送方利用加密算法对有效载荷进行加密运算后发送到接收方，接收方对收到的密文利用共享密钥经过解密算法进行解密运算，操作成功则将数据传送给上层。WIA-PA 对加密和解密的算法未做规定，这里加密/解密方式可使用基于 CTR 算法的 CCM*模式，其中加密服务由计数模式提供，CCM*解密过程是加密的逆过程。

③ 数据认证服务

WIA-PA 标准中对数据认证没有进行规定，数据认证是将密码学应用于数据通信实现认证过程，以保证设备收到的数据是来自于所声明的合法源设备。这种互认证机制一般采用基于非对称密钥的认证方式，但综合考虑非对称密钥的计算开销、数据传输的完整性等因素，可以选择在单播通信时利用对称密钥认证协议实现数据源互认证。这种密码协议是在双方进行握手过程中完成的，其前提条件是设备双方必须共享相同的 128 位对称密钥 Key 和采用认证码 HMAC 算法。认证成功后，则说明该数据的发送源设备合法。

④ 重放攻击保护服务

重放攻击是攻击者通过重放消息或消息片段达到对主体进行欺骗的攻击行为，其主要用于破坏认证的正确性。WIA-PA 网络通过使用时间戳抵御重放攻击，这里介绍一种利用 Nonce 来防止重放攻击的方法。设计的 Nonce 结构如表 6-14 所示，其中增添了时间值和计数器，时间值是该消息的产生时间，计数器可以记录该消息产生的次数，这样 Nonce 能够保证消息在一段时间内的时效性，接收方在安全处理过程中需要构建 Nonce，只要接收时间值与当前时间的差值在容忍的时延范围内以及计数器使用次数相同，那么 Nonce 的结构也是相同的，则可以得到正确的消息，这样可以提高抵御重放攻击的能力。

表 6-14 　　　　　　　　　　　　　　　　Nonce 结构

位字节	0	1	2	3	4	5	6	7
1-8	设备 64 位长地址							
9	截短的时间戳/秒　（位 0～7）							
10	截短的时间戳/秒　（位 8～15）							
11	截短的时间戳/秒　（位 16～22）					10 位的计数器（位 0～1）		
12	10 位的计数器　（位 2～9）							
13	保留			层： 0=数据链路子层 1=应用层		完整性码长度： 0 = 000-保留；1 = 001-32 位 2 = 010- 64 位；3 = 011-128 位		

（3）数据流安全传输过程

WIA-PA 网络安全着重关注安全数据传输的机密性和完整性，WIA-PA 网络通信协议栈实现数据点到点和端到端的安全保护。图 6-29 为 WIA-PA 网络数据安全传输流程，在此过程中不同设备角色可选择不同安全相关操作。

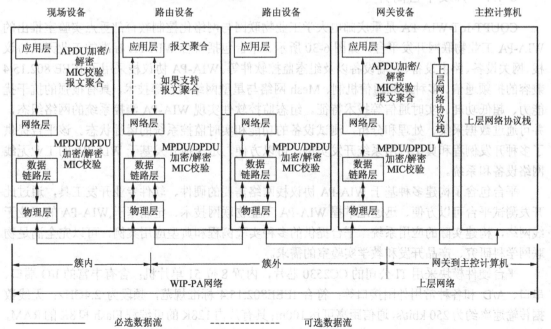

图 6-29　WIA-PA 网络安全数据流过程

① 现场设备：对数据包在应用层和数据链路层进行加密/解密，生成数据链路层的时间戳，并利用时间戳、DPDU 及密钥生成完整性认证码 MIC。

② 路由设备和中间路由设备：作为簇首，对数据包进行数据链路层完整性校验和加密/解密，利用数据链路层时间戳抵御重放攻击。

③ 网关：对数据包进行数据链路层、应用层的完整性校验和加密/解密，利用数据链路层时间戳抵御重放攻击。

④ 主控计算机：对数据包进行应用层完整性校验和加密/解密。

当支持聚合功能时，现场设备发送安全数据包给主控计算机的过程如下。

① 现场设备：支持数据聚合，可以加密多个应用层 PDU 的有效载荷，并将加密后的数据包传送给网络层。网络层通知 DMAP 聚合这些有效载荷，DMAP 完成数据包的聚合和解聚服务。同时根据安全级和安全策略，在数据链路层该数据包被加密并产生完整性码 MIC，将包传送给路由设备。

② 路由设备：收到数据包后，先在数据链路层对数据包进行完整性校验和加密/解密，利用数据链路层时间戳抵御重放攻击。如果路由设备不支持包聚合，该包将被直接转发。否则，网络层将通知 DMAP 聚合这些包。这样多个数据包将被聚合成一个新数据包，重新添加安全措施后通过 mesh 网络发送给网关。

③ 网关：它在数据链路层和应用层进行完整性校验、解密和解聚服务，并将处理后的数据发送给主控计算机。

6.4 WIA-PA 开发平台

6.4.1 开发平台简介

CQUPT-IoT-WIA-PA 是重庆邮电大学工业物联网与网络化控制教育部重点实验室推出的 WIA-PA 工业物联网开发平台，如图 6-30 所示。平台包括符合 WIA-PA 标准的工业无线协议栈、网关设备、路由设备、终端设备以及组态监控软件等。WIA-PA 协议栈采用了 IEEE 802.15.4 兼容的扩频通信、多种跳频通信机制、Mesh 网络与星型网络结合等技术，具有很强的抗干扰能力、超低功耗、实时通信等技术特征。组态监控软件实现 WIA-PA 测控系统的网络组态，并可通过数据采集、处理和分析，测试设备的功能和实时监控系统的运行状态。该平台提供了多种开发例程和典型应用系统开发实例，可以方便、迅速地开发基于 WIA-PA 的工业无线网络设备和系统。

平台包含了构建多种基于 WIA-PA 协议栈网络需要的硬件、软件专业开发工具，通过此开发测试平台可以方便、迅速地掌握 WIA-PA 工业物联网技术、定制基于 WIA-PA 的工业无线网络，构建实际的应用系统，平台提供的多种实验例程和典型应用案例，可以完全满足物联网学科研究、产品开发和教学实验室的需求。

平台硬件模块采用 TI 公司的 CC2530 芯片，内置 8 位 51 单片机；含有丰富的 I/O 端口、串口、A/D 和各种常用外围接口等；符合 IEEE802.15.4 标准规范，频段为 2.4GHz；无线数据传输速率约为 250 kbit/s，通信距离可达 100m；具有片内 128K 的可编程 Flash 和 8K 的 RAM，内存空间大；工作电压 2.0～3.6V，超低功耗，支持休眠及唤醒功能。

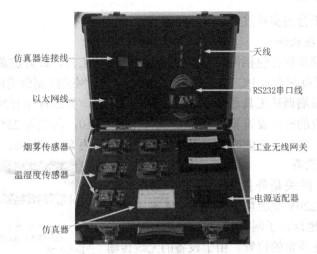

图 6-30 基于 WIA-PA 的工业物联网开发测试平台

平台硬件标配为温湿度传感器、粉尘浓度传感器、烟雾传感器、无线网关和仿真器。可选择配 CO 传感器、瓦斯传感器、酒精传感器、震动传感器、红外传感器等传感器和压力变送器、阀门定位器、电磁流量计等智能仪表。网关实现工业无线与以太网之间的数据交换，并具有系统管理器和安全管理器的功能。

6.4.2 开发平台实验

WIA-PA 开发平台可以进行基础实验和开发实验，基础实验包括基于 CC2530 的基础硬件驱动实验、基于 CC2530 的传感器驱动实验和网关组网实验、节点入网实验等，例如网关组网和设备节点入网实验。网关通过超帧配置、构建广播帧、周期性地发送广播帧三个主要步骤组建无线个域网。设备节点通过监听解析广播帧、完成时间同步后构建入网请求帧、发送入网请求，最后收到网关的入网请求响应，完成相关设置，成功入网。

开发实验包括点对点无线通信实验、点对多点无线通信实验以及 WIA-PA 无线传感网综合演示系统实验等。为了直观方便地观察 WIA-PA 测控系统网络，WIA-PA 开发平台提供了组态监控软件，可通过数据采集、处理和分析，测试设备的功能和实时监控系统的运行状态。该网络监控组态软件通过与网关之间的数据通信，得到网关与现场设备之间的数据信息。网络监控组态软件从网关获取实时数据后解析数据，将数据储存在内存设备的数据结构中，最后以图形的方式直观地显示在计算机屏幕上。另一方面通过组态软件，操作人员的指令可以转化为控制信息，通过通信模块将控制数据经由网关发送给现场设备，对执行机构实施控制或调整控制参数。

组态软件通过通信接口模块从底层获得数据，再利用各模块对收到的数据进行处理和显示。WIA-PA 网络监控组态软件是工业现场操作人员对网络进行实时监控的重要工具，以图形化方式直观反映出网络的运行状况。可以保存网络中设备的运行状况，配置网络中的控制策略、安全策略等。WIA-PA 网络监控组态软件的主要功能模块包括：网络拓扑监控，完成网络逻辑链路关系还原与网络数据信息及状态监控；实时数据曲线分析和数据保存；网络安全检测，保证网络安全可靠地运行；网络设备管理及组态，完成网络控制功能。

下面介绍开发平台的实验过程。

1. 安装网络管理软件

WIA-PA 网络管理软件包括网关控制台与设备端调试工具，以开放源码的方式提供给用户，其可执行文件可以在台式 PC 机或笔记本电脑上运行，网关控制台通过以太网与 WIA-PA 网关进行连接，设备端调试工具通过串口与设备进行连接。界面程序有网口接收和串口接收两种方式。网口接收的时候要设置电脑的 IP 为 128.128.2.10，网关为 255.255.0.0，最好关闭杀毒软件和防火墙。串口接收的时候要设置串口的波特率为 57 600bit/s。

2. 连接网关和设备

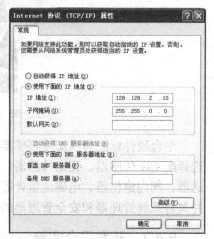

由于 WIA-PA 网关是外接电源供电，通过一个 AC/DC 适配器连接 220V 交流电源对 WIA-PA 网关进行上电操作，设置 IP 地址，子网掩码为 255.255.0.0。

将传感器设置在预定的位置。由于设备的无线传输距离为 100m，所以设备和 WIA-PA 网关之间的距离应小于 100m。放置好设备之后打开设备电源开关，要确定设备是否上电，如果电源状态指示灯变亮，表示设备成功上电。设备一经上电，自身主动与 WIA-PA 网关进行通信并加入到 WIA 网络中。重复上述步骤，部署剩余的设备并加入到网络中。

3. 查看设备上线情况和拓扑图

组态监控软件的拓扑视图如图 6-32 所示，它对实际

图 6-31　设置 IP 地址

网络的拓扑结构进行监控，查看设备是否上线和正常运行，此界面能清楚地反映出各种设备的类型，数据包的发送路径，以及网关、路由和现场设备的逻辑关系。

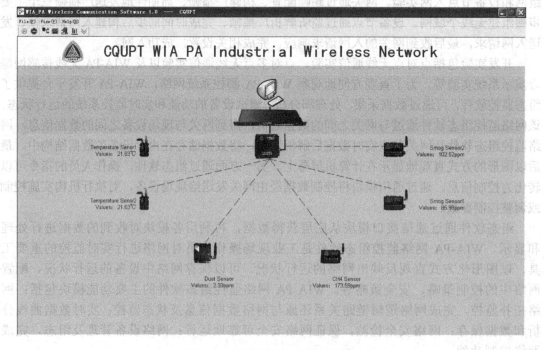

图 6-32　系统正常工作后的拓扑视图

4. 实时监控数据

组态监控软件的实时数据监控视图显示了网络中的每个设备监控到的实时数据，以及设备的设备名称、在网络中的角色等具体参数信息，图 6-33 为对温度传感器监控的实时数据曲线图。

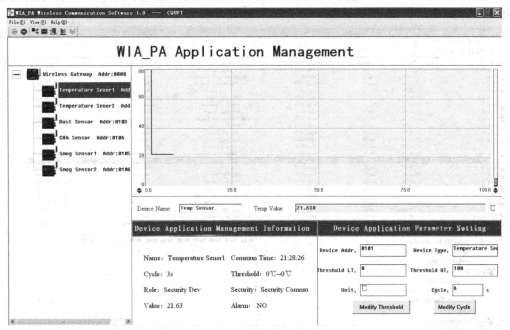

图 6-33　温度传感器的实时数据曲线图

5. 观测安全管理情况

安全管理界面显示系统管理器和安全管理器在新设备要求加入网络过程中，设备通过认证后分配通信密钥的情况，以及密钥更新请求、响应结果，图 6-34 为安全管理视图。

图 6-34　安全管理视图

6. 监控后台数据库

监控后台数据库视图中存储着网络中的所有数据包以及数据信息，包括数据包的长度、发送数据的设备地址、设备类型等详细信息，以便管理者可以随时查询和使用，如图 6-35 所示。

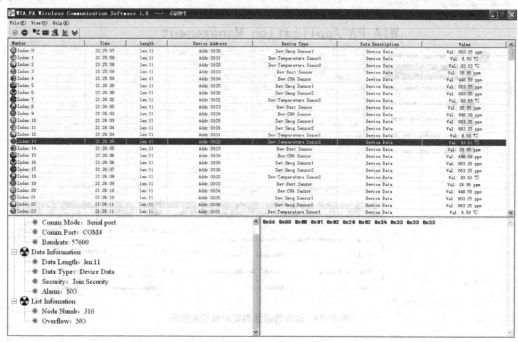

图 6-35　设备信息管理库视图

7.1　智能家居

7.1.1　智能家居概述

　　智能家居是以住宅为平台，利用物联网技术、网络通信技术和自动控制技术将与家居生活有关的设施集成，构建住宅设施与家庭事务的综合管控系统，提升家居安全性、便利性、舒适性、艺术性，并实现环保节能的居住环境。智能家居实际上是集多种不同领域和学科于一体的综合性应用（见图 7-1），通常由综合安防、舒适控制、家电控制、健康监测、能耗管控五个子系统组成，可通过手机、平板、电脑或室内控制终端随时随地对智能家居的各个组成部分进行监测和控制。

图 7-1　智能家居设备布置示意图

　　（1）综合安防：通过防入侵安防和消防类安防确保居家环境以及人身、财产的安全。

　　① 防入侵安防通过视频、红外、门窗磁等设备对家居环境进行实时监控，实现对非法闯

入的盗窃、抢劫行为和突发事件进行及时报警、抢救和保护等功能。主要设备包括：网络摄像头、红外报警器、门窗磁探头等。

② 消防类安防通过各种传感器对家居环境进行实时监测，当某种易燃、易爆、有毒性气体含量达到危害家庭成员健康的时候，主动触发消防类安防，确保居家环境的消防安全。主要设备包括：烟雾传感器、甲烷传感器、温湿度传感器、火灾报警器等。

（2）舒适控制：通过对温湿度、光线、声音等进行自适应控制，提供舒适惬意的居家生活环境。包括灯光、窗帘、风机等设备。

舒适控制主要是对光照强度的控制，其中光照强度传感器布置于室内和窗户，室内灯光和窗帘会根据光照强度的变化，通过调节灯光、窗帘实现室内光照强度的舒适性调节。此外，布置于室内的空气质量传感器会实时监测空气环境质量，在室内环境质量下降到一定程度时，主动触动风机，进行室内外空气的流通，净化室内空气。

（3）家电控制：通过家电控制器控制电视、空调、风扇等具有红外功能的家电，利用一个手机或平板电脑即可对所有红外家电实施本地或远程控制。

家庭用户利用家电控制器上的触摸屏可以方便学习彩电、空调、DVD 等家电的红外控制信号，并将与家电配套遥控板的红外信号存储在家电控制器中。家电控制器中的无线模块接收智能家居无线传感网的家电控制信息，处理后控制相应的家电。

（4）健康监测：对家庭成员的心电、体温、脉搏等体征参数和行为活动进行实时监测，确保家庭成员的身体健康。

家庭成员和社区医务人员通过具有无线功能的体征监测、跌倒检测等设备监测家庭成员的体征参数和行为特征，实时关注家庭成员的健康状况，一旦出现异常情况就及时报警，并进行远程访问、监测、定位，以便在最短时间内提供救援和帮助。

（5）能耗管控：一是监控家庭电器的能耗情况，二是集中采集家庭的水、电、气消耗数据，更好地管控能耗，实现环保节能的目的。

利用三表集抄实现对水、电、气数据的实时监测，通过智能插座和能耗检测仪可及时了解家里大型家电的能耗情况，采用从局部到整体的方式使用户清楚家中各个设备的能耗情况，并可实现远程控制通断。

7.1.2 家居安防开发实例

1. 家居安防系统网络拓扑

鉴于篇幅的限制，本节以家居安防系统作为实例介绍智能家居的开发技术。

智能家居安防系统（见图 7-2）实际上是将家庭控制设备连接到报警设施上，实现对非法闯入的盗窃、抢劫行为和突发事件进行及时报警、抢救和保护的功能。从功能上细分，还可分为可视对讲、周界防范、家居安全、紧急求助、无线报警、声光报警、防劫持报警等。而家居安防报警又包括了防盗报警、火灾报警和煤气泄漏报警等。家庭中所有的安全探测装置，如消防类（烟感、煤气泄漏报警器等）、防盗类（门磁、窗磁、各种监测器、防盗幕帘、紧急求救按钮等），都连接到家庭智能终端，对其状态进行监测。当发生警报时，家庭智能终端将警情根据设置进行各种操作，包括启动警铃和联动设备、拨打设定的报警电话。如与社区系统相连，还可同时把警情送往小区监控服务器。

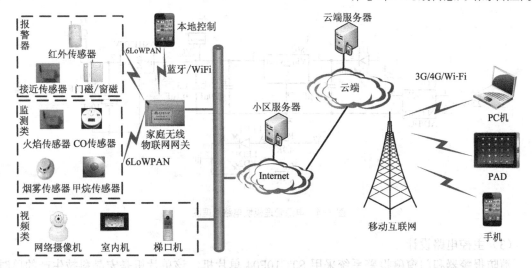

图 7-2 家居安防系统网络拓扑示意图

2. 家居安防监测类与报警类设备开发

（1）家居安防监测与报警类设备总体结构

家居安防监测与报警类设备的总体结构基本相同（见图 7-3），主要包括：主控模块、WSN 模块、电源模块以及监测与报警类传感器。其中电源模块为整个设备提供 5V 和 3.3V 稳定电压，主控模块通过 IO 口来接收传感器的数据信息，同时主控又与 WSN 无线模块双向通信，将传感器接收到的数据信息发送给家庭网关，信息层层上发，由服务器对数据信息进行存储和匹配，决定是否达到报警条件，进而实现无线报警，用户也可通过移动终端实时访问监测数据。

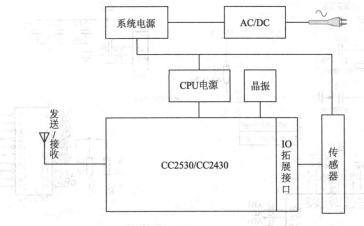

图 7-3 家居安防监测与报警类设备总体结构

（2）电源电路设计

本系统的电源管理电路主要为系统提供 5V 和 3.3V 的直流电压，同时在进行电源电路设计时，在保证原理正确的情况下，必须考虑电源容量大于系统所需。如图 7-4 所示，为供电方便，电源电路直接从市电 220V 经 AC/DC 模块降压、整流转换成 12VDC 后，通过稳压芯片 L7805 和 AS1117-3.3V 稳压、滤波后，得到稳定的 5V 和 3.3V 电源。

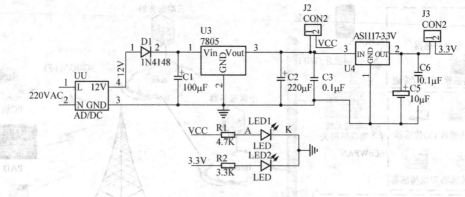

图7-4 电源管理模块电路原理图

（3）主控电路设计

消防报警器和门窗磁报警系统采用 STC10F04 单片机。该单片机是宏晶科技生产的单时钟周期（1T）的单片机，是高速、低功耗、超抗干扰的新一代 8051 单片机，指令代码完全兼容传统的 8051，但速度快 8～12 倍。内部集成了高可靠复位电路，用于高速通信、智能控制、强干扰场合。

STC10F04 主控模块电路如图 7-5 所示。STC10xx 单片机中包含中央处理器（CPU）、程序存储器（Flash）、数据存储器（SRAM）、定时/计数器、UART 串口、I/O 接口、看门狗及片内 R/C 振荡器和外部晶振电路等模块。本系列的单片机几乎包含了数据采集和控制中所需的所有单元模块，可称得上是一个片上系统。微处理器电路通过串口与 CC2530 模块相连。

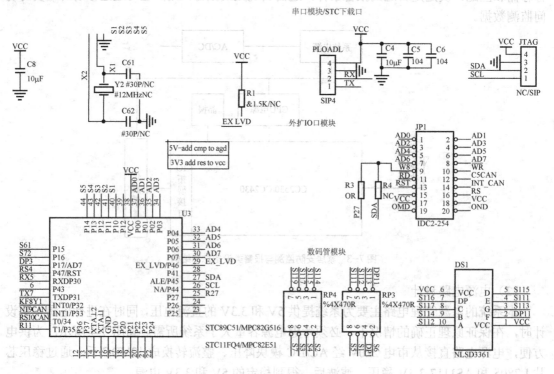

图7-5 STC10F04模块电路原理图

（4）CC2530 通信模块电路设计

由于 CC2530 是无线 SOC 设计，其内部已集成了大量必要的电路，因此采用较少的外围电路即实现信号的收发功能，图 7-6 为 CC2530 的电路原理图。Y2 为 32MHz 晶振，用 1 个 32 MHz 的石英谐振器和 2 个电容（C3 和 C4）构成一个 32 MHz 的晶振电路；Y1 为 32.768kHz 晶振，用 1 个 32.768 kHz 的石英谐振器和 2 个电容（C1 和 C2）构成一个 32.768 kHz 的晶振电路。C5 为 5.6pF，电路中的非平衡变压器由电容 C5 和电感 L1、L2、L3 以及一个 PCB 微波传输线组成，整个结构满足 RF 输入/输出匹配电阻（50Ω）的要求。另外在电压脚和地脚都添加了滤波电容来保证芯片工作的稳定性。

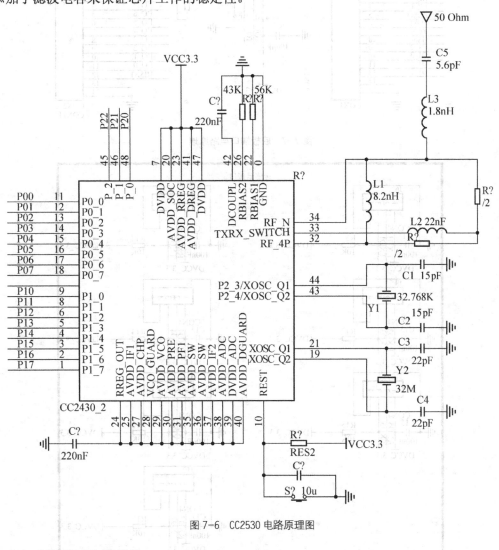

图 7-6　CC2530 电路原理图

（5）底板端口电路设计

底板端口电路主要提供 2430/2530 核心板插槽，同时对 2430/2530 串口进行扩展，实现了多传感器多双工工作，其原理图如图 7-7 所示。

（6）传感器接口电路设计

传感器接口电路如图 7-8 所示，可以同时支持多传感器工作。

底板端口部分

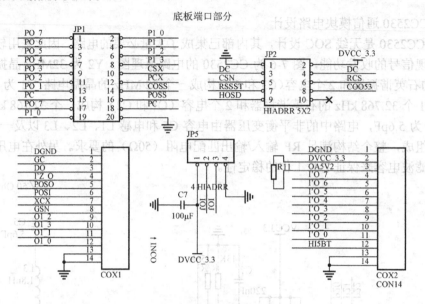

图 7-7 底板端口电路原理

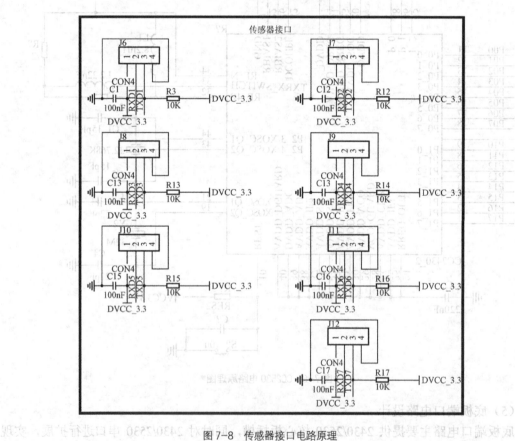

图 7-8 传感器接口电路原理

（7）无线烟雾传感器

烟雾传感器就是通过监测烟雾的浓度来实现火灾防范的，烟雾报警器内部采用离子式烟雾传感，离子式烟雾传感器是一种技术先进、工作稳定可靠的传感器，被广泛运用到各种消防报警系统中,其性能远优于气敏电阻类的火灾报警器。MS5100 烟雾传感器在内外电离室里面有放射源镅 241,电离产生的正、负离子,在电场的作用下各自向正负电极移动。在正常的情况下,内外电离室的电流、电压都是稳定的。一旦有烟雾窜至外电离室,干扰了带电粒子的正常运动,电流、电压就会有所改变,破坏了内外电离室之间的平衡,则可检测出烟雾浓度。烟雾传感器如图 7-9 所示,MS5100 烟雾传感器通过接口与 CC2530 通

图 7-9 无线烟雾传感器

信模块交换数据。当环境中的烟雾浓度达到一定值后,将采集的室内烟雾值上传给小区服务器和终端设备,与消防报警器联动防范家庭火灾隐患。同时,自动启动报警装置和通风装置,降低烟雾浓度。传感器参数见表 7-1。

表 7-1 　　　　　　　　　　　　　　　烟雾传感器参数

传感器型号	MS5100
工作电压	3.8V
工作电流	51.6mA
功耗	196mW
传输距离	300m
测量浓度范围(质量比)	0.06～0.167
量程	0～1 000ppm
环境氧气浓度	21%±2%
响应时间	<10s
环境温度	-10℃～60℃
尺寸	7.0×6.7×3(cm)

无线甲烷传感器、无线 CO 传感器、门磁窗磁、红外探测器等传感网节点设计原理与无线烟雾传感器基本一致,在此不再叙述。

3. 家居安防视频类设备开发

本节以网络摄像机为例介绍家居安防视频类设备的开发。网络摄像机是一种结合传统摄像机与网络技术所产生的新一代摄像机,它可以将影像通过网络传至地球另一端,且远端的浏览者不需使用任何专业软件,只要标准的网络浏览器(如 Microsoft IE 或 Netscape)即可监视其影像。

网络摄像机对室内状况进行实时监控,当启动布防模式后,摄像机自动启动抓拍模式,对于室内动态影像进行抓拍并发送到服务器存储,方便用户及相关部门查看,用户也可通过多种终端设备查看监控画面,为家居安防提供进一步的保障(如图 7-10 所示)。

(1)硬件设计

对于网络摄像机,经过成本分析、系统硬件复杂度、可靠性、可升级性等角度综合考虑,采用三星公司推出的基于 ARM11 架构的 S3C6410 处理器来搭建网络摄像机硬件平台。S3C6410 处理器是采用 RISC 指令集的 ARM11 架构 32 位处理器,采用先进的 65nm 工艺制造,主频 533MHz,其内部支持 32/64 位总线,支持 DRAM(包括移动 DDR、DDR、移动 SDRAM、SDRAM)、FLASH(包括 NOR FLASH、NAND FLASH、ONENAND)、ROM 等

多种外部存储器。除此外在片内集成了 MFC 硬件编解码单元，支持硬件 MPEG4/H263/H264 编解码。支持 USB2.0/USB1.1 高速设备，支持 SD 卡等多种外设。提供了一套成本低、效益高、功耗低、性能高的应用处理器解决方案。

硬件平台以 S3C6410 处理器为核心，搭配以外围必要的时钟电路、供电电路、外围存储电路、USB 设备电路、SD 卡存储设备、网络 MAC 芯片、RS232 串口电路等。其硬件实现逻辑框图如图 7-11 所示。

图 7-10　网络摄像机

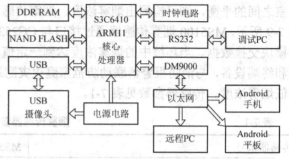

图 7-11　硬件平台逻辑框图

S3C6410 中内嵌的 ARM1176 处理器的特性：

① TrustZone 安全扩展；

② 具有 AMBA 超高速先进微处理器总线架构；

③ AXI 先进的可扩展接口，其中两个接口支持优先级顺序多处理机；

④ 8 级流水线；

⑤ 拥有返回堆栈的分支预测功能；

⑥ 低中断延时配置；

⑦ 外部协处理器接口；

⑧ 指令和数据存储管理单元 MMUS。

S3C6410 其硬件体系结构如图 7-12 所示。

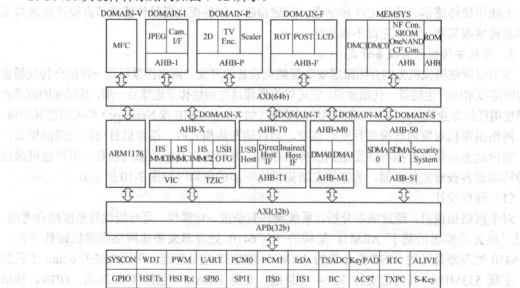

图 7-12　S3C6410 硬件体系结构图

（2）软件设计

开发嵌入式网络摄像机必须首先对网络摄像机系统的架构进行搭建，对用户需求功能模型进行深入的分析，智能家居中网络摄像机作为安防子系统的重要组成部分，必须考虑其所采集视频的实时性、传输视频的可靠性，对异常报警视频进行某种存储是必要的功能，除此以外，方便使用的客户端也是软件系统的重要组成部分。

网络摄像机软件系统设计需遵守以下几个原则。

① 可靠性和安全性：系统软件应实现 24 小时不间断地可靠运行，充分考虑到可能发生的意外情况，如突发断电后重新上电的系统自启动、自恢复功能，网络连接的安全功能。

② 实时性：网络摄像机作为安防监控类设备有一定的实时性要求，因此通过网络传输的视频需考虑多种网络载体情况。

③ 界面友好：网络摄像机提供网页和 Android 客户端两种形式的用户界面，友好、简洁的中文图形界面方便各年龄段的用户群体使用。

④ 可扩充性：系统软件应提供能后期改进二次开发的功能，便于日后的功能升级。

对网络摄像机软件系统进行抽象分析，按照软件内部图像数据采集、图像数据的传输、图像数据的处理和图像数据的存储流程，逐步分析功能，结合 Linux 系统视频采集架构、JPEG图像压缩算法和嵌入式 Web 设计了软件系统架构模型，如图 7-13 所示，虚线框出了本文所主要研究并设计实现的软件功能模块。

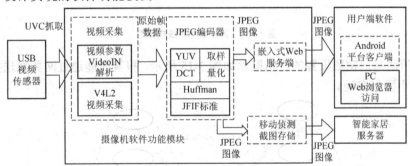

图 7-13　网络摄像机软件系统架构图

（3）通信协议

网络摄像机是处于 Internet 中的网络设备，必须通过网络传输数据，这就需要 TCP/IP（Transmission Control Protocol/Internet Protocol）传输控制协议来实现，TCP/IP 协议从分层观点来看可以分为 4 个层次：网络接口层、网络层、传输层和应用层。其中 TCP 协议工作于传输层，IP 协议工作于网络层，而后文将要介绍的嵌入式 Web 服务端提供的网页访问则使用到了应用层 HTTP 协议。TCP 协议和 UDP 协议有着很大的区别，其中 TCP 协议是一种面向连接的方式，能保证数据无差错地传输。而 UDP（User Datapram Protocol）协议是一种无连接的协议，只能提供简单的不可靠数据传输。

7.1.3　家居安防运行测试

1. 系统搭建

为了使设备在实际应用中能够具有稳定的性能,本实验室搭建了 60 平方米的智能家居实验环境（见图 7-14），包括客厅、厨房、老人房、卧室以及书房等场地。根据家居情况以及电器分布情况，选择卧室及书房的窗磁、客厅门磁、老人房和客厅的网络摄像机等设备构建了家居安防系统，实现了入侵报警、消防报警、烟雾及有害气体报警等内容。

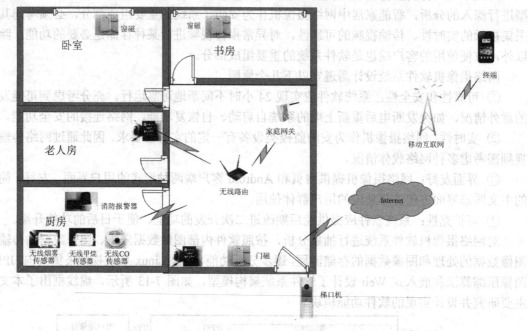

图 7-14　家居安防系统搭建图

其中，消防与门窗磁报警的逻辑概念如图 7-15 所示，报警时能通过网关发送报警信息到用户手机和小区保安处。

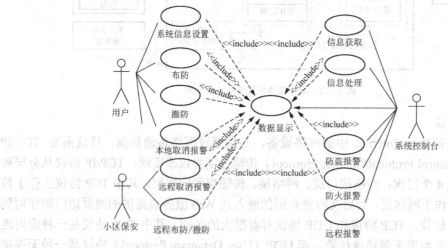

图 7-15　消防与门窗磁报警逻辑示意图

2. 系统测试

家居安防系统的测试主要是功能测试，所要测试的功能主要包括门窗磁入侵报警功能、消防报警功能、远程报警联动功能和系统可靠性。

（1）门窗磁入侵报警功能测试

① 测试过程

（a）启动智能报警控制器后会进入智能家居安防报警系统主界面（见图 7-16），系统工作的初始状态是未布防状态。点击"外出"按钮或"在家"按钮，对系统进行布防操作，测试布防功能是否正确。

（b）在系统布防工作模式下，打开窗户并在双红外探测器可测视角（120°）范围内活动，模拟有人从窗户入侵，看测试结果。

（c）在报警界面，按下"取消"按钮（见图 7-17），进行取消报警操作，观察智能报警控制器的反应。

（d）当系统工作在布防模式下时，按下"撤防"按钮（见图 7-17），进行撤防操作，然后看看是否撤防。

（e）在智能家居安防报警系统的主界面，按下系统设置图标（见图 7-19），进入系统设置界面后（见图 7-20），首先单击 MAC 地址编辑框，然后单击界面右边数字键盘的"*"按钮，输入 33、44、66，按同样的方法在网络地址编辑框中输入 172.022.136.61、在子网掩码编辑框中输入 255.255.252.0、在网关地址编辑框中输入 172.022.136.001、在服务器地址编辑框中输入 172.022.136.033。最后单击数字键盘的存储确定按钮"#"。查看结果。

② 测试结果

按下"外出"按钮或"在家"按钮后，首先会听到"布防延时中"的语音提示，在 30s后，会听到"布防成功"的语音提示，系统工作在布防模式下。此时有异常情况发生，则会弹出报警界面，并指示报警防范区域（见图7-17）。在报警界面下单击"取消"按钮（见图 7-17），界面会切换到身份确认界面，提示输入密码（见图 7-19）。在身份确认成功后，会返回到智能家居安防报警主界面（见图7-16）。当系统工作在布防模式下时，按下"撤防"按钮，会弹出身份确认界面（见图 7-19）。在身份确认成功的情况下，会听到"撤防成功"的语音提示，系统工作在未布防模式下。

图 7-16　智能家居安防报警系统主界面

按下"系统设置"图标后，首先弹出身份确认界面，提示输入密码（见图 7-18），在身份确认成功后，会进入系统设置界面（见图7-20），对网络地址按照测试阶段进行了修改后，会听到"修改成功"的语音提示。并可以看到智能报警控制器的网络地址均按照测试阶段输入的信息，进行了相应修改（见图7-20）。

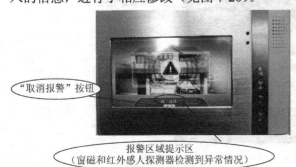

图 7-17　报警界面

图 7-18　身份确认界面

图 7-19 系统设置界面   图 7-20 系统设置界面

（2）消防报警功能测试

将服务器（接警中心 PC 机）与智能报警控制器通过网线相连，打开 6LoWPAN 传感网络中的 WSN/TD-SCDMA 网关及一氧化碳、甲烷、烟雾传感器，在智能家居安防报警系统主界面下单击"无线测量值"按钮，如图 7-24 所示。

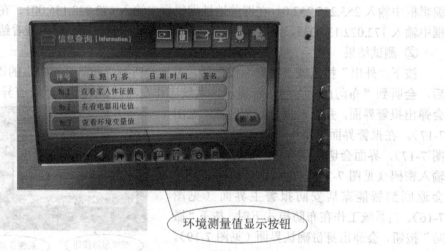

图 7-21 智能安居安防报警系统主界面

单击"无线测量值"按钮后，进入到环境监测数据显示界面，在界面上可以看到房间信息、传感器信息及经过计算的各传感器的采集值，如图 7-22 所示。

图 7-22 环境测量数据显示界面

（3）远程报警联动功能测试

① 测试过程

将 PC 机与智能报警控制器通过网线相连，打开 PC 机上的收发包程序及 Ethereal 抓包软件。

（a）远程读地址设置、远程写地址设置功能的测试

让收发包程序发送读地址服务主叫报文及写地址服务主叫报文。观察 Ethereal 抓包软件显示的网络数据包信息及智能报警控制器的相应动作。

（b）设备定时报告功能测试

观察 Ethereal 抓包软件显示的网络数据包信息。

（c）远程设置工作模式功能测试

让收发包程序发送远程设置工作模式服务主叫报文。观察 Ethereal 抓包软件显示的网络数据包信息及智能报警控制器的相应动作。

（d）远程报警功能测试

系统工作在布防模式下时，打开窗户并在双红外探测器可测视角（120°）范围内活动，模拟有人从窗户入侵。查看 Ethereal 抓包软件显示的网络数据包信息。

（e）远程取消报警功能测试

在智能报警控制器处于报警状态时，让收发包程序发送远程取消报警服务主叫报文。观察 Ethereal 抓包软件显示的网络数据包信息及智能报警控制器的相应动作。

② 测试结果

在 Ethereal 抓包软件中可以看到，智能报警控制器以大约每 10 s 一次的频率周期地向 PC 机发送设备定时报告服务报文，如图 7-23 所示。当接收到 PC 机发送的读地址服务报文后，智能报警控制器在 707ns 后将本机地址信息发送给 PC 机，如图 7-24 所示。当接收到 PC 机发送的写地址服务报文后，智能报警控制器在 2ms 后给出写地址服务应答报文，如图 7-25 所示。接收到远程工作模式设置报文后，智能报警控制器在 10ms 后，回复远程工作模式设置应答服务报文，如图 7-26 所示，此时设备工作在布防模式下。当检测到异常情况时，智能报警控制器将报警信息发送给 PC 机，如图 7-27 所示。在 60s 后，PC 机未收到本地取消报警报告服务报文，则立即进行远程取消报警，如图 7-28 所示。

图 7-23 设备定时报告服务报文

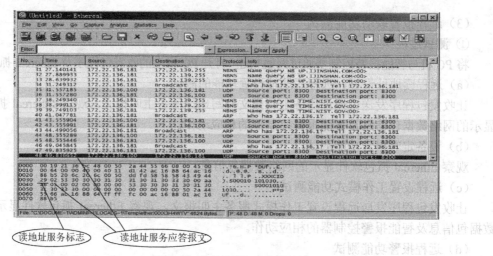

图 7-24　读地址服务应答报文

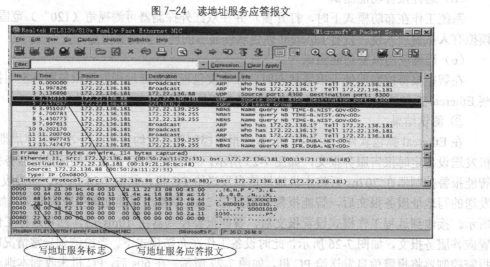

图 7-25　写地址服务应答报文

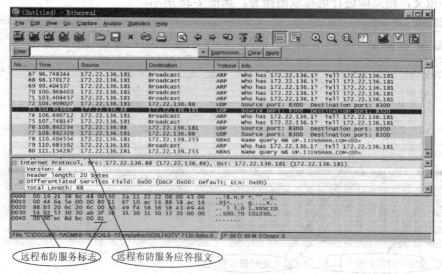

图 7-26　远程工作模式设定服务应答报文

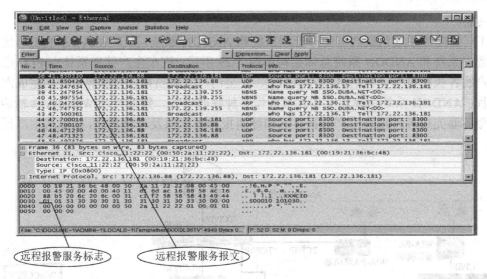

图 7-27 远程报警服务报文

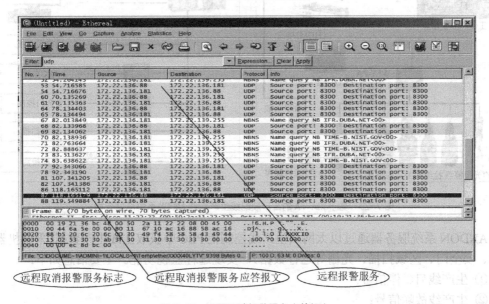

图 7-28 远程取消报警服务应答报文

7.2 智能化 ANDON 系统

7.2.1 ANDON 系统概述

综合性生产信息管理和控制系统（简称 ANDON 系统）通过工业物联网将生产过程中的人、机、料、法、环、测（5M1E）几大要素进行智慧整合和互联互通，实现人机互联、智能调度、管理监控及整体设备效能最优化。ANDON 系统由 ANDON 工位子系统、ANDON 综合看板子系统、ANDON 数字广播子系统、工业交换机和服务器组成，包括工位作业管理、设备运行管理、产品质量管理、供应物流管理、车间生产管理、信息可视管理、公共信息管理等功能。

工厂装配线系统包括汽车生产管理系统和 ANDON 系统,基于 WIA-PA 的工厂装配线生产管理系统和 ANDON 系统总体架构如图 7-29 所示,汽车生产管理系统由 PLC 控制现场生产线各执行机构(包括机器人、APC、安全门、区域扫描、光栅等)独立完成汽车生产过程;ANDON 系统由现场工作人员操作各种呼叫设备,数据经过 WIA-PA 传输后,由后台服务器完成各种现场生产数据显示和呼叫报警显示以及音乐播放,以提高生产质量和效率。

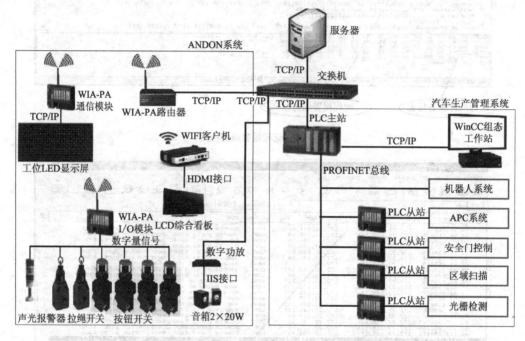

图 7-29 基于 WIA-PA 的工厂装配线生产管理 ANDON 系统总体架构

ANDON 系统服务器通过以太网从生产线控制柜 PLC 中获取主线生产数据(采集机器人、APC、安全门、区域扫描、光栅等运行数据),实现远程监视功能。主要信息如下:

① 生产线启、停信号;

② 生产线故障信号;

③ 生产线的夹具组到位、不到位信号;

④ 安全门打开、关闭、未复位信号;

⑤ 光栅正常、闯入信号;

⑥ 区域扫描器正常、闯入信号;

⑦ 机器人的实时状态运行、停止、急停、故障信号;

⑧ 当前工位上件型号。

基于 WIA-PA 的 ANDON 系统拓扑结构如图 7-30 所示。

ANDON 系统实现快速的信息传递、申请呼叫的快速响应、呼叫信息实时记录、生产线、设备状态实时显示、完成统计报表分析,对作业岗位、设备状态、质量问题、物料供应等过程进行实时的信息交互和管理、支持生产全过程管理流程体系的完善,为精益生产管理的分析提供数据支撑。

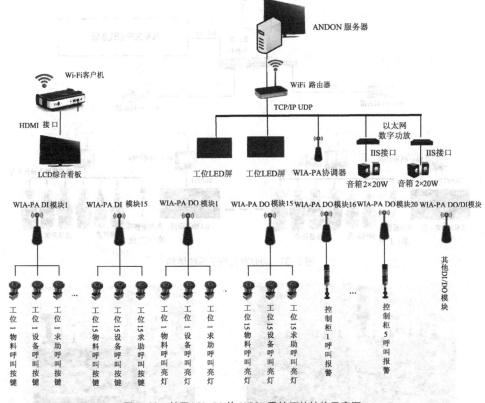

图 7-30 基于 WIA-PA 的 ANDON 系统拓扑结构示意图

① 工位作业管理——工位呼叫；集中事件呼叫。

② 设备运行管理——故障、运行状态、维护信息。

③ 信息可视管理——通过 ANDON 看板，显示呼叫信息、故障信息、停线信息等各种生产运行信息。

④ 物料呼叫——通过物料显示屏，显示物料呼叫信息。

⑤ 质量呼叫——通过广播，呼叫质量信息。

⑥ 设备呼叫——当设备故障时，通过广播进行呼叫。

⑦ 维修呼叫管理——通过维修 ANDON 看板，显示维修信息。

⑧ 公共信息管理——通过信息显示屏，显示各种公共信息。

7.2.2 ANDON 工位子系统开发

1. ANDON 工位子系统总体结构

ANDON 工位子系统（见图 7-31）包括工位 LED 显示屏和工位控制箱，主要通过 WIA-PA 通信完成各工位数据采集和输出控制。工位子系统控制箱负责工位的声光报警和各种开关量采集，每个工位控制箱由 3 个 WIA-PA 输入模块、一个 WIA-PA 输出模块和一个 WIA-PA 通信模块组成。本方案有 15 个工位，一共有 75 个 WIA-PA 模块工作在 ANDON 系统中，通过 WIA-PA 路由器和工业交换机连接到服务器进行数据处理和显示。图 7-32（a）为工位子系统控制箱面板按钮布置图，图 7-32（b）为工位子系统控制箱内部结构图。

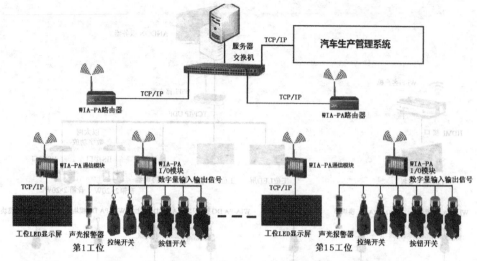

图 7-31　ANDON 工位子系统结构

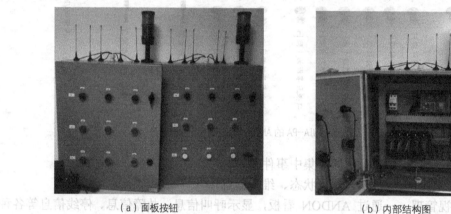 

（a）面板按钮　　　　　　　　　（b）内部结构图

图 7-32　工位子系统控制箱

2．ANDON 工位子系统硬件开发

（1）470MHz 频段 WIA-PA 通信模块设计

图 7-33 是 WIA-PA 通信模块图。该 WIA-PA 通信模块作为一块单独的电路板而存在，上面集成了独立的处理器芯片和射频收发芯片，该模块通过连接件插在功能底板上面（可以是数字量输入底板、数字量输出底板、网关底板等）。

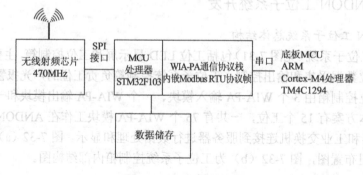

图 7-33　WIA-PA 通信模块

图 7-34 是 WIA-PA 通信模块电路原理图。其主控电路模块采用 STM32F203RBT6 最小系统，其中包含了晶振电路、复位电路、外围接口。晶振电路采用两个外部晶振为系统提供稳定的时钟源，一个为 32.768kHz 的外部低速时钟源（Low-Speed External Clock，LSE），另一个为 8MHz 的高速外部时钟源（High-Speed External Clock，HSE）。高速时钟源可为系统提供准确的主时钟（外接 22pF 的负载电容，其作用是为了稳定振荡频率），低速外部时钟源的作用是在低功耗的模式下提供精准的时钟源（同样外接 10pF 负载电容）。STM32F103RBT6 的启动方式为上电复位。这里来熟悉下 STM32F103 系列芯片的三种启动方式，三种方式是通过设置 BOOT0 和 BOOT1 引脚来选择具体的启动方式。STM32 芯片上有 BOOT0、BOOT1 引脚，复位时的电平状态决定了从何处执行程序。当 BOOT1=X、BOOT0=0 时，用户闪存存储器被选为启动区域；当 BOOT1=0、BOOT0=1 时，系统存储器被选为启动区域；当 BOOT1=1、BOOT0=1 时，系统从内置 SRAM 启动，一般不用此种启动方式。本设计采用的是第一种启动方式，即分别将 BOOT0 和 BOOT1 引脚通过电阻进行下拉处理。PA9 和 PA10 引脚外接串口，实现外部系统与模块之间的串口通信。主控电路模块和射频电路模块的通信方式是通过 SPI 来进行的，具体的就是通过 PA4、PA5、PA6、PA7 这 4 个引脚实现 STM32F103RBT6 与 Si4463 之间的通信。

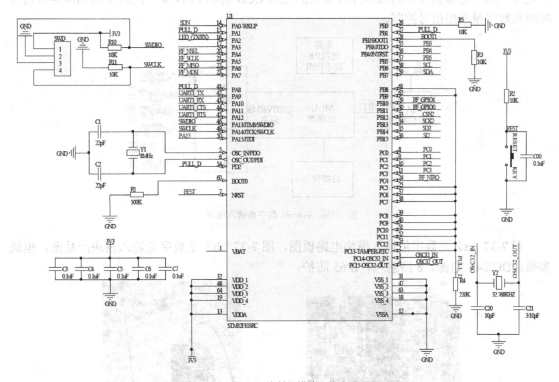

图 7-34 470MHz 无线射频模块主控电路原理图

图 7-35 是 WIA-PA 通信模块的电路板照片。该模块插在功能底板上，通过串口和功能底板通信并完成 WIA-PA 协议转换和传输。

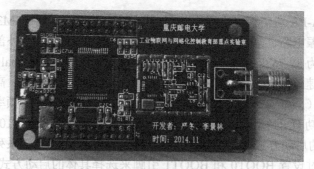

图 7-35 WIA-PA 通信模块电路板照片

（2）WIA-PA 数字量输入模块

WIA-PA 数字量输入模块（如图 7-36 所示）提供 8 路数字量信号输入接口，主要接收来自工业现场的一些数字量输入信号，比如帮助呼叫开关、质量呼叫开关、设备报警开关、物料呼叫开关和拉绳等，同时也可以完成其他比如接近开关等信号输入。这些信号经处理器采集后转换成 Modbus 数据格式，再通过串口传递给 WIA-PA 通信模块（后面描述），该模块把 Modbus 数据打包成 WIA-PA 协议帧，经无线传输到路由器及服务器。服务器汇总所有信号并处理，然后把数据保存到数据库并发布到相应 LCD 屏和 LED 屏，同时驱动相应声音信号呼叫和数字量输出信号控制。

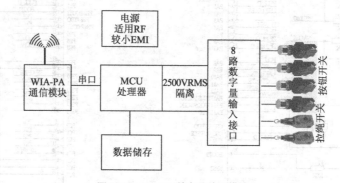

图 7-36 WIA-PA 数字量输入模块

图 7-37（a）是数字量输入模块电路板图，图 7-37（b）是数字量输入模块产品图，模块参数：DC 24V 电源，8 路输入，IP65 防护。

（a）电路板图

（b）模块产品照片

图 7-37 数字量输入模块

　　图 7-38 为数字量输入模块电路原理图。数字量接口部分对外连接开关、按钮、传感器等，在外部开关状态量发生变化时，经光耦传递给 MCU 处理器，处理器经过数字滤波处理器后，把信号量打包成 Modbus RTU 协议，通过 UART 串口传递给 WIA-PA 通信接口模块，该模块再把数据打包成 WIA-PA 通信协议格式，经无线通信传递给上位 WIA-PA 网关。图中电源部分对整个电路提供 2 500V 隔离等级的稳定 5V 供电；以太网接口部分留作功能扩展。

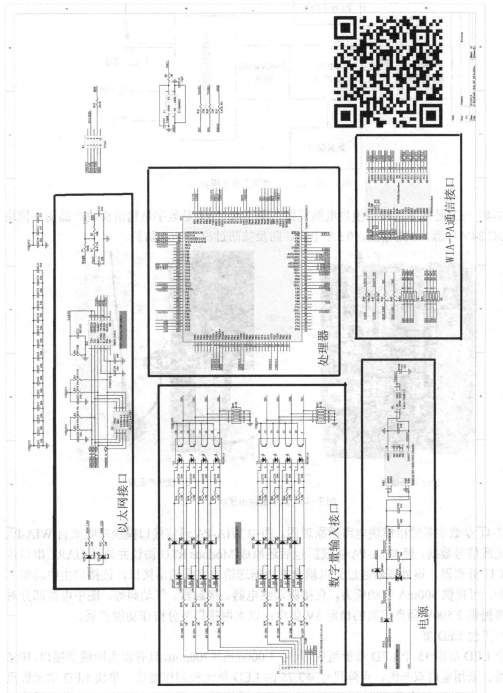

图 7-38　数字量输入模块电路原理图

（3）WIA-PA 数字量输出模块

WIA-PA 数字量输出模块（见图7-39）提供8路数字量信号输出接口，服务器经 WIA-PA 通信链路控制该数字量输出模块，主要驱动现场声光报警。也可用来驱动工业现场其他一些设备，比如：继电器、接触器、气动阀等。

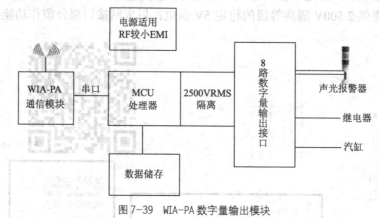

图7-39　WIA-PA 数字量输出模块

图7-40（a）是数字量输出模块电路板图，图7-40（b）是数字量输出模块产品图。模块参数：DC 24V 电源，8路输出、0.5A 电流、防反接防过流、IP65 防护。

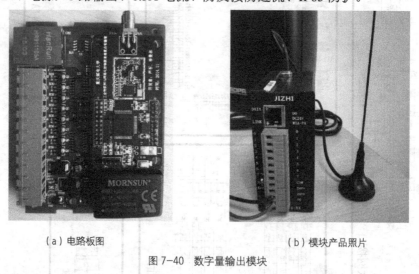

（a）电路板图　　　　　　　　　　　　　（b）模块产品照片

图7-40　数字量输出模块

图7-41 是数字量输出模块电路板原理图。图中 WIA-PA 通信接口模块接收来自 WIA-PA 网关的无线信号数据，经 WIA-PA 协议拆包后还原成 Modbus RTU 协议并通过 UART 串口传递给 MCU 处理器，该处理器通过光电耦合把数据送给数字量输出接口，该接口由中功率三极管驱动，可提供 500mA 驱动能力，直接驱动继电器、接触器、气动阀等。图中电源部分对整个电路提供 2 500V 隔离等级的稳定 5V 供电；以太网接口部分留作功能扩展。

（4）工位 LED 屏

工位 LED 屏由 15 个 LED 看板组成，尺寸 1 000mm×700mm，具有以太网通信接口，IP65 防护等级。采用室内双基色、点阵尺寸 ϕ3.75 的 LED 单元板制作而成。单块 LED 单元板尺寸为 304mm×152mm，分辨率为 64×32。LED 显示屏使用 3（列）×4（行）LED 单元板阵列组成。实际显示部分尺寸为 906mm×608mm（该尺寸不含外框架），显示分辨率为 192×128。LED 显示屏显示控制部分采用专用高刷新率 LED 屏控制板，在本系统分辨率下，可达 120Hz 以上刷新率，确保 LED 显示屏达到良好的显示效果。LED 显示屏电源系统使用具有过流保护、短路保护及热保护等功能的 LED 大功率电源模块，确保在苛刻的工业环境下，仍能安全可靠地工作。图 7-42 为工位 LED 屏显示图。

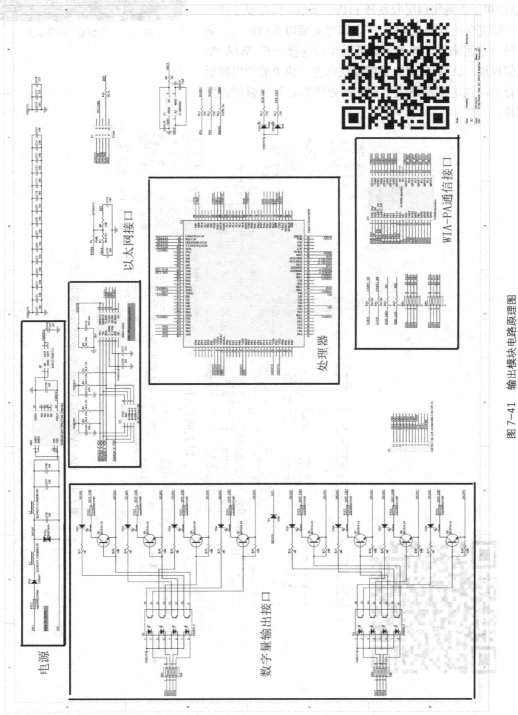

图 7-41 输出模块电路原理图

（5）WIA-PA/MODBUS TCP 通信网关（路由器）

图 7-43 是 WIA-PA/MODBUS TCP 通信网关底板电路原理图。本网关底板电路采用 ARM Cortex-M4 处理器 TM4C1294，该处理器工作在 120MHz 主频，集成了 1M 程序存储空间和 256K 数据存储空间，它自带以太网控制器 MAC 和以太网物理层收发器 PHY，所以，只需要连接一个带隔离变压器的 RJ45 端子，即可完成以太网通信。从另外一方面来看，该处理器通过串口连接一个 WIA-PA 通信模块，该 WIA-PA 通信模块作为一块单独的电路板而存在，该电路板集成了独立的处理器芯片和射频收发芯片。

图 7-42　工位 LED 屏显示图

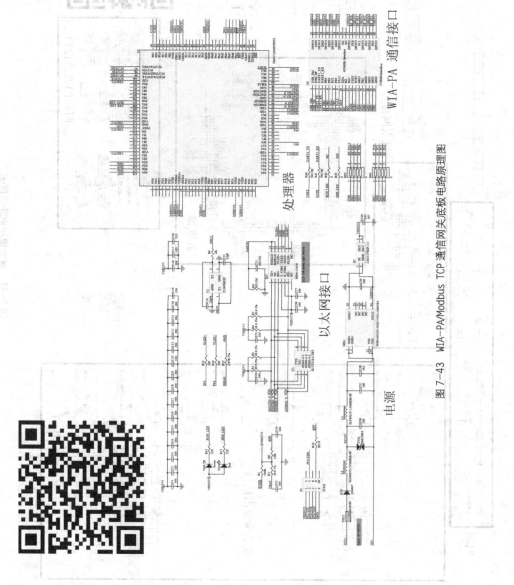

图 7-43　WIA-PA/Modbus TCP 通信网关底板电路原理图

① 当底板处理器通过以太网收到来自服务器的 TCP 数据帧后，对该 TCP 帧进行拆包并还原成 Modbus RTU 协议帧，然后通过串口发送给 WIA-PA 通信模块，该模块对 Modbus 数据进行 WIA-PA 协议封包并通过无线射频传输给下位无线节点。

② 当 WIA-PA 通信模块收到下位无线节点传来的数据后，对 WIA-PA 协议帧进行拆包并还原成 Modbus RTU 协议帧，然后通过串口发送给底板 ARM Cortex-M4 处理器，该处理器对 Modbus 数据进行 TCP 协议封包并上传给服务器。

图 7-44　WIA-PA/Modbus TCP 通信网关产品图

图 7-44 是 WIA-PA/Modbus TCP 通信网关产品图。模块参数：DC 24V 电源，IP65 防护，工业级温度湿度及振动。

3. ANDON 工位子系统软件开发

（1）ANDON 工位子系统软件总体设计

ANDON 工位子系统软件设计主要包括 PLC 数据采集模块、LED 显示屏控制模块、呼叫播放模块、声光报警模块、报表生成模块、数据通信模块 6 部分，如图 7-45 所示。ANDON 工位子系统软件总体流程图如图 7-46 所示。

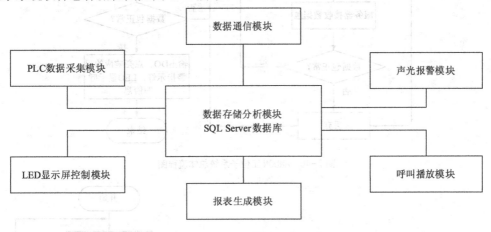

图 7-45　ANDON 工位子系统软件逻辑结构图

（2）PLC 数据采集模块

PLC 数据采集模块主要用于采集安装在工位上的拉绳开关（如设备、物料、求助等开关）状态，采用循环扫描的方式。当拉绳开关被拉下时触发相应的操作。其数据采集流程图如图 7-47 所示。

（3）LED 显示屏控制模块

LED 显示屏控制模块主要用于显示呼叫信息。当 PLC 采集模块采集到拉绳信号时可以控制显示屏进行切换显示。其显示控制流程图如图 7-48 所示。

（4）声光报警模块

声光报警模块主要任务是当物料、设备、质量等出现异常，ANDON 系统就会通过声光报警器发出报警，提醒相关人员到车间现场解决问题。图 7-49 是声光报警程序流程图。

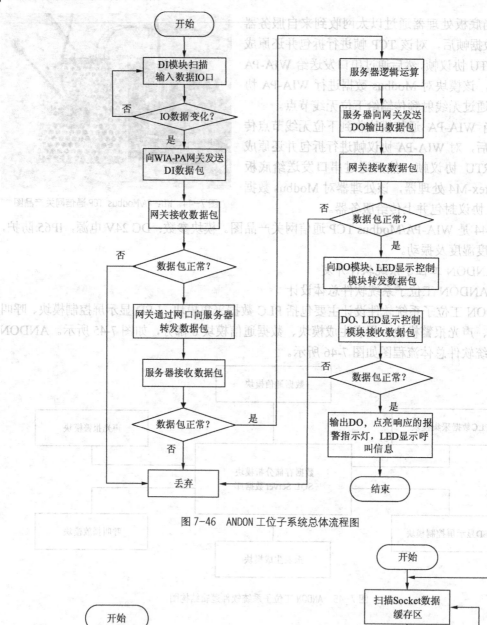

图 7-46 ANDON 工位子系统总体流程图

图 7-47 PLC 数据采集流程图

图 7-48 LED 显示屏控制程序流程图

（5）报表生成模块

报表生成模块用于生成呼叫统计信息并对统计信息进行分析，找出用户需要的信息。该数据信息存储到 SQL 数据库中，供后台服务器使用。

（6）数据通信模块

数据通信模块主要包括用于网关与服务器之间的 TCP/IP Socket 通信、WIA-PA 协调器与网关之间的串口通信、各 DI/DO 模块之间的无线通信（WIA-PA）。

① TCP/IP 网口通信功能

网口处理模块采用的是内嵌 Modbus-RTU 格式的 TCP/IP 协议。此模块主要完成网关与后台服务器之间的通信功能。采用 Socket 编程，将串口传过来的系统数据，按照 Modbus RTU 协议格式进行传输，对不符合规格的数据需要进行过滤。网口通信具体流程如图 7-50 所示。

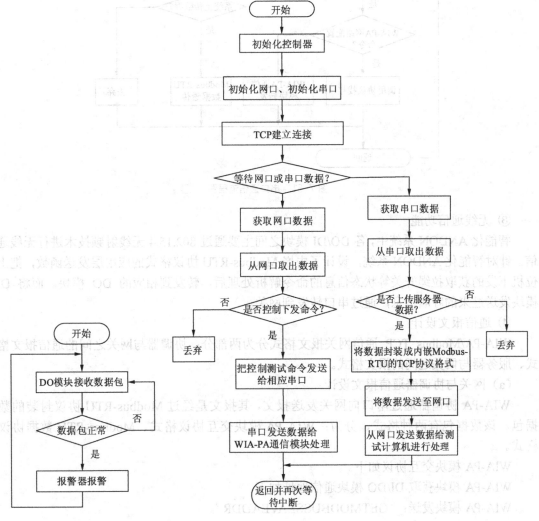

图 7-49 声光报警器程序流程图   图 7-50 网口通信流程图

② 串口通信功能

WIA-PA 通信模块与网关底板之间采用串口进行通信，其串口通信流程图如图 7-51 所示。

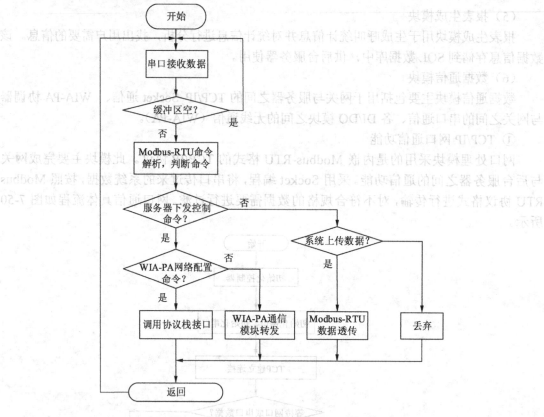

图 7-51 串口通信流程图

③ 无线通信功能

智能化 ANDON 系统中,各 DO/DI 模块之间主要通过 802.15.4 无线射频技术进行无线通信,针对智能化 ANDON 系统,设计了内嵌 Modbus-RTU 协议格式的应用层发送函数,把上位机下发的获取拉绳开关等状态信息的命令解析处理后,转发到相应的 DO 模块。而将 DI 模块发送过来的呼叫信息,通过串口转发到网关。

④ 通信报文设计

WIA-PA/Modbus TCP 通信网关报文格式分为两部分:协调器与网关之间的通信报文格式、服务器与网关之间的报文格式。

(a) 网关与协调器通信报文设计

WIA-PA 协调器通过串口向网关发送报文,其报文是经过 Modbus-RTU 协议封装的数据包。该数据包有两种格式,分为:WIA-PA 模块交互协议格式、Modbus-RTU 数据协议格式。

WIA-PA 模块交互协议如下。

WIA-PA 模块获取 DI/DO 模块通信地址如下。

WIA-PA 模块发送:"GETMODBUSSLAVEADDR"。

DI/DO 模块应答:"GETMODBUSSLAVEADDR"+模块地址（16 进制 1Byte）+CRCH（1Byte）+CRCL（1Byte）

WIA-PA 模块获取 WIA-PA 网络 ID 配置如下。

WIA-PA 模块发送："GETWIAPAID"。

DI/DO 模块应答："GETWIAPAID"+网络 ID（16 进制 1Byte）+CRCH（1Byte）+CRCL（1Byte）。

WIA-PA 模块获取 WIA-PA 网络地址配置如下。

WIA-PA 模块发送："GETWIAPAADDR"。

DI/DO 模块应答："GETWIAPAADDR"+网络地址高位（16 进制 1Byte）+网络地址地位（16 进制 1Byte）+CRCH（1Byte）+CRCL（1Byte）。

WIA-PA 模块获取 WIA-PA 协调器地址配置如下。

WIA-PA 模块发送："GETWIAPACOORDADDR"。

DI/DO 模块应答："GETWIAPACOORDADDR"+网络地址高位（16 进制 1Byte）+网络地址地位（16 进制 1Byte）+CRCH（1Byte）+CRCL（1Byte）。

WIA-PA 模块获取 WIA-PA 信道配置如下。

WIA-PA 模块发送："GETWIAPACHANNELADDR"。

DI/DO 模块响应："GETWIAPACHANNELADDR"+信道配置（16 进制 1Byte）+CRCH（1Byte）+CRCL（1Byte）。

Modbus-RTU 数据帧如下。

该部分数据严格按照 MODBUS-RTU 协议格式进行数据传输，网关对该数据直接透传，其协议格式如图 7-52 所示。

地址码	功能码	起始地址	数量	CRC校验
1Byte	1Byte	2Byte	2Byte	2Byte

图 7-52 Modbus-RTU 协议格式

（b）网关与服务器通信报文设计

网关将从 WIA-PA 协调器接收到的已完成 Modbus-RTU 解封装的报文，重新封装成 TCP/IP 协议数据帧格式，即应用层数据帧，通过 TCP/IP 套接字发往上位机端，报文格式如图 7-53 所示。

以太网首部	IPv4首部	TCP首部	Modbus-RTU数据帧

图 7-53 网关上行报文格式

上位机端发往 WIA-PA 子网的命令帧首先封装成内嵌 Modbus-RTU 帧格式的 TCP/IP 协议栈格式，通过 TCP/IP 套接字发往网关，报文格式如图 7-54 所示。

以太网首部	IPv4首部	TCP首部	Modbus-RTU数据帧

图 7-54 上位机端下行报文格式

7.2.3 ANDON 系统软件运行测试

ANDON 系统功能包含系统管理、参数设置、生产管理、ANDON 显示屏、报警、报表等内容。

（1）车型设置

由于 ANDON 系统看板上需要显示生产信息，而这些信息与车间生产的车型息息相关，所以在数据库中需要设置车型信息用于显示。车型设置如图 7-55 所示。

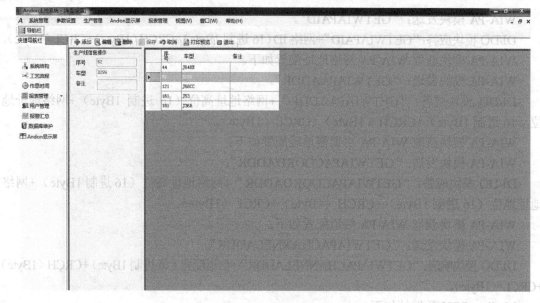

图 7-55　车型设置页面

（2）报警种类管理

报警种类是指拉绳开关或者按钮开关等呼叫报警装置所对应的报警种类，每个触发点可以动态设置所需要的报警类型，方便对报警信息进行分类查询。报警种类管理如图 7-56 所示。报警原因是拉绳开关或按钮开关所对应信号的含义，当相应的信号被人为触发时，可以在 ANDON 电子看板上显示对应的信息，方便车间工作人员快速定位和解决问题。报警原因设置如图 7-57 所示。

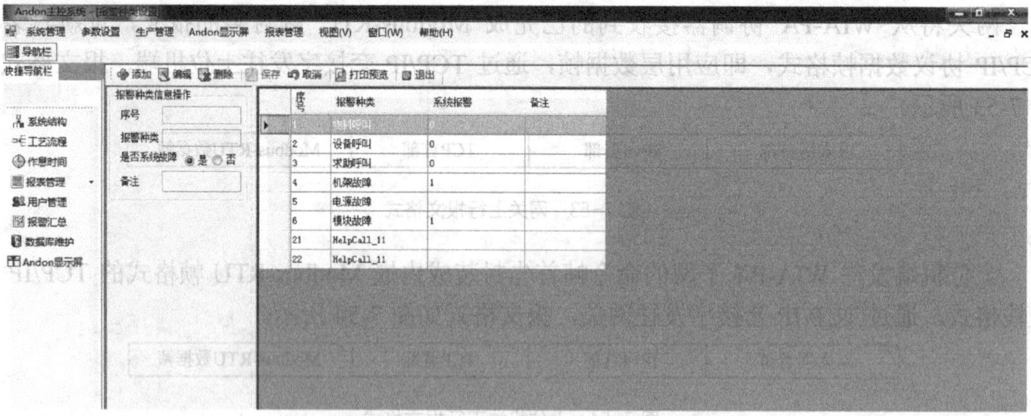

图 7-56　报警种类管理页面

（3）生产管理

生产管理包括生产计划管理与 LED 显示屏控制等内容。生产计划管理如图 7-58 所示，输入的生产计划会显示到 ANDON 显示屏上，方便车间人员实时掌握车间生产情况。车间显示屏为生产信息显示的窗口，在该画面上可以清晰地看到车间的生产状态。LED 显示屏控制可控制各个 LED 显示屏显示的内容，如图 7-59 所示。

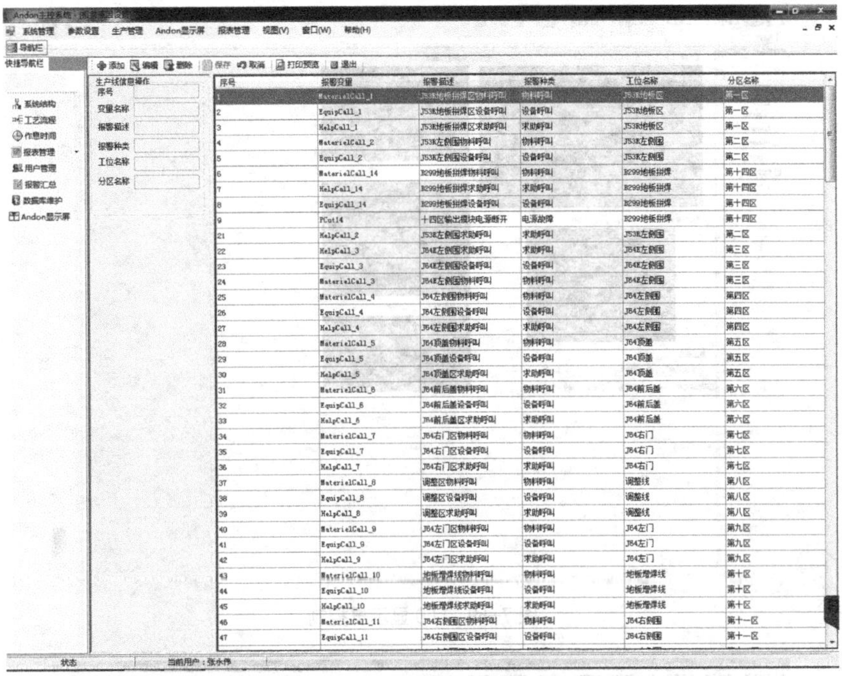

图 7-57　报警原因设置页面

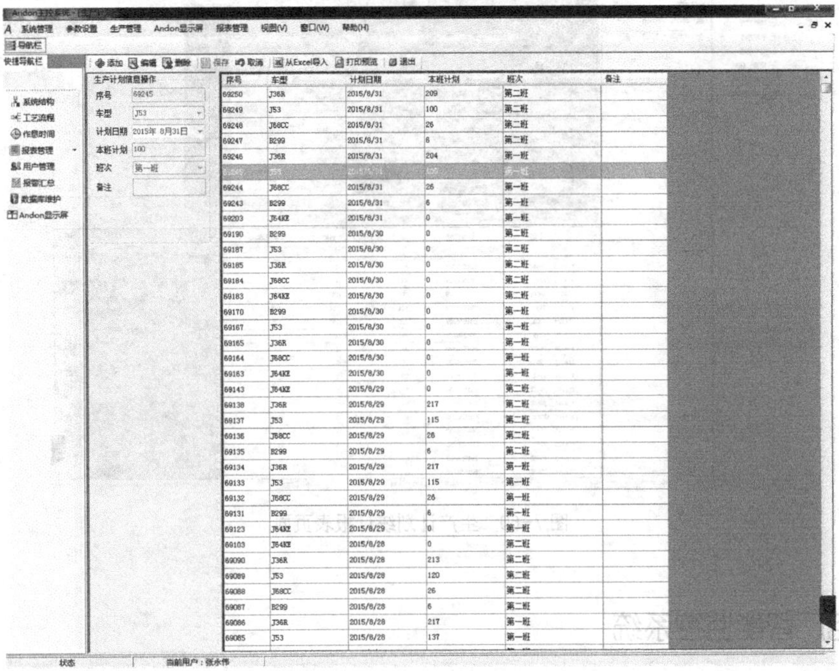

图 7-58　生产计划管理页面

（4）生产计划表报

生产计划报表完成对 ANDON 系统生产信息和呼叫信息进行统计,并生成柱状统计图,同时可以对生产信息和呼叫信息进行打印操作，如图 7-60 所示。

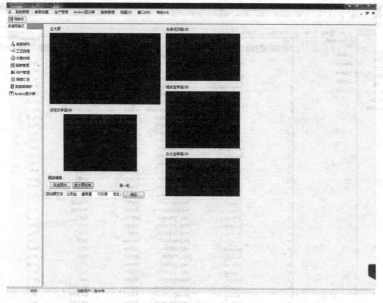

图 7-59　LED 显示屏控制

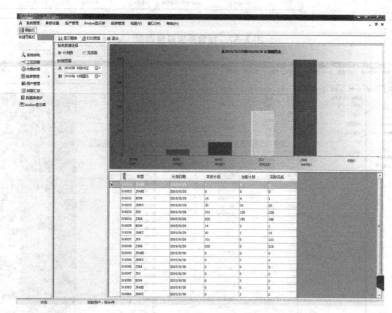

图 7-60　生产计划统计报表页面

7.3　水电厂智能监控系统

7.3.1　水电厂智能监控系统概述

本书作者开发的水电厂智能化监控管理系统采用符合国际、国内最新标准的安全分区、分层原则进行系统架构设计（见图7-61），系统分为安全Ⅰ区和安全Ⅱ区，由站控层、间隔层、过程层设备，以及网络和安全防护设备组成，通过无线传感网和移动互联网技术实现了水电站系统实时数据显示、一次设备在线监测、远程智能监测、可视化智能监控、辅助运行管理及指导分析决策、系统自诊断与自恢复、远程故障诊断和维护、设备检修管理及信息化等高级功能。

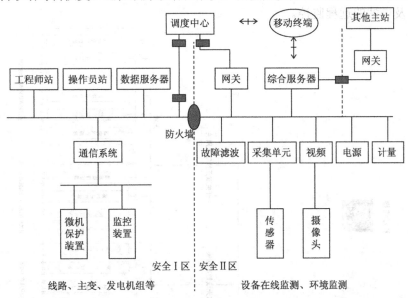

图 7-61　水电厂智能化监控管理系统架构示意图

　　(1) 在安全Ⅰ区中，监控主机采集电站运行和设备工况等实时数据，经过分析和处理后进行统一展示，并将数据存入数据服务器。Ⅰ区数据通信网关机通过直采直送的方式实现与调度（调控）中心的实时数据传输，并提供运行数据浏览服务。

　　(2) 在安全Ⅱ区中，综合服务器与发变电设备、变电设备及辅助设备通过 WIA-PA 无线协议进行通信，采用 WIA-PA 智能传感器采集发电机组状态、开关柜状态、电源、计量、消防、安防、环境监测等信息，经过分析和处理后进行可视化展示，并将数据存入数据服务器。Ⅱ区数据通信网关机通过防火墙从数据服务器获取Ⅱ区数据和模型等信息，与调度（调控）中心进行信息交互，提供信息查询和远程浏览服务。

　　(3) 综合服务器通过正反向隔离装置向数据通信网关机发布信息，并由数据通信网关机传输给其他主站系统。

　　(4) 数据服务器存储电站模型、图形和操作记录、告警信息、在线监测、故障波形等历史数据，为各类应用提供数据查询和访问服务。

　　(5) 计划管理终端实现调度计划、检修工作、保护定值单的管理等功能。视频可通过综合数据网通道向视频主站传送图像信息。

7.3.2　水电站智能在线监测系统设计

　　本书以单机容量 100MW 及以下的中小水电站为例介绍水电站智能在线监测系统的设计。中小水电站智能在线监测系统主要由水电站电力设备在线监测及故障诊断子系统（见图 7-62）、水电站无人值守子系统（见图 7-63）两个子系统构成，系统通过智能传感器采集发电机组、开关柜、变压器、环境、水文、安防、消防等状态信息，采用工业无线 WIA-PA 通信协议，将采集到的监测信息传输至 WIA-PA 智能网关，通过交换机将数据存入数据服务器，并由中控室后台服务系统进行数据分析和处理，从而实现水电厂发电机组、励磁辅机系统、变压器、开关柜、闸门、大坝等设备及厂房环境的在线监测和故障诊断、辅助分析决策，通过集成视频安防监控和智能报警等功能，实现了水电厂设备及环境的安全监控、无人值守以及电站的远程监控。

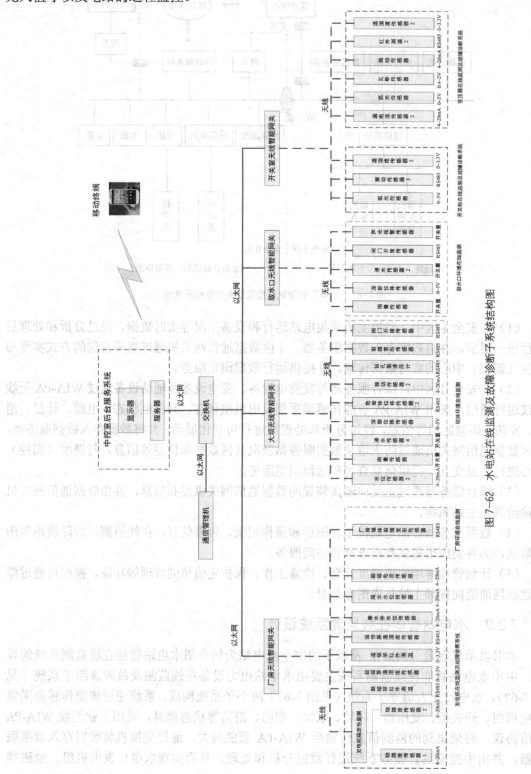

图 7-62　水电站在线监测及故障诊断子系统结构图

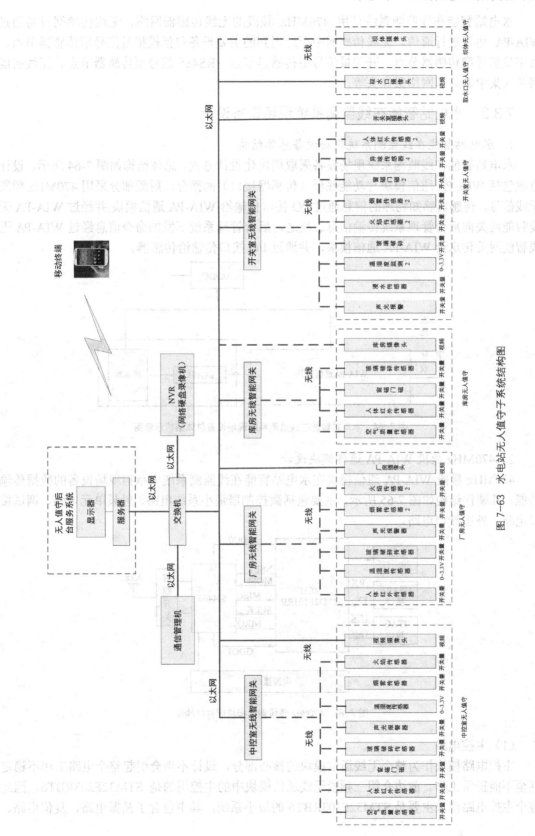

图7-63 水电站无人值守子系统结构图

水电站智能在线监测系统使用 470MHz 频段的无线传感器网络，无线传感网设备通过 WIA-PA 协议进行通信。无线传感网中所运用到的主要设备包括模拟量信号型传感器节点、数字量信号型传感器节点、开关量信号型传感器节点、RS485 信号型传感器节点、无线智能网关（集中器）和网络摄像头等。

7.3.3 水电站智能在线监测系统现场设备设计

1. 水电站智能在线监测系统现场设备总体结构

水电站智能在线监测系统现场设备采取模块化设计方式，总体结构如图 7-64 所示。设计方案包括 WIA-PA 通信模块与功能底板（传感器接口）两部分，射频部分采用 470MHz 频段无线信号。传感器感知物理的信息通过 I/O 接口传输给 WIA-PA 通信模块，并经过 WIA-PA 无线智能网关向后台管理系统传输信息。反之，后台管理系统下发的命令信息经过 WIA-PA 无线智能网关传送给 WIA-PA 通信模块，并通过 I/O 接口传输给传感器。

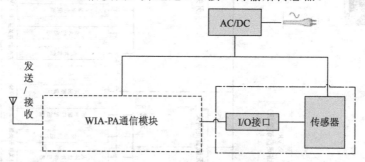

图 7-64　水电站智能在线监测系统现场设备总体结构示意图

2. 470MHz 频段 WIA-PA 通信模块设计

470MHz 频段 WIA-PA 通信模块在水电站智能在线监测系统中承担现场设备的数据传输功能，其硬件结构如图 7-65 所示，主要包括微控制器最小系统电路、射频单元电路、调试接口电路、外围接口电路。

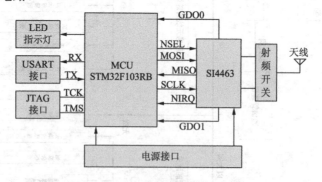

图 7-65　470MHz 频段射频模块硬件结构图

（1）主控电路

主控电路模块作为整个无线通信模块的核心部分，设计不当会引起整个电路工作不稳定甚至不能正常工作。前边介绍三频段无线通信模块中的主控用的是 STM32F203RBT6，因此整个主控电路模块主要是 STM32F103RBT6 的最小系统，其中包含了晶振电路、复位电路、外围接口。晶振电路采用的是两个外部晶振为系统提供稳定的时钟源，一个为 32.768kHz 的外部低速时钟源（Low-Speed External Clock，LSE），另一个为 8MHz 的高速外部时钟源（High-Speed External Clock，HSE）。高速时钟源可为系统提供准确的主时钟（外接 22pF 的负载电容，其作用是为了稳定振荡频率），低速外部时钟源的作用是在低功耗的模式下提供精准的时钟源（同样外接 10pF 负载电容）。STM32F103RBT6 的启动方式为上电复位。这里来熟悉一下 STM32F103 系列芯片的三种启动方式，三种方式是通过设置 BOOT0 和 BOOT1 引脚来选择具体的启动方式。STM32 芯片上有 BOOT0、BOOT1 引脚，复位时的电平状态决定了从何处执行程序。当 BOOT1=X、BOOT0=0 时，用户闪存存储器被选为启动区域；当 BOOT1=0、BOOT0=1 时，系统存储器被选为启动区域；当 BOOT1=1、BOOT0=1 时，系统从内置 SRAM 启动，一般不用此种启动方式。本设计采用的是第一种启动方式，即分别将 BOOT0 和 BOOT1 引脚通过电阻进行下拉处理。PA9 和 PA10 引脚外接串口，实现外部系统与模块之间的串口通信。主控电路模块和射频电路模块的通信方式是通过 SPI 来进行的，具体的就是通过 PA4、PA5、PA6、PA7 这 4 个引脚实现 STM32F103RBT6 与 Si4463 之间的通信。470MHz 无线射频模块的主控模块电路设计如图 7-66 所示。

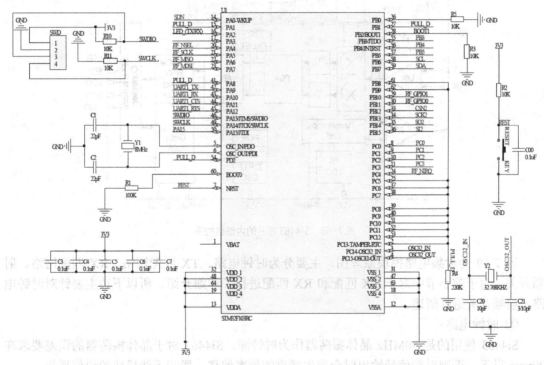

图 7-66 470MHz 无线射频模块主控电路原理图

由于 STM32F103RBT6 使用的是 Cortex-M3 内核，Cortex-M3 内核集成了两个调试端口，分别为 JTAG（JTAG-DP）提供基于 JTAG（Joint Test Action Group，联合测试行动小组）协议的 5 线标准接口，SWD 调试接口（SWD-DP）提供基于 SWD（Serial Wire Debug 串行线调试）协议的 2 线标准接口。为了节约 PCB 布局空间，使得模块尽量小型化，本设计采用的是 SWD-DP 的下载调试方式。该下载调制方式只需 4 个引脚便可对主控芯片进行代码的烧录或在线调试。SWD-DP 调试接口电路如图 7-67 所示。

（2）射频电路

本次设计采用的是 Si4463 芯片作为 RFIC。
Si4463 内部集成了射频收发电路，包括从内部的
低噪声放大器（LNA）出来的两个引脚为差分信
号连接射频网络的接收路径，从功率放大器（PA）
出来的引脚连接射频网络的发射路径。这部分的
主要工作就是设计接收路径和发射路径的匹配网
络，此部分内容已在 TX 路径匹配和 RX 路径匹
配中详细介绍过。图 7-68 为 Si4463 芯片内部结
构图。

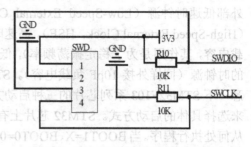

图 7-67　SWD-DP 下载调试接口电路原理图

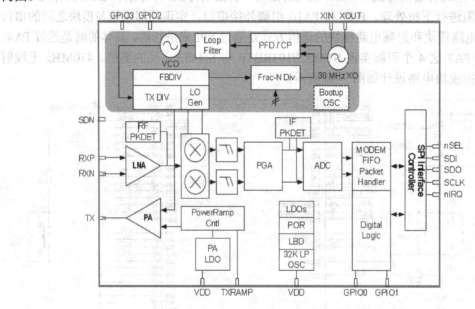

图 7-68　Si4463 芯片的内部结构图

图 7-69 为射频电路模块原理图，主要分为时钟电路、TX 匹配网络、RX 匹配网络、射
频开关。由于前小节中对于 TX 匹配和 RX 匹配进行了详细介绍，所以下边主要针对时钟电
路、射频开关进行阐述。

① 时钟电路

Si4463 使用的是 30MHz 晶体振荡器作为时钟源，Si4463 对于晶体振荡器的误差要求在
20ppm 以下，否则射频信号输出时会产生严重的频率偏移，影响无线模块的通信质量。

② 射频开关

本设计采用的是 TX 和 RX 直连型的设计方案，但是模块本身的可编程输出的最大发射
功率高达+20dBm。一般性的规约中当发射功率超过 50mW（即+17dBm）时，就要对发射路
径和接收路径进行隔离处理，否则发射路径的能量会反窜入接收路径，从而对射频芯片造成
损坏。该设计中采用 UPG2179TB 射频电子开关，UPG2179TB 可操作的电压范围为 2.5～5.3V，
覆盖的可操作频率范围为 50MHz～3GHz，高达+27dBm 的隔离度并且拥有低至 0.25dBm 的
插入损耗。

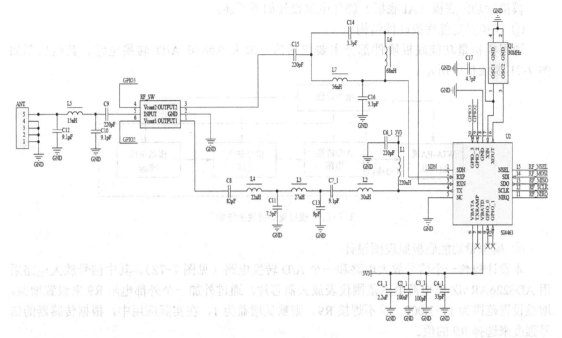

图 7-69　无线模块射频电路原理图

（3）接口电路

无线模块的接口电路原理图如图 7-70 所示。

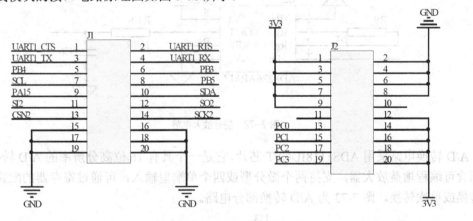

图 7-70　无线模块接口电路原理图

该接口电路为整个系统的主控电路以及射频电路提供 3.3V 的电源接口，并为主控制器提供串口通信接口。

3．功能底板设计案例

功能底板包括模拟量功能底板（AI 底板）、开关量功能底板、隔离型 RS-485 功能底板和数字量功能底板等四种。由于篇幅所限，本节以模拟量功能底板（AI 底板）为例介绍功能底板的设计与实现。

模拟量功能底板（AI 底板）硬件电路设计如下所述。

① 模拟量功能底板硬件结构

通用模拟量功能底板硬件部分主要包括信号放大电路和 A/D 转换电路。其结构图如图 7-71 虚线框中所示。

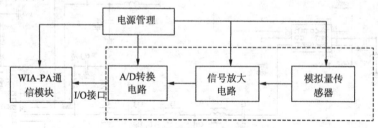

图 7-71　模拟量功能底板结构图

② 模拟量功能底板原理图设计

本设计包含一个信号放大电路和一个 A/D 转换电路（见图 7-72）。其中信号放大电路采用 AD8226ARMZ 宽电源电压范围仪表放大器芯片，通过外加一个外部电阻 R9 来设置增益，增益设置范围为 1~1 000，若不焊接 R9，则默认增益为 1，在实际应用中，根据传感器的信号强度来选择 R9 的值。

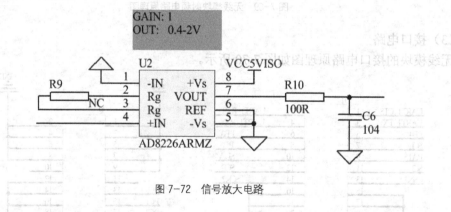

图 7-72　信号放大电路

A/D 转换电路采用 ADS1118IDGST 芯片，它是一个具有 16 位高分辨率的 A/D 转换芯片，内部含可编程增益放大器，支持两个微分型或四个单端型输入，可通过寄存器的配置实现连续转换或单次转换。图 7-73 为 A/D 转换部分电路。

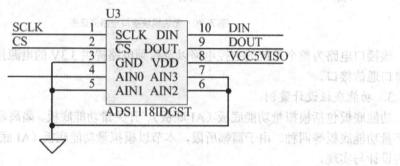

图 7-73　A/D 转换电路

③ 传感器接口电路示例

本书以振动传感器为例说明传感器与功能底板的接口电路，振动传感器的通信接口原理图如图 7-74 所示。

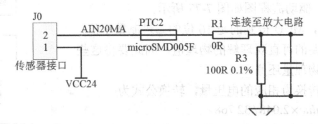

图 7-74 振动传感器通信接口原理图

图 7-74 中，PTC2 为保险丝，用于保护放大电路和 A/D 转换电路，R1 和 R3 为匹配电阻，通过匹配 R1 和 R3 的值，可以接收不同的模拟量信号。例如，当 R1=0Ω，R3=100Ω，则接收 4～20m 的模拟信号，当 R1=3kΩ，R3=2kΩ 时，接收 0～5V 的模拟信号。

④ 模拟量功能底板 PCB 设计

保证节点工作时电源完整性、信号完整性和电磁兼容是节点 PCB 板设计的主要工作。模拟量功能底板的 PCB 板采用双面布线设计。主要问题是解决板间各种不良因素串扰的影响，还要注意对电路板上元器件进行合理摆放，对各导线进行合理布局，具体如下。

供电系统的正负两条线间距大于 35mil。电源部分器件摆放间距可稍大一些，滤波电容应尽量靠近输入端，电源线的线宽尽量大，本节点使用 40mil 的线宽。尽量减小所有时钟信号、低电平信号、高频信号的环路面积，使元器件布置稍微密集一些，连接线尽量短一些，在信号可能衰减的部分单独进行敷铜接地，避免"之"字型走线，以降低干扰。线路转向时尽量不要出现锐角与直角，可用钝角或圆弧替换。高频信号线尽量避免平行走线，走线应粗而短，高频电路采用大面积敷铜接地的方式，各点就近接地。地线应尽可能地宽，以降低地线阻抗。测量节点盒子的尺寸，确定 PCB 板的大小范围。通用模拟量功能底板 PCB 图如图 7-75 所示；水位传感器专用功能底板 PCB 设计如图 7-76 所示。

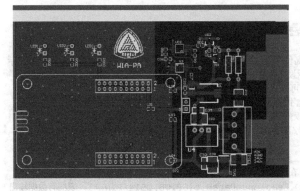

图 7-75 通用模拟量功能底板 PCB 设计图

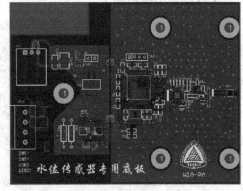

图 7-76 水位传感器专用功能底板 PCB 设计图

⑤ 模拟量输入节点的软件设计

模拟量输入节点的软件设计主要是主控芯片 STM32F103RBT6 与 A/D 转换芯片 ADS1118IDGS 的 SPI 通信驱动设计。ADS1118IDGS 集成有 1 个 16 位的 Σ-Δ ADC，可支持单端输入通道。A/D 的转换速率决定着数据通信的实时性和稳定性，因此十分重要。为了减少电流噪声，使转换误差减小，在驱动设计中将转换速率设为在连续模式下的低速转换 32SPS（32 次/秒）。驱动流程图如图 7-77 所示。

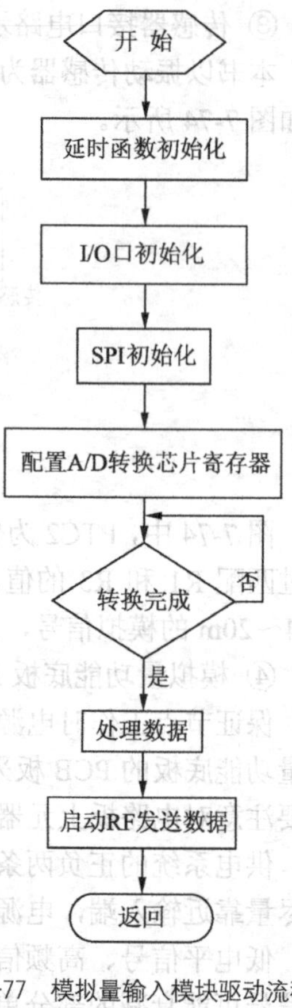

经 A/D 转换后，MCU 得到的是 16 位的二进制数字值，而不是监控者所需要的可直观理解的物理值，因此要将这些二进制数字值进行物理量还原。

首先将数字量转换为相应的电压量，转换公式为

$$Volte = AD\_Value \times 2.048 / 32\,768$$

式中，AD_Value 即为转换得到的二进制数字值。此时得到的电压值是本节点电路前端进行 I/V 转换后的电压值，即电阻 R3 两端的电压，再将电压量还原为工程人员易于理解的工程量，转换公式如下。

电流型：

$$Current_{in} = Volte / R_3$$

电压型：

$$Volte_{in} = Volte * (R_1' + R_3')/R_3'$$

式中，$Current_{in}$ 即为还原的输入模拟量电流，$Volte_{in}$ 即为还原的输入模拟量电压，然后，对照各变送器厂家提供的说明书与变送器数据采集原理，利用 Matlab 软件进行公式推导，以得出各变送器的工程量的公式如下（以压力变送器和超声波液位变送器为例）。

压力变送器：

$$Pressure = Current_{in} \times 0.1 - 0.4 \qquad\qquad 单位：MPa。$$

超声波液位变送器：

$$Lheight = Current_{in} \times 0.625 - 2.5 \qquad\qquad 单位：m。$$

A/D 转换的例程如下。

图 7-77 模拟量输入模块驱动流程图

```
for (i=0;i<16;i++)        //第一个寄存器的配置过程
 {
   if(Config_Value&0x8000)  /*如果最高位为 1，则本次转换未完成。即在读状态下，最高位 OS=1 表示
设备未进行转换，可以读数据；如果 OS=0，表示设备正在进行转换，不能马上启动下一次转换。*/
      ADset_spi_di;         //DI 拉高，可以执行数据的读取
   else //最高位不为 1，即 OS=0，则本次转化不能进行，需要重新循环
      ADclr_spi_di;         //DI 为低，则不执行数据的读取，需重新循环
   Config_Value=(Config_Value<<1); //当 DI=1 时，转换数据的读取通过 DO 的左移进行
   ADset_spi_clk;           //时钟置位
   Delay_Nus(5);
   spi_rdata=(spi_rdata<<1);//Read 在 sck 上升沿输出
   if(ADread_spi_do)        // 如果 GPIO_ReadInputDataBit(GPIOB,DS14_PIN)=1，表明有数据输出
   spi_rdata++;             //用于提取输出状态，为返回值服务
   ADclr_spi_clk;           //时钟拉低
   Delay_Nus(5);
 }
```

由于工业现场环境复杂多变，在数据采集转换过程中可能会受到工厂各种仪器设备的电

磁干扰、电源中强电的电磁干扰等，因此对数据进行滤波处理是采集精确数据的必要条件，上一章中在硬件设计方面对干扰进行了层层削减，为了更进一步地得到精确的数据，可对数据进行了软件滤波。相较于硬件滤波，软件滤波更加简单、方便、可靠，更易调试。取连续 4 次电压值，求其平均值，将 4 次电压值分别与平均值进行对比，剔除与平均值相差最大的，再求剩下的 3 次电压值的平均值，将此值作为最终的电压值。

4. 无线智能网关设计

（1）无线智能网关硬件结构

无线智能网关硬件开发设计中以 ARM9 芯片 S3C2440A 作为核心处理器，对所要实现的整体功能和硬件接口的需求予以充分考虑，网关的硬件设计包括 UART 调试接口模块、网口交互接口模块、电源管理模块和无线射频模块。无线智能网关硬件结构图如图 7-78 所示。

（2）无线智能网关软件设计

① 无线智能网关软件结构

网关软件设计是实现网关通信功能的关键，网关的参数配置、信息处理和通信协议的实现等都需要软件实现。本设计要实现的软件结构框图如图 7-79 所示。

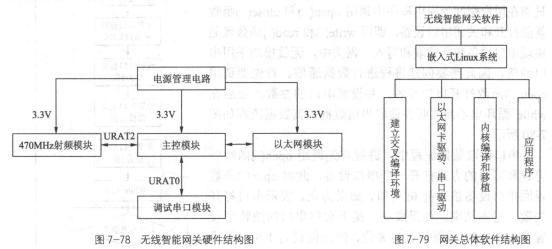

图 7-78　无线智能网关硬件结构图　　　　　　图 7-79　网关总体软件结构图

嵌入式 Linux 的实现一般需要建立交叉编译环境、移植 Uboot、移植 Linux 内核、移植文件系统和配置调试工具这五个步骤。Uboot 和文件系统在核心板出厂时已经由厂商移植完毕。本网关软件设计中的嵌入式 Linux 系统设计需要实现以下四个部分。

（a）建立交叉编译工具。

（b）网关硬件底层驱动的设计与移植，其中包括嵌入式 Linux 系统下串口驱动、以太网卡驱动。

（c）网关内核编译和移植。

（d）网关的应用程序的设计，其中包括 Linux 串口编程和网络编程。

② 应用程序设计

（a）Linux 串口编程。串口是嵌入式 Linux 开发所用到的常用接口，Linux 下的串口设备以文件形式存放在嵌入式系统/dev 路径下。本设计使用的核心板一共提供了串口 0、1、2 总共 3 个串口，分别对应/dev 目录下的 s3c2410_serial0、s3c2410_serial1 和 s3c2410_serial2，其中串口 0 为网关调试所用，不能接入模块。在使用串口设备前，需要设置串口的相关参数，包括串口的波特率、数据位、奇偶校验位和停止位。在 Linux 系统中，这些串口参数的配置由 termios 结构体实现，该结构体中的成员如下所示。

```
struct termio { tcflag_t c_iflag;          //输入模式标志
                tcflag_t c_oflag;          //输出模式标志
                tcflag_t c_cflag;          //控制模式标志
                tcflag_t c_lflag;          //本地模式标志
                cc_t c_line;               //线性规则
                cc_t c_cc[NCCS];           //控制模式
                speed_t c_ispeed;          //输入速度
                  speed_t c_ospeed;        //输出速度
              };
```

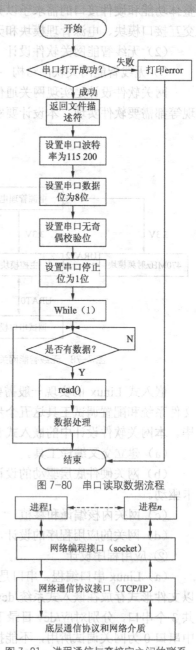

图 7-80 串口读取数据流程

图 7-81 进程通信与套接字之间的联系

串口参数中，c_cflag 控制模式决定了数据位和停止位，并和 c_iflag 输入模式一起确定了奇偶校验位，如果在编程中使用了奇偶校验，还需对控制模式 c_cc[NCCS]成员赋值。输入速度 ispeed 和输出速度 ospeed 共同确定了串口的波特率。在 Linux 中，串口设备操作方法与文件相同，只需在用户空间的应用程序中调用 open( )和 close( )函数就能打开和关闭串口设备，调用 write( )和 read( )函数就能实现串口设备数据读取和写入。网关中，无线模块采用串口通信，因此需要创建进程进行数据通信。首先要调用 open( )函数打开串口设备，并设置串口的参数，最后在 while 循环里不断监听并读取串口数据，其数据流程如图 7-80 所示。

串口读取数据流程中，进程首先调用 open( )函数以可读和可写的方式打开一个串口设备，此时 open( )函数返回串口设备描述符 fd 的值，如果为负，表示串口打开失败，进程结束。如果成功，接下来将串口的波特率设置为 115 200，数据位设为 8 位，停止位设为 1 位，不设置奇偶校验位。设置完毕后，使用 while 循环并调用 select( )函数对串口设备不断监听，一旦监听到有数据到来，则使用 read( )函数去读取数据，并将读取到的数据进行处理。如果有数据需要从网关向无线射频模块转发，则只需在进程中调用 write( )函数即可。

（b）Linux 网络编程。在 Linux 网络编程中，主要是实现 soket（套接字接口）通信，这是一种很重要的通信方式。套接字接口通信其实质是进程间的通信，相同或者不同主机上的进程利用套接字接口能够以相同的规范实现进程之间的信息传输，套接字接口还可以利用下层的网络规范协议和系统调用实现实际的通信工作。图 7-81 表示进程通信与套接字之间的联系。

Linux 系统中提供的套接字有三种类型，分别为 SOCKET_DGRAM（数据报文套接字）、SOCKET_STRAM

（流套接字）和 SOCKET_RAW（原始套接字），并且这三类套接字都支持 IPv4 和 IPv6 协议。其中 UDP 协议支持 SOCKET_DGRAM 这种不面向连接、不可靠的传输服务。它不需要建立连接，只要有目的地址，数据包就可以传送出去，并且还能从任何地址接收数据，但由于它是不可靠传输，因此只适用于网络通信质量较好的情况。与 UDP 对应的是 TCP 协议，它是一种面向连接的、能提供可靠传输服务的网络传输协议，在数据传输前需建立连接关系，但在建立连接过程中要增加许多开销，为保证数据传输的可靠性，且网关中运用到 Modbus-TCP 通信技术，这里采用流套接字进行 TCP 网络编程。

无论是 UDP 还是 TCP 网络编程，都需先创建套接字接口。首先要了解套接口中最重要的有关地址信息的结构体，该结构体成员如下。

```
stuct sockadd_in
{ uint8_t sin_len;              //用来存储地址长度
  sa_famaliy sin_family;        //地址族
  in_port_t sin_port;          //端口号
  struct in_addr sin_addr;     //用来存储地址
  char sin_zero[8];            //保留的空字节
}
```

建立 IPv4 套接字时，需要将地址族 sin_family 赋值为 AF_INET，端口号 sin_port 指定为需要监听的端口号码，地址数据结构 sin_addr 中的 s_addr 成员则被赋值为远程 IP 地址。例如需要同 IP 地址为 192.168.1.2 的主机通信，调用 inet_addr（"192.168.1.2"）函数对 s_addr 成员赋值，这里 inet_addr( )函数的作用是将字符串形式的 32 位 IP 地址转换为二进制的 IP 地址。保留的 sin_zero[8]中填充 0，主要是与通信套接字地址结构体 stuct sockadd 保持同样大小。

TCP 网络编程分为两个部分，一个是服务器程序的编写，另一个是用户程序的编写，图 7-82 表示了 TCP 通信中标准的 C/S 模型。

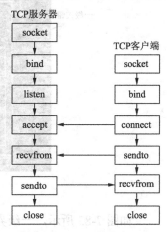

图 7-82 TCP C/S 模型

这里网关作为服务器，需要建立 TCP 服务器套接字通信。首先调用 socket( )函数来创建套接字，该函数中有三个参数：family、type 和 protocol，分别表示协议类型、套接字类型和标志。本设计需要在 IPv4 环境下使用 TCP 传输协议，因此将 family 赋值为 AF_INT，表示使用 IPv4 协议，将 type 指定为 SOCKET_STRAM，表示创建的是流套接字，参数 protocol 是协议标志，一般设置成 0。其次对套接字中的地址信息进行赋值，包括设定对方端口号和 IP 地址，这里关于地址的参数赋值成 INADDR_ANY，表示可以与任意地址的主机通信。在完成套接字初始化后，需要使用 bind( )函数将本地服务器地址与套接字进行绑定，然后调用 listen( )函数设置最大连接数，该函数中第二个形参为连接次数，接着服务器调用 accept( )函数通信。其中主进程用来处理客户端的连接请求，子进程则负责处理服务器与客户端的数据传输。

5. 水电厂智能监控系统组态监控软件设计

（1）组态监控总体方案

水电厂智能监控系统组态软件设计主要包括水电站在线监测及故障诊断子系统和水电站无人值守子系统的监控软件设计。水电站在线监测及故障诊断系统组态软件采用组态王

Kingview 为软件开发平台；水电站无人值守子系统监控软件采用 JAVA 语言编写服务端程序、MYSQL 作为数据库软件，以 XHTML+CSS 设计 WEB 界面的表现方式，用 Ajax 进行数据的实时更新，RTSP 协议进行实时画面显示。

在设计中，为了保证组态监控界面的友好性，必须避免在屏幕上堆积大量的信息，因为用户一次处理的信息量是有限的，即为了在提供足够信息量的同时保证界面的简明，组态界面在设计上应采用控件分级和分层的布置方式。分级是指把控件按功能划分成多个组，每一组按照其逻辑关系细化成多个级别。用一级按钮控制二级按钮的弹出和隐藏来保证界面的简洁。分层是把不同级别的按钮纵向展开在不同的区域，区域之间有明显的分界线。在使用某个按钮弹出下级按钮的同时对其他同级的按钮实现隐藏，使逻辑关系更清晰。

本组态监控界面在设计中根据实际情况采用了两级界面结构设计。层面 1 是总览界面，该层面包含不同系统及区域所显示的信息；层面 2 是详细信息界面，该层面提供各个设备对象的信息，例如位移量、温湿度、振动量等，并实时显示消息、状态和过程值。组态监控界面的的层面 1 如图 7-83 所示。

图 7-83 一级界面示意图

如图 7-83 所示，一级界面上通过点击不同的按钮控件即可进入不同的二级界面，例如，点击一级界面中"发电机监测及故障诊断"即可进入如图 7-84 所示的组态监控界面。

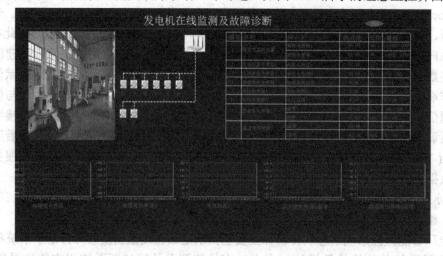

图 7-84 二级监控界面示意图（发电机监测及故障诊断）

在图 7-84 中，可以很清晰地查看各个物理量的数据实时状态、数据历史状态、数据历史曲线变化图、被监控区域的实时影像等。

（2）水电站在线监测组态监控实现方法

工业无线能源管控网络软件的设计分成以下几个部分：底层节点软件驱动设计、中继节点软件设计、数据集中器软件设计、上位机界面软件设计。软件的总体框架如图 7-85 所示。

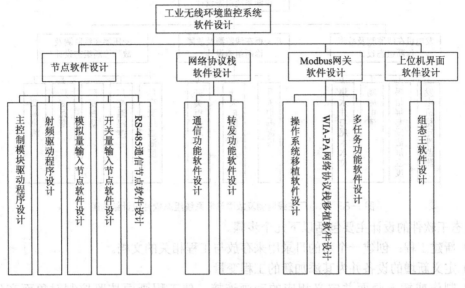

图 7-85　软件整体设计方案结构

其中，底层节点软件驱动程序包括：主控制模块程序、射频模块驱动程序、模拟量输入节点的软件设计、开关量输入输出控制节点的软件设计、RS-485 通信节点的软件设计、Modbus串行链路协议驱动程序。

组态王软件是完成数据采集与过程控制的专用软件，它使用非常灵活的组态方式，为用户快速构建出工业控制系统。同时用组态王开发的监控系统软件以标准的工业计算机软、硬件平台构成的开放式系统取代了传统的封闭式系统，它利用 Windows 的图形编辑功能，能够通过简单的操作构成监控画面，并以动画方式显示控制设备的状态。本次设计中上位机组态王软件的作用主要包括以下几个方面。

① 运行监视：通过可视化技术，实现对水电站运行信息、保护信息、一、二次设备运行状态等信息的运行监视和综合展示，包括运行工况监视、设备状态监测。

② 信息综合分析与智能告警：通过对水电站各项运行数据（站内实时/非实时运行数据、辅助应用信息、各种报警及事故信号等）的综合分析处理，提供分类告警、故障简报及故障分析报告等结果信息。

③ 水电站智能在线监测功能及测量参数：开关柜在线监测功能及测量参数、变压器在线监测系统、避雷器在线监测、机组在线监测、环境监测。

水电厂在线监测及故障诊断系统组态软件设计包括发电机在线监测及故障诊断组态设计、开关柜在线监测及故障诊断组态设计和变压器在线监测及故障诊断设计，其结构图见图7-86。其中，发电机在线监测及故障诊断组态部分需要监测四个水电厂的运行参数，包括发电机水轮机 1 号机组的稳定性、遥信级励磁屏内温度、励磁电流、集水井及尾水水位；开关柜在线监测及故障诊断组态部分需要监测三个水电厂的运行参数，包括605号开关柜的柜内温湿度、静触头弧光以及开关柜振动情况；变压器在线监测及故障诊断组态部分主要监测五个水电厂的运行参数，包括2号厂变变压器的温度、厂变所处厂房的温湿度、变压器振动情况、变压器是瓦斯泄漏情况以及变压器漏电流情况。

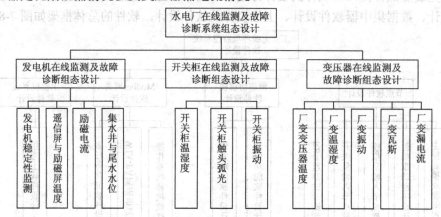

图7-86 水电厂在线监测及故障诊断系统组态软件设计结构图

组态王软件的设计主要包括以下几个步骤。

① 新建工程：创建一个新的目录用来存放与工程相关的文档。

② 定义新增的设备并为其添加新的工程变量。

③ 制作或插入画面并定义相应的动画连接，使工程画面按照控制对象而产生动态效果。

④ 编写命令语言（脚本语言），完成上位机的控制功能。

⑤ 配置运行系统，对系统报警、历史数据记录等进行相应设置。

⑥ 保存工程。

（3）无人值守实现方法

无人值守系统的软件设计主要分为两部分：服务端软件设计和WEB界面软件设计。总体设计方案结构如图7-87所示。

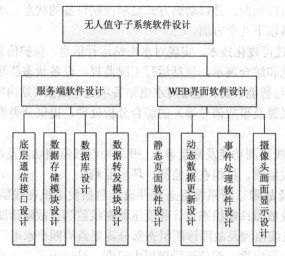

图7-87 无人值守子系统软件总体设计方案图

其中,服务端软件设计包括:底层通信接口设计、数据存储模块设计、数据库设计、数据转发模块设计。WEB 界面软件设计包括:静态页面软件设计、动态数据更新设计、事件处理软件设计、摄像头画面显示设计。本系统采用 JAVA 语言编写服务端程序、MYSQL 作为数据库,采用 XHTML+CSS 设计 WEB 界面的表现方式、Ajax 进行数据的实时更新以及 RTSP 协议进行实时画面显示。

7.3.4 水电站智能在线监测系统运行测试

中小水电站智能在线监测系统主要由水电站电力设备在线监测及故障诊断系统、水电站无人值守系统两个子系统构成(见图 7-83),系统主要监测界面如图 7-88~图 7-92 所示。

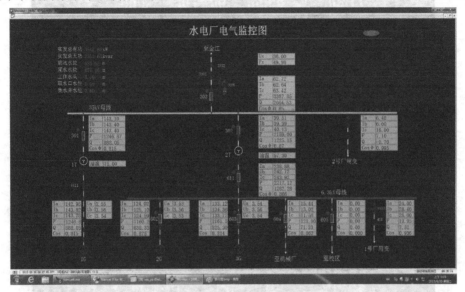

图 7-88 水电厂电气监控图

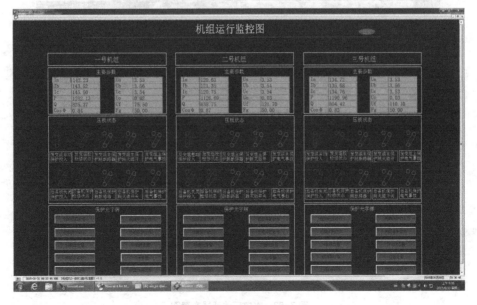

图 7-89 机组运行监控图

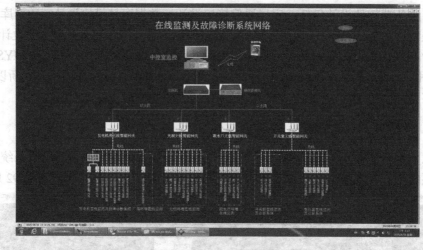

图 7-90　在线监测及故障诊断系统网络图

图 7-91　水电厂无人值守子系统网络图

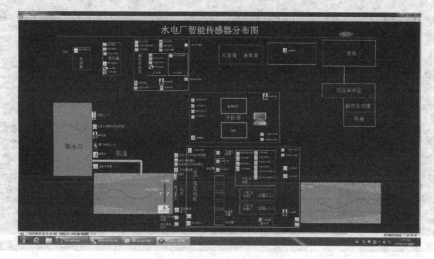

图 7-92　水电厂传感器布置图